Animate 动画制作项目教程

主　编◎李晓静

副主编◎徐红霞　张沛朋

清華大學出版社

北　京

内容简介

本书以全新的授课方式，全面系统地讲解了 Animate 的各种新增功能，各种动画类型的详细制作思路与步骤，基于课证融通、书证融通的理念，结合 Animate 在实践中的应用，精选出八大类项目编写而成的。本教材项目内容对应的岗位目标明确，UI 动效设计、二维角色动画等项目可以满足学生参加“1+X 证书界面设计”“1+X 动画制作”的考评；结合新媒体的发展，引入更多的企业实际工作项目，使学生能够更加直观地掌握二维动画在新媒体行业的应用。同时，在具体任务的制作中融入了优秀传统文化及愚公移山精神等课程思政元素。每个项目都录制有教学视频，以实现信息化教学环境下，除了以单向方式传递知识，还能实现自学、自测等互动学习功能。

本书力求做到每个任务都有可见的结果，给学生以成就感，激发学生继续学习的热情。每个任务的内容适合一次课程完成。

本书注重实践，突出应用与操作，既可作为高职高专院校、计算机培训学校相关课程的教材，也可作为二维动画设计人员的学习参考用书。

图书在版编目（CIP）数据

Animate 动画制作项目教程 / 李晓静主编. —北京：清华大学出版社，2023.3
ISBN 978-7-302-62779-1

Ⅰ. ①A… Ⅱ. ①李… Ⅲ. ①动画制作软件－教材 Ⅳ. ①TP391.414

中国版本图书馆 CIP 数据核字（2023）第 032654 号

责任编辑： 邓 艳
封面设计： 刘 超
版式设计： 文森时代
责任校对： 马军令
责任印制： 沈 露

出版发行： 清华大学出版社
网 址： http://www.tup.com.cn，http://www.wqbook.com
地 址： 北京清华大学学研大厦 A 座 **邮 编：** 100084
社 总 机： 010-83470000 **邮 购：** 010-62786544
投稿与读者服务： 010-62776969，c-service@tup.tsinghua.edu.cn
质量反馈： 010-62772015，zhiliang@tup.tsinghua.edu.cn
印 装 者： 三河市君旺印务有限公司
经 销： 全国新华书店
开 本： 185mm×260mm **印 张：** 20.75 **字 数：** 489 千字
版 次： 2023 年 3 月第 1 版 **印 次：** 2023 年 3 月第 1 次印刷
定 价： 69.00 元

产品编号：097843-01

前　　言

本书基于课证融通的编写思路，针对教育部“1+X”职业技能等级证书动画制作项目和界面设计项目的考核内容，以及对应的职业岗位需求设定工作项目和任务，由浅入深，循序渐进，对每个任务进行详细的分析和讲解，有助于读者在了解项目制作流程和制作规范的基础上，进一步提高灵活应用的能力，从而达到提高设计制作实战能力的目的。

全书分为 8 个项目，详细介绍了 Animate 的基本功能和各类实战技巧。其中，项目 1～项目 3 为 Animate 的基础应用，项目 4～项目 8 为 Animate 在各个领域中的应用，各个项目的内容如下。

项目 1 为“揭开 Animate 神秘的面纱”，包括 Animate 基本操作技巧、工具应用技巧和动画制作技能准备 3 个子任务。

项目 2 为“Animate 基础动画制作”，包括逐帧动画的制作、形状变形动画的制作、传统补间及补间动画的制作、遮罩动画的制作、引导动画的制作 5 个子任务。

项目 3 为“进阶 Animate 高级动画”，包括骨骼动画制作、摄像机动画制作、动画缓动及编辑器的应用 3 个子任务。

项目 4 为“网络广告及片头动画制作”，包括制作化妆品广告、制作汽车广告、制作网站片头动画 3 个子任务。

项目 5 为“Animate UI 动效设计”，包括制作引导界面动画、制作加载界面动画、制作交互界面动画、制作导航菜单动画 4 个子任务。

项目 6 为“多媒体作品创作”，包括制作传统节日宣传动画、制作《愚公移山》动画短片、制作电子相册、制作 MTV 动画 4 个子任务。

项目 7 为“交互式动画作品创作”，包括制作《剪刀石头布小游戏》、制作乡村旅游 VR 虚拟展示动画、制作大美中华摄影网站 3 个子任务。

项目 8 为“动画短片创作”，包括动画短片内容的确定、角色的设计与制作、文字分镜头脚本设计、场景设计与制作、角色动画设计与制作、片头片尾设计、后期合成输出 7 个子任务。

在落实课程思政方面，项目案例内容采用了具有中国传统文化的元素，通过戏曲网站片头动画、传统节日宣传动画、《愚公移山》动画短片、乡村旅游 VR 虚拟展示动画、大美中华摄影网站动画的制作，展示了水墨元素、十二生肖元素、愚公移山元素、戏曲元素、中华大地壮美风景元素等，学生可以借此更好地了解我国的传统文化，也能够对诸如愚公移山传达出的精神意念有更加深入的体会。

本书注重实践，突出应用与操作，既可作为高职高专院校、计算机培训学校相关课程的教材，也可作为二维动画设计人员的学习参考用书。本书在教学资源中为读者提供了案例的素材文件、最终效果文件和案例教学视频等。

参与本书编写的作者均为多年在高职院校从事二维动画设计教学的双师型教师，本教材编写团队成员都取得了教育部“1+X 证书动画制作”或“1+X 证书界面设计”中级或高级考评员证书，对企业工作实际、岗位任务标准及“1+X 证书”考核标准都比较了解，能够在教材编写过程中，准确把握编写方向、契合企业岗位工作需求。具体分工如下：项目 1 由成艳真编写，项目 2、项目 3（3.1）由张沛朋编写，项目 3（3.2、3.3）、项目 4 由徐红霞编写，项目 5、项目 6（6.1）由张晓利编写，项目 6（6.2～6.4）由郭飞燕编写，项目 7 由李晓静编写，项目 8 由高占龙编写。本书由李晓静任主编，徐红霞、张沛朋任副主编。

本书在编写过程中力求全面、深入，但由于编者水平有限，书中难免存在不足，欢迎广大读者朋友批评指正。

编　者

目　录

项目 1　揭开 Animate 神秘的面纱

Animate 是 Adobe 公司推出的一款功能强大的优秀二维动画制作软件，其动画文件的后缀名为“.fla”。使用 Animate 可以设计制作出丰富的交互矢量动画和位图动画，制作的动画在网络中被广泛应用，在网络以外的应用也越来越普及。其应用领域主要包括动画影片制作、广告设计、多媒体教学设计、游戏设计和手机界面设计等。

1.1　任务 1——Animate 基本操作技巧

Animate 软件是 Flash 软件的升级版本，除了可以继续制作二维动画，以及开发互动内容外，还增加了对 HTML5 页面开发的支持，另外还有一些实验功能，如全景和 VR 功能的开发。Animate 可以将动画发布到多种平台，用户可以在电视、计算机、移动设备上进行浏览。接下来就为大家讲解有关 Animate 2022 动画制作的基础知识。

1.1.1　初识 Animate

1．Adobe Animate 2022 的启动界面

启动 Adobe Animate 2022 后，首先显示的是启动界面，如图 1-1-1 所示。

图　1-1-1

2．Adobe Animate 2022 的欢迎界面（主屏）

启动软件后，如果没有打开其他文档，就会显示欢迎界面（主屏），Adobe Animate 2022 的欢迎界面分 3 个部分：应用情境标签、预设尺寸、示例文件。具体如图 1-1-2 所示。

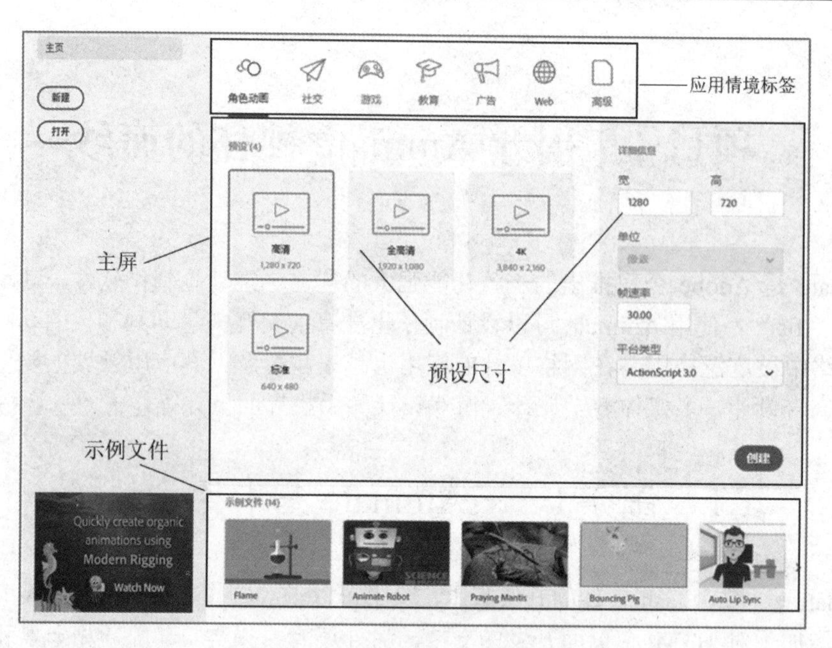

图 1-1-2

- 应用情境标签：可以根据计划创建的影片用途来选择适用的情境，包括角色动画、社交、游戏、教育、广告、Web、高级等。
- 预设尺寸：根据所选情境标签的不同，Adobe Animate 2022 提供了一些预设尺寸，如在 Web 类下提供了适用于 PC 和手机端的若干种尺寸。用户可直接选择对应的尺寸，无须手动输入，如图 1-1-3 所示。在高级类下提供了适用于不同平台的文档类型，如图 1-1-4 所示。

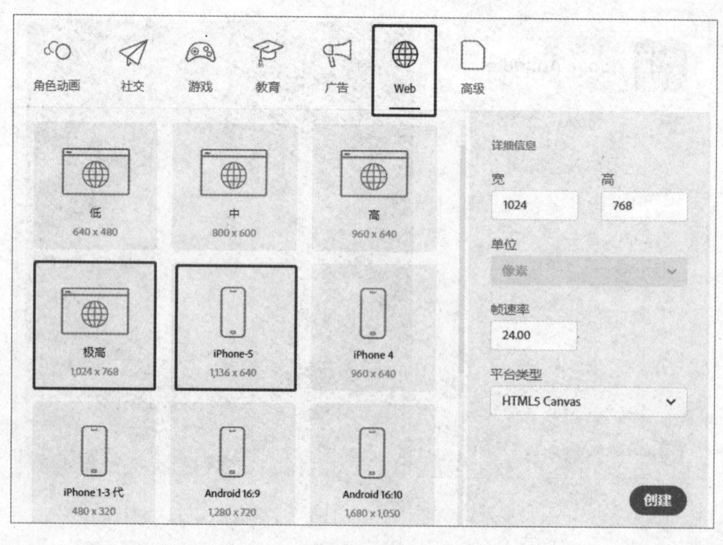

图 1-1-3

- 示例文件：通过研究示例文件可以快速了解 Adobe Animate 2022 的新增功能及用法。

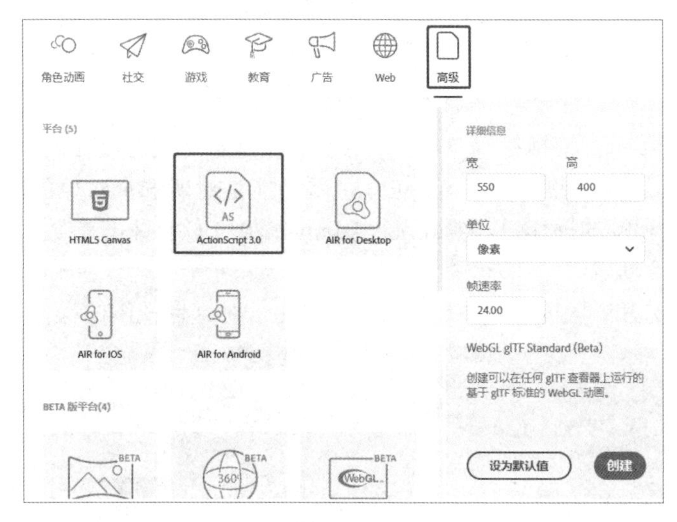

图　1-1-4

1.1.2　Adobe Animate 2022 的操作界面

Adobe Animate 2022 提供了“传统”“动画”“调试”“设计人员”“开发人员”和“基本功能”等多种工作界面供用户选择，用户可以根据个人习惯选择适合自己的工作界面布局。

Adobe Animate 2022 的操作界面有以下几部分组成：菜单栏、工具箱、场景和舞台、时间轴、浮动面板以及属性面板，如图 1-1-5 所示。下面将一一介绍。

图　1-1-5

1．Adobe Animate 2022 的主要菜单功能介绍

Adobe Animate 2022 的菜单栏如图 1-1-6 所示。

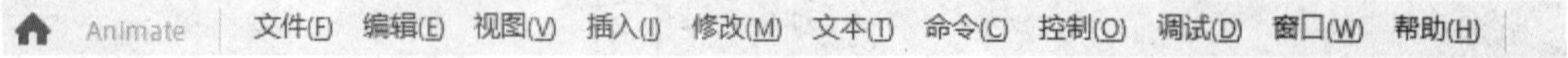

Animate 文件(F) 编辑(E) 视图(V) 插入(I) 修改(M) 文本(T) 命令(C) 控制(O) 调试(D) 窗口(W) 帮助(H)

图 1-1-6

- “文件”菜单：快捷键为 Alt+F，主要功能是对文档的操作，如图 1-1-7 所示。
- “编辑”菜单：快捷键为 Alt+E，主要功能是对所选择对象的操作、对时间轴上所有图层和帧的操作，以及 Adobe Animate 2022 软件本身参数和快捷键的设置等，如图 1-1-8 所示。
- “视图”菜单：快捷键为 Alt+V，主要功能是对舞台视图的操作，如图 1-1-9 所示。

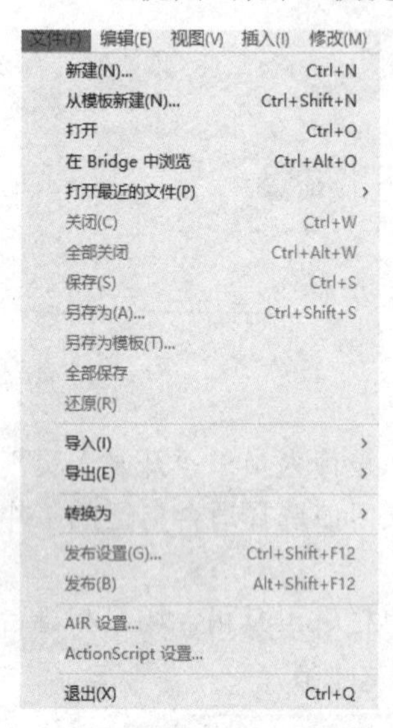

图 1-1-7

图 1-1-8

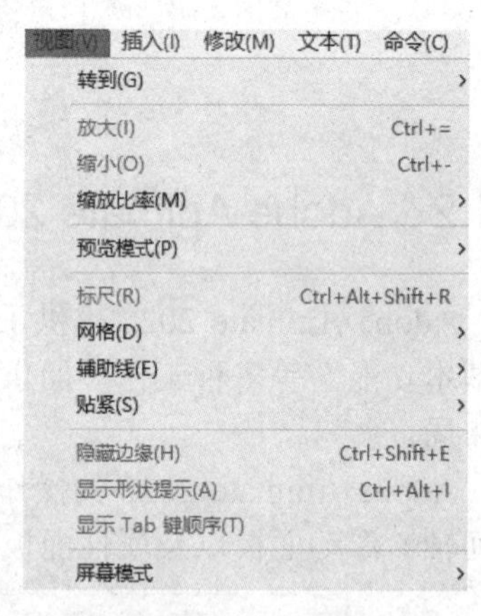

图 1-1-9

- “插入”菜单：快捷键为 Alt+I，主要功能是向动画中插入对象，如图 1-1-10 所示。
- “修改”菜单：快捷键为 Alt+M，主要功能是对所选对象的修改，如图 1-1-11 所示。

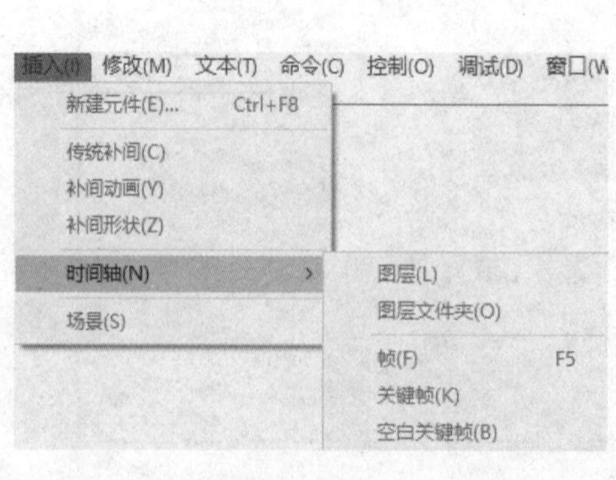

图 1-1-10

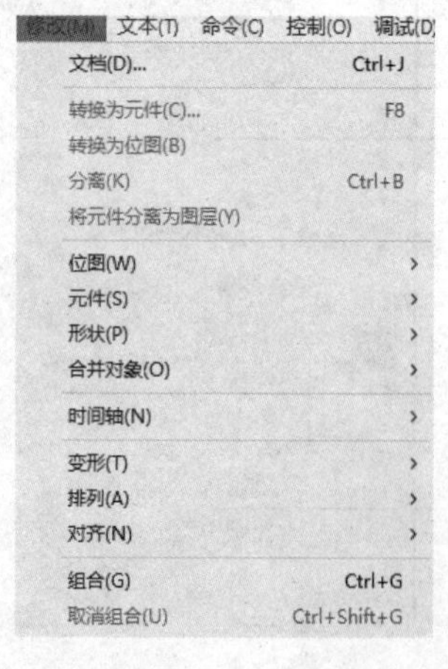

图 1-1-11

- “文本”菜单：快捷键为 Alt+T，主要功能是设置所选文本对象的格式，如图 1-1-12 所示。

- "命令"菜单：快捷键为 Alt+C，主要功能是对内置或保存的命令进行运行或管理，如图 1-1-13 所示。
- "控制"菜单：快捷键为 Alt+O，主要功能是对时间轴动画的播放控制，如图 1-1-14 所示。

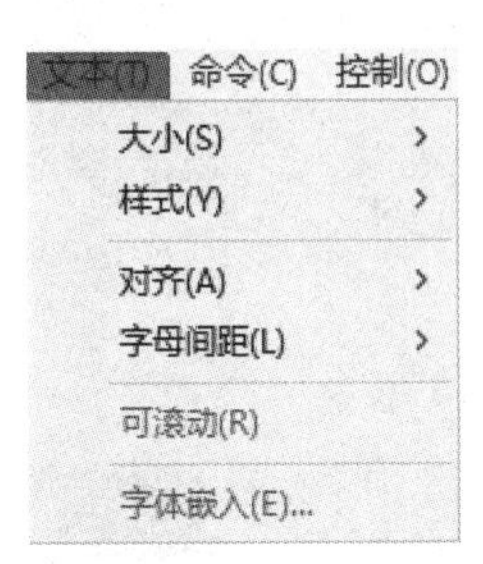

图　1-1-12

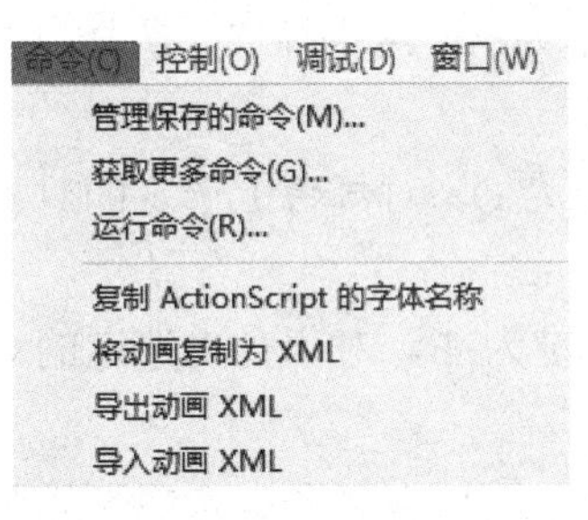

图　1-1-13

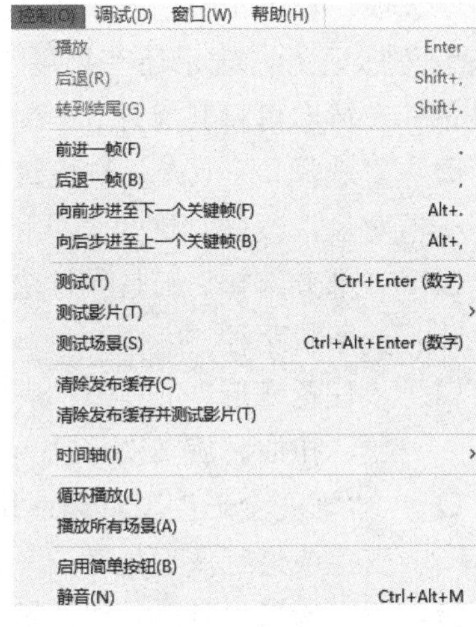

图　1-1-14

- "调试"菜单：快捷键为 Alt+D，主要功能是对动画进行调试，如图 1-1-15 所示。
- "窗口：菜单：快捷键为 Alt+W，主要功能是对工作区各窗口和面板的管理，显示和隐藏只需要单击相应的命令即可，如图 1-1-16 所示。
- "帮助"菜单：快捷键为 Alt+H，主要功能是提供在线帮助信息以及对扩展功能进行管理，如图 1-1-17 所示。

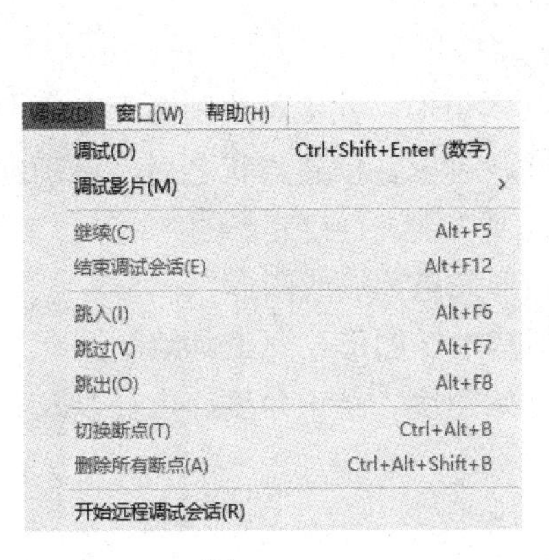

图　1-1-15

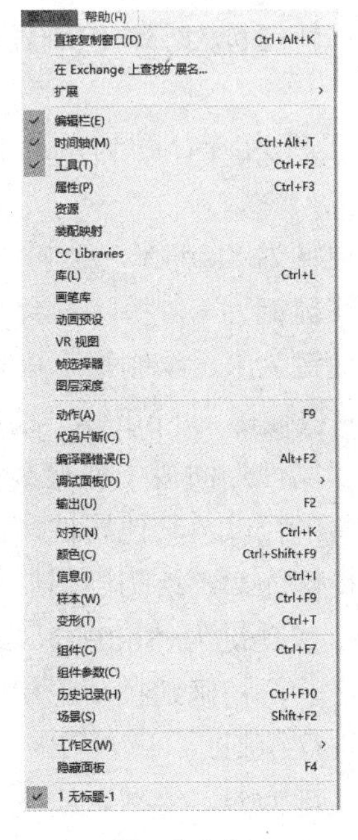

图　1-1-16

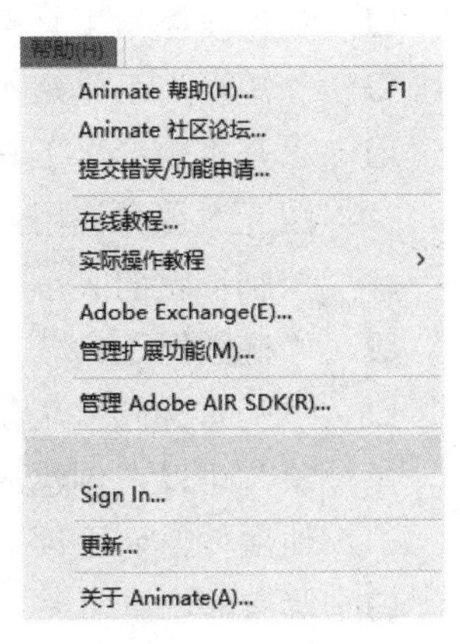

图　1-1-17

2．Adobe Animate 2022 的工具箱

图　1-1-18

选择“窗口”→“工具”命令，或者按 Ctrl+F2 组合键，可打开工具箱。工具箱提供了图形绘制和编辑的各种工具，分为“工具”“查看”“颜色”“选项”4 个功能区，如图 1-1-18 所示。其中，有些工具按钮右下角带有三角标记 ，表示还有拓展工具，将鼠标指针放置在工具按钮上，按住鼠标左键即可将其展开。

- “选择”工具：快捷键为 V，用于选择、移动和复制舞台上的对象，改变对象的大小和形状等。
- “部分选择”工具：快捷键为 A，用来抓取、选择、移动和改变形状路径。
- “任意变形”工具：快捷键为 Q，对舞台上选定的对象进行缩放、扭曲、旋转变形。
- “渐变变形”工具：快捷键为 F，对舞台上选定的对象填充变色或进行变形处理。
- “套索”工具：快捷键为 L，可以在舞台上选择不规则的区域或多个对象。
- “多边形套索”工具：快捷键为 Shift+L，可以在舞台上选择规则的区域或多个对象。
- “魔术棒”工具：可以在舞台上根据颜色的范围进行区域的选择。
- “流畅画笔”工具：快捷键为 Shift+B，在绘制笔触时可避免轻微的波动和变化，有助于减少在绘制笔触后生成的总体控制点数量。
- “传统画笔”工具：快捷键为 B，绘制任意形状的色块矢量图形，颜色由填充色决定。
- “画笔”工具：快捷键为 Y，绘制任意形状的色块矢量图形，颜色由笔触色决定。
- “铅笔”工具：快捷键为 Shift+Y，绘制任意形状的矢量图形。
- “橡皮擦”工具：快捷键为 E，擦除舞台上的内容。
- “矩形”工具：快捷键为 R，绘制矩形矢量色块或图形。
- “基本矩形”工具：快捷键为 Shift+R，绘制基本矩形。此工具绘制图元对象，图元对象允许用户在“属性”面板中调整其特性，可以在创建形状之后，精确地控制形状的大小、边角半径以及其他属性，而无须从头进行绘制。
- “椭圆”工具：快捷键为 O，绘制椭圆形、圆形矢量色块或图形。
- “基本椭圆”工具：快捷键为 Shift+O，绘制基本椭圆形。此工具绘制图元对象，可以在创建形状之后，精确地控制形状的开始角度、结束角度、内径以及其他属性，而无须从头进行绘制。
- “直线”工具：快捷键为 N，绘制直线段。

- “钢笔”工具：快捷键为 P，用来绘制直线和光滑的曲线，调整直线长度、角度及曲线曲率等。
- “添加锚点”工具：快捷键为=，在绘制的线段上单击可以添加锚点。
- “删除锚点”工具：快捷键为-，在锚点上单击可以删除锚点。
- “转换锚点”工具：快捷键为 Shift+C，用于转换锚点的方向。
- “文本”工具：快捷键为 T，创建、编辑字符对象或者文本窗体。
- “颜料桶”工具：快捷键为 K，改变色块的色彩。
- “墨水瓶”工具：快捷键为 S，改变矢量线段、曲线、图形边框的颜色。
- “滴管”工具：快捷键为 I，将舞台图形的属性赋于当前绘图工具。
- “资源变形”工具：快捷键为 W，可以更好地控制手柄和变形结果。
- “手形”工具：快捷键为 H，移动舞台画面，以便用户更好地观察。
- “旋转”工具：快捷键为 Shift+H，可以用来临时旋转舞台的视图角度，可以特定的角度进行绘制，而不是像自由变换工具一样，需要永久旋转舞台的实际对象。
- “时间划动”工具：快捷键为 Shift+Alt+H，可以在舞台窗口中拖曳鼠标调整时间标签的位置。
- “缩放”工具：快捷键为 Z，改变舞台画面的显示比例。
- “摄像头”工具：快捷键为 C，用来模仿摄像头的移动效果。
- “骨骼”工具：快捷键为 M，可以实现反向运动制作人物动画效果。
- “宽度”工具：快捷键为 U，用来修改笔触的宽度。
- “绑定”工具：快捷键为 Shift+M，用来调整骨骼和控制点的关系。
- “3D 旋转”工具：快捷键为 Shift+W，可以在 3D 空间中旋转影片剪辑实例。使用该工具时 3D 旋转控件出现在选定对象之上，X 轴显示为红色，Y 轴显示为绿色，Z 轴显示为蓝色。橙色控件可同时自由旋转 X 轴、Y 轴 Z 轴。
- “3D 平移”工具：快捷键为 G，可以在 3D 空间中移动影片剪辑实例。使用该工具时影片剪辑的 X、Y、Z 这 3 个轴将显示在舞台对象的顶部。X 轴为红色，Y 轴为绿色，Z 轴为黑色。可以将影片剪辑分别沿 X、Y、Z 轴进行平移。
- “填充颜色”按钮：选择图形填充区域的颜色。
- “笔触颜色”按钮：选择图形边框和线条颜色。
- “黑白”按钮：系统默认的颜色。
- “交换颜色”按钮：可以将笔触颜色和填充颜色进行交换。

3. Adobe Animate 2022 的场景和舞台

场景也就是常说的舞台，是编辑和播放动画的矩形区域，是所有动画元素的最大活动空间，如图 1-1-19 所示。场景可以不止一个，需要查看场景，可以选择“视图”→“转到”命令，从其子菜单中选择场景的名称；也可以在编辑场景区域直接选择需要的场景名称。在舞台上可以放置、编辑矢量图、文本框、按钮、导入的位图图形、视频剪辑等对象，舞台包括大小、颜色等设置。

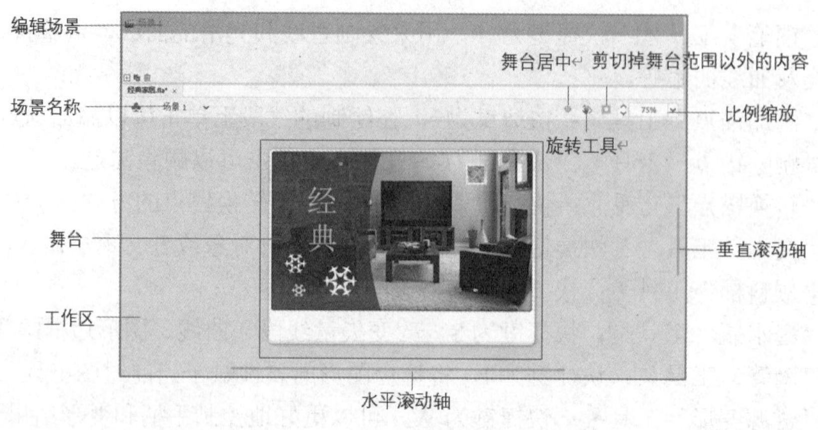

图　1-1-19

在舞台上为了帮助制作者准确定位，可以显示网格和标尺。显示网格的方法是选择“视图”→“网络”→“显示网络”命令，效果如图 1-1-20 所示。显示标尺的方法是选择“视图”→“标尺”命令，效果如图 1-1-21 所示。

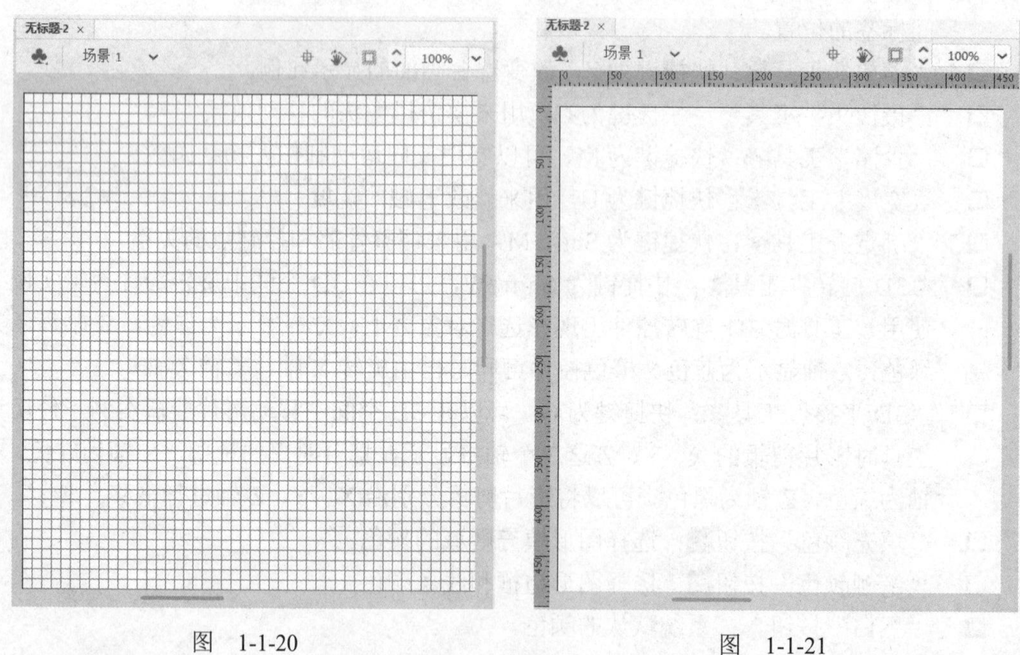

图　1-1-20　　　　图　1-1-21

在制作动画时，还经常使用辅助线来作为舞台上不同对象的对齐标准。需要时可以从标尺上向舞台拖曳鼠标产生蓝色的辅助线，如图 1-1-22 所示。不需要辅助线时，可以从舞台上向标尺方向拖曳辅助线进行删除。还可以选择“视图”→“辅助线”→“显示辅助线”命令，显示出辅助线，选择“视图”→“辅助线”→“清除辅助线”命令删除辅助线。

4．Adobe Animate 2022 的时间轴

时间轴用于组织和控制文件内容在一定时间内播放。按照功能的不同，“时间轴”面板分为两部分，分别为左侧层控制区和右侧时间线控制区，如图 1-1-23 所示。

图　1-1-22

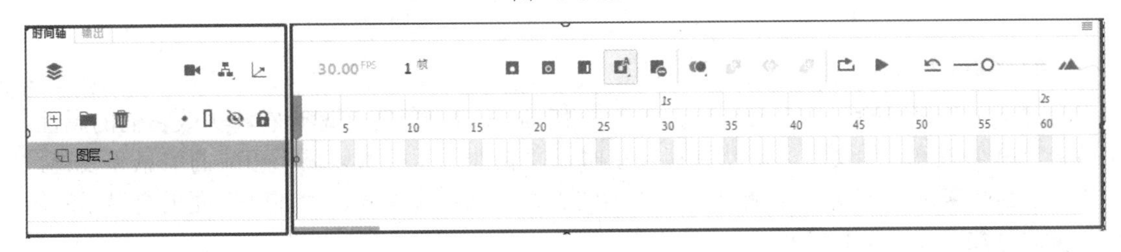

图　1-1-23

- 层控制区：层控制区位于时间轴的左侧。层就像堆叠在一起的多张幻灯片胶片一样，每个层都包含一个显示在舞台中的不同图像，在层控制区中可以显示舞台上正在编辑作品的所有层的名称、类型、状态，并可以通过工具按钮对层进行操作。
- 时间线控制区：时间线控制区位于时间轴的右侧。由帧、播放头、多个按钮和信息栏组成。Animate 文档也将时间长度分为帧。每个层中包含的帧显示在该层名右侧的一行中。时间轴顶部的时间轴标题指示帧编号，播放头指示舞台中当显示的帧。信息栏显示当前帧编号、动画播放速率以及到当前帧为止的运行时间等信息。

5. Adobe Animate 2022 的浮动面板

使用浮动面板可以查看、组合和更改资源，但屏幕的大小有限，为了使工作区最大化，Adobe Animate 2022 提供了许多自定义工作区的方式。例如，用户可以通过“窗口”菜单显示或隐藏面板，还可以通过鼠标拖动来调整面板的大小，以及重新组合面板，如图 1-1-24 所示和图 1-1-25 所示。

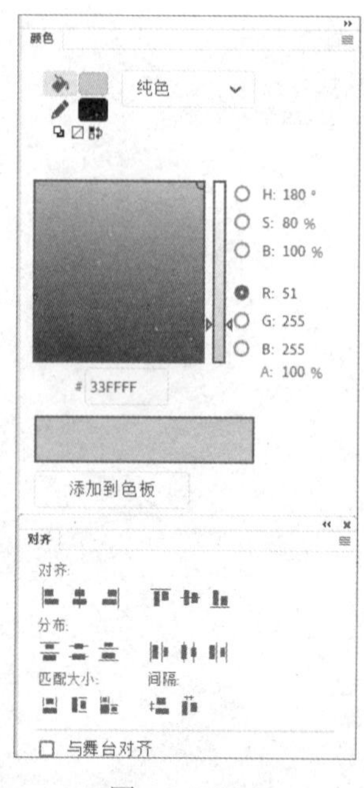

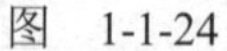

图　1-1-24

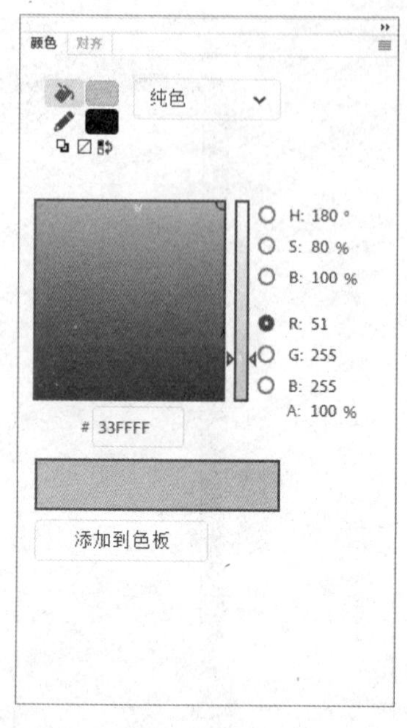

图　1-1-25

6．Adobe Animate 2022 的属性面板

对于正在使用的工具或资源，使用“属性”面板可以很容易地查看和更改它们的属性。当选定单个对象，如文本、形状、视频组时，“属性”面板可以显示相应的信息和设置，如图 1-1-26 所示。当选定了两个或多个不同类型的对象属性时，“属性”面板会显示选定对象的总数，如图 1-1-27 所示。

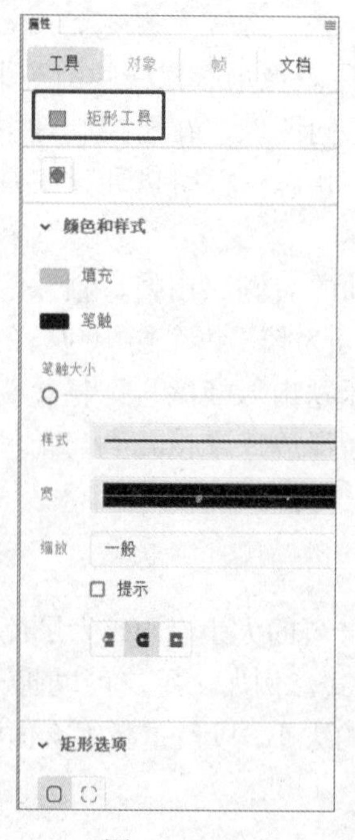

图　1-1-26

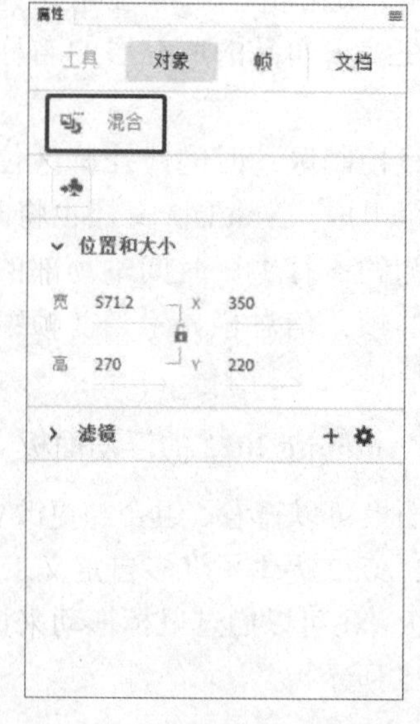

图　1-1-27

1.1.3　Adobe Animate 2022 的文档操作

1. 新建文件

新建文件是使用 Adobe Animate 2022 进行设计的第一步，在如图 1-1-28 所示的欢迎页面上方选择要创建文档的类型，在“预设”选项组中选择需要的预设，也可以在“详细信息”选项组中自定义尺寸、单位和平台类型，设置完成后单击“创建”按钮即可创建一个新的文档，如图 1-1-29 所示。

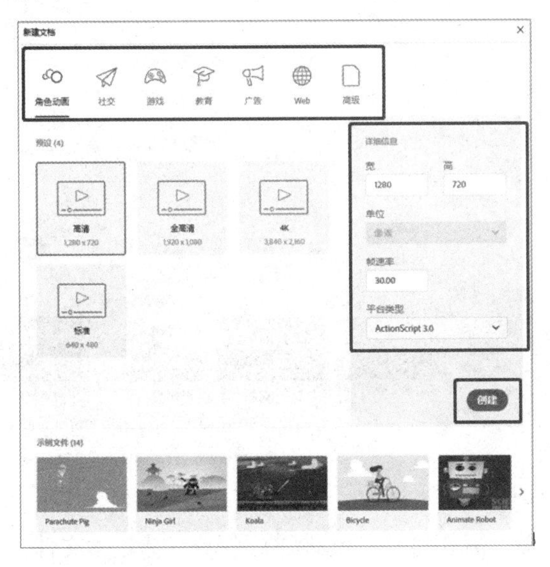

图　1-1-28

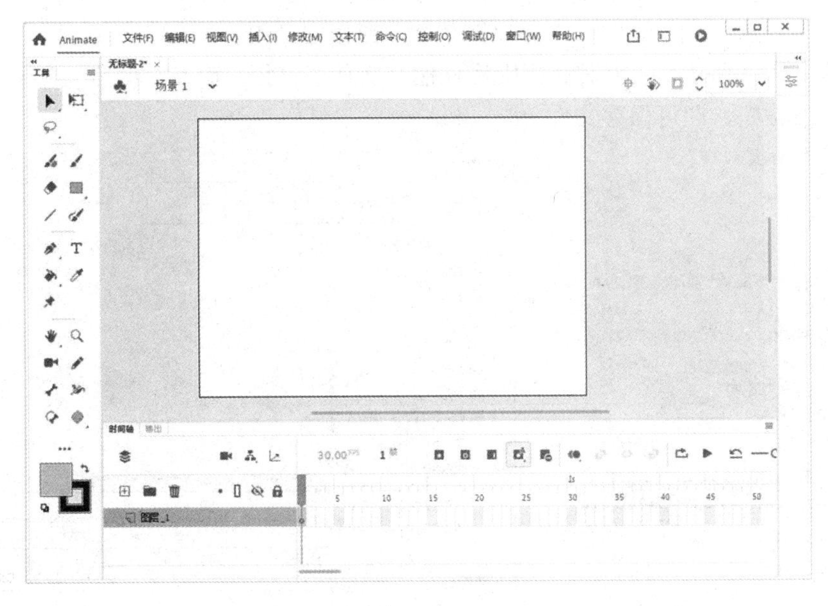

图　1-1-29

当有文档打开时，新建文档可通过“文件”菜单命令进行创建。选择“文件”→“新建”命令，或按 Ctrl+N 组合键，打开“新建文档”面板，如图 1-1-30 所示。在对话框中进行设置，设置完成后单击“创建”按钮，即可创建一个新文档。

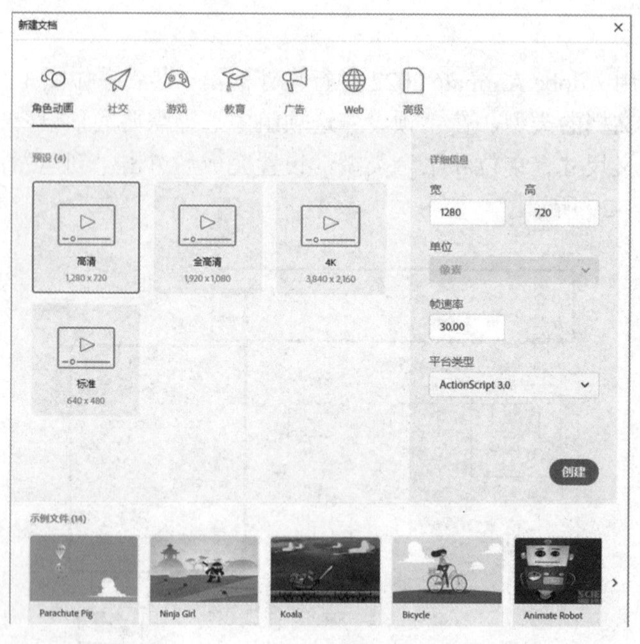

图　1-1-30

2. 保存文件

编辑和制作完动画后，需要将动画文件进行保存。通过“文件”菜单下的“保存”“另存为”“另存为模板”等命令可以将文件保存到磁盘上，如图 1-1-31 所示。当对作品进行第一次保存时，选择“文件”→“保存”命令，或按 Ctrl+S 组合键，可打开“另存为”对话框，如图 1-1-32 所示。在该对话框中选择保存文件的路径，输入文件名，选择保存类型，单击“保存”按钮，即可保存文件。

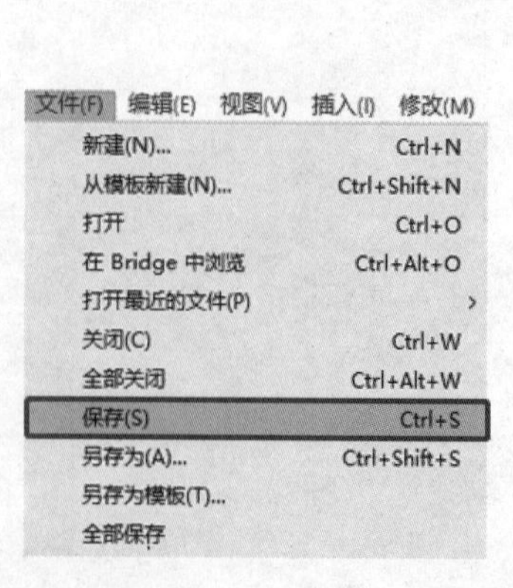

图　1-1-31

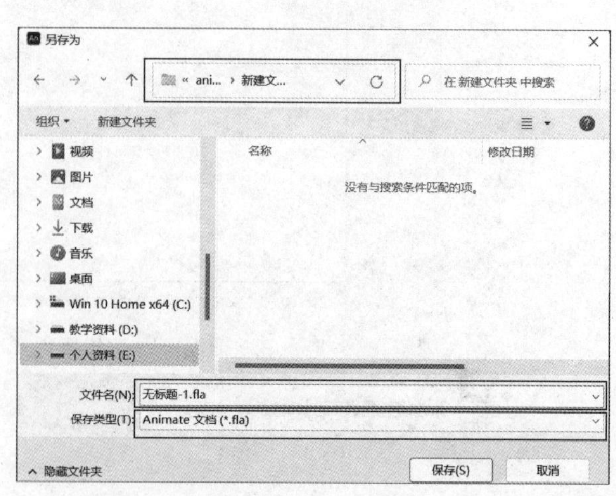

图　1-1-32

3．打开文件

如果要修改已完成的文件，选择“文件”→“打开”命令，打开“打开”对话框，如图 1-1-33 所示。在该对话框中搜索路径和文件，确认文件类型和名称，然后单击“打开”按钮或直接双击文件，即可打开指定的动画文件，如图 1-1-34 所示。

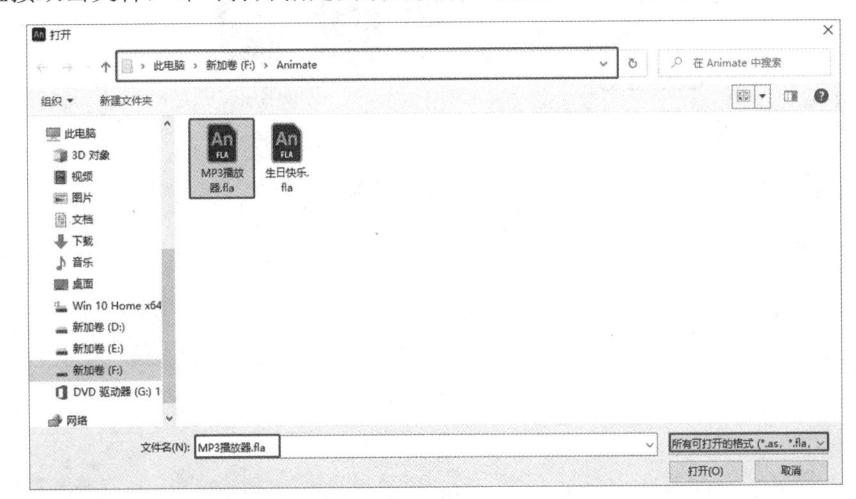

图　1-1-33

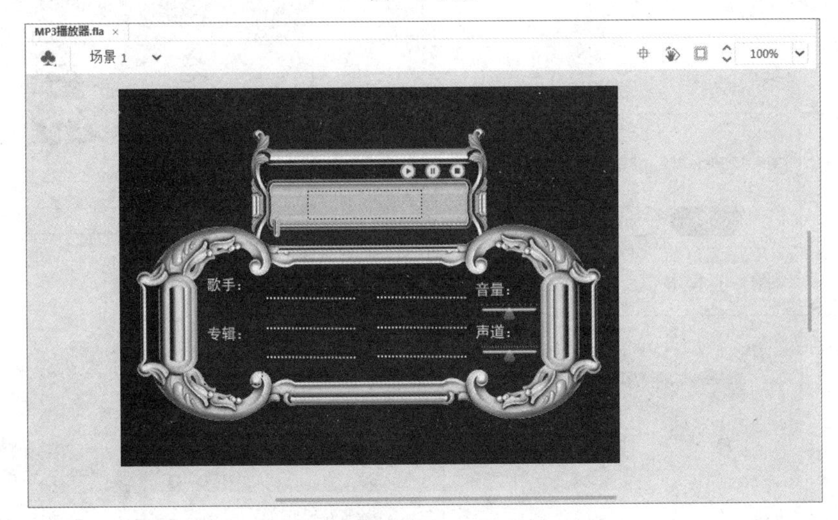

图　1-1-34

4．导入文件

Adobe Animate 2022 可以导入各种文件格式的矢量图形、位图及视频文件。

1）导入到舞台

选择“文件”→“导入”→“导入到舞台”命令，在打开的“导入”对话框中选择要导入的图像，如图 1-1-35 所示，单击“打开”按钮，打开提示对话框，如图 1-1-36 所示。

当单击“是”按钮时，位图全部被导入到舞台，这时舞台、“库”面板和“时间轴”

面板所显示的效果如图 1-1-37、图 1-1-38、图 1-1-39 所示。

图　1-1-35

图　1-1-36

图　1-1-37

图　1-1-38

图　1-1-39

当单击“否”按钮时，选择的位图被导入到舞台，这时舞台、“库”面板和“时间轴”面板所显示的效果如图 1-1-40、图 1-1-41、图 1-1-42 所示。

2）导入到库

选择“文件”→“导入”→“导入到库”命令，打开“导入到库”对话框，如图 1-1-43

所示，选择文件后，单击“打开”按钮，即可将选择的文件导入到“库”面板，而不导入到舞台工作区，如图 1-1-44 所示。

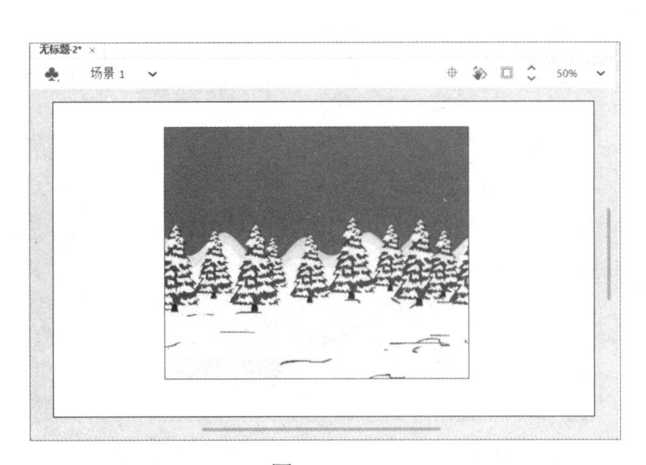

图　1-1-40

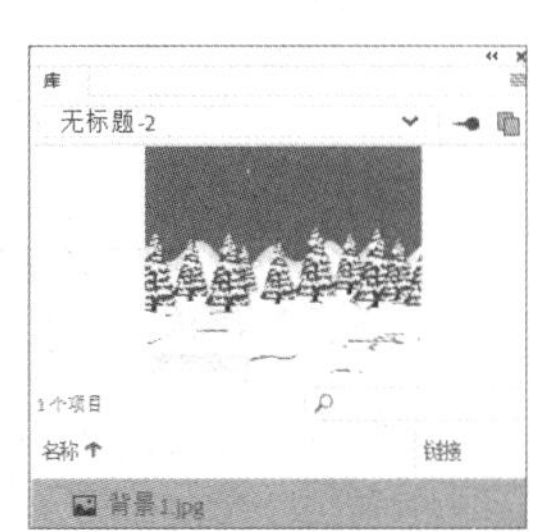

图　1-1-41

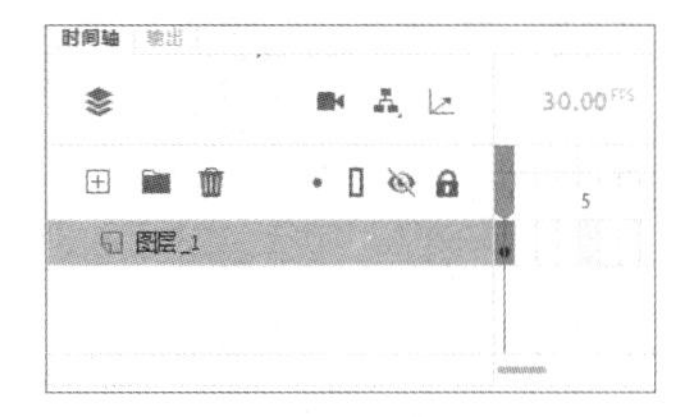

图　1-1-42

图　1-1-43

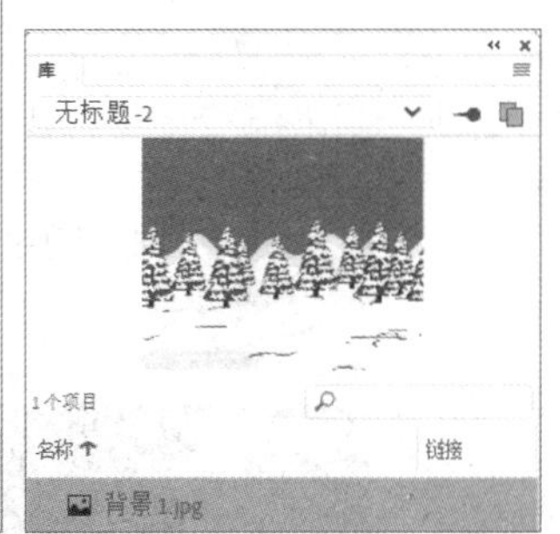

图　1-1-44

3）导入视频

选择“文件”→“导入”→“导入视频”命令，打开“导入视频”对话框，如图 1-1-45 所示，选中“在 SWF 中嵌入 FLV 并在时间轴中播放”单选按钮，单击“浏览”按钮选择路径，找到需要导入的视频文件，单击“下一步”按钮。进入“嵌入”对话框，如图 1-1-46 所示。

单击“下一步”按钮，打开“完成视频导入”对话框，如图 1-1-47 所示，单击“完成”按钮，完成视频的导入。

此时，舞台、“库”面板和“时间轴”面板所显示的效果分别如图 1-1-48、图 1-1-49、图 1-1-50 所示。

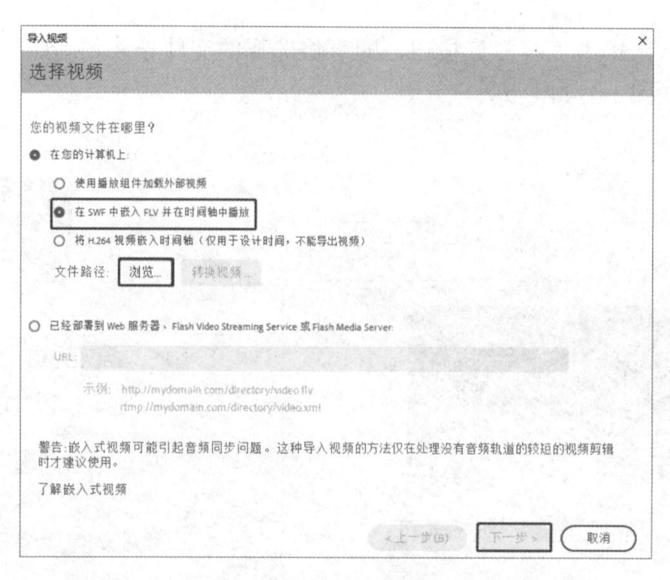

图　1-1-45

图　1-1-46　　　　图　1-1-47

图　1-1-48　　　　图　1-1-49　　　　图　1-1-50

5．影片的测试与优化

选择“控制”→“测试”命令，或按 Ctrl+Enter 组合键，进入影片测试窗口，如图 1-1-51 所示。

影片测试时，可以通过菜单栏中的“视图”菜单和“控制”菜单对测试影片进行设置，如图 1-1-52 和图 1-1-53 所示。

图　1-1-51

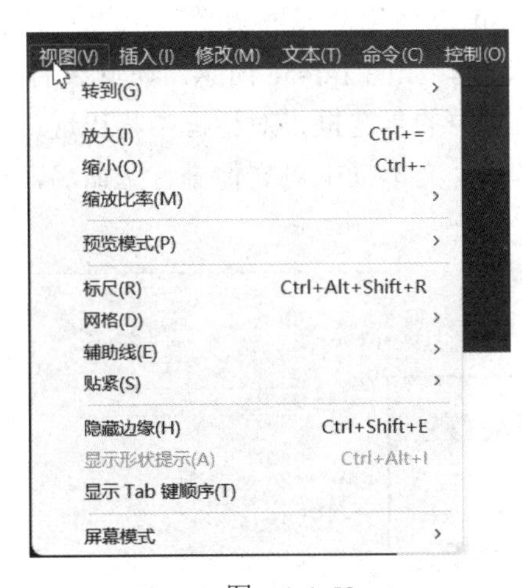

图　1-1-52

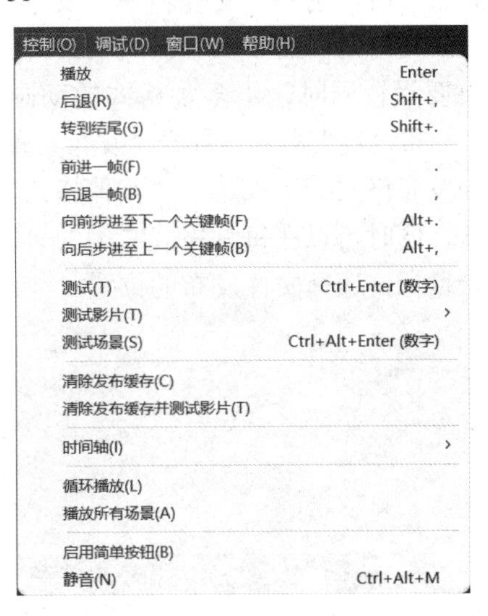

图　1-1-53

6. 影片的输出与发布

动画作品设计完成后，要通过导出或发布方式将制作完成的影片制作成可以脱离 Adobe Animate 2022 环境播放的动画文件。并不是所有应用系统都支持 Animate 格式，如果要在网页、应用程序或多媒体中编辑动画作品，可以将它们导出成通用的文件格式，如 JPEG、GIF、PNG 或 MOV 等。

1）影片的输出

选择“文件”→“导出”命令，在弹出的子菜单中可以选择将文件导出为图像、影片、视频或动画等，如图 1-1-54 所示。

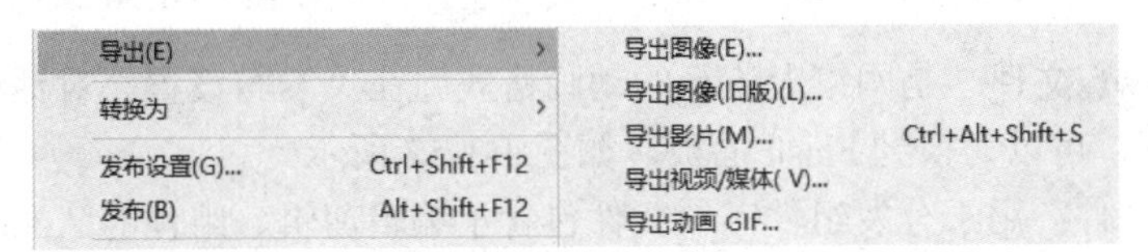

图　1-1-54

- “导出图像”命令：将当前帧或图像导出为一种静止图像格式，同时在导出时可以对图像进行优化处理。

- “导出图像（旧版）”命令：将当前帧或所选图像导出为一种静止图像格式，或导出为单帧的应用程序。
- “导出影片”命令：将动画导出为包含一系列图片、音频的动画格式或静止帧。当导出为静止图像时，可以为文档中的每一帧都创建一个带有编号的图像文件；还可以将文档中的声音导出为 MAV 文件。
- “导出视频/媒体”命令：将做好的动画导出为 MOV 格式的视频文件。
- “导出动画 GIF”命令：将做好的动画导出为 GIF 动画。

2）影片的发布

发布影片时，选择“文件”→“发布”命令，在 Animate 文件所在的文件夹中将生成与 Animate 文件同名的 SWF 文件和 HTML 文件，如图 1-1-55 所示。

如果要设置同时输出多种格式的动画作品，可以使用“发布设置”命令。选择“文件”→“发布设置”命令，打开“发布设置”对话框，如图 1-1-56 所示。在默认的状态下，只有两种发布格式。可以选中“其他格式”选项组中的复选框，对话框中将出现相应的格式选项卡，同时可以在每种格式右侧的“输出名称”文本框中对文件进行重命名，也可以选择发布目标，选择文件发布的位置。

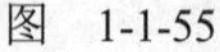
图　1-1-55

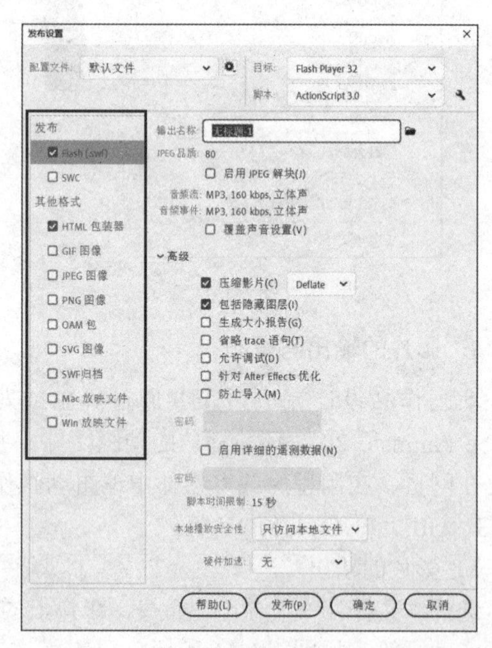

图　1-1-56

- Flash.swf 文件：是网络上流行的动画格式。在“发布设置”对话框中选中 Flash 复选框，可以切换到 Flash 面板，如图 1-1-57 所示。
- SWC 文件：用于分发组件，该文件包含了编辑剪辑、组件的 ActionScript 类文件以及描述组件的其他文件，如图 1-1-58 所示。
- HTML 包装器：HTML 文件用于在网页中引导和播放动画作品，在“发布设置”

话框中选中“HTML 包装器”复选框，可以切换到“HTML 包装器”面板，如图 1-1-59 所示。

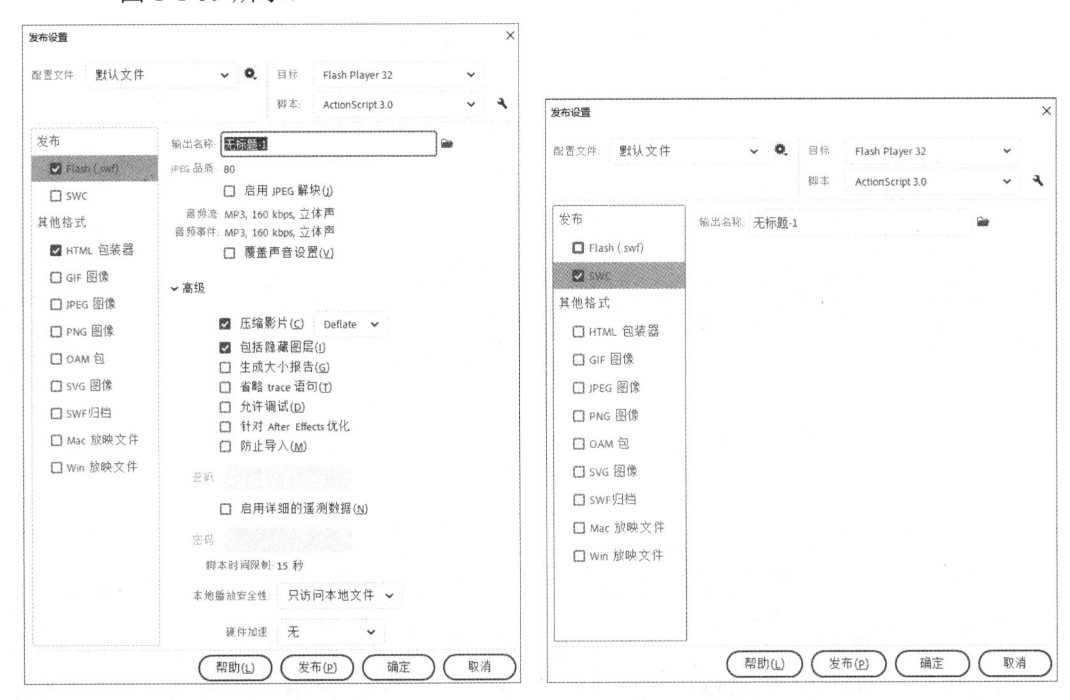

图　1-1-57　　　　图　1-1-58

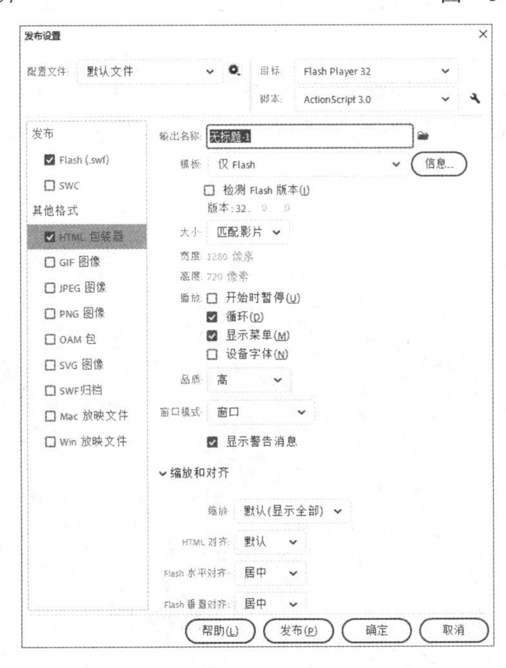

图　1-1-59

- ❑ GIF 图像：Animate 可以将动画发布为 GIF 格式的动画，这样不使用任何插件就可以观看动画。在“发布设置”对话框中选中“GIF 图像”复选框，可以切换到

“GIF 图像”面板，如图 1-1-60 所示。

❑ JPEG 图像：在“发布设置”对话框中选中“JPEG 图像”复选框，可以切换到“JPEG 图像”面板，如图 1-1-61 所示。

图　1-1-60

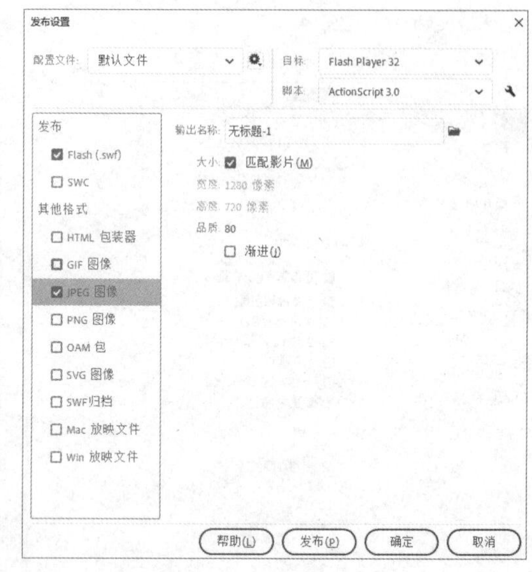

图　1-1-61

❑ PNG 图像：PNG 文件格式是一种可以跨平台支持透明度的图像格式，在“发布设置”对话框中选中“PNG 图像”复选框，可以切换到“PNG 图像”面板，如图 1-1-62 所示。

❑ OAM 包：从 Animate 生成 OAM 文件可以在 Dreamweaver 和 InDesign 中使用，在“发布设置”对话框中选中“OAM 包”复选框，可以切换到“OAM 包”面板，如图 1-1-63 所示。

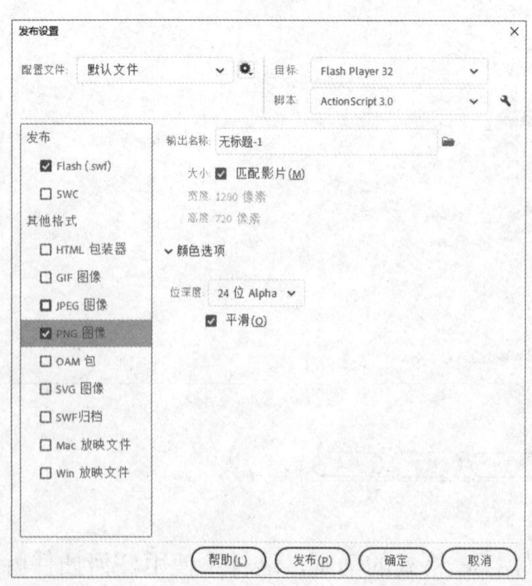

图　1-1-62

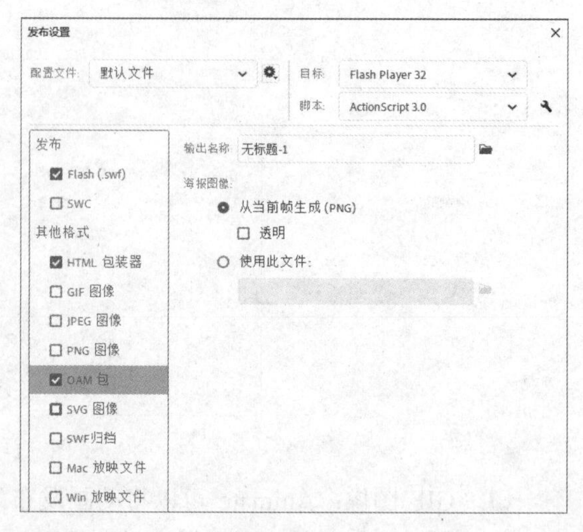

图　1-1-63

- ❑ SVG 图像：SVG 是一种 XML 标记语言，又称为可伸缩矢量图形。它是可交互和动态的，可以嵌入动画元素或通过脚本来定义动画，可以用于移动或印刷设备。在“发布设置”对话框中选中“SVG 图像”复选框，可以切换到“SVG 图像”面板，如图 1-1-64 所示。
- ❑ SWF 归档：SWF 归档文件是新发布的一种格式，它可以将不同的图层作为单独的 SWF 文件进行打包，再导入到 Adobe After Effects 中快速设计动画，在“发布设置”对话框中选中“SWF 归档”复选框，可以切换到“SWF 归档”面板，如图 1-1-65 所示。

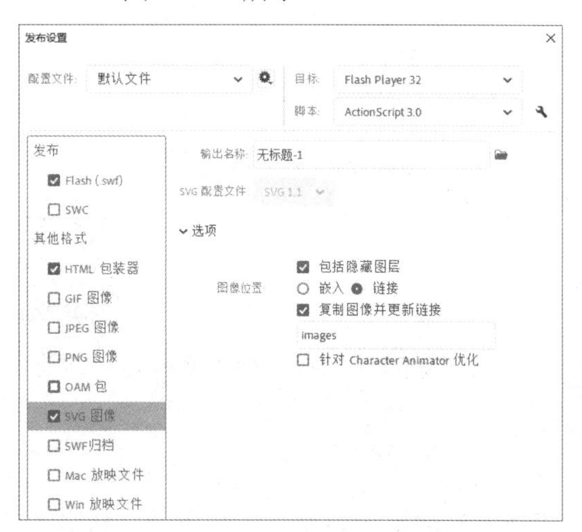

图　1-1-64

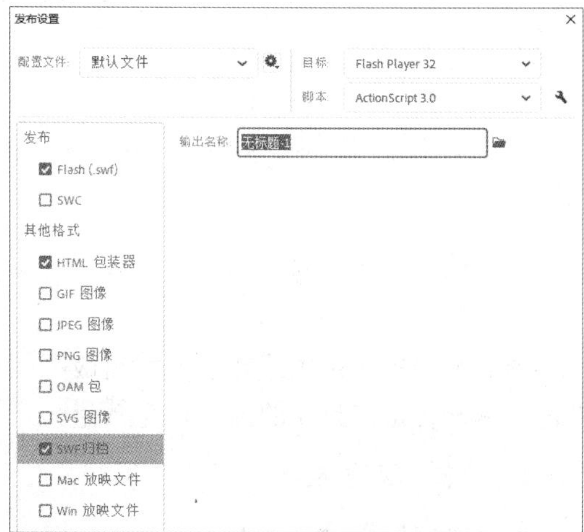

图　1-1-65

1.1.4　舞台工作区的设置操作

1．舞台和舞台工作区

在 Animate 中，舞台是创建 Animate 文档时放置对象的矩形区域。只有舞台工作区内的对象才能够作为影片被打印或输出。舞台工作区是绘制图形、输入文字和编辑图形、图像等对象的矩形区域，也是创建影片的区域。

2．舞台工作区显示比例的调整方法

方法一：舞台工作区的上方是编辑栏，编辑栏右侧有一个可以改变舞台工作区显示比例的下拉列表框，如图 1-1-66 所示。

方法二：选择“视图”→“缩放比率”命令，打开下一级子菜单，如图 1-1-67 所示，其余步骤同方法一。

方法三：使用工具箱中的缩放工具，可以改变舞台工作区的显示比例，也可以改变对象的显示比例。单击缩放工具，则工具箱内会出现放大或缩小两个按钮，单击按钮可以放大舞台，单击按钮可以缩小舞台。

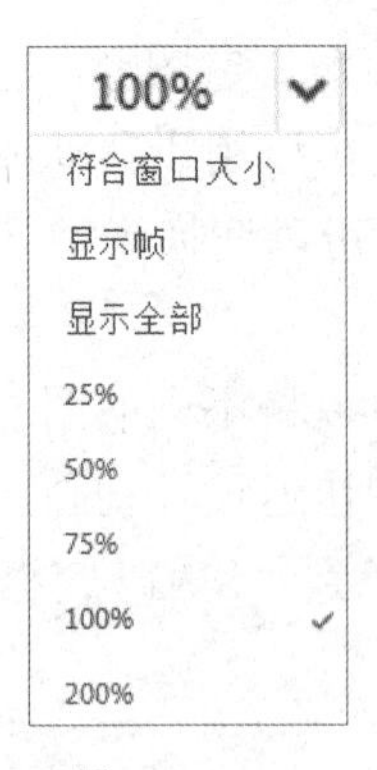

图　1-1-66

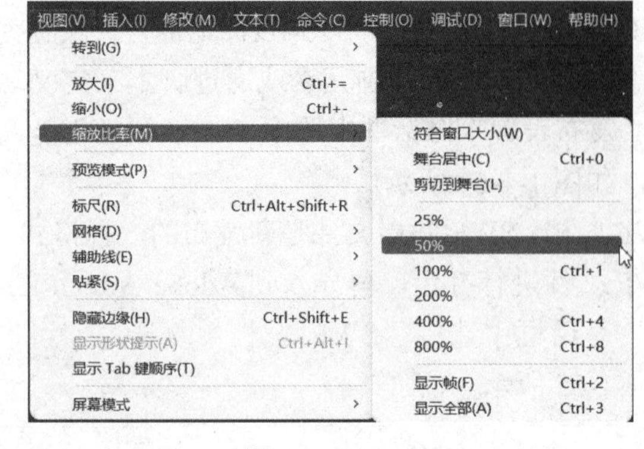

图　1-1-67

1.2　任务 2——Animate 2022 工具应用技巧

1.2.1　设置图形颜色

图形可以看成是由线和填充色组成的图形。矢量图形的着色有两种，一种是对线进行着色，另一种是在封闭的内部填充颜色。

1. “样本”面板

选择“窗口”→“样本”命令，可以打开“样本”面板，如图 1-2-1 所示。利用“样本”面板，可以设置笔触和填充的颜色。

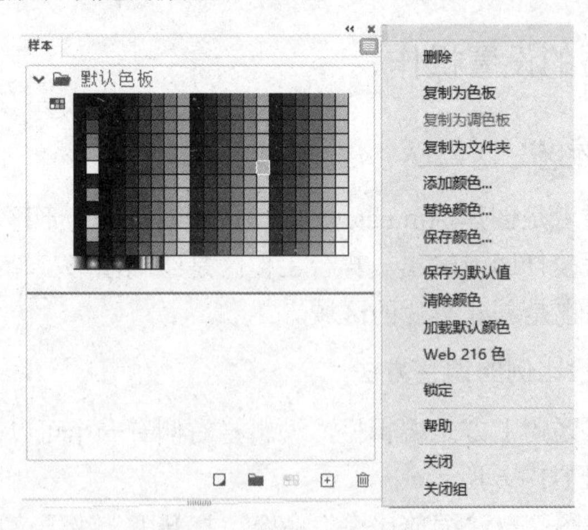

图　1-2-1

2. “颜色”面板

选择“窗口”→“颜色”命令，可以打开“颜色”面板。利用“颜色”面板，可以调整笔触和填充颜色，并设置多色渐变的填充色。

单击“笔触颜色”按钮，可以设置笔触颜色；单击“填充颜色”按钮，可以设置填充颜色。

下面分别介绍“颜色”面板内各选项的作用。

（1）“类型”下拉列表框，包含了多种填充样式，如图 1-2-2 所示。

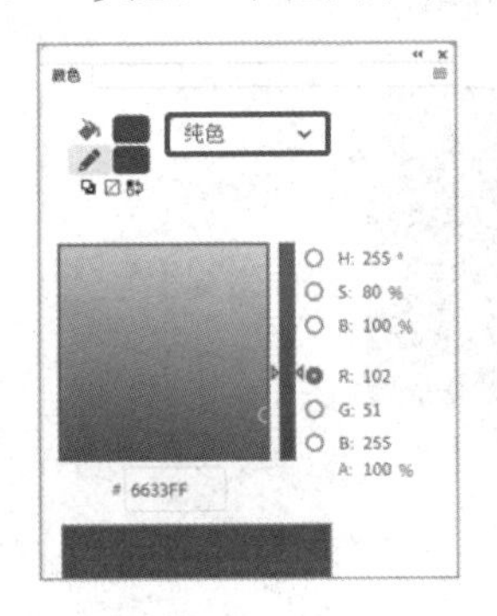

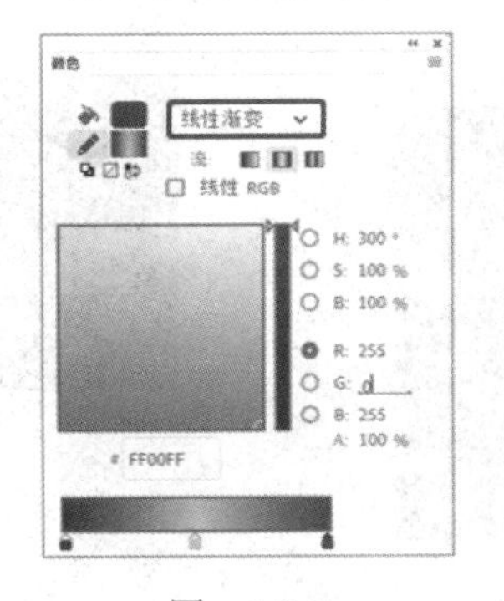

图　1-2-2

（2）颜色栏按钮，可以分别设置“填充颜色”和“笔触颜色”。使用方法和工具箱中的“颜色”栏及“属性”面板中的“填充颜色”按钮相同，单击可以打开“颜色”面板，如图 1-2-3 所示。

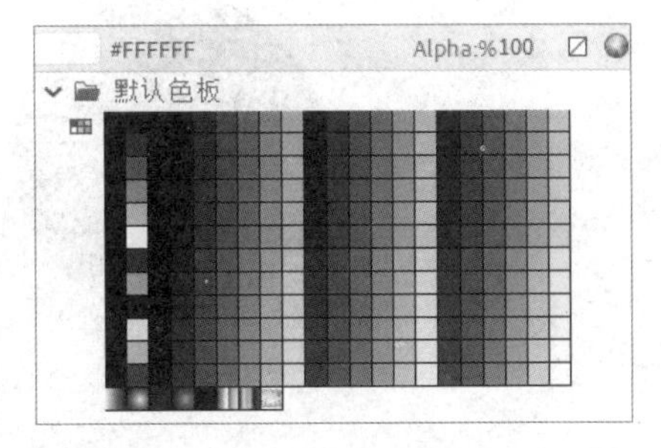

图　1-2-3

（3）设置渐变填充色。

对于“线性渐变”和“径向渐变”填充样式，可以通过“颜色”面板中的控制点设置颜色的渐变效果。所谓控制点，是指表示起始颜色和终止颜色的点以及渐变颜色的转折点。

- 移动控制点：用鼠标拖动调整条下边的滑块，可以改变控制点的位置，以改变颜色的渐变情况。
- 改变控制点的颜色：选中调整条下边的滑块，再单击按钮，弹出“颜色”面板，选中某种颜色，即可以改变控制点的颜色。还可以在上边的文本框中设置颜色和不透明度。
- 增加控制点：在调整条下边要加入控制点处单击，即可增加一个新的控制点。可增加多个控制点。
- 删除控制点：向下拖动控制点滑块，即可将其删除。

（4）设置填充图像。

在“颜色”面板的“类型”下拉列表框中选择“位图”选项时，如果之前没有导入过位图，则会打开一个“导入到库”对话框。利用该对话框导入一幅图像后，即可在“颜色”面板中加入一个要填充的位图，单击小图像，即可选中该图像为填充图像。

3．渐变色的调整

选择“渐变变形”工具，或者按 F 键，再用鼠标单击填充图形的内部，即可在填充图形上显示出圆形、方形和三角形的控制柄。用鼠标拖动这些控制柄，可以调整填充图形的填充状态。线性渐变如图 1-2-4 所示，径向渐变如图 1-2-5 所示。

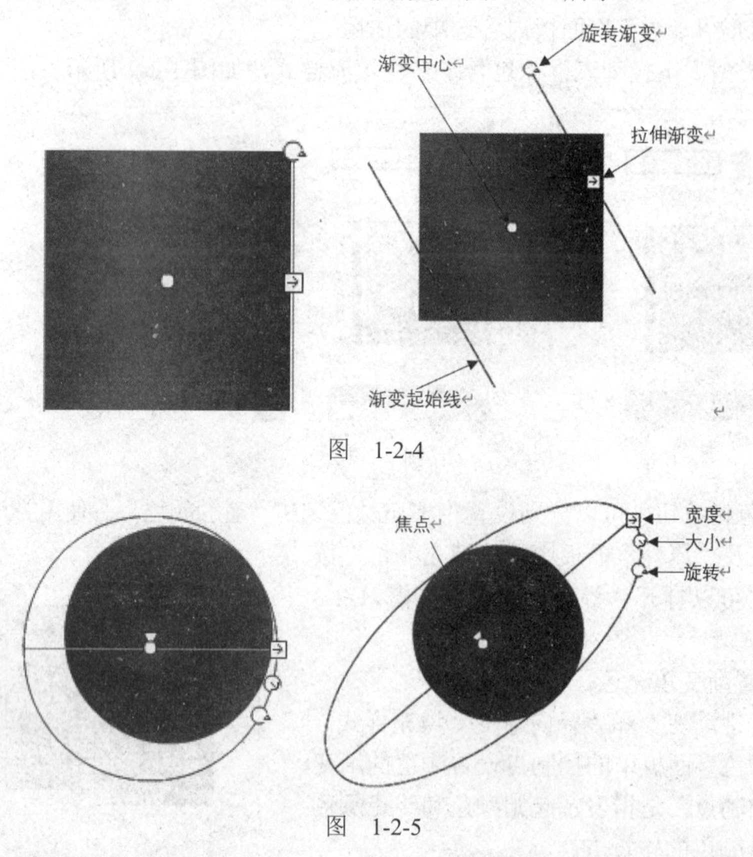

旋转渐变
渐变中心
拉伸渐变
渐变起始线

图　1-2-4

焦点
宽度
大小
旋转

图　1-2-5

例如，调整焦点，可以改变径向渐变的焦点；调整中心的大小，可以改变渐变的实心点；调整宽度，可以改变渐变的宽度；调整大小，可以改变渐变的大小；调整旋转，可以改变渐变的放置角度。

选择“渐变变形”工具，再单击位图填充，填充中会出现 6 个控制柄和 1 个中心标记，如图 1-2-6 所示。

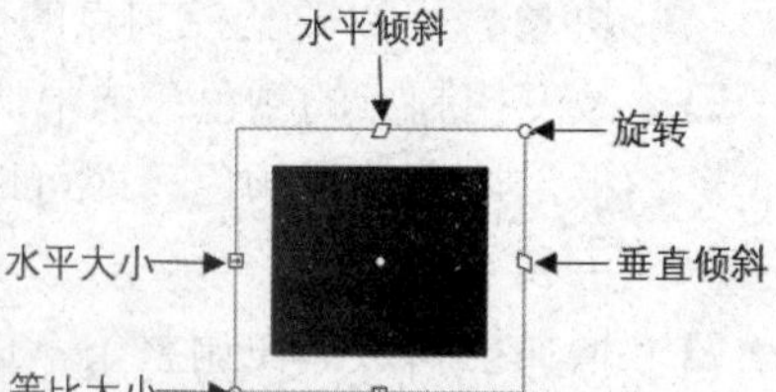

水平倾斜
旋转
水平大小
垂直倾斜
等比大小
垂直大小

图　1-2-6

4．颜料桶工具

颜料桶工具主要用于对填充属性（纯色填充、线性渐变填充、径向渐变填充和位图填充等）进行修改。颜料桶工具的使用方法如下。

（1）设置填充的新属性。选择工具箱中的“颜料桶”工具，此时鼠标也会变成形状，再单击舞台工作区中的某填充图形，即可为该填充图形应用新的填充属性。另外，可用鼠标在填充区域内拖动或单击来完成线性渐变填充、径向渐变填充和位图填充。

（2）选择“颜料桶”工具，在工具箱下方会出现如图 1-2-7 所示的两个按钮。单击“空隙大小”按钮，弹出如图 1-2-8 所示的 4 种空隙选项，可以分别在不同空隙大小的条件下进行颜色填充。

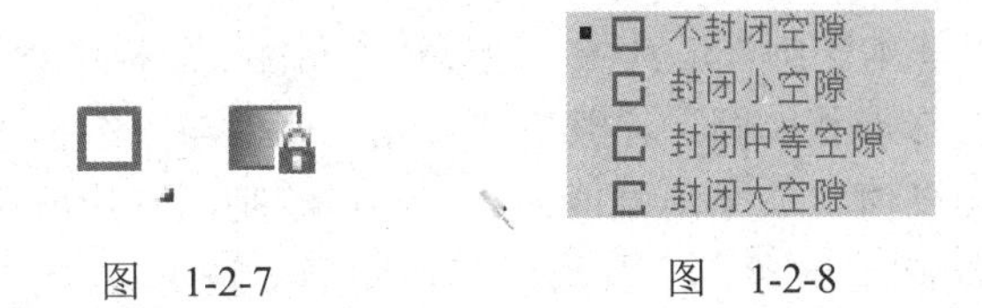

图　1-2-7　　　图　1-2-8

“锁定填充”按钮用于控制渐变的填充方式，当打开此功能时，所有使用渐变的填充只用到渐变形状的一部分；当关闭此功能时，可在填充区域显示整个渐变。

1.2.2　绘制简单图形

1．绘制线

绘制线条的操作方法如下。

（1）使用线条工具绘制直线。选择“直线”工具，利用其“属性”面板设置线型和线的颜色，在舞台工作区内拖动鼠标，即可绘制各种长度和角度的直线。按住 Shift 键的同时拖动鼠标，可以绘制出水平、垂直和 45° 角的直线。

（2）使用铅笔工具绘制线条图形。选择“铅笔”工具，可以绘制出任意形状的曲线矢量图形。绘制一条线后，Animate 可以自动对线条进行变直和平滑处理。按住 Shift 键的同时拖动鼠标，可以绘制出水平和垂直的直线。

选择工具箱中的“铅笔”工具后，“选项”栏内会显示一个“铅笔模式”按钮，单击该按钮右侧的三角，出现如图 1-2-9 所示的 3 个按钮，可以分别绘制规则线条、平滑曲线和接近徒手画出的线条效果。

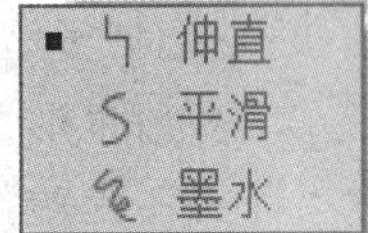

图　1-2-9

2．绘制图形

1）绘制矩形

选择工具箱中的“矩形”工具，拖动鼠标即可绘制出一个矩形。若按住 Shift 键，同时拖动鼠标，则可以绘制出正方形。

选择工具箱中的“基本矩形”工具，可以通过在“属性”面板中设置矩形的笔触、填充、半径等参数绘制圆角矩形等，如图 1-2-10、图 1-2-11 所示。

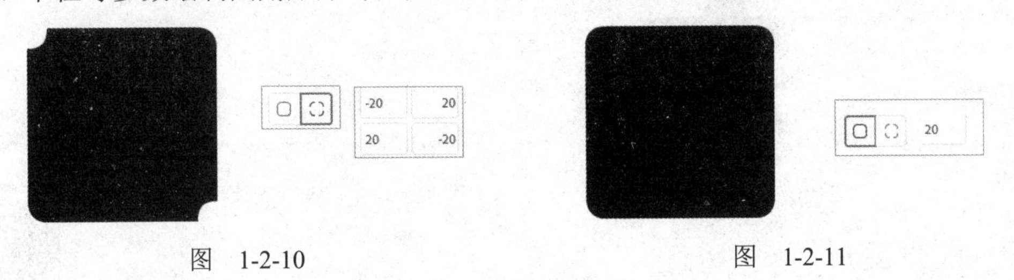

图　1-2-10　　　图　1-2-11

2）绘制圆形

选择工具箱中的“椭圆”工具，拖动鼠标即可绘制一个椭圆图形，若按住 Shift 键，同时拖动鼠标，则可以绘制正圆形。

选择工具箱中的“基本椭圆”工具，通过在“属性”面板中设置“开始角度”与“结束角度”等参数绘制特殊形状的圆形，其中“开始角度”与“结束角度”用于设置椭圆图形的起始角度与结束角度值。如果角度值为 0，则可绘制出圆形或椭圆形。调整这两项的参数值，可以轻松地绘制出扇形、半圆形或其他图形。设置方法如图 1-2-12、图 1-2-13 所示。

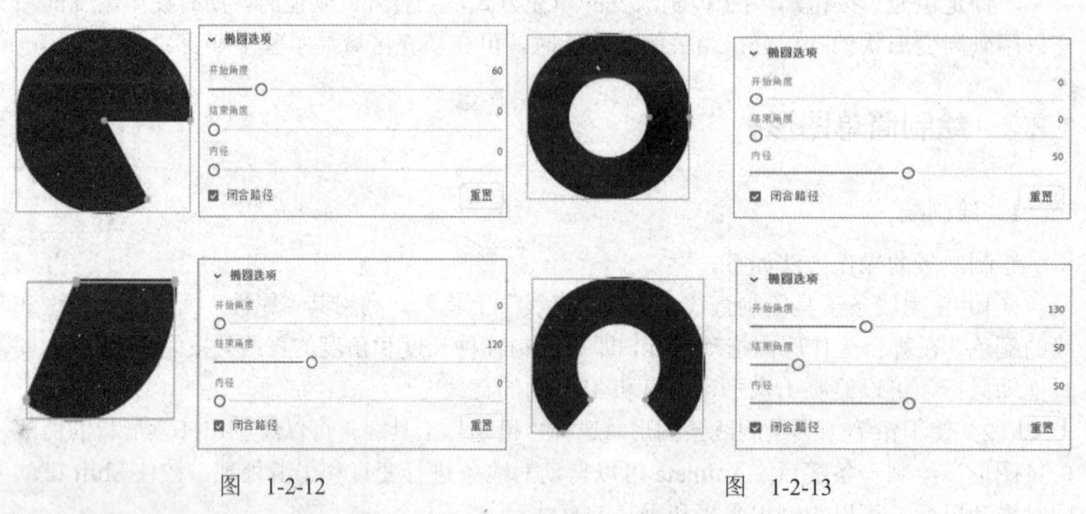

图　1-2-12　　　　图　1-2-13

3）绘制多边形和星形

“多角星形”工具可用于绘制星形或多边形。在“属性”面板的“工具选项”中设置“样式”“边数”“星形顶点大小”，可以绘制不同的多边形。如图 1-2-14 所示为选择不同样式类型的效果。

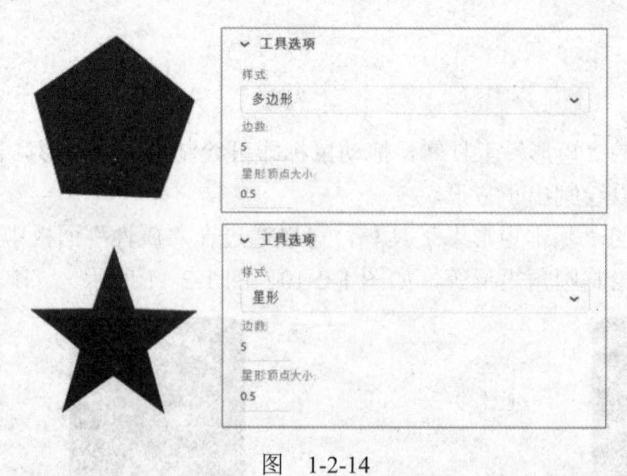

图　1-2-14

1.2.3　图形变形

1．使用选择工具改变图形形状

（1）使用工具箱中的“选择”工具，在对象外部单击，不要选中对象。

（2）将鼠标指针移到线、轮廓线或填充的边缘处，会发现鼠标指针右下角出现一条小弧线或小直角线，此时用鼠标拖动线，即可看到被拖动线的形状变化情况，松开鼠标左键后，图形会发生大小与形状的变化，调整过程如图 1-2-15 所示。

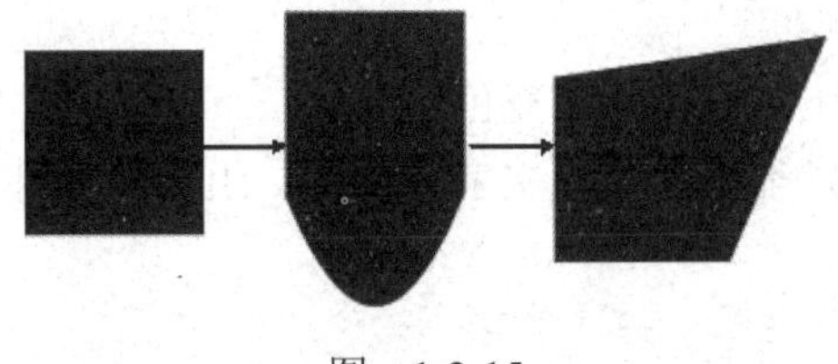

图　1-2-15

2．使用选择工具切割图形

（1）使用工具箱中的“选择”工具，用鼠标拖动出一个矩形，选中部分图形，拖动选中的这部分图形，即可将选中的图形从原图形中分离出来，如图 1-2-16（a）所示。

（2）在要切割的图形上绘制一条线，如图 1-2-16（b）所示，使用“选择”工具，把选择的部分图形移开，然后删除绘制的线条。

（3）在要切割的图形上绘制另一个图形，再使用“选择”工具将新绘制的图形移开，可以将该图形和原图形重叠的部分切割掉，如图 1-2-16（c）所示。

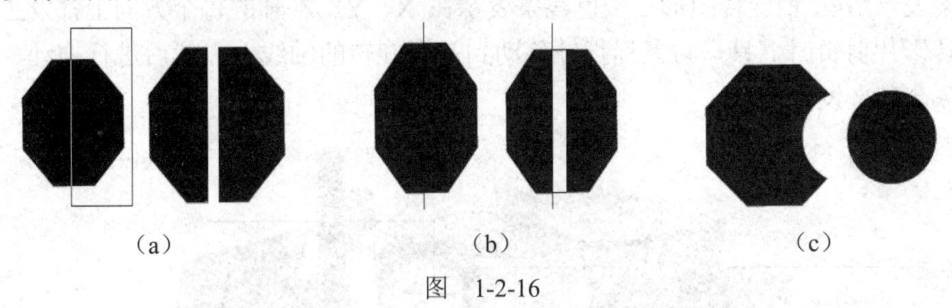

（a）　　（b）　　（c）

图　1-2-16

3．使用橡皮擦工具擦除图形

选择工具箱中的“橡皮擦”工具，通过调整工具选项，可以选择橡皮擦的形状，如图 1-2-17 所示，并可以设置如下 5 种不同的擦除方式，如图 1-2-18 所示。

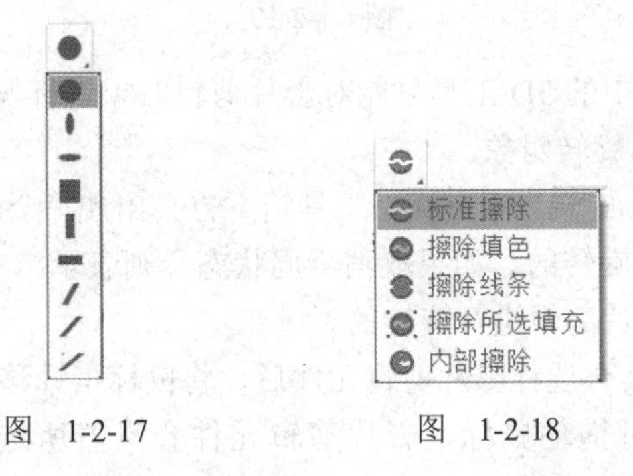

图　1-2-17　　图　1-2-18

- “标准擦除”按钮：单击该按钮后，鼠标光标呈现橡皮状，拖动鼠标擦除图形时，可以擦除鼠标光标拖动过的矢量图形、线条、打碎的位图和文字。

- ❑ “擦除填色”按钮：只可以擦除填充和打碎文字。
- ❑ “擦除线条”按钮：只擦除线条和轮廓线。
- ❑ “擦除所选填充”按钮：只擦除已选中的填充和分离的文字，不包括选中的线条、轮廓线和图像。
- ❑ “内部擦除”按钮：只擦除填充色。

以上任何一种擦除方式都不能擦除文字、位图、组合和元件的实例。

1.2.4 绘制 3D 图形

Animate 2022 增加了 3D 的功能，允许用户把 2D 图形进行三维的旋转和移动，变成逼真的 3D 图形。

1. 3D 旋转工具

使用“3D 旋转”工具可以在 3D 空间中旋转影片剪辑元件。当使用 3D 旋转工具选择影片剪辑实例对象后，在影片剪辑元件上将出现 3D 旋转空间，并且有彩色轴指示符，如图 1-2-19 所示。其中，红色线条表示沿 X 轴旋转图形，绿色线条表示沿 Y 轴旋转图形，蓝色线条表示沿 Z 轴旋转图形，橙色线条表示在 X、Y、Z 轴的每个方向上都发生旋转。需要旋转影片剪辑时，只需将鼠标指针移动到需要旋转的轴线上，然后进行拖动，则所编辑的对象会随之发生旋转。

图 1-2-19

注意，Animate 2022 中的 3D 工具只能对影片剪辑对象进行操作。

1）使用 3D 旋转工具旋转对象

在工具箱中选择“3D 旋转”工具，工具箱下方会出现“全局转换”按钮，此时旋转对象是相对于舞台进行旋转的。如果取消全局状态，则表示当前为局部状态，在局部状态下旋转对象是相对于影片剪辑进行旋转的。

使用“3D 旋转”工具选择影片剪辑元件后，将鼠标指针移动到要调整的轴线上时，指针会变成形状，此时拖动鼠标，影片剪辑元件会沿着所选轴的方向进行旋转，如图 1-2-20～图 1-2-23 所示。

2）使用“变形”面板进行 3D 旋转

使用“3D 旋转”工具，可以对影片剪辑元件进行任意的 3D 旋转，但如果想精确地控制剪辑元件的 3D 旋转，则需要在“变形”面板中进行参数设置，如图 1-2-24 所示。

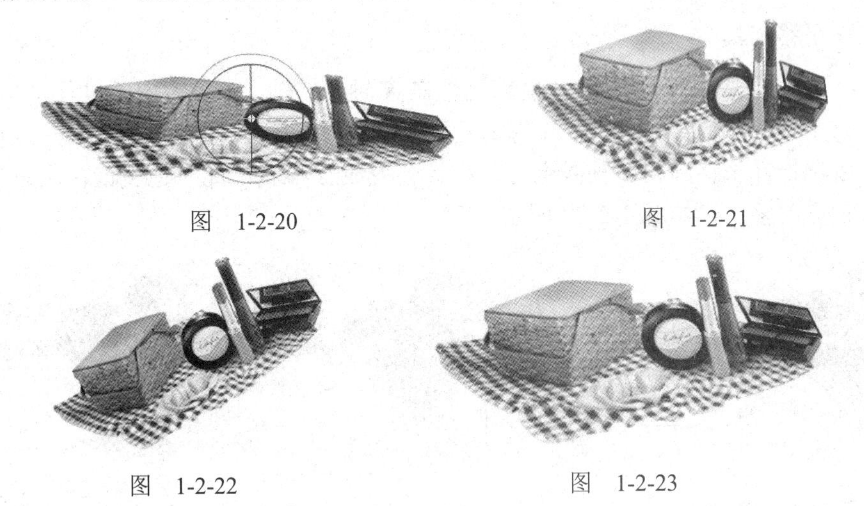

图　1-2-20　　图　1-2-21

图　1-2-22　　图　1-2-23

- “3D 旋转”栏：改变影片剪辑元件各个旋转轴的方向。
- “3D 中心点”栏：用于设置影片元件的 3D 旋转中心点的位置。

3）“3D 旋转”工具的“属性”面板设置

选择“3D 旋转”工具后，在“属性”面板中将出现与 3D 旋转相关的设置选项，如图 1-2-25 所示。

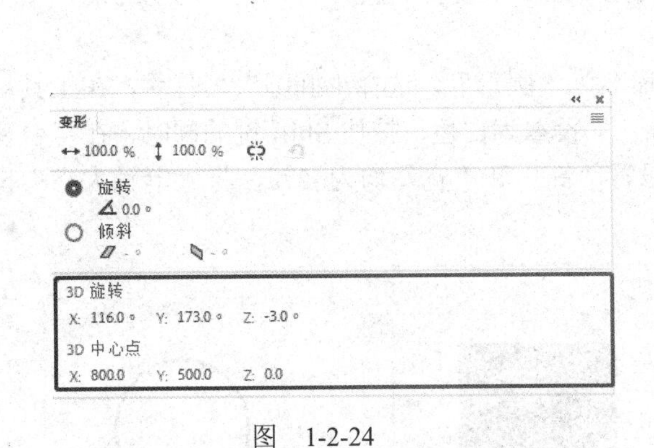

图　1-2-24

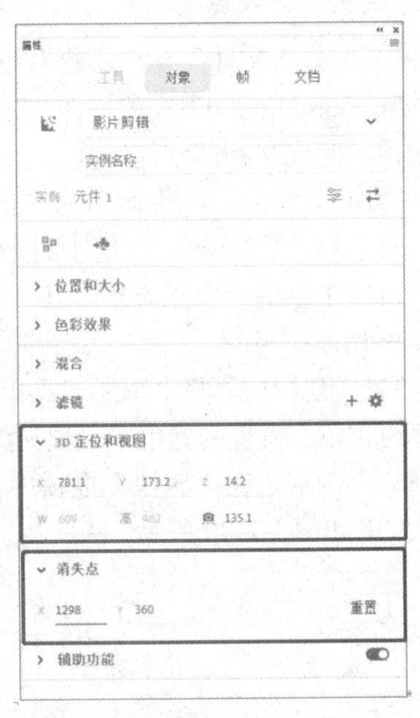

图　1-2-25

- “3D 定位和视图”栏：用于设置影片剪辑元件相对于舞台的 3D 坐标值。
- “透视角度”：用于设置元件相对于舞台的外观视角，参数范围为 1～180。
- “消失点”栏：用于控制舞台上 3D 影片剪辑元件的 Z 轴方向。

❑　“重置”按钮：单击该按钮，可以将消失点参数恢复为默认值。

2．3D 平移工具

“3D 平移”工具用于将影片剪辑元件在 X 轴、Y 轴、Z 轴方向上进行平移。

选择该工具，再在舞台中的影片剪辑元件上单击，将会出现 3D 平移轴线，如图 1-2-26 所示。将鼠标指针平移到相应轴线上时，指针会变成形状，此时拖曳鼠标则影片剪辑元件会沿着轴方向移动，如图 1-2-27 所示。

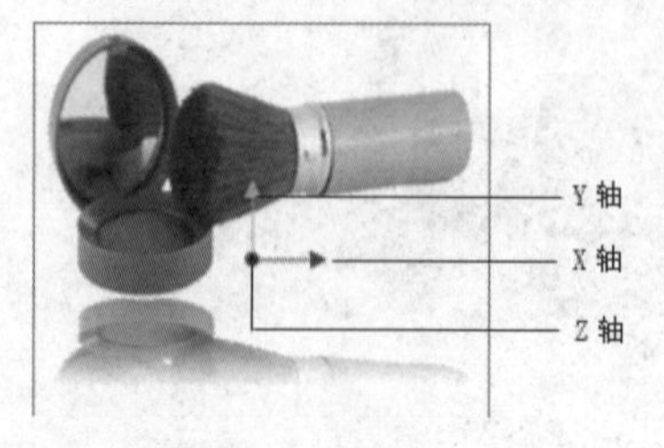

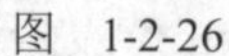

图　1-2-26

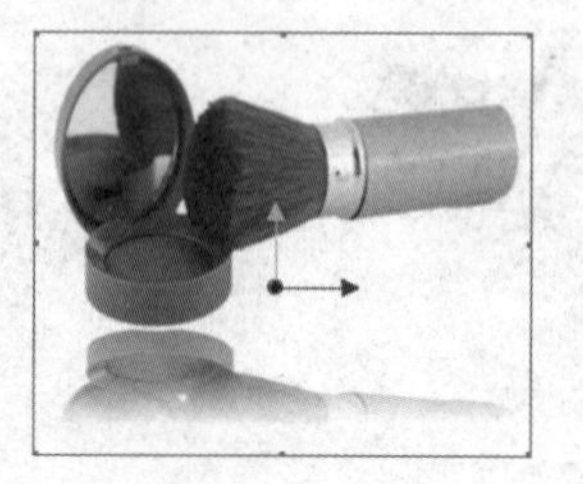

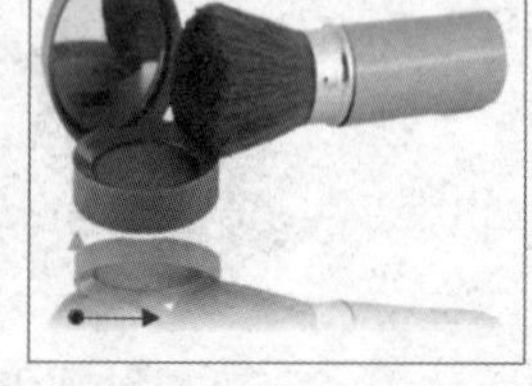

图　1-2-27

1.2.5　绘制复合图形

下面我们使用不同的工具制作闹钟。

1．绘制闹钟表盘

（1）选择“文件”→“新建”命令，在弹出的“新建文档”面板中选择“常规”选项中的“ActionScript 3.0”选项，将“宽”选项设置为 600，“高”选项设置为 600，单击“确定”按钮，完成文档的创建。

（2）将“图层_1”重命名为“正方形”，如图 1-2-28 所示。选择“矩形”工具，在工具箱中将“笔触颜色”设置为“无”，“填充颜色”设置为红色，按住 Shift 键的同时，在舞台窗口中绘制一个正方形，在“属性”面板中设置“高”和“宽”均为 328，效果如图 1-2-29 所示。

（3）新建图层，将“图层_2”重命名为“圆形”，选择“椭圆”工具，在工具箱中将“笔触颜色”设置为黑色，“填充颜色”设置为白色，按住 Shift 键的同时，在舞台窗口中绘制一个圆形，在“属性”面板中设置“高”和“宽”均为 278，将“笔触大小”设置为 9，效果如图 1-2-30 所示。

图　1-2-28

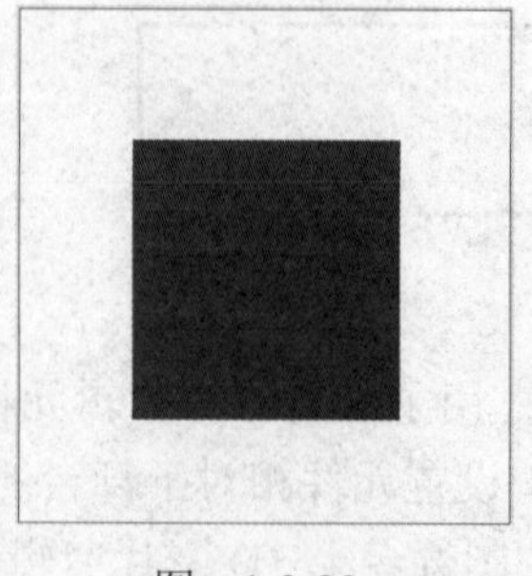

图　1-2-29

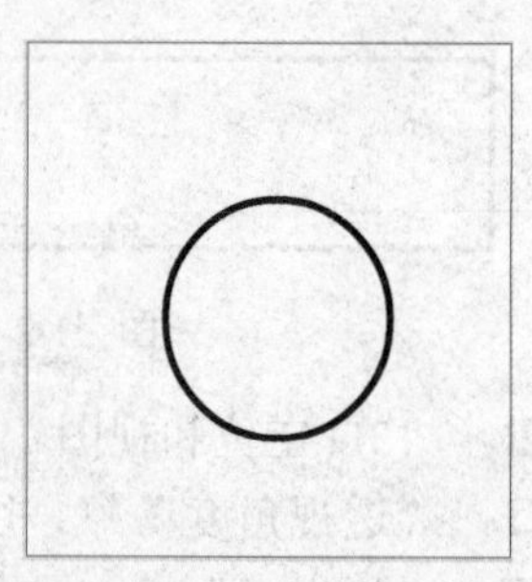

图　1-2-30

（4）同时选中“正方形”和“圆形”两个图层，选择“窗口”→“对齐”命令，打开“对齐”面板，依次选择“与舞台对齐” 与舞台对齐 、“水平居中”、“垂直居中”，效果如图 1-2-31 所示。

（5）新建图层，将“图层_3”重命名为“小圆形”。选择“圆形”图层，按 Ctrl+C 组合键进行复制，选择“小圆形”图层，按 Shift+Ctrl+V 组合键，将复制的图形原位粘贴。选择“任意变形”工具，在圆形的周围出现控制框，如图 1-2-32 所示。在鼠标的右上方光标变成双向剪头，按住 Shift 键，同时向左下方拖曳鼠标到适当的位置，松开鼠标，在“属性”面板中将“填充颜色”设置为黑色，如图 1-2-33 所示。

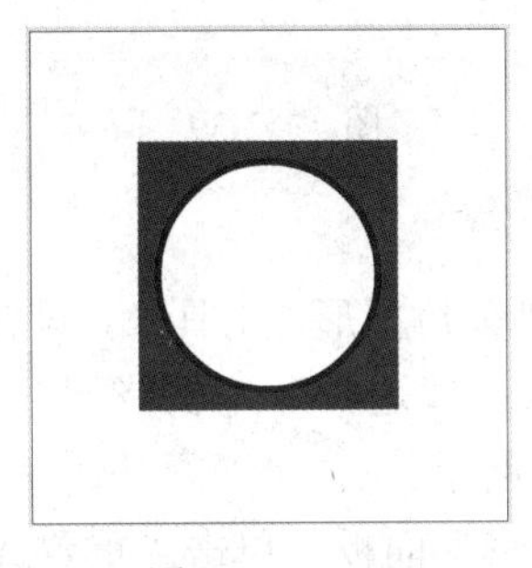

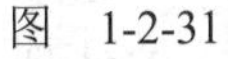

图　1-2-31

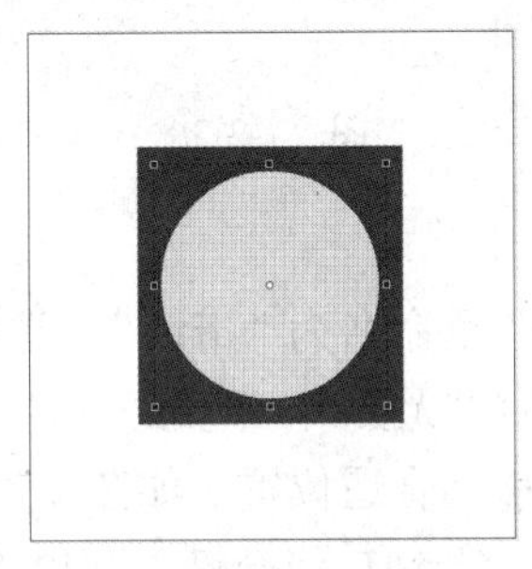

图　1-2-32

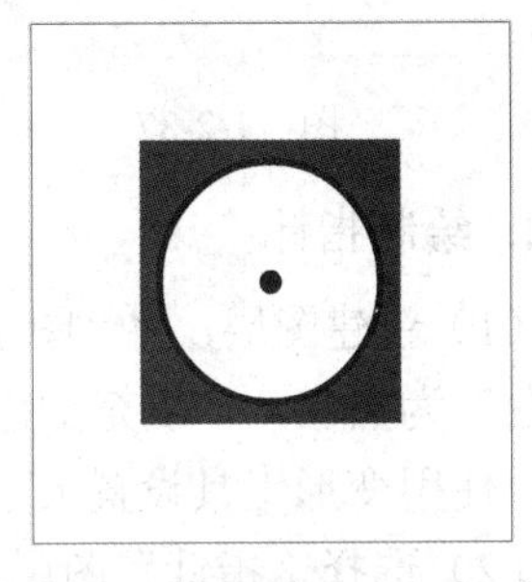

图　1-2-33

（6）新建图层，将“图层_4”重命名为“刻度”，选择“矩形”工具，在工具箱中将“笔触颜色”设置为“无”，“填充颜色”设置为蓝色，在舞台上画一个矩形。在“属性”面板中设置“高”为 16，“宽”为 5，选择“选择”工具，将矩形移动到合适位置，同时选中“圆形”和“刻度”两个图层，选择“窗口”→“对齐”命令，打开“对齐”面板，选择“水平居中”，如图 1-2-34 所示。

（7）选中“刻度”图层，选择蓝色矩形，按住 Alt 键，同时向下拖动鼠标到合适位置，复制图形，选择下方蓝色矩形，选择“窗口”→“对齐”命令，打开“对齐”面板，选择“水平居中”，如图 1-2-35 所示。

（8）选中“刻度”图层，选择两个蓝色矩形，按 Ctrl+G 组合键，将选中的对象进行编组，如图 1-2-36 所示。

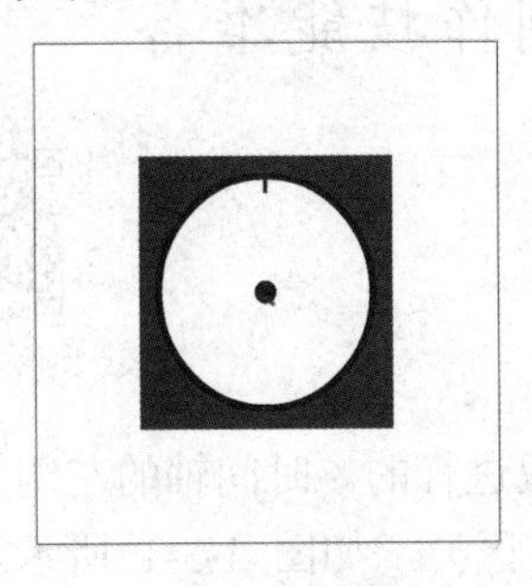

图　1-2-34

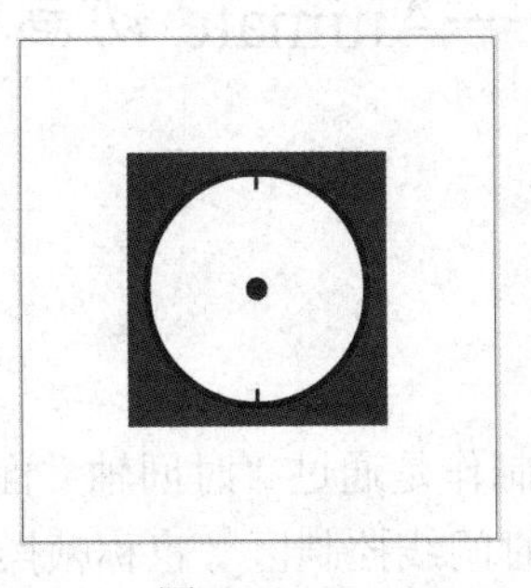

图　1-2-35

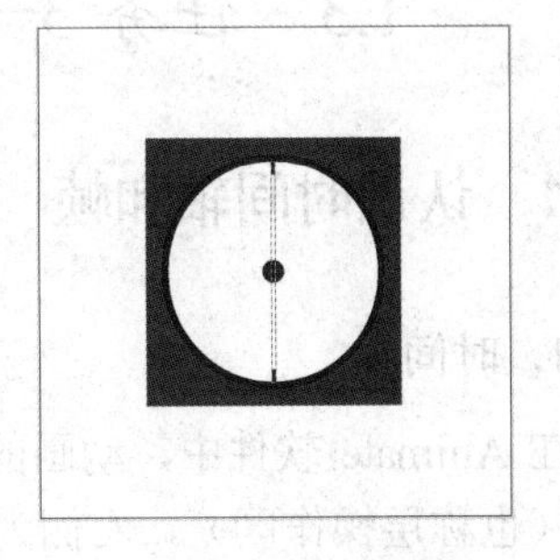

图　1-2-36

（9）按 Ctrl+T 组合键，弹出“变形”面板，单击“重置选区和变形”按钮，将“旋转”选项设置为 30，复制出一个图形，如图 1-2-37 所示。重复单击“重置选区和变形”按钮 4 次，复制图形效果，如图 1-2-38 所示。

（10）同时选中“刻度”和“圆形”两个图层，选择“窗口”→“对齐”命令，打开“对齐”面板，选择“水平居中”、“垂直居中”，效果如图 1-2-39 所示。

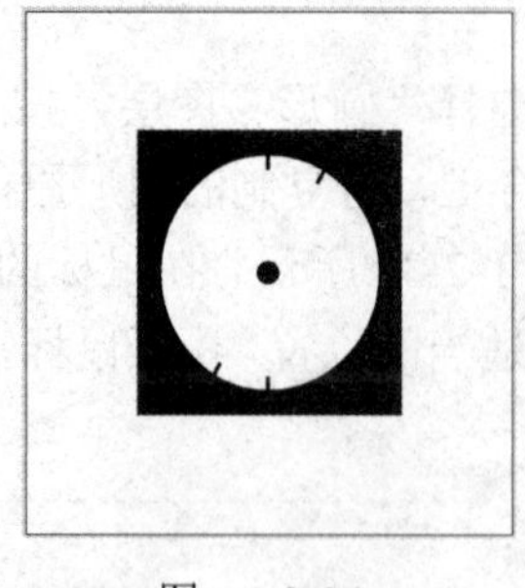

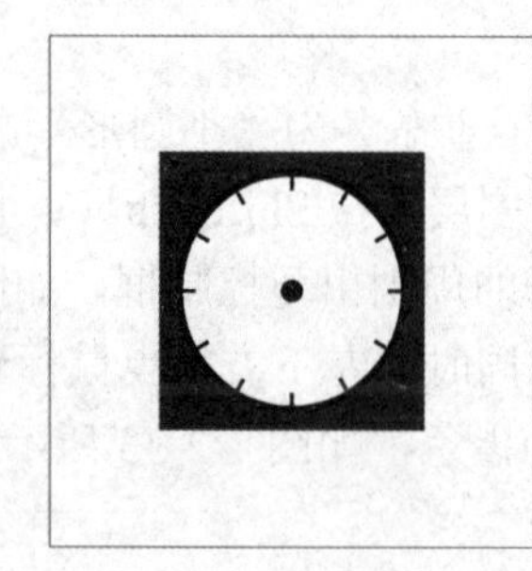

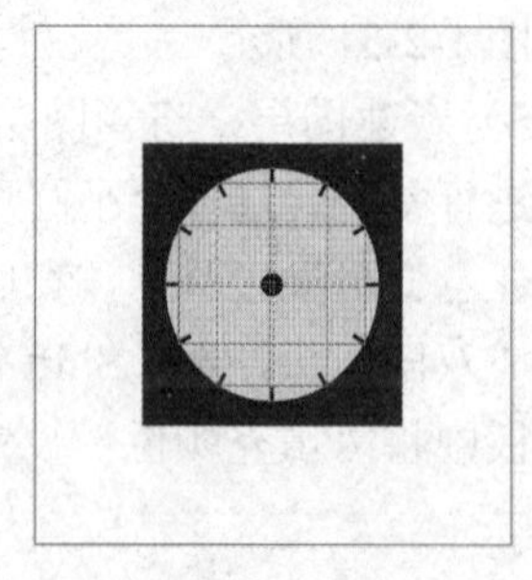

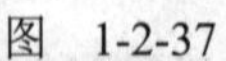

图　1-2-37　　图　1-2-38　　图　1-2-39

2．绘制指针

（1）新建图层，将“图层_5”重命名为“指针”，选择“多角星形”工具，设置“笔触颜色”为黑色，“填充颜色”为“无”，“笔触大小”为 2，“边数”为 3，绘制一个三角形，使用变形工具设置大小并移到合适位置，如图 1-2-40 所示。

（2）选择“指针”图层，按 Ctrl+T 组合键，弹出“变形”面板，单击“重置选区和变形”按钮，将“旋转”选项设置为 180，复制出一个图形，如图 1-2-41 所示。

图　1-2-40　　图　1-2-41

1.3　任务 3——Animate 动画制作技能准备

1.3.1　认识时间轴和帧

1．时间轴

在 Animate 软件中，动画的制作是通过“时间轴”面板进行的。时间轴的左侧为层控制区（也称层操作区），右侧为时间线控制区（也称帧操作区），如图 1-3-1 所示。时间轴是 Animate 动画制作的核心部分，可以通过选择“窗口”→“时间轴”命令，或按 Ctrl+Alt+T 组合键对其进行隐藏或显示。

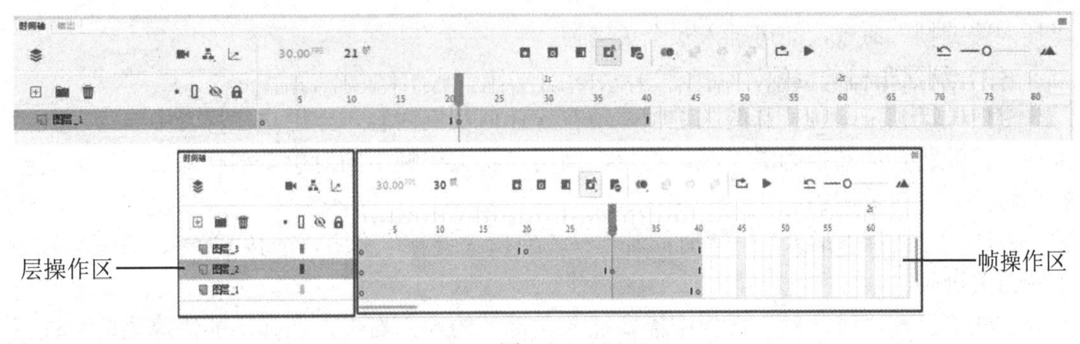

图　1-3-1

2．帧操作

制作一个 Animate 动画的过程其实也就是对每帧进行操作的过程，通过在“时间轴”面板右侧的帧操作区进行各项操作，可以制作出丰富多彩的动画效果，其中的每一帧均代表一个画面。

1）普通帧、关键帧与空白关键帧

在 Animate 中，帧主要分为普通帧、关键帧和空白关键帧 3 种。默认情况下，新建的 Animate 文档中包含一个图层和一个空白关键帧。操作者可以根据需要，在时间轴上创建一个或多个普通帧、关键帧和空白关键帧，如图 1-3-2 所示。

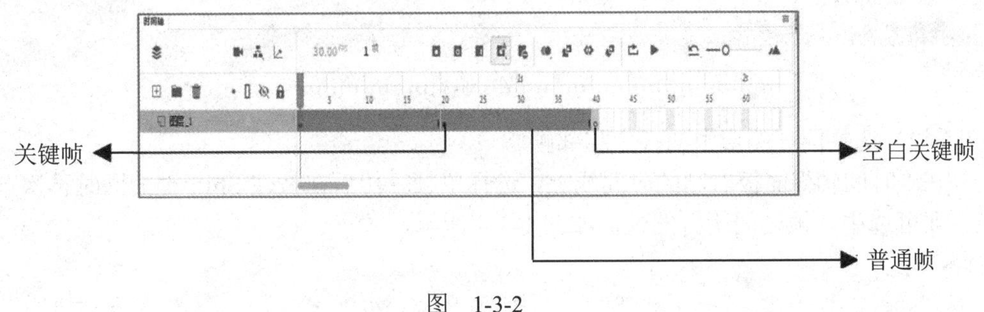

图　1-3-2

（1）创建普通帧。

普通帧，是指在时间轴上能显示实例对象但不能对实例对象进行编辑操作的帧。在 Animate 2022 中，创建普通帧的方法有如下两种。

方法一：选择“插入”→“时间轴”→“帧”命令或按 F5 键，即可插入一个普通帧。

方法二：在“时间轴”面板中需要插入普通帧的地方单击鼠标右键，在弹出的快捷菜单中选择“插入帧”命令，即可插入一个普通帧。

（2）创建关键帧。

关键帧，顾名思义，即为有关键内容的帧。关键帧可用来定义动画变化和状态更改，即能够对舞台上存在的实例对象进行编辑。在 Animate 2022 中，创建关键帧的方法有如下两种。

方法一：选择“插入”→“时间轴”→“关键帧”命令，或按 F6 键，即可插入一个关键帧。

方法二：在“时间轴”面板中需要插入关键帧的地方右击，在弹出的快捷菜单中选择

“插入关键帧”命令，即可插入一个关键帧。

（3）创建空白关键帧。

空白关键帧是一种特殊的关键帧，不包含任何实例内容。当用户在舞台中自行加入对象后，该帧将自动转换为关键帧。相反，当用户将关键帧中的对象全部删除后，该帧又会自动转换为空白关键帧。

方法一：选择“插入”→“时间轴”→“空白关键帧”命令，或按 F7 键，即可插入一个空白关键帧。

方法二：在“时间轴”面板中需要插入关键帧的地方右击，在弹出的快捷菜单中选择“插入空白关键帧”命令，即可插入一个空白关键帧。

2）选择帧

选择帧是对帧进行操作的前提。选择相应操作的帧后，也就选择了该帧在舞台中的对象。在 Animate 2022 动画制作过程中，可以选择同一图层中的单帧或多帧，也可以选择不同图层的单帧或多帧，选中的帧会以蓝色背景显示。选择帧的方法有如下 5 种。

（1）选择同一图层中的单帧。

在“时间轴”面板右侧的时间线上，单击即可选中单帧，如图 1-3-3 所示。

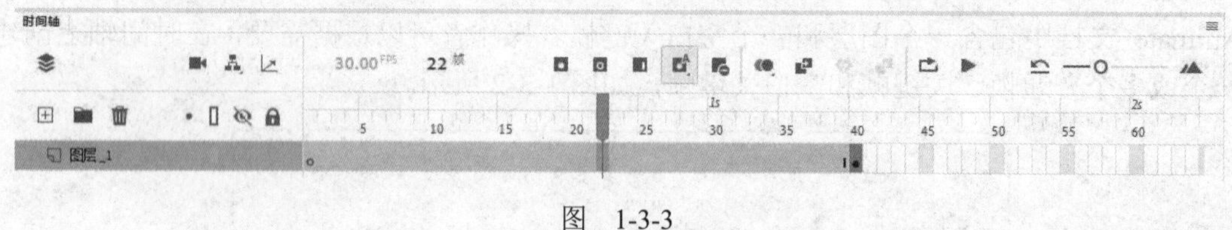

图　1-3-3

（2）选择同一图层中的多个相邻帧。

在“时间轴”面板右侧的时间线上，选择单帧，然后在按住 Shift 键的同时再次单击某帧，即可选中两帧之间所有的帧，如图 1-3-4 所示。

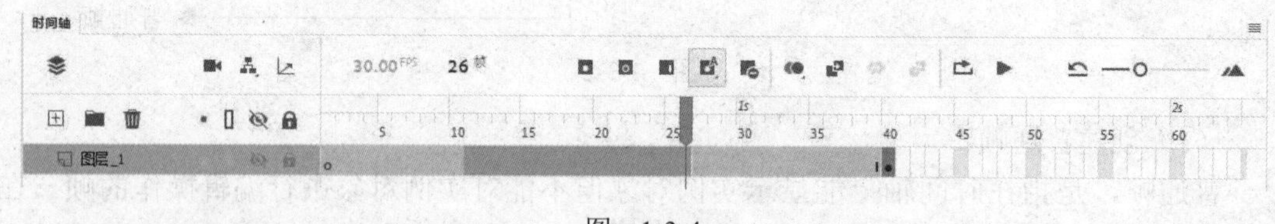

图　1-3-4

（3）选择相邻图层的单帧。

选择“时间轴”面板上的单帧后，在按住 Shift 键的同时单击不同图层的相同单帧，即可选择这些图层的同一帧，如图 1-3-5 所示。此外，在选择单帧的同时向上或向下拖曳，同样可以选择相邻图层的单帧。

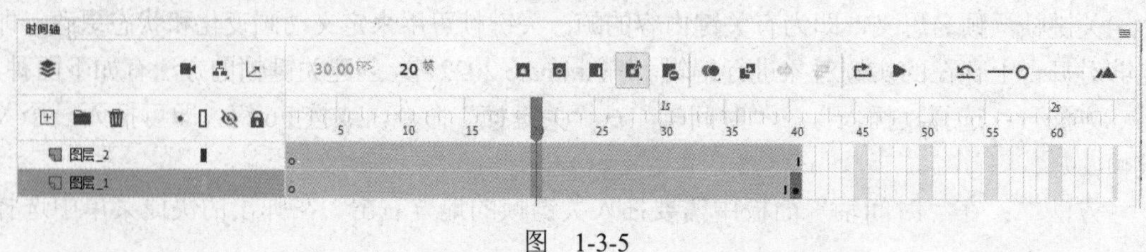

图　1-3-5

（4）选择相邻图层的多个相邻帧。

选择“时间轴”面板上的单帧后，按住 Shift 键的同时单击相邻图层的不同帧，即可选择不同图层的多个相邻帧，如图 1-3-6 所示。在选择多帧的同时向上或向下拖曳，同样可以选择相邻图层的相邻多帧。

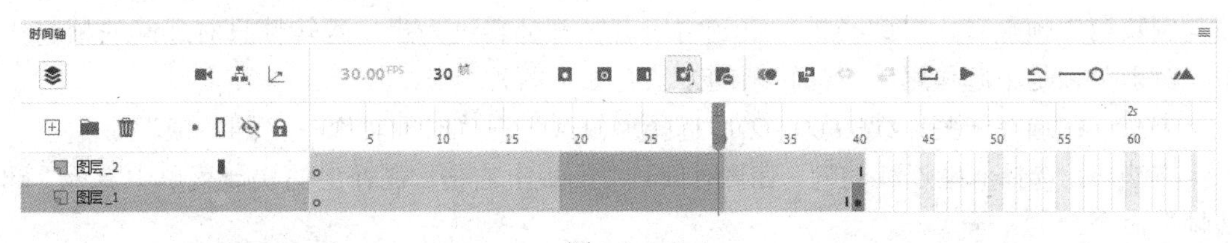

图　1-3-6

（5）选择多个不相邻的帧。

在“时间轴”面板右侧的时间线上单击，选择单帧，然后按住 Ctrl 键的同时依次单击其他不相邻的帧，即可选中多个不相邻的帧，如图 1-3-7 所示。

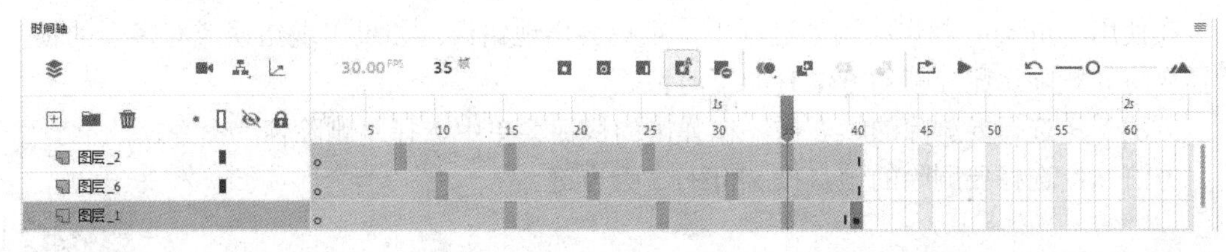

图　1-3-7

3）复制帧、剪切帧和粘贴帧

Animate 2022 中不仅可以复制、剪切和粘贴舞台中的动画对象，还可以复制、剪切和粘贴图层中的动画帧，这样就可以将一个图层中的动画复制到多个图层中，或复制到不同的文档中，从而节省时间和提高工作效率。

复制帧是指将选择的各帧复制到剪贴板中，用于备用。对帧进行复制后，原来的帧仍然存在。复制帧的方法有如下两种。

方法一：选择要复制的帧，选择“编辑”→“时间轴”→“复制帧”命令，或者按 Ctrl+Alt+C 组合键，即可复制所选择的帧。

方法二：选择要复制的帧，在“时间轴”面板上右击，在弹出的快捷菜单中选择“复制帧”命令，即可复制所选择的帧。

剪切帧是指将选择的各帧复制到剪贴板中，用于备用。与复制帧不同的是，剪切后原来的帧不见了。剪切帧的方法有如下两种。

方法一：选择要剪切的帧，选择“编辑”→“时间轴”→“剪切帧”命令，或者按 Ctrl+Alt+X 组合键，即可剪切所选择的帧。

方法二：选择要剪切的帧，在“时间轴”面板上右击，在弹出的快捷菜单中选择“剪切帧”命令，即可剪切所选择的帧。

粘帖帧是指将复制或剪切的帧进行粘贴操作。粘贴帧的方法有如下两种。

方法一：将鼠标指针置于“时间轴”面板上需要粘贴帧处，然后选择“编辑”→“时间轴”→“粘贴帧”命令，或者按 Ctrl+Alt+V 组合键，即可将复制或剪切的帧粘贴到此处。

方法二：将鼠标指针放置在“时间轴”面板上需要粘贴帧的位置，然后右击，在弹出的快捷菜单中选择“粘贴帧”命令，即可将复制或剪切的帧粘贴到此处。

4）翻转帧

翻转帧指的是将一些连续帧的头尾进行翻转，也就是把第一帧与最后一帧翻转，第二帧与倒数第二帧翻转，以此类推，直到将所有帧都翻转过为止。翻转帧只对连续的帧起作用，对于单帧是不起作用的。翻转帧的方法有如下两种。

方法一：选择一些连续的帧，然后选择“修改”→“时间轴”→“翻转帧”命令。

方法二：选择一些连续的帧，在“时间轴”面板上右击，在弹出的快捷菜单中选择“翻转帧”命令。

5）移动帧

移动帧的操作方法如下：选择要移动的帧，按住鼠标左键将它们拖放至合适的位置后释放鼠标即可。

6）删除帧

在使用 Animate 制作动画的过程中，难免会出现错误。如果出现错误或有多余的帧，就需要将其删除。删除帧的方法有如下两种。

方法一：选择要删除的帧右击，在弹出的快捷菜单中选择“删除帧”命令。

方法二：选择要删除的帧，按 Shift+F5 组合键。

1.3.2　图层的应用

在 Animate 中，图层就好比很多张透明的纸，用户在这些纸上画画，然后按一定的顺序将它们叠加起来，就可以形成一幅动画。各图层之间可以独立地进行操作，不会影响到其他图层。

在 Animate 2022 中，图层位于时间轴的左侧，如图 1-3-8 所示。

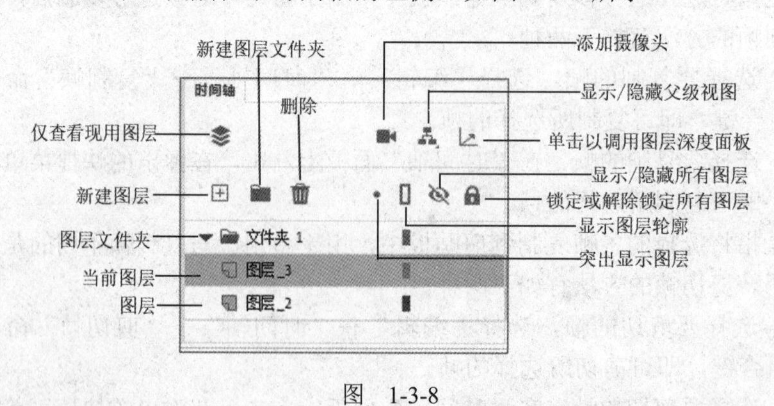

图　1-3-8

1. 创建图层与图层文件夹

1）通过按钮创建

新建文件后，只有一个“图层_1”，单击“新建图层”按钮 ⊞，可以新建一个图层，如图 1-3-9 所示。单击“新建文件夹”按钮 ，可以新建一个图层文件夹，如图 1-3-10 所示。

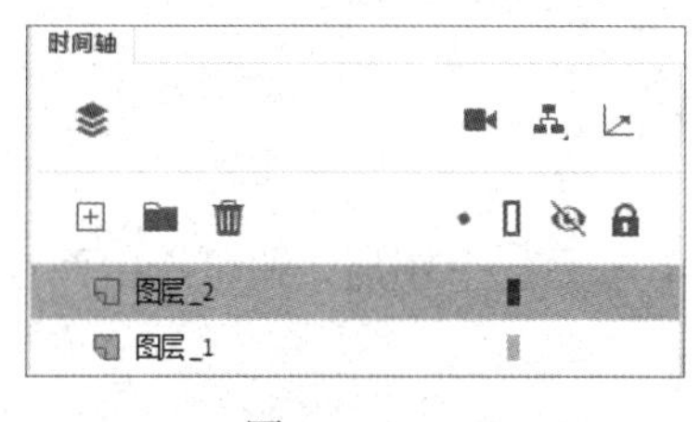

图　1-3-9

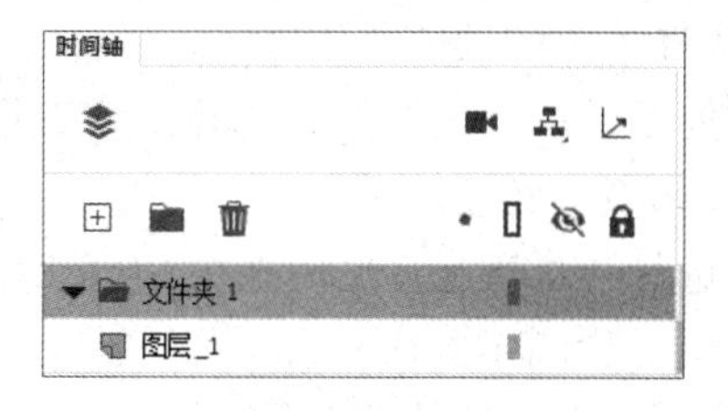

图　1-3-10

2）通过菜单创建

选择“插入”→“时间轴”→“图层”或“图层文件夹”命令，同样可以新建一个图层或图层文件夹。

3）通过右键菜单创建

在“时间轴”面板左侧的图层处右击，在弹出的快捷菜单中选择“插入图层”或“插入文件夹”命令，也可以新建一个图层或图层文件夹，如图 1-3-11 所示。

2．重命名图层与图层文件夹

新建图层或图层文件夹之后，系统会默认其名称为“图层_1”“图层_2”……或“文件夹 1”“文件夹 2”……为了方便管理，用户可以根据自己的需要重新命名它们。方法如下：双击某一图层，使其进入编辑状态，输入图层的名字即可；也可以在图层上右击，在弹出的快捷菜单中选择“属性”命令，在打开的“图层属性”对话框中输入图层名字，如图 1-3-12 所示。

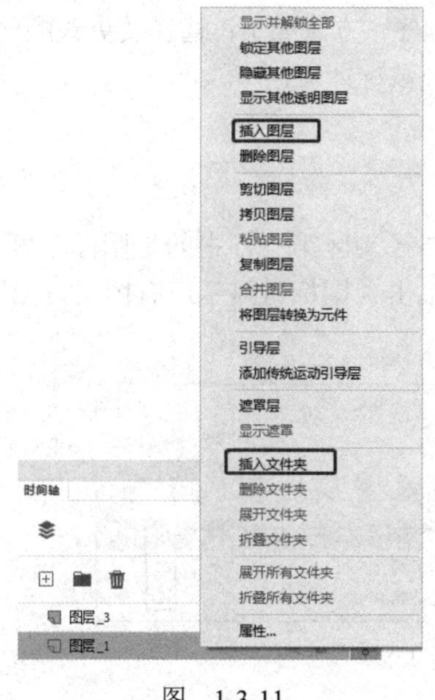

图　1-3-11

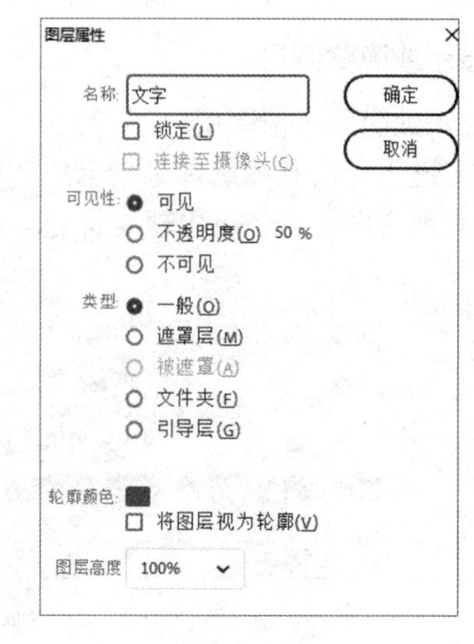

图　1-3-12

3．选择图层与图层文件夹

在对某一图层进行操作前，必须先选择它。选择图层与选择图层文件夹的方法相同，下面以图层为例进行介绍。

1）选择单个图层

直接使用鼠标单击图层，即可选中该图层。

2）选择多个连续的图层

单击选择一个图层，然后按住 Shift 键的同时单击另一个图层，即可选中两个图层之间的所有图层，如图 1-3-13 所示。

3）选择多个不连续的图层

单击选择一个图层，然后按住 Ctrl 键的同时依次单击其他需要选择的图层，即可选中多个不连续的图层，如图 1-3-14 所示。

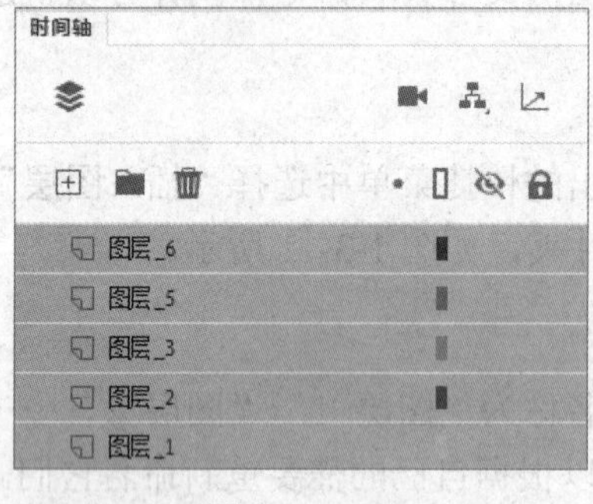

图 1-3-13

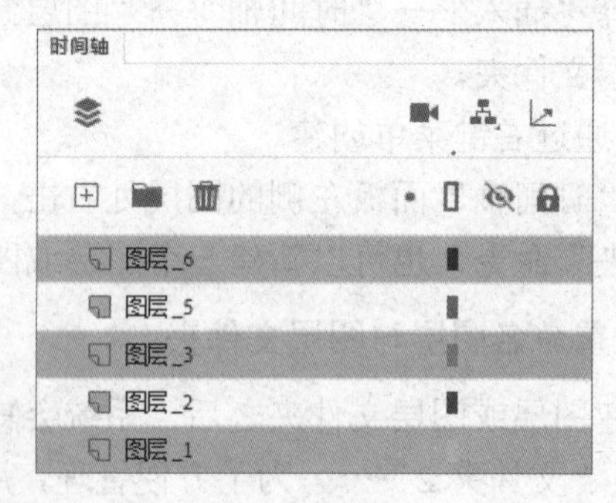

图 1-3-14

4．调整图层与图层文件夹的顺序

在 Animate 2022 中建立图层时，系统会按自下向上的顺序依次添加图层或图层文件夹。但在制作动画时，用户可以根据需要调整图层的顺序，方法如下：选择要更改顺序的图层，按住鼠标左键上下拖动，移动到合适的位置后释放鼠标即可。

5．显示或隐藏图层

1）显示或隐藏全部图层

默认情况下，所有图层都是显示的。单击图层控制区第一行中的图标，可隐藏所有图层（此时所有图层后都将出现标记）。再次单击图标可显示所有图层，如图 1-3-15 所示。

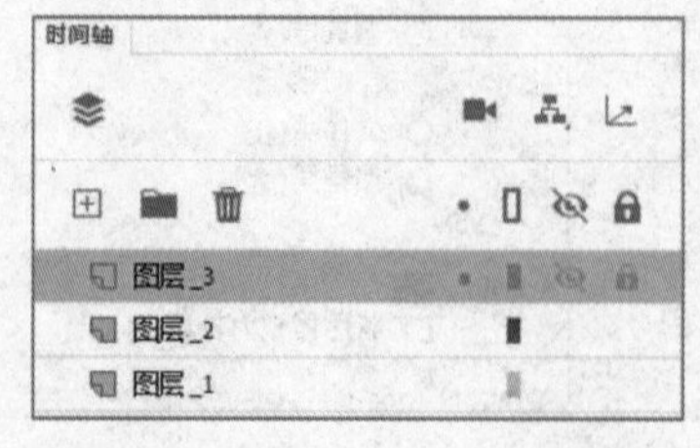

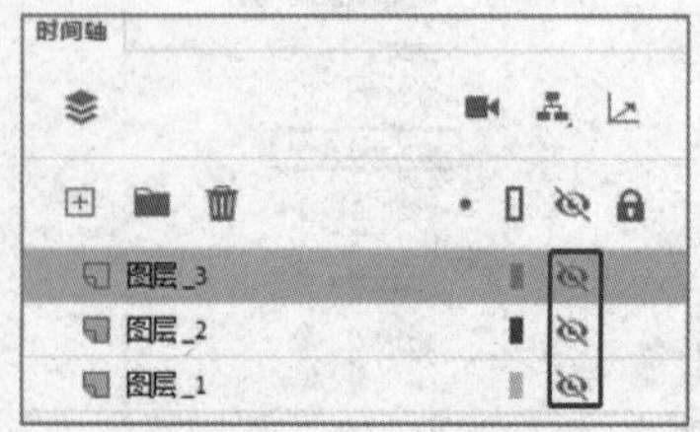

图 1-3-15

2）显示或隐藏单个图层

单击某图层上的图标，表示已隐藏该图层。如果想显示该图层，再次单击图标即可。

3）显示或隐藏多个连续图层

单击某图层上的图标，然后按住鼠标左键不放垂直拖动至某图层后释放鼠标，即可隐藏鼠标所经过的所有图层。

6. 锁定与解锁图层

在编辑窗口中修改单个图层中的对象时，若要在其他图层显示状态下对其进行修改，可先将其他图层锁定，然后再选定需要修改的对象进行修改。

锁定与解锁图层的方法和显示与隐藏图层的方法相似。新创建的图层处于解锁状态。

1）锁定或解锁所有图层

单击图层控制区第一行的图标，可锁定所有图层。再次单击图标，可解锁所有图层。

2）锁定或解锁单个图层

单击某图层上的图标，表示已锁定该图层。如果想取消锁定，再次单击图标即可解锁。

7. 图层与图层文件夹对象轮廓显示

系统默认创建的动画为实体显示状态，如果想使图层或图层文件夹中的对象呈轮廓显示，可使用如下方法。

1）将全部图层显示为轮廓

单击图层控制区第一行的图标，可将所有图层与图层文件夹中的对象显示为轮廓。

2）单个图层的对象轮廓显示

单击某图层右边的图标，当其显示为时，表示将当前图层的对象显示为轮廓。

8. 删除图层与图层文件夹

在使用 Animate 进行制作的过程中，若发现某个图层或图层文件夹无任何意义，可将其删除。

方法一：选择不需要的图层，然后单击图层区域中的图标，即可删除该图层。

方法二：将光标移动到需要删除的图层上方，按住鼠标左键不放，将其拖动到图标上，释放鼠标，即可删除该图层。

9. 增强父子关系图层

在使用 Animate 制作动画的过程中，素材由多个图层组成，每个图层都是独立的，为了不影响动画素材的效果，使用增强父子关系图层，将所有的图层绑定，将不会影响动画原来的效果。

（1）选择“文件”→“新建”命令，选择相应的参数，创建一个新的文档，使用 Animate 2022 自带的资源，选择“窗口”→“资源”命令打开“资源”面板，如图 1-3-16 所示。选择资源中的素材 Bilbo Walk 并将其拖动至舞台，默认的素材是元件方式，如图 1-3-17 所示。

（2）双击素材 Bilbo Walk，显示所有的图层，如图 1-3-18 所示。如果不增加父子关系图层，移动某一个图层，动画素材效果不能与原来保持一致，如图 1-3-19 所示。

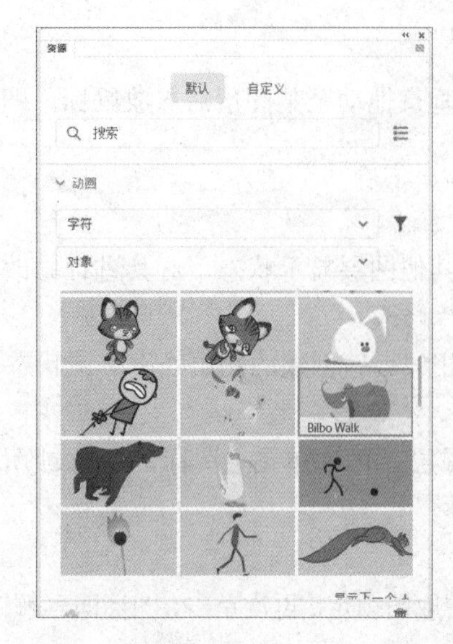

图　1-3-16

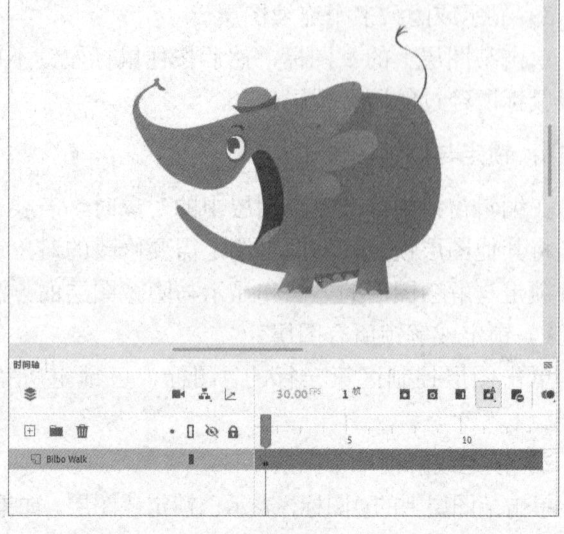

图　1-3-17

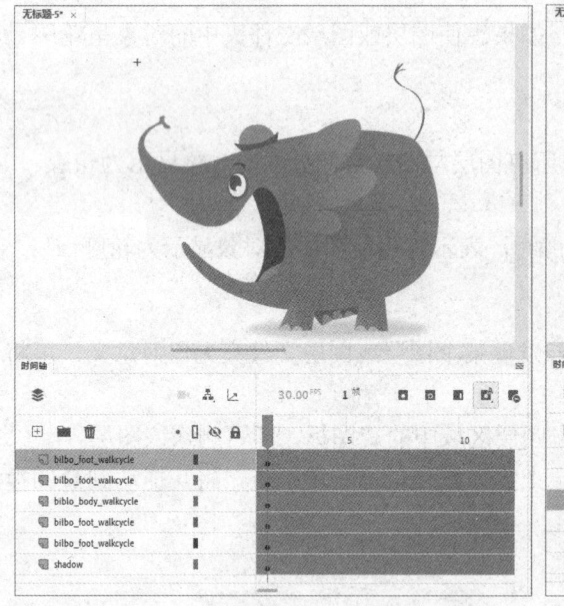

图　1-3-18

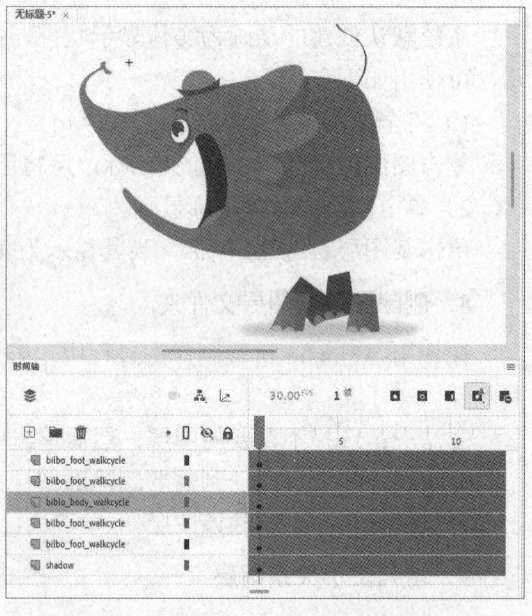

图　1-3-19

如果增加父子关系图层，所有增加父子图层的图层会一起移动，方法如下。

（1）选择 biblo_body_walkcycle 图层，单击“显示父级视图”按钮，如图 1-3-20 所示。选择 shadow 图层，按住鼠标左键，拖动至 biblo_body_walkcycle 图层，如图 1-3-21 所示。

（2）其余每个图层的设置方法相同，操作效果如图 1-3-22 所示。此时拖动 biblo_body_walkcycle 图层，所有图层会随之移动，不会改变原来动画素材的效果。删除父子关系图层时，选择需要删除的图层，如选择 shadow 图层，单击鼠标左键，出现下拉菜单，选择“删除父级”命令，即可完成删除父子关系图层，如图 1-3-23 所示。如需更改父子图层，则选择“更改父级”命令，其余步骤与设置父子关系图层相同。

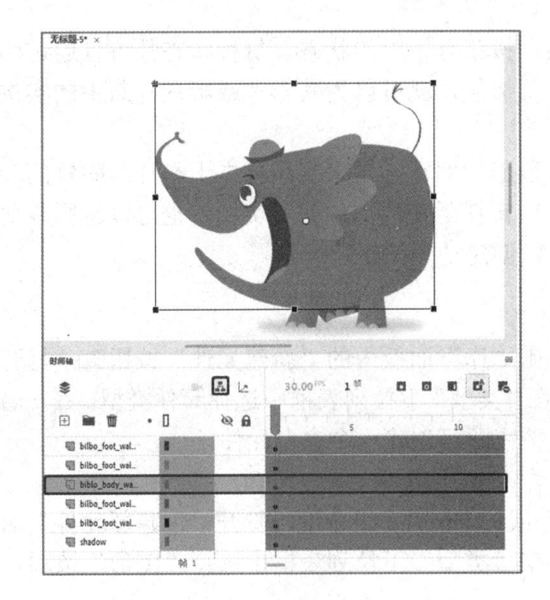

图　1-3-20

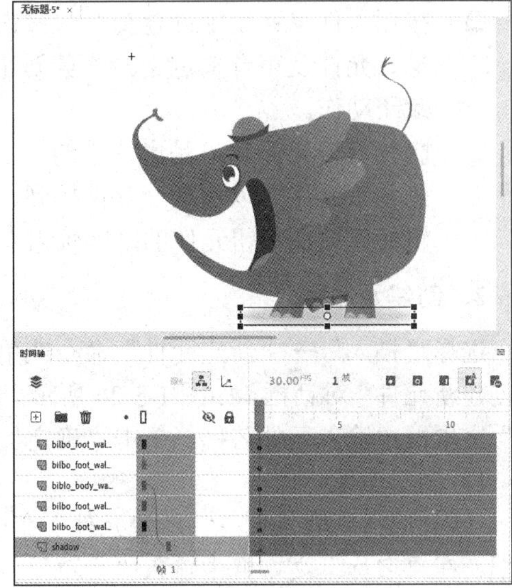

图　1-3-21

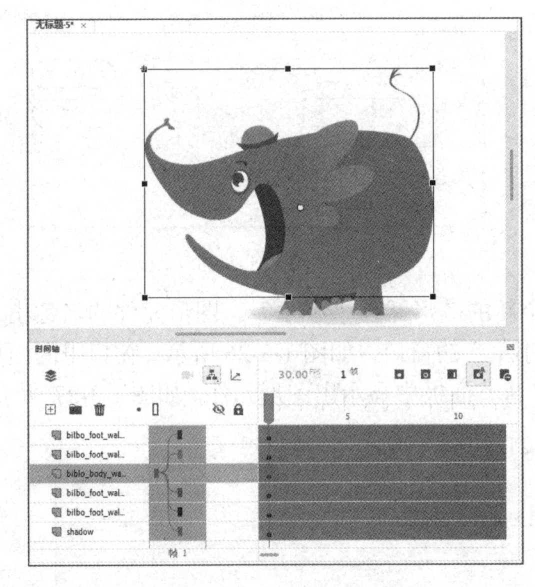

图　1-3-22

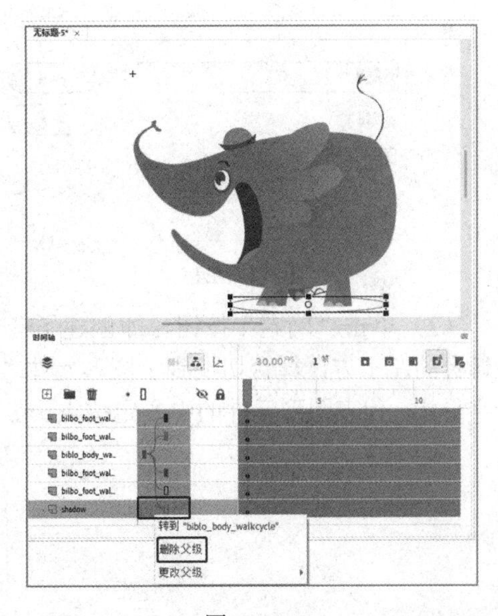

图　1-3-23

1.3.3　元件的使用

元件是 Animate 创作环境中创建的图形、按钮或影片剪辑，一种可重复使用的对象，且重复使用时不会增加文件的大小。一个元件被重新编辑后，应用该元件的所有实例都会被相应地更新。

1．元件类型

- 图形元件：可以是矢量图形、图像、声音或动画等。通常用来制作电影中的静态图像，不具有交互性。声音元件是图形元件中的一种特殊元件，有自己特殊的图标。

- 按钮元件：用于创建交互式按钮。按钮有不同的状态，每种状态都可以通过图形、元件及声音来定义。一旦创建了按钮，就可以为其影片或影片片断中的实例赋予动作。
- 影片剪辑元件：是影片中的一小段影片剪辑，用来制作独立于影片时间轴的动画。该元件可以包括交互性控制、声音甚至其他影片剪辑实例，也可以将影片剪辑元件放在按钮元件的时间轴内，以创建动画按钮。

2．创建元件

选择“插入”→“新建元件”命令或单击“库”面板内的“新建元件”按钮，打开“创建新元件”对话框，如图 1-3-24 所示。在“类型”下拉列表框中选择元件类型，在“名称”文本框中输入元件名称，单击“确定”按钮即可创建一个空白元件。

1）创建图形元件

（1）选择“插入”→“新建元件”命令或按 Ctrl+F8 组合键，打开“创建新元件”对话框，在“名称”文本框中输入“小草”，在“类型”下拉列表框中选择“图形”选项，如图 1-3-25 所示。

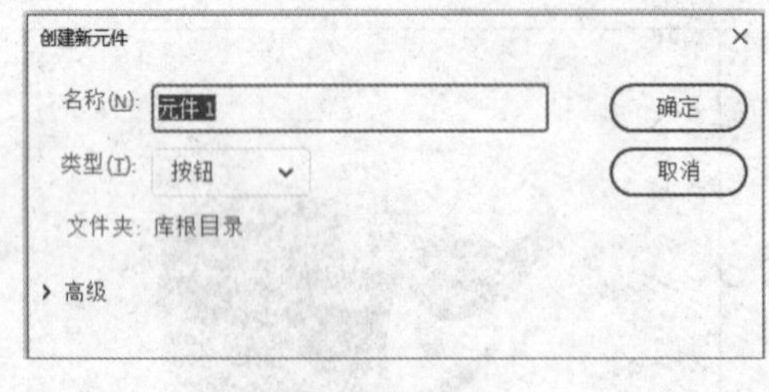

图　1-3-24

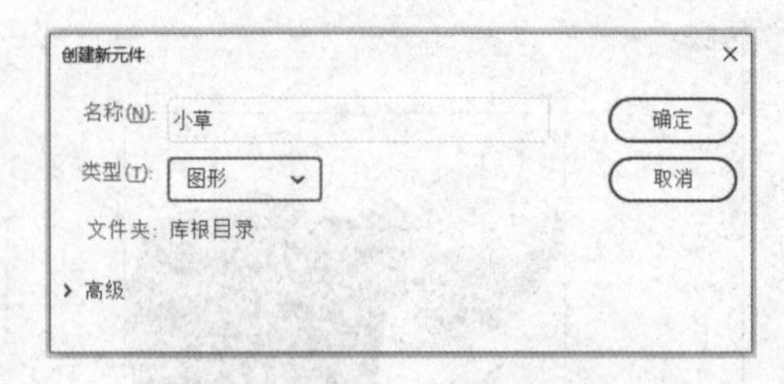

图　1-3-25

（2）单击“确定”按钮，即创建了一个新的图形元件“小草”。图形元件的名称出现在舞台的左上方，舞台切换到了图形元件“小草”的窗口，如图 1-3-26 所示，窗口中间出现十字形状，代表图形元件的中心定位点。在“库”面板中显示出图形元件，如图 1-3-27 所示。

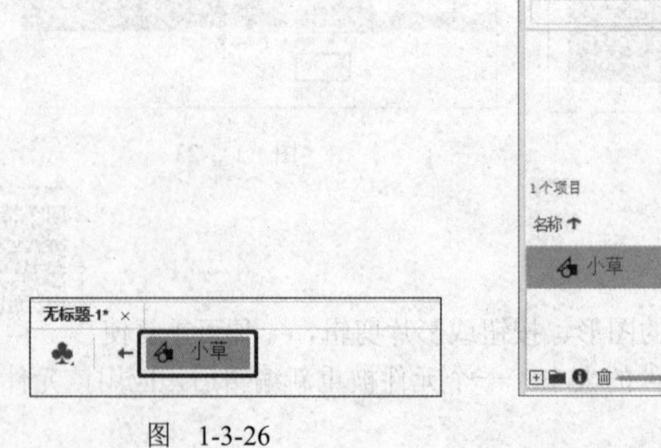

图　1-3-26

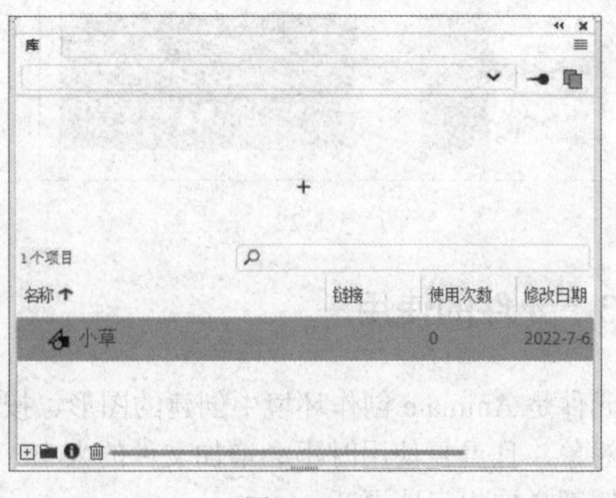

图　1-3-27

（3）选择“文件”→“导入”→“导入到舞台”命令，打开“导入”对话框，在打开的对话框中选择素材，单击“打开”按钮，将其导入到舞台，完成图形元件的创建，如图 1-3-28 所示。单击舞台窗口左上方的←按钮可以返回场景 1 的编辑舞台。

2）创建按钮元件

（1）选择“插入”→“新建元件”命令或按 Ctrl+F8 组合键，打开“创建新元件”对话框，在“名称”文本框中输入“按钮”，在“类型”下拉列表框中选择“按钮”选项，如图 1-3-29 所示。

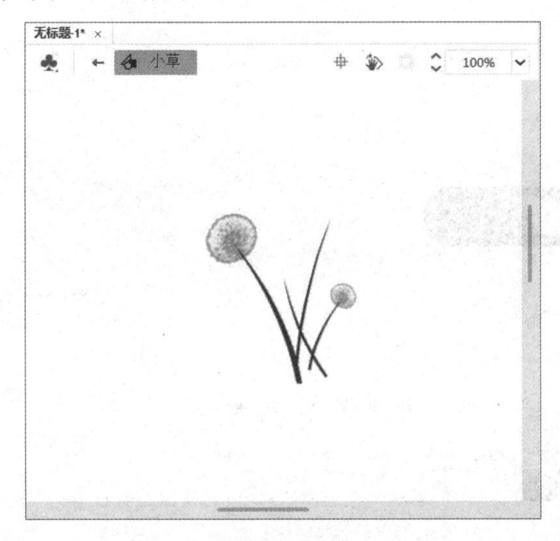

图　1-3-28

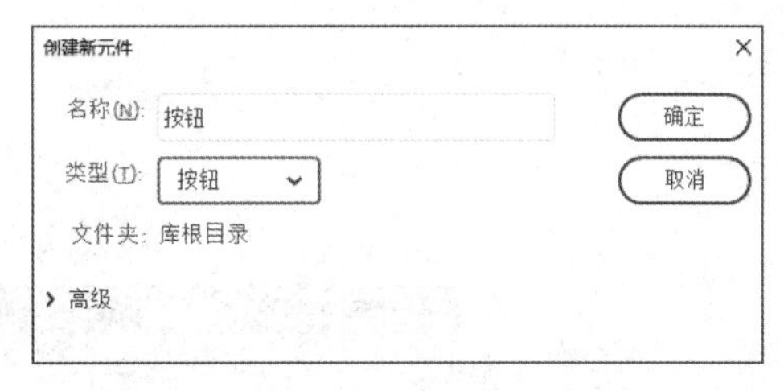

图　1-3-29

（2）单击“确定”按钮，创建一个新的按钮元件——“按钮”。按钮元件的名称出现在舞台的左上方，舞台切换到了按钮元件“按钮”的窗口，窗口中间出现十字形状，代表按钮元件的中心定位点，在“时间轴”窗口显示出 4 个状态帧，即“弹起”“指针经过”“按下”“点击”，如图 1-3-30 所示。在“库”面板中显示出按钮元件，如图 1-3-31 所示。

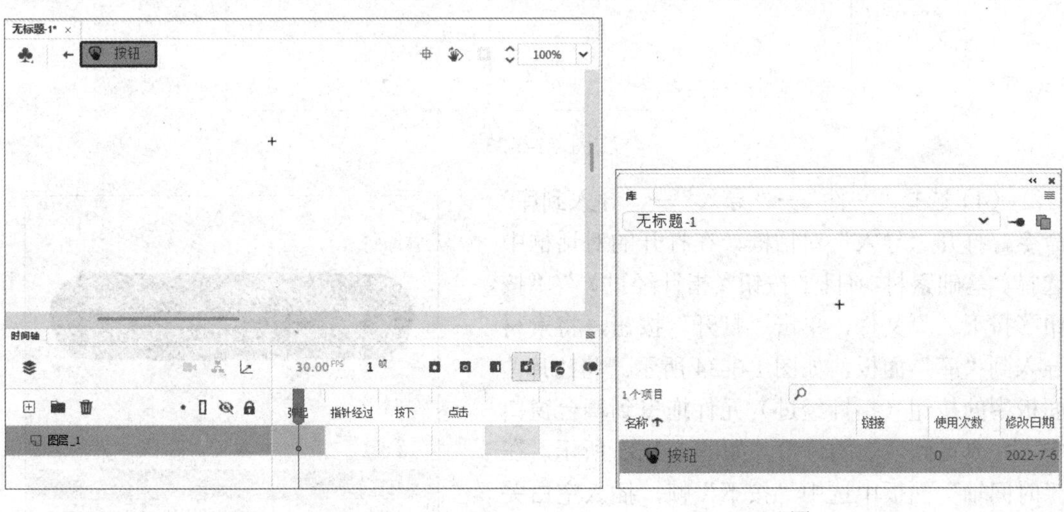

图　1-3-30　　　　图　1-3-31

- ❑ “弹起”帧：设置鼠标指针不在按钮上时按钮的外观。
- ❑ “指针经过”帧：设置鼠标指针放在按钮上时按钮的外观。
- ❑ “按下”帧：设置按钮被单击时的外观。

❑　“点击”帧：设置响应鼠标单击的区域。此区域在影片里不可见。

（3）选择“文件”→“导入”→“导入到舞台”命令，打开“导入”对话框，选择“基础素材-项目 1-按钮”文件，单击“打开”按钮，将素材导入到舞台，如图 1-3-32 所示。在“时间轴”面板中选中“指针经过”帧，插入空白关键帧，如图 1-3-33 所示。

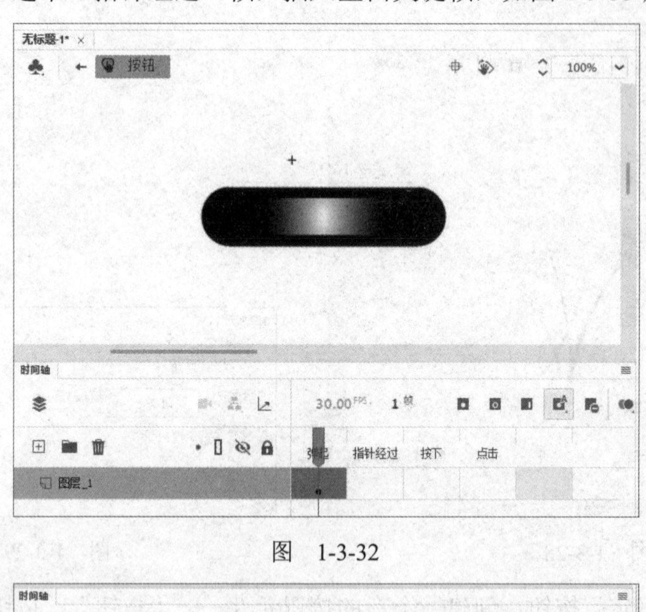

图　1-3-32

图　1-3-33

（4）选择“文件”→“导入”→“导入到库”命令，打开“导入”对话框，在打开的对话框中选择“基础素材-项目 1-按钮（指针经过）”“按钮（按下）”文件，单击“打开”按钮，将素材导入到“库”面板，如图 1-3-34 所示。将“库”面板中的按钮（指针经过）元件拖曳到舞台窗口中，并放置到适当的位置，如图 1-3-35 所示。在“时间轴”面板中选中“按下”帧，插入空白关键帧，如图 1-3-36 所示。

（5）将“库”面板中的按钮（按下）元件拖曳到舞台窗口中，并放置在适当的位置，如图 1-3-37 所示。

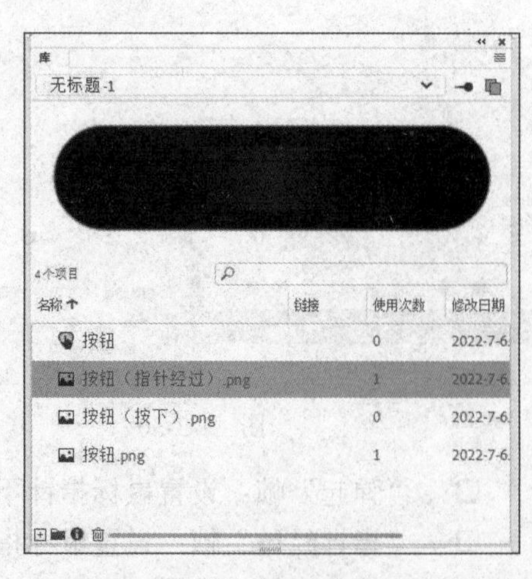

图　1-3-34

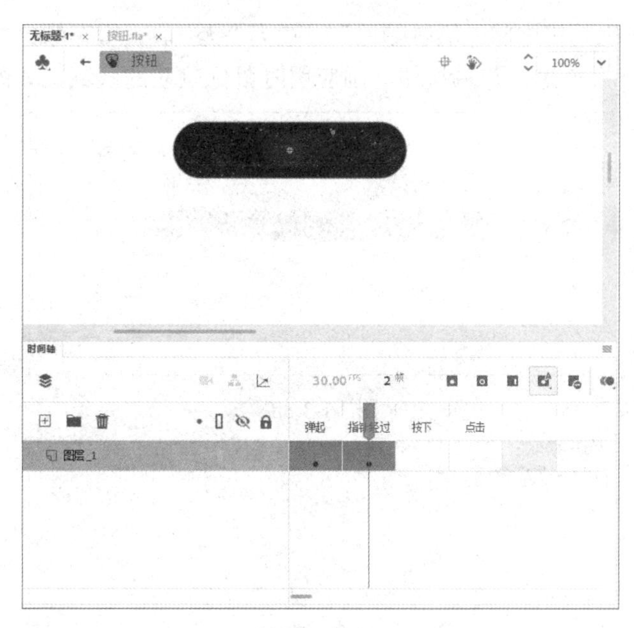

图　1-3-35

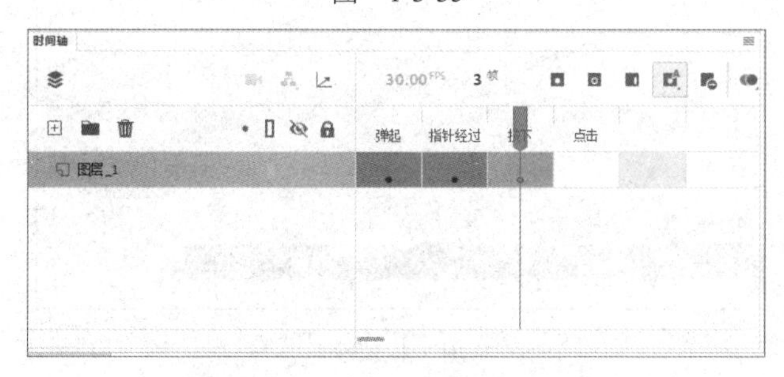

图　1-3-36

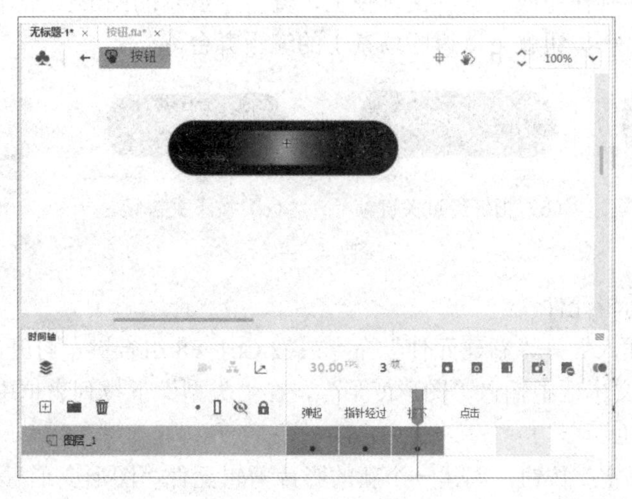

图　1-3-37

（6）在“时间轴”面板中选中“点击”帧，插入空白关键帧，如图 1-3-38 所示。选择“矩形”工具，在工具箱中将“笔触颜色”设置为“无”，“填充颜色”设置为“黄色”，在舞台窗口中绘制一个矩形，作为按钮动画应用时鼠标响应的区域，如图 1-3-39 所示。

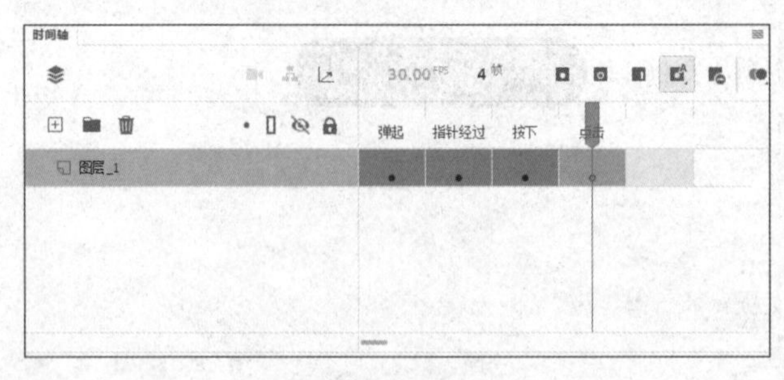

图　1-3-38

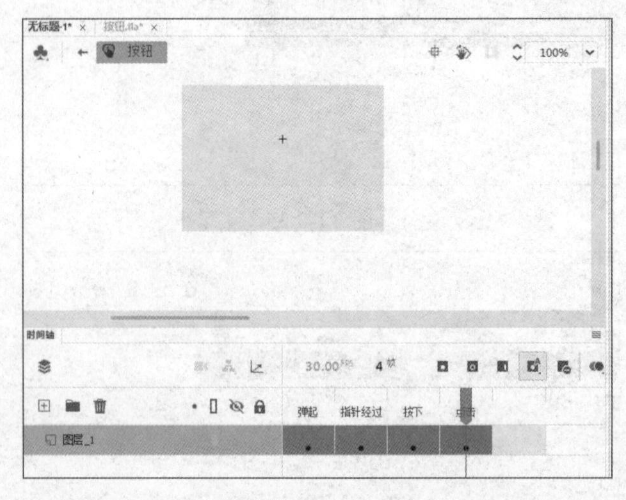

图　1-3-39

（7）按钮元件制作完成。在各关键帧上，舞台中显示的图形如图 1-3-40 所示。单击舞台窗口左上方的 ← 按钮就可以返回场景 1 的编辑舞台。

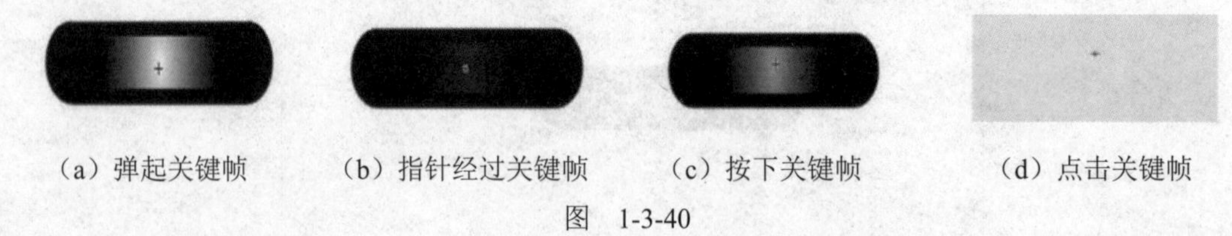

（a）弹起关键帧　（b）指针经过关键帧　（c）按下关键帧　（d）点击关键帧

图　1-3-40

3）创建影片剪辑元件

（1）选择“插入”→“新建元件”命令或按 Ctrl+F8 组合键，打开“创建新元件”对话框，在“名称”文本框中输入“图形变形”，在“类型”下拉列表框中选择“影片剪辑”选项，如图 1-3-41 所示。

（2）单击“确定”按钮，创建一个新的影片剪辑元件“图形变形”。影片剪辑元件的名称出现在舞台的左上方，舞台切换到了影片剪辑元件“图形变形”的窗口，窗口中间出现十字形状，代表影片剪辑元件的中心定位点，如图 1-3-42 所示。在“库”面板中显示出图形变形元件，如图 1-3-43 所示。

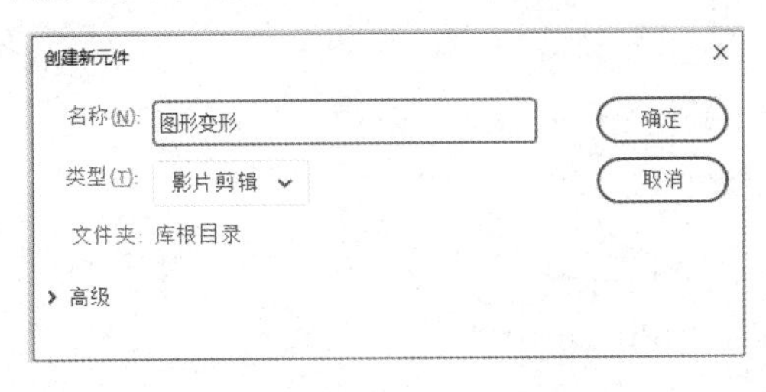

图　1-3-41

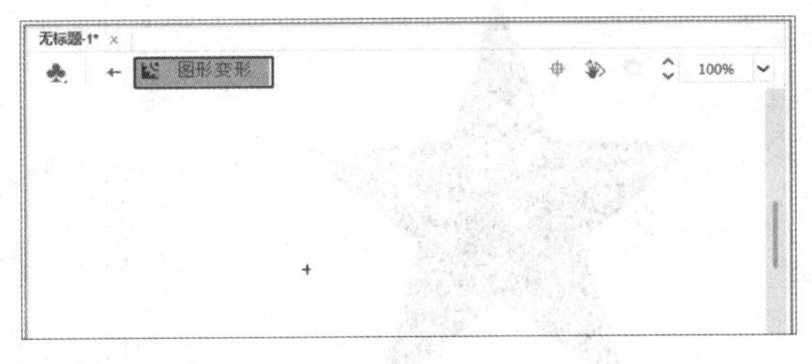

图　1-3-42

（3）选择“椭圆”工具，设置无线条颜色，填充颜色为径向填充，按住 Shift 键拖动鼠标画一个正圆，如图 1-3-44 所示。

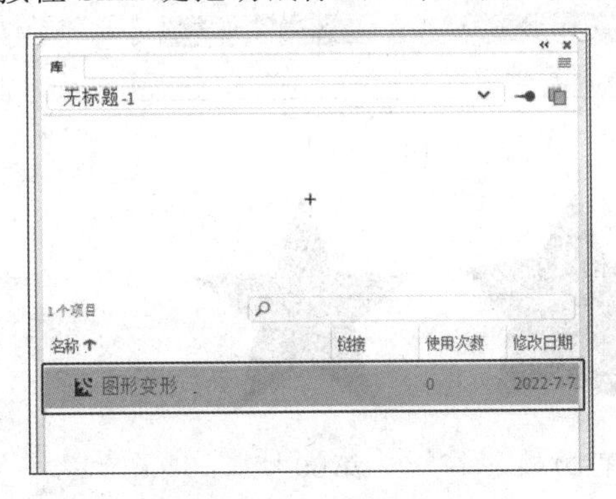

图 1-3-43

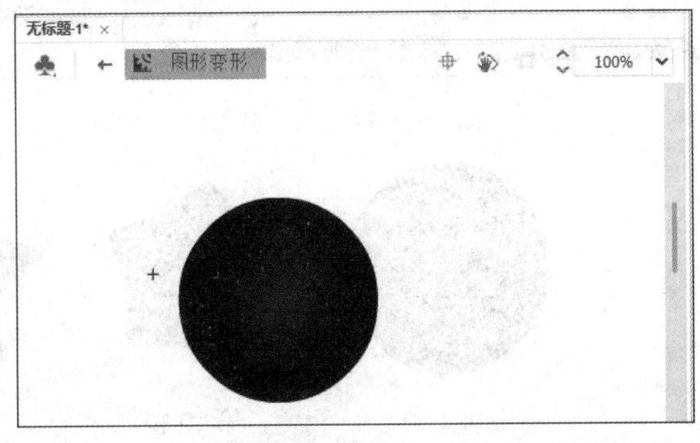

图　1-3-44

（4）选择“窗口”→“对齐”命令，打开“对齐”面板，如图 1-3-45 所示。选中小球，选择“与舞台对齐”“水平中齐”“垂直中齐”，如图 1-3-46 所示。

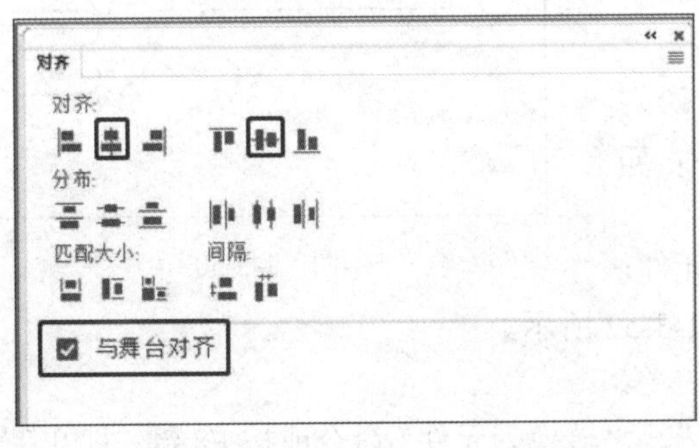

图　1-3-45

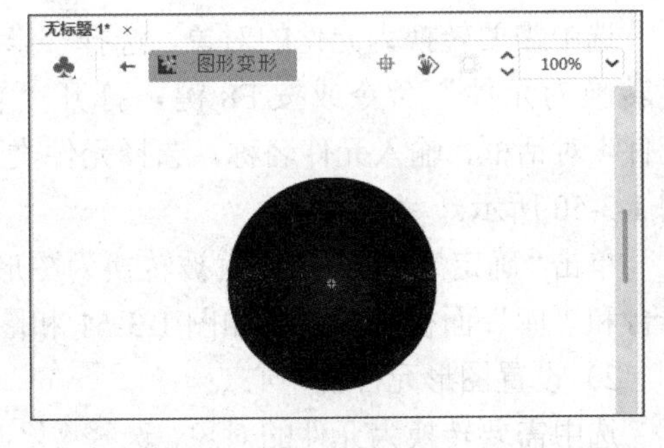

图　1-3-46

（5）在“时间轴”面板中选中第 30 帧，插入关键帧，选择“多角星形”工具制作一个五角星，如图 1-3-47 所示。在时间轴上右击，在弹出的快捷菜单中选择“创建补间形状”命令，如图 1-3-48 所示

（6）影片剪辑元件制作完成。在不同的关键帧上，舞台中显示不同的变形图形，如图 1-3-49 所示。单击舞台窗口左上方的←按钮可以返回场景 1 的编辑舞台。

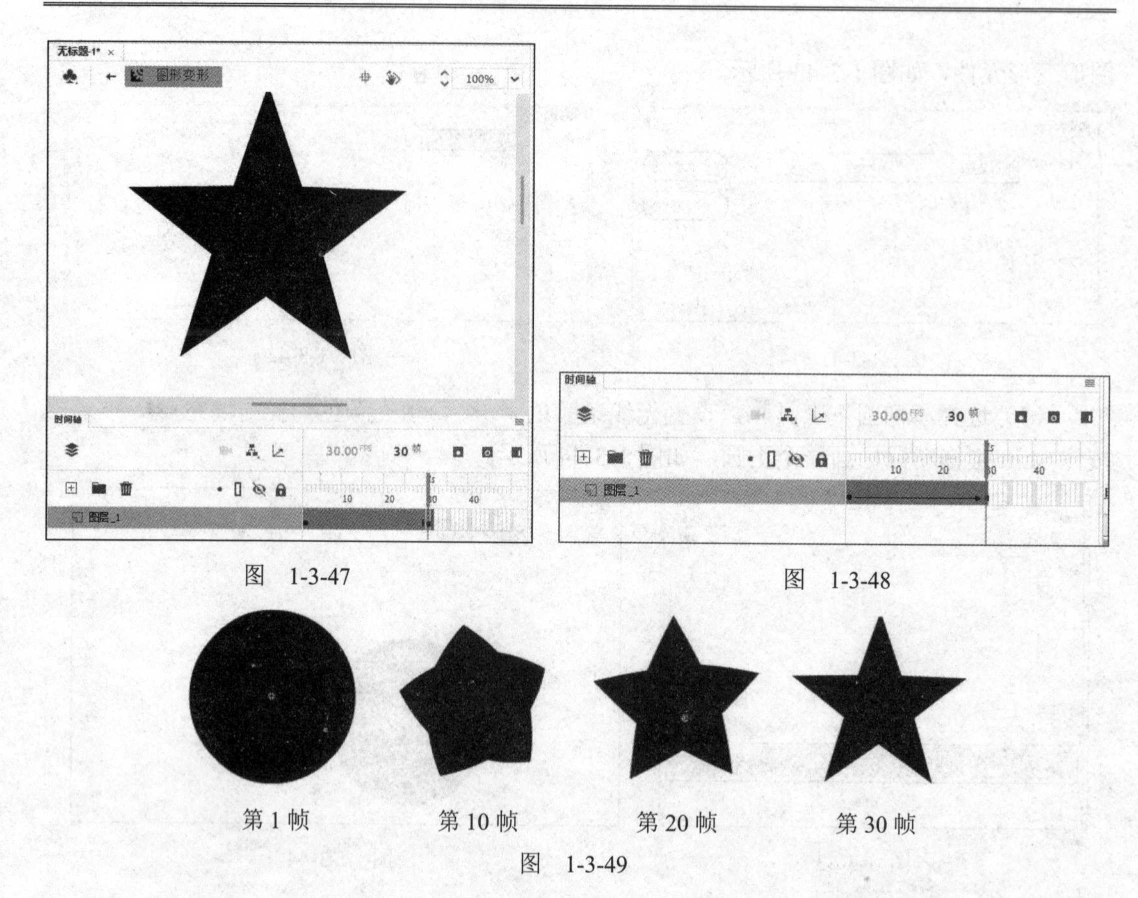

图　1-3-47　　　图　1-3-48

第 1 帧　　第 10 帧　　第 20 帧　　第 30 帧

图　1-3-49

3. 转换元件

1）图形转换为图形元件

选中需要转换为元件的对象，选择“修改”→“转换为元件”命令或按 F8 键，打开“转换为元件”对话框，输入元件名称，选择元件类型，如图 1-3-50 所示。

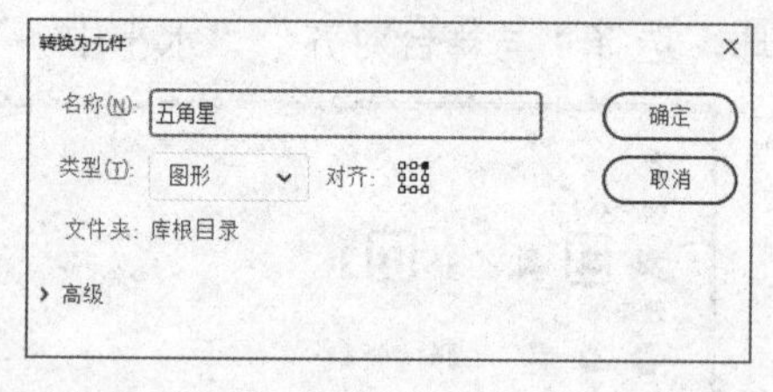

图　1-3-50

单击“确定”按钮，图形就被转换为图形元件，舞台和“库”面板中的效果如图 1-3-51 和图 1-3-52 所示。

2）设置图形元件的中心点

选中需要转换为元件的对象，选择“修改”→“转换为元件”命令或按 F8 键，打开“转换为元件”对话框，输入元件名称，选择元件类型，在对话框的对齐选项后有 9 个中心定位点，可以用来设置转换元件的中心点，如图 1-3-53 所示。

3）转换元件类型

在制作动画的过程中，我们可以根据需要，将一种类型的元件转化为另一种类型的元件。选中“库”面板中的图形元件，单击面板下方的“属性”按钮 ，打开“元件属性”对话框，如图 1-3-54 所示。在“类型”下拉列表框中选择“影片剪辑”选项，单击“确定”按钮，即可将图形元件转换为影片剪辑元件。

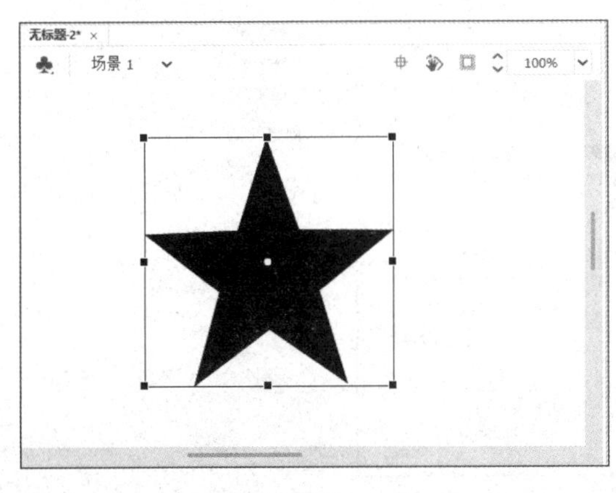

图　1-3-51

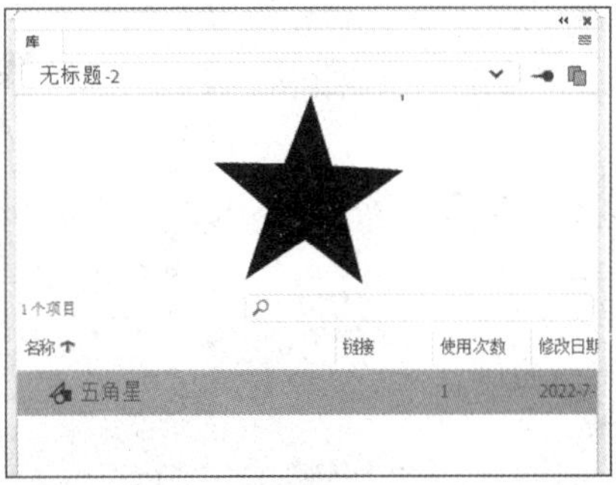

图　1-3-52

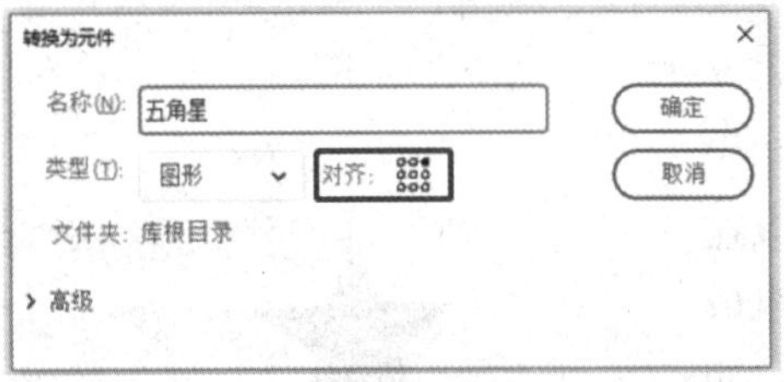

图 1-3-53

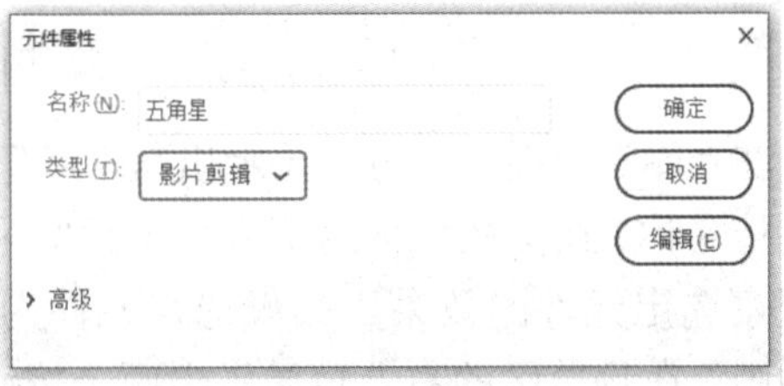

图　1-3-54

4．编辑元件

创建了若干个元件实例后，可能需要修改。元件经过编辑后，Animate 2022 会自动更新影片中所有由该元件生成的实例。编辑元件的方法有如下 3 种。

（1）右击要编辑的对象，从弹出的快捷菜单中选择“在当前位置编辑”命令，即可在当前工作区中编辑元件。此时，其他对象以灰显方式出现，从而与正在编辑的元件区别开。所编辑元件的名称显示在工作区上方的编辑栏内，位于当前场景名称的右侧。

（2）右击要编辑的对象，从弹出的快捷菜单中选择“在新窗口中编辑”命令，即可在一个单独的窗口中编辑元件。此时，在编辑窗口中可以看到元件和主时间轴。所编辑元件的名称显示在工作区上方的编辑栏内。

（3）双击工作区中的元件，进入其编辑模式。此时，所编辑元件的名称会显示在工作区上方的编辑栏内，且位于当前场景名称的右侧。

1.3.4　库资源的使用

1．“库”面板的组成

制作动画时，有些对象会在舞台多处出现。如果每个对象都分别制作一次，则既费时费力又增大了动画文件。因此 Animate 2022 设置了库，用来存放各种元件。库有两种，一种是用户库，也叫“库”面板，用来存放用户在制作动画过程中创建的元件，如图 1-3-55 所示。

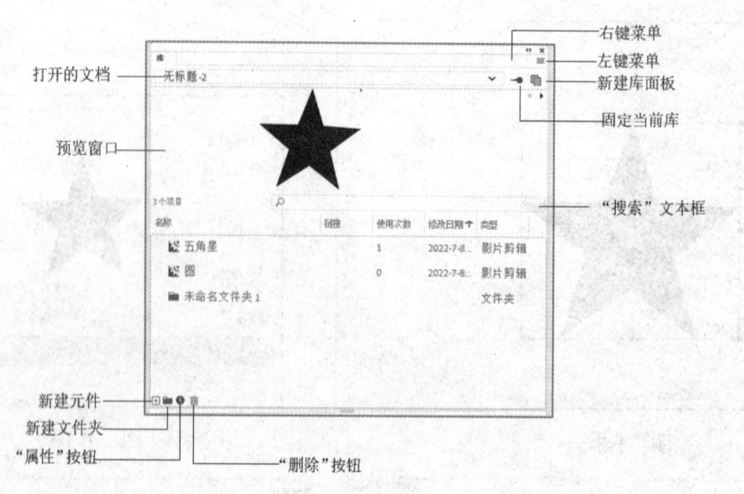

图　1-3-55

在“库”面板的上方，显示出与“库”面板相应的文档名称。在文档名称的下方显示预览区，可以在此观察选定元件的效果。如果选定元件为多帧组成的动画，在预览区的右上角显示出两个按钮 ▪ ▸，如图 1-3-56 所示。单击“播放”按钮 ▸，可以在预览区域里播放动画，单击“停止”按钮 ▪，停止播放动画。在预览区的下方显示出当前“库”面板中的元件数量。

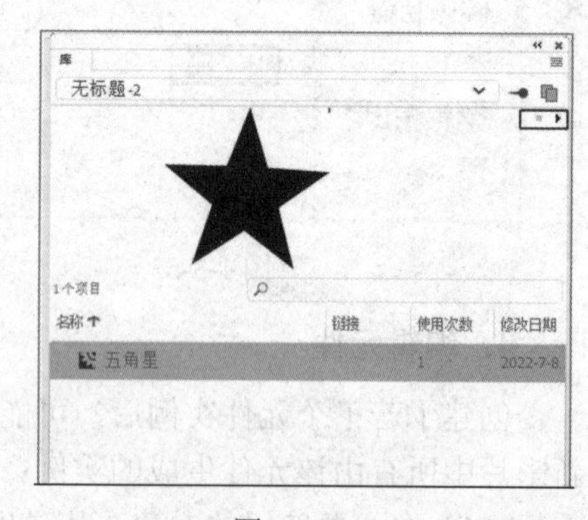

图　1-3-56

2．“资源”面板的组成

选择“窗口”→“资源”命令，可打开“资源”面板。其中，“默认”选项卡包含 Animate 资源包，有“动画”“静态”“声音剪辑”三大类，如图 1-3-57 所示。“自定义”选项卡包含用户自己导入的资源，有“动画”和“静态”两类，如图 1-3-58 所示。

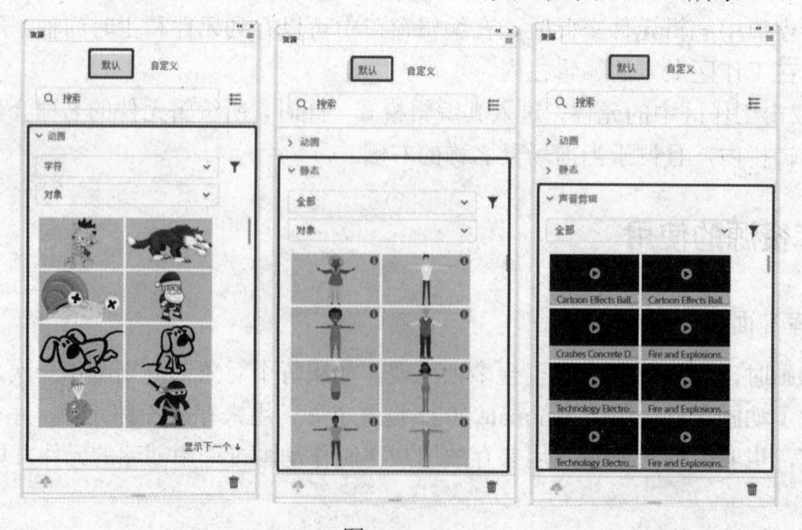

图　1-3-57

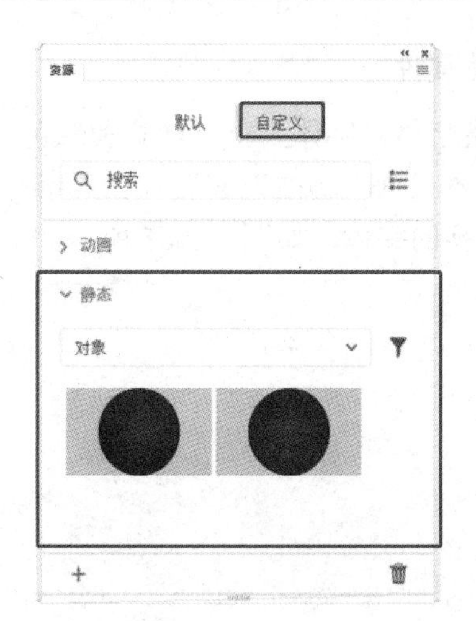

图　1-3-58

动画部分包含具有多个帧的符号。静态部分包含具有一个帧和一个图像的符号。声音剪辑包含样本背景和事件声音。

1.3.5　文字的输入与编辑

1. 创建文本

选择“文本”工具，将鼠标指针放置在舞台窗口中，鼠标指针变为时，单击鼠标，出现文本输入光标直接输入文字即可，如图 1-3-59 所示。可以选择“窗口”→“属性”命令或按 Ctrl+F3 组合键，打开“属性”面板，设置文本的大小、颜色等属性。

在舞台窗口中，单击并拖曳鼠标，绘制文本框，如图 1-3-60 所示。在文本框中输入文字，文字被限定在文本框中，如果输入的文字较多，会自动转到下一行，如图 1-3-61 所示。

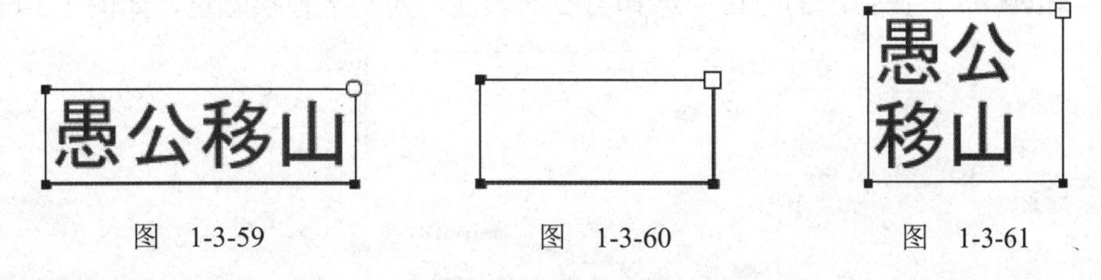

图　1-3-59　　　　图　1-3-60　　　　图　1-3-61

用鼠标向左拖曳文本框右上方的控制点，可以缩小文字的行宽，如图 1-3-62 所示。向右拖曳控制点可以扩大文字的行宽，如图 1-3-63 所示。双击文本框右上方的方形控制点，文字将转换成单行显示状态，方形控制点转换为圆形控制点，如图 1-3-64 所示。

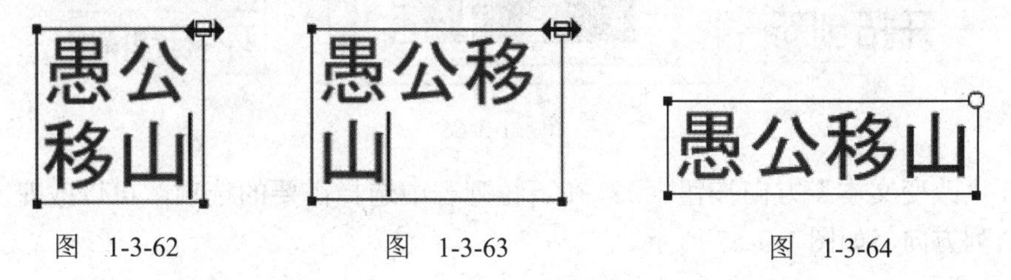

图　1-3-62　　　　图　1-3-63　　　　图　1-3-64

2．文本属性

1）设置字体、字体大小、样式和颜色

选择文本工具“属性”面板，在“字符”选项组中单击字体选项，在弹出的下拉列表中选择要转换的字体，如图 1-3-65 所示。

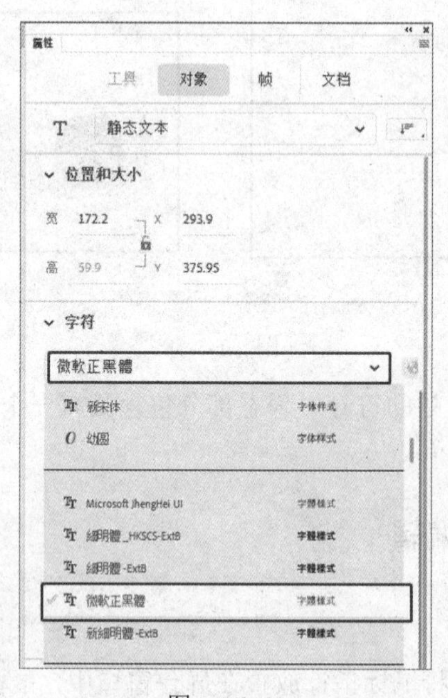

图 1-3-65

- ❑ “大小”设定：设定字符或整个文本框的文字大小，数值项的值越大，文字越大。
- ❑ “文本填充颜色”按钮 填充：为选定字符或整个文本框的文字设定颜色。操作时选中需要更改的文字，在文本工具“属性”面板中单击“文本填充颜色”按钮 填充，在弹出的色块中选择需要的颜色，为文字替换颜色，如图 1-3-66 所示。

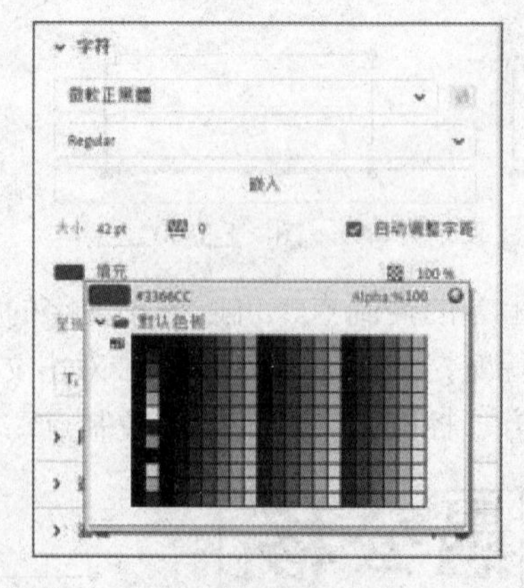

图 1-3-66

- ❑ “改变文本”方向按钮：在下拉列表中选择需要的选项，可以改变文字的排列方向，如图 1-3-67 所示。

（a）改变文本方向　（b）水平　（c）垂直　（d）垂直，从左向右

图　1-3-67

❑　“字母间距”按钮：通过设置需要的数值，控制字符之间的相对位置。设置不同的文本间距，文本的效果如图 1-3-68 所示。

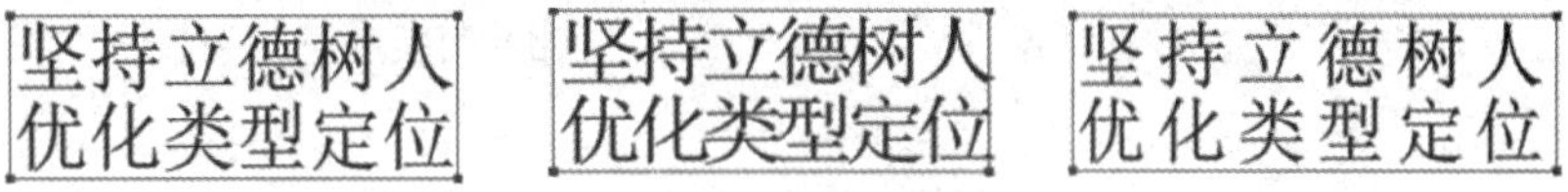

（a）间距为 0　（b）间距为-6（缩小）　（c）间距为 6（加宽）

图　1-3-68

❑　“上标”按钮：可将水平文本放置在基准线上，或将垂直文本放在基线的右边。

❑　“下标”按钮：可将水平文本放置在基准线下，或将垂直文本放在基线的左边。

选中要设置的字符，单击“上标”，文本在基线以上；选中要设置的字符，单击“下标”，文本在基线以下，如图 1-3-69 所示。

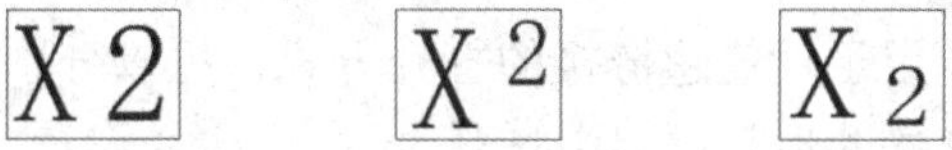

（a）正常位置　（b）上标位置　（c）下标位置

图　1-3-69

2）字体的呈现方法

Animate 2022 中有 5 种不同的字体呈现选项，如图 1-3-70 所示。通过不同的设置可以得到不同的效果。

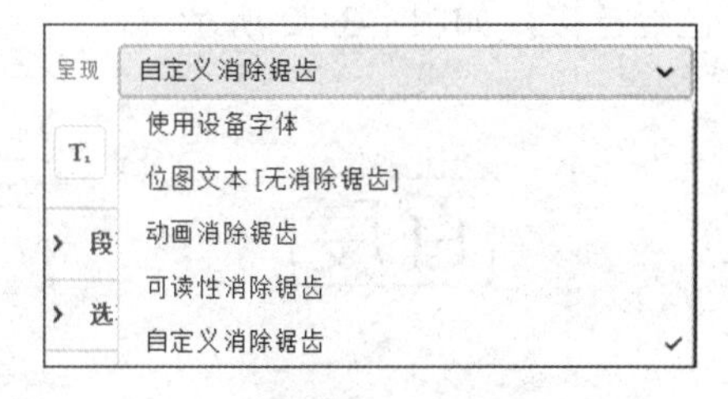

图　1-3-70

❑　“使用设备字体”：选择此选项将生成一个较小的 SWF 文件，并采用用户计算机上当前安装的字体来呈现文本。

❑　“位图文本[无消除锯齿]”：选择此选项将生成明显的文本边缘，没有消除锯齿。因为此选项生成的 SWF 文件中包含字体轮廓，所以生成的 SWF 文比较大。

❑　“动画消除锯齿”：选择此选项将生成可顺畅进行动画播放的消除锯齿文本。因为此选项生成的 SWF 文件中包含字体轮廓，所以生成的 SWF 文件较大。

❑　“可读性消除锯齿”：选择此选项将使用高级消除锯齿引擎，提供品质最高和最易读的文本表现。因此生成的文件中包含字体轮廓以及特定的消除锯齿信息，所以生成的 SWF 文件最大。

- “自定义消除锯齿”：选择此选项与选择“可读性消除锯齿”选项相同，但是此选项可以直观地消除锯齿参数，以生成特定的外观。此选项对新字体或不常见字体生成字的外观非常有用。

3）设置字符与段落

利用文本排列方式的各个按钮，可以将文字以不同的形式排列。效果如图 1-3-71 所示。

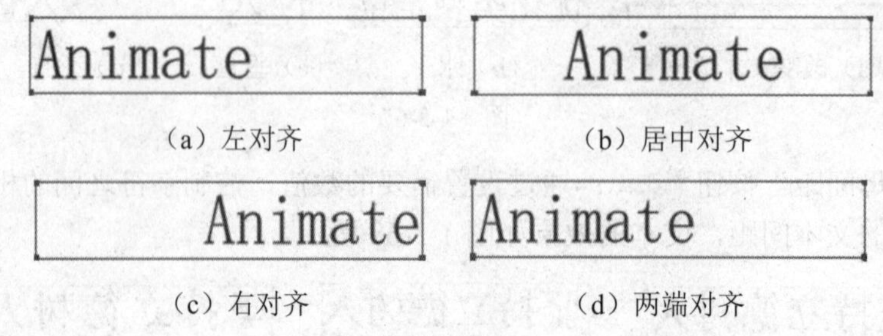

（a）左对齐　（b）居中对齐

（c）右对齐　（d）两端对齐

图　1-3-71

- “缩进”选项 0像素：用于调整文本段落的首行缩进。
- “行距”选项 0点：用于调整文本段落的行与行间距。
- “左边距”选项 0像素：用于调整文本段落的左侧边距。
- “右边柜”选项 0像素：用于调整文本段落的右侧边距。

4）设置文本超链接

- “链接”选项：可以在该项的文本框中直接输入网址，使当前的文字生成超链接文字。
- “目标”选项：用于设置超链接的打开方式，可以分别在新打开的浏览器、父框架、当前框、默认的顶部框架中打开。

选中需要设置的文字，选择文本工具“属性”面板，在“链接”选项的文本框中输入链接的网址，在“目标”选项中设置好打开方式，设置完成后文字的下方出现下画线表示已经链接，如图 1-3-72 所示

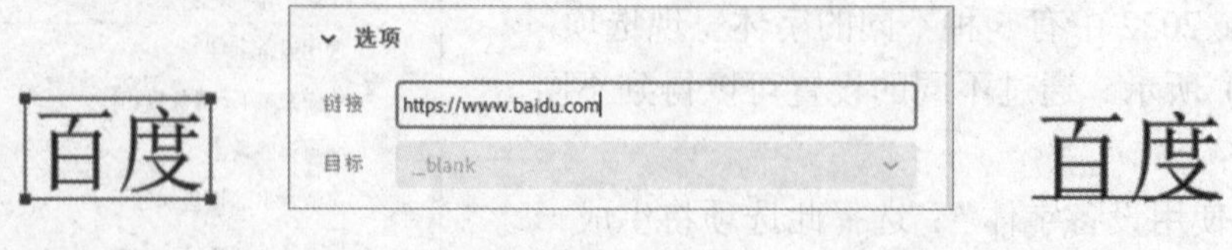

图　1-3-72

3．静态文本

- “可选”按钮：如图 1-3-73 所示，选择此选项，当文本输出 SWF 格式时，可以对影片中的文字进行选取、复制操作。

4．动态文本

选择“动态文本”选项，动态文本选项“属性”面板如图 1-3-74 所示。

- “实例名称”文本框：可以设置动态文本的名称。
- “将文本呈现为 HTML”选项：文本支持 HTML 标签特有的字体格式、超链接

等超文本格式。

图　1-3-73

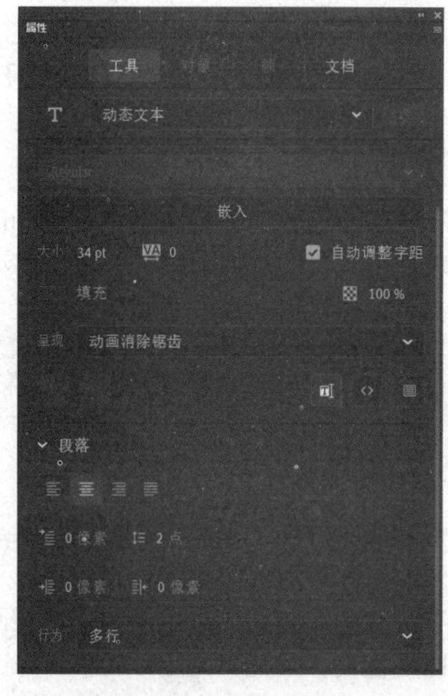

图　1-3-74

- “在文本周围显示边框”选项：可以为文本设置白色背景和黑色的边框。
- “段落”选项组中的“行为”选项：包括单行、多行和多行不换行。
- “单行”：文本以单行方式显示。
- “多行”：如果输入的文本大于设置的文本框限制，输入的文本将自动换行。
- “多行不换行”：输入的文本为多行时不会自动换行。

5．输入文本

选择“输入文本”选项，输入文本选项“属性”面板如图1-3-75所示。

“段落”选项组中的“行为”选项增加了“密码”选项，选择此项，文本输出格式为SWF格式时，影片中的文字将显示为星号（****）。

“选项”选项组中的“最大字符”选项，可以设置输入文字的最多数值，默认值为0，即为不限制。如设置数值，此数值即为输出SWF影片时显示文字的最多数目。

图　1-3-75

项目 2　Animate 基础动画制作

本项目将通过 5 个典型实例讲解 Animate 中几种常见的动画类型。其中，有 3 种基本的动画表现形式，即逐帧动画、传统补间动画和形状补间动画。在 Animate 中，几乎所有的动画都可以通过这 3 种方法制作完成。

2.1　任务 1——逐帧动画的制作

逐帧动画是把每个画面的运动过程附加在各个帧上，当影片快速播放的时候，利用人的视觉残留现象，形成流畅的动画效果。对于逐帧动画中的每个画面（即单帧画面），都需要单独进行制作与设计，虽然制作单帧画面的过程比较麻烦，但是逐帧动画所形成的动画效果比较优美、细腻和灵活。

2.1.1　实例效果预览

本节实例效果如图 2-1-1 所示。

图　2-1-1

2.1.2　技能应用分析

（1）导入素材及整合场景。

（2）创建影片剪辑元件，制作马奔跑的逐帧动画。

（3）创建传统补间，制作出马从左跑到右的运动画面。

（4）通过修改元件的大小、透明度、色调等属性，制作马的影子。

2.1.3　制作步骤解析

（1）选择“文件”→“新建”命令，在打开的“新建文档”面板中设置文档“宽”为 550，“高”为 400，“帧速率”为 12，单击“创建”按钮创建一个新的空白文档，如图 2-1-2 所示。

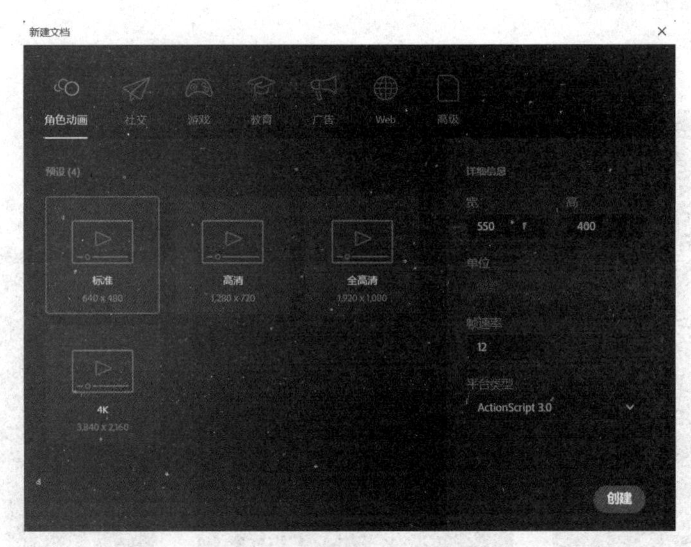

图　2-1-2

（2）选择“文件”→“保存”命令，打开“另存为”对话框，在“文件名”文本框中输入“骏马奔跑”，然后单击“保存”按钮，如图 2-1-3 所示。

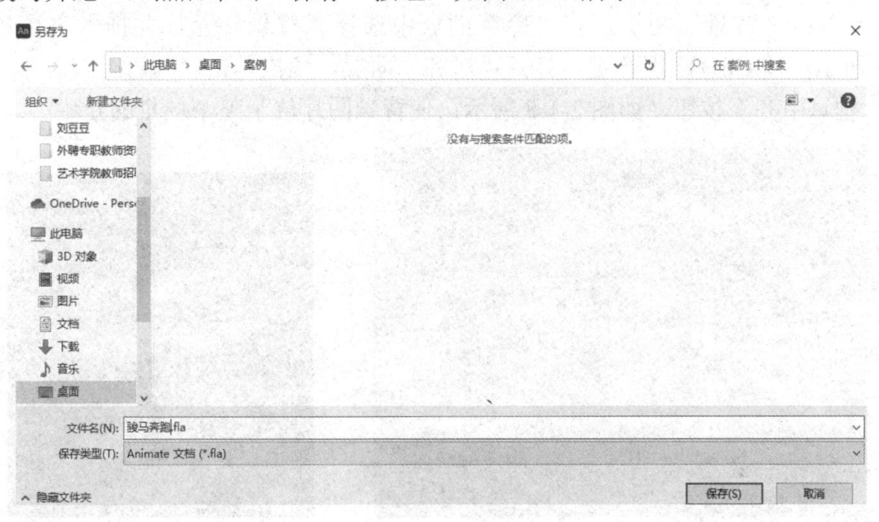

图　2-1-3

（3）选择“文件”→“导入”→“导入到库”命令，在打开的“导入到库”对话框中选择素材文件夹中的“马 1.png”～“马 8.png”“背景.psd”，然后单击“确定”按钮，把所有图片素材导入到“库”面板，如图 2-1-4 所示。

（4）在主场景的“时间轴”面板中，连续单击 3 次“插入图层”按钮，创建 3 个新的图层，如图 2-1-5 所示。分别双击图层的名称并分别命名为“树”“马跑动画”“马跑动画阴影”和“背景”，如图 2-1-6 所示。

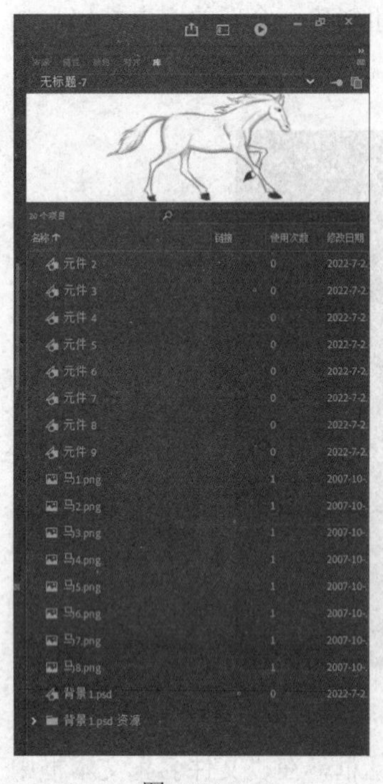

图　2-1-4

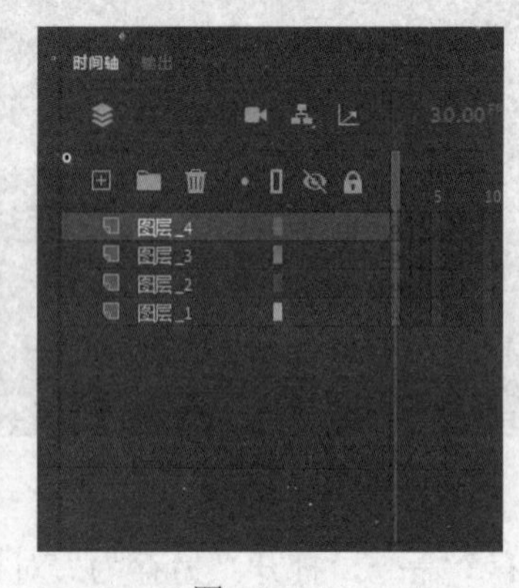

图　2-1-5

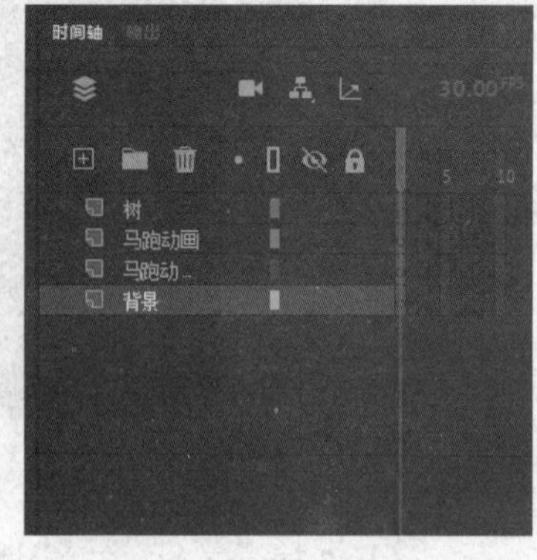

图　2-1-6

（5）单击“背景”图层，在“库”面板中选择“背景”元件并拖入主场景中，如图 2-1-7 所示。按 Ctrl+K 组合键，打开“对齐”面板，依次单击“与舞台对齐”“水平中齐”和“垂直中齐”按钮，如图 2-1-8 所示，使背景图片位于整个场景的正中心。

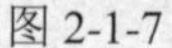

图 2-1-7

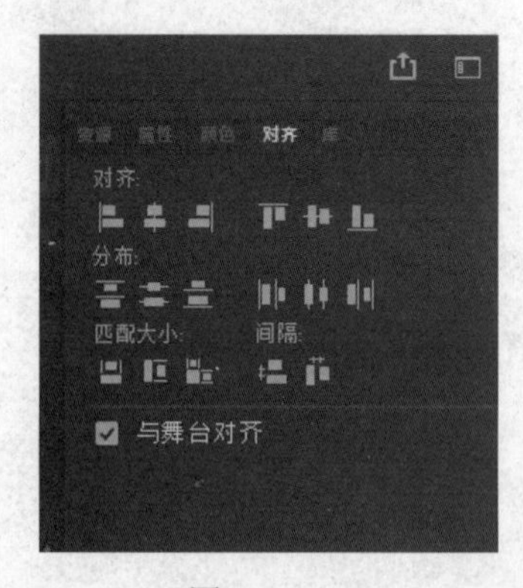

图 2-1-8

（6）使用相同的方法，把“库”面板中的“树”元件拖入“树”图层，并调整其位置至场景的左下方，如图 2-1-9 所示。

图　2-1-9

（7）选择“插入”→“新建元件”命令，打开“创建新元件”对话框，输入名称为“马跑动画”，选择类型为“影片剪辑”，如图 2-1-10 所示。单击“确定”按钮，即可创建一个新的“马跑动画”影片剪辑元件，如图 2-1-11 所示。

图　2-1-10

图　2-1-11

（8）在“马跑动画”影片剪辑元件场景的“图层_1”中，利用“选择”工具选择 8 个帧，再按 F7 键插入 8 个空白关键帧，如图 2-1-12 所示。

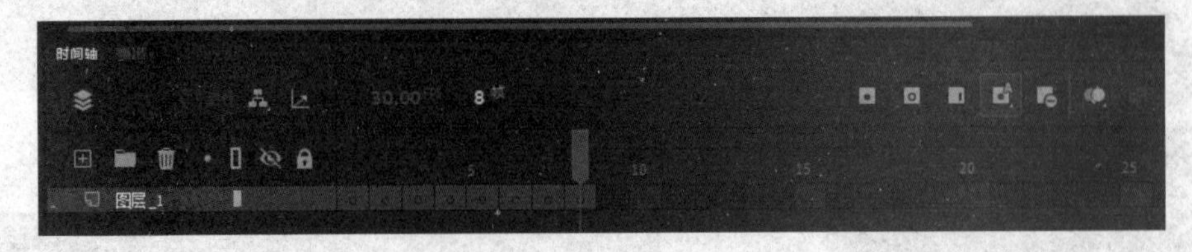

图　2-1-12

（9）在“图层_1”中单击第 1 帧，从“库”面板中将“马 1.png”～“马 8.png”拖到主场景中，如图 2-1-13 所示。

图　2-1-13

（10）按 Ctrl+K 组合键打开“对齐”面板，依次单击“与舞台对齐”“水平中齐”“底对齐”按钮，使该帧上的图片完全底部对齐，如图 2-1-14 所示。

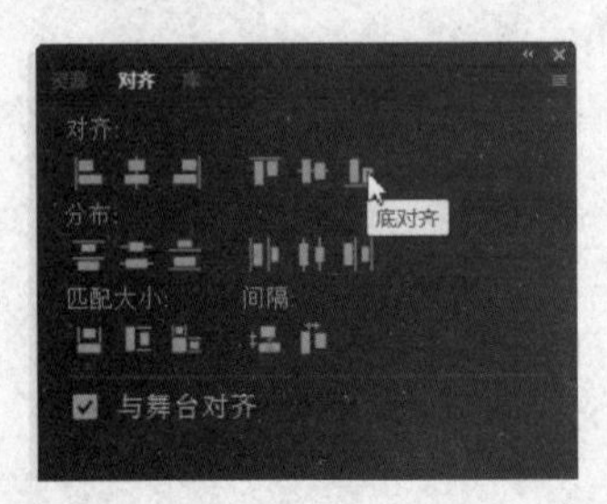

图　2-1-14

（11）将鼠标放在马的图像上右击，在弹出的快捷菜单中选择“分布到关键帧”命令，如图 2-1-15 所示，此时的时间轴状态如图 2-1-16 所示。按 Enter 键播放当前时间轴上的动画，此时这 8 帧上的图片会按照当前帧的顺序自动进行连续播放，形成骏马奔跑的逐帧动画效果。

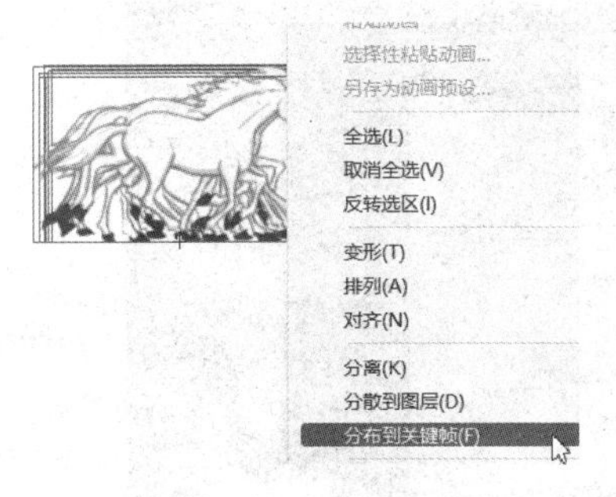

图　2-1-15

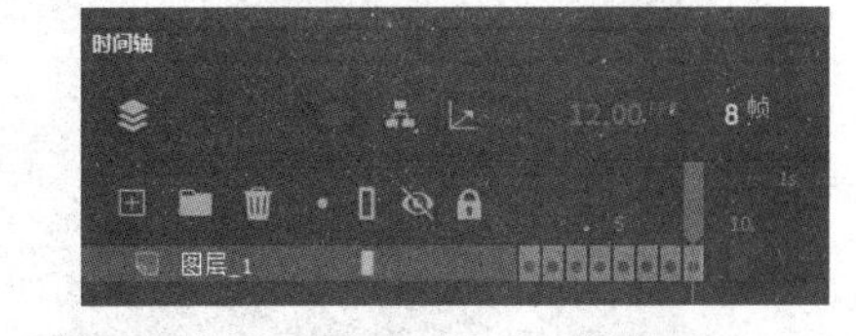

图　2-1-16

（12）单击工作区中的“场景 1”按钮，切换到主场景，单击“马跑动画”图层的第 1 帧，从“库”面板中拖动“马跑动画”影片剪辑元件到舞台，然后利用“选择”工具将其放置在场景的左下角，如图 2-1-17 所示。

图　2-1-17

（13）单击“马跑动画”图层的第 50 帧，按 F6 键插入关键帧，单击“树”图层、“背景”图层的第 50 帧位置，按 F5 键插入帧，如图 2-1-18 所示。利用“选择”工具移动“马跑动画”剪辑元件到主场景的右下角，如图 2-1-19 所示。

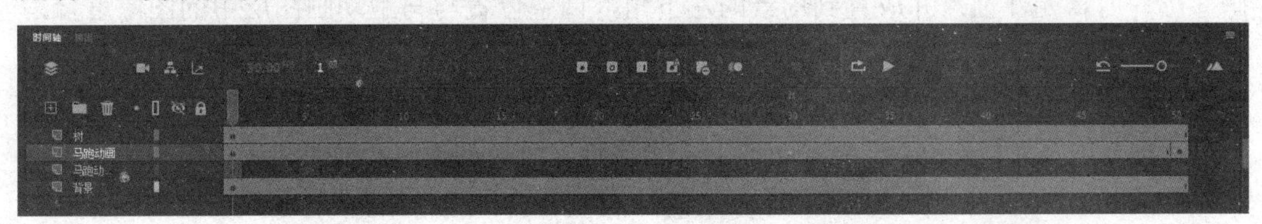

图　2-1-18

图　2-1-19

（14）在“马跑动画”图层的第 1～第 50 帧之间的任意帧上右击，在弹出的快捷菜单中选择“创建传统补间”命令，如图 2-1-20 所示。

图　2-1-20

（15）在主场景中单击“马跑动画阴影”图层的第 1 帧，从“库”面板中将“马跑动画”影片剪辑元件拖入并放置到场景的左下角，调整位置与马跑动画图层中的图像重合，然后单击“任意变形”工具，移动控制中心点到变形框底部，再按 Ctrl+T 组合键打开“变形”面板，设置纵向缩放为 30%、水平倾斜角度为-60，如图 2-1-21 所示。

（16）选择“马跑动画”剪辑元件，在“属性”面板的“色彩效果”选项组中设置“样式”为 Alpha，其值为 40%，如图 2-1-22 所示；再选择样式为“色调”，参数设置如图 2-1-23 所示。

图　2-1-21

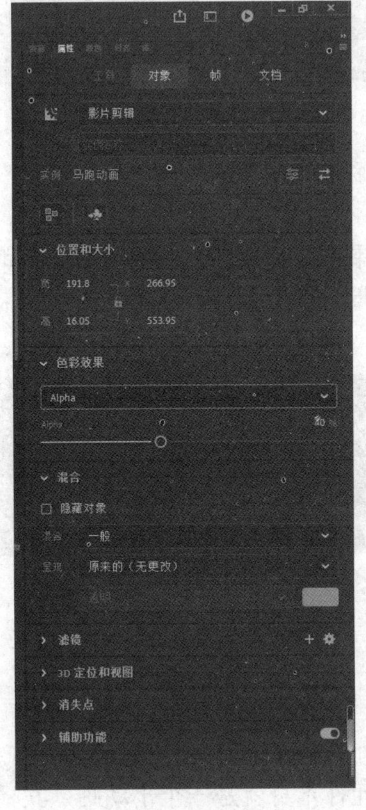

图　2-1-22

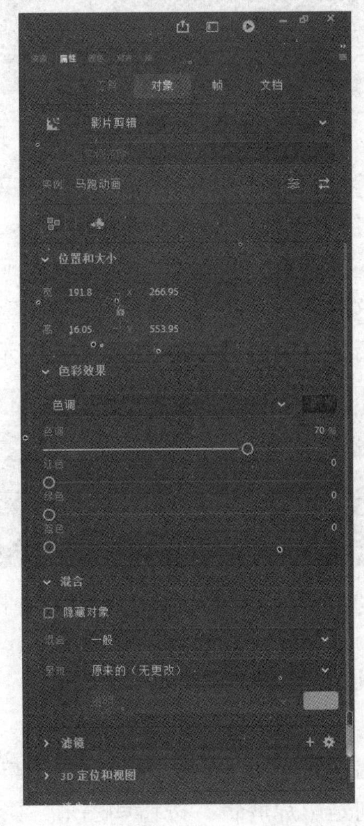

图　2-1-23

（17）单击“马跑动画阴影”图层的第 50 帧，按 F6 键插入关键帧，利用“选择”工具移动“马跑动画”剪辑元件到场景的右下角，如图 2-1-24 所示。

图　2-1-24

（18）在“马跑动画阴影”图层的第 1～第 50 帧之间任意位置右击，在弹出的快捷菜单中选择“创建传统补间”命令，完成后的时间轴效果如图 2-1-25 所示。

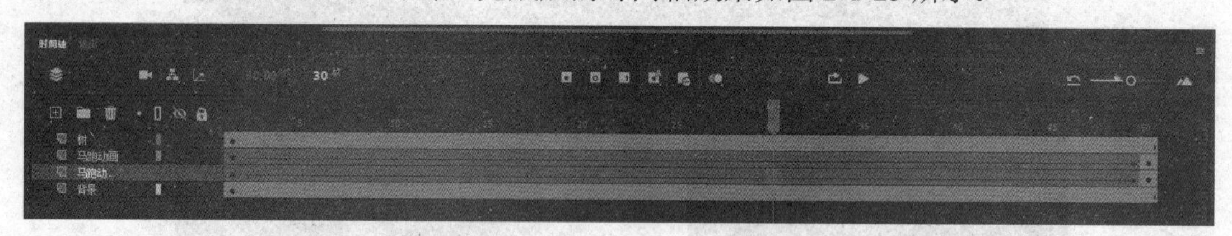

图　2-1-25

（19）按 Ctrl+S 组合键保存当前的文档，然后选择“控制”→“测试影片”命令或按 Ctrl+Enter 组合键测试动画的最终效果。

（20）在最终效果呈现上，我们发现动画效果不是特别好，主要是马在奔跑时被树遮挡住了，这时我们可以将“树”图层调整到“背景”图层上方，就不会出现马被遮挡的情况，调整后的时间轴效果如图 2-1-26 所示。

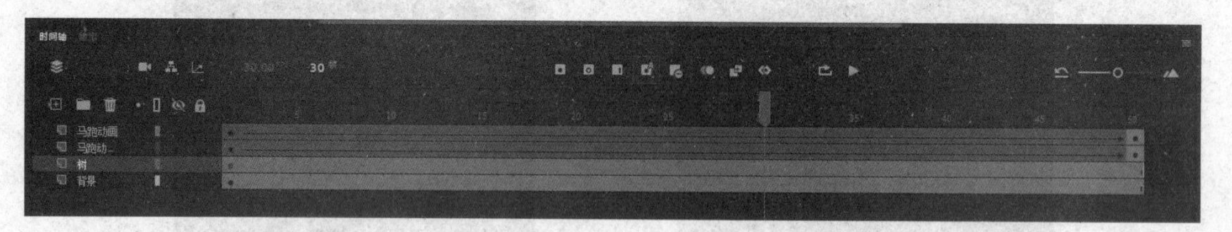

图　2-1-26

2.1.4　知识点总结

本实例主要介绍了元件的创建方法与逐帧动画的制作过程。在 Animate 中，元件分为 3 类，分别是影片剪辑、按钮和图形。影片剪辑元件本身就是一个小动画，其播放不受主时间轴的影响；按钮元件的作用与网页中的超链接类似，用于实现用户的单击响应动作；图形元件也是一个小型动画，但其播放与主时间轴是同步的。因此，在制作马奔跑的逐帧动画时要创建的是影片剪辑元件。

逐帧动画是一种常见的动画形式，其原理是在连续的关键帧中分解动画动作，也就是在时间轴上逐帧绘制不同的内容，使其连续播放从而形成动画。逐帧动画的帧序列内容不一样，因此制作成本非常高，且最终输出的文件很大。但其优势也很明显，逐帧动画具有非常大的灵活性，几乎可以表现任何想表现的内容，类似于电影的播放模式，很适合于那些需要表现细腻的动画，如人物或动物的转身、走路、说话、头发及衣服的飘动以及精致的 3D 效果等。

在“马跑动画”影片剪辑元件中制作马跑的逐帧动画时，一定要将不同帧上的马的图片进行对齐，这样才能保证马奔跑的效果比较流畅。

2.2　任务 2——形状变形动画的制作

形状变形动画是矢量文字或矢量图形通过形态变形后形成的动画。在 Animate 软件中输入的文字，必须先按 Ctrl+B 组合键将其彻底打散，而后才能进行形状变形；而在 Animate 软件中绘制的图形，由于其本身就是矢量图形，因此可以直接进行形状变形。

2.2.1　实例效果预览

本节实例效果如图 2-2-1 所示。

图　2-2-1

2.2.2　技能应用分析

（1）运用形状补间动画制作出红色背景弹出的动画效果。

（2）运用动作补间动画制作出天安门的渐现效果。

（3）运用动作补间动画制作出文字动画。

2.2.3　制作步骤解析

（1）选择“文件”→“新建”命令，打开“新建文档”面板，单击“创建”按钮创建一个新的空白文档。

（2）在“属性”面板中单击“文档”按钮，打开“文档属性”对话框，设置文档大小为 630 像素×480 像素，帧速率为 18，舞台颜色为灰色（#E3DED1），如图 2-2-2 所示。

（3）单击“时间轴”面板中“图层 1”的第 1 帧，选择“文件”→“导入”→“导入到舞台”命令，打开“导入”对话框，选择素材文件“边框.png”，单击“打开”按钮，如图 2-2-3 所示，将素材文件导入到舞台，在“属性”面板上将其 X 轴、Y 轴的坐标位置均设置为 0。导入后的效果如图 2-2-4 所示。

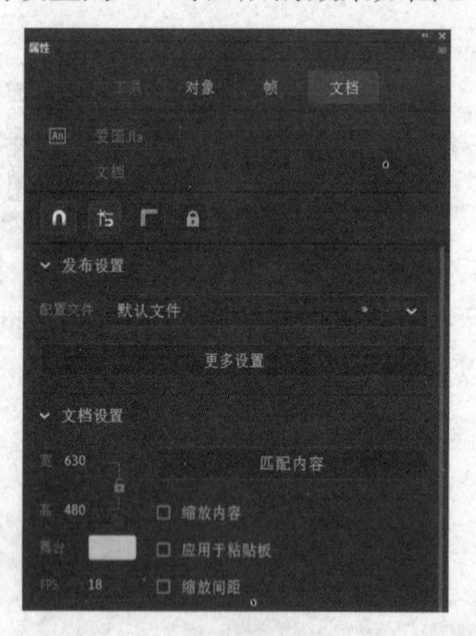

图　2-2-2

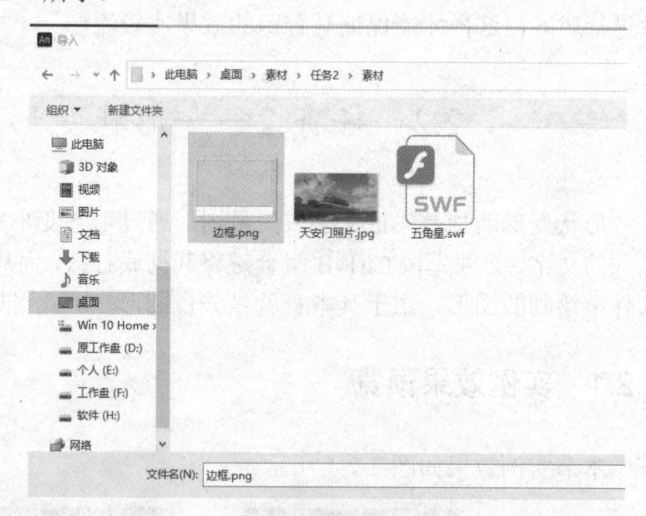

图　2-2-3

图　2-2-4

（4）选择“修改”→“转换为元件”命令，打开“转换为元件”对话框。单击“确定”按钮，创建一个名称为“元件 1”、类型为“图形”的元件，如图 2-2-5 所示。

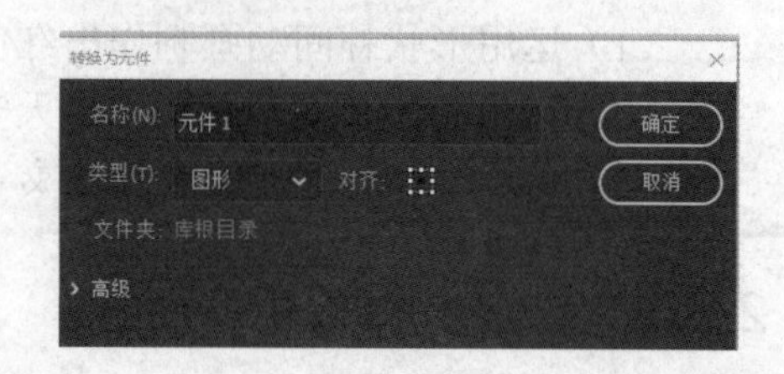

图　2-2-5

（5）单击“图层_1”的第 20 帧，按 F6 键插入一个关键帧。单击“图层_1”的第 1 帧，用“选择”工具选中“边框”实例，在“属性”面板中选择“对象”选项卡，设置“色彩效果”选项组中 Alpha 属性的值为 0%，如图 2-2-6 所示。

（6）在“图层_1”的第 1～第 20 帧之间的任意一帧处右击，在弹出的快捷菜单中选择“创建传统补间”命令。然后单击“图层_1”的第 100 帧，按 F5 键插入一个空白帧。

（7）在“时间轴”面板上单击“新建图层”按钮，新建“图层_2”，并将“图层_2”拖到“图层_1”的下方。单击“图层_2”的第 20 帧，按 F6 键插入关键帧，选择“文件”→“导入”→“导入到舞台”命令，将素材文件“天安门.jpg”导入到舞台，选择“任意变形”工具将图片缩小至合适大小，按 Ctrl+K 组合键打开“对齐”面板，将图片基于舞台进行对齐，如图 2-2-7 所示。

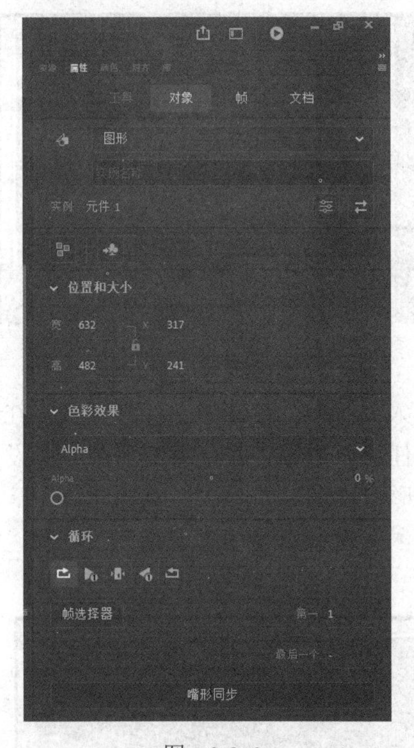

图　2-2-6

图　2-2-7

（8）使用“选择”工具选中“图层_2”第 20 帧处的图片，选择“修改”→“转换为元件”命令，将图片转换为名称为“元件 2”的图形元件。单击“图层_2”的第 40 帧，按 F6 键插入关键帧，选择“图层_2”的第 20 帧，在“属性”面板中选择“对象”选项卡，设置“色彩效果”选项组中 Alpha 的值为 0%。

（9）在“图层_2”的第 20～第 40 帧之间的任意一帧处右击，在弹出的快捷菜单中选择“创建传统补间”命令，创建动画。

（10）在“图层_2”上方新建“图层_3”，单击“图层_3”的第 40 帧，按 F6 键插入关键帧，选择“矩形”工具，将笔触设置为透明，填充颜色设置为红色，Alpha 值设置为 60%，如图 2-2-8 所示，绘制一个矩形，使用“选择”工具对矩形的右侧边缘进行变形，如图 2-2-9 所示。

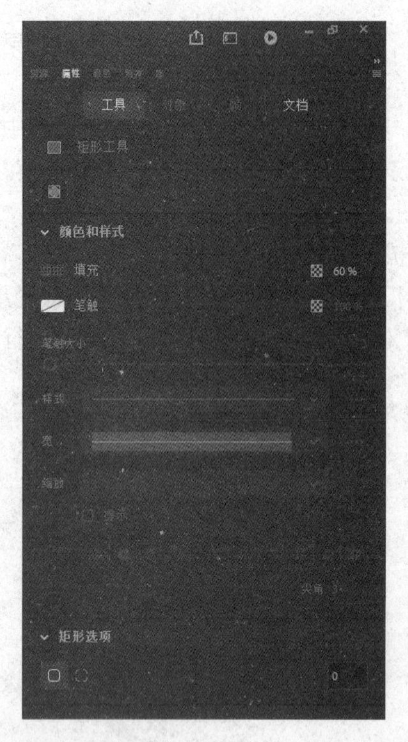

图 2-2-8

图 2-2-9

（11）单击“图层_3”的第 50 帧，按 F6 键插入关键帧，使用“选择”工具将红色图形向右边移动，并对其边缘进行变形，然后选择“任意变形”工具，将变形中心点设置到左边中间的控制点，然后拖动右边的中间控制点将形状拉宽，如图 2-2-10 所示。

（12）单击“图层_3”的第 55 帧，按 F6 键插入关键帧，使用“选择”工具和“任意变形”工具对红色图形进行变形，如图 2-2-11 所示。

图 2-2-10

图 2-2-11

（13）单击“图层_3”的第 70 帧，按 F6 键插入关键帧，使用“选择”工具和“任意变形”工具对红色图形进行变形，如图 2-2-12 所示。

（14）分别在“图层_3”的第 76 帧、第 82 帧和第 88 帧处按 F6 键插入关键帧，并使用“选择”工具和“任意变形”工具对红色图形进行变形，如图 2-2-13～图 2-2-15 所示。

图　2-2-12

图　2-2-13

图　2-2-14

图　2-2-15

（15）在“图层_3”的第 40～第 50 帧之间的任意一帧处右击，在弹出的快捷菜单中选择“创建补间形状”命令，如图 2-2-16 所示，创建一个形状补间动画。

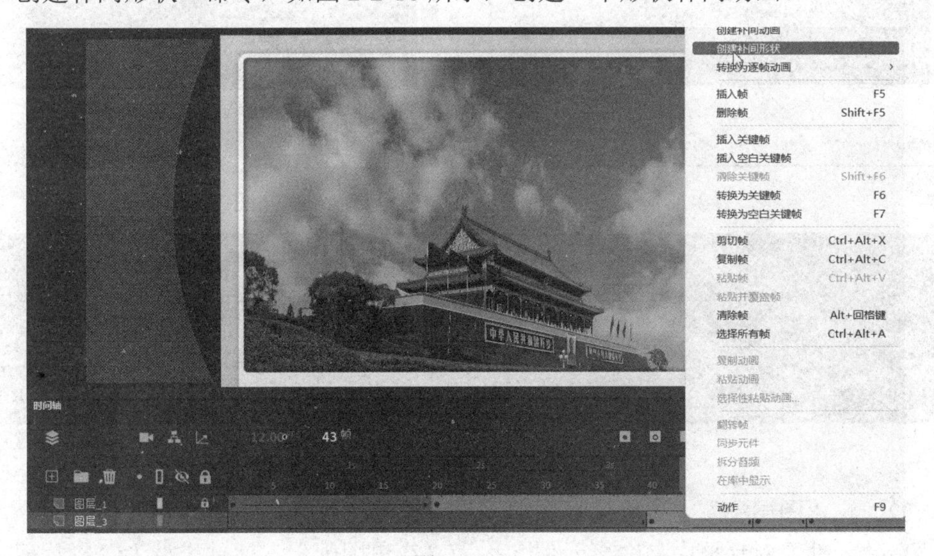

图　2-2-16

（16）采用同样的方法，在“图层_3”的第 50～第 55 帧、第 70～第 76 帧、第 76～第 82 帧和第 82～第 88 帧之间分别创建补间形状，创建完成后的“时间轴”面板如图 2-2-17 所示。

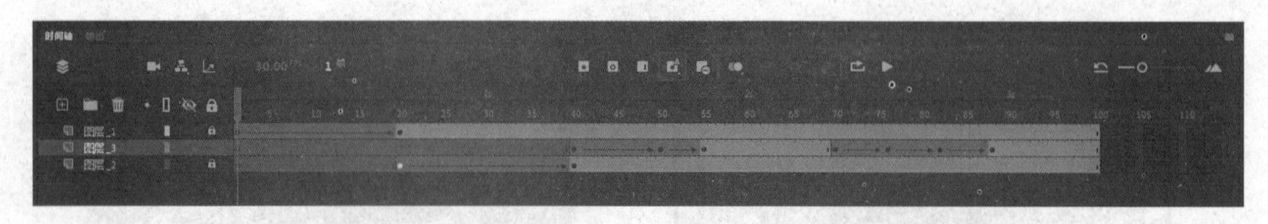

图　2-2-17

（17）在“图层_3”上方新建“图层_4”，单击“图层_4”的第 55 帧，插入空白关键帧，选择“文字”工具，输入“爱”字，在“属性”面板中选择“对象”选项卡，设置文字属性，填充颜色为黄色，Alpha 值为 100%，完成效果如图 2-2-18 所示。

（18）选择“修改”→“转换为元件”命令，将文字转换为名称为“爱”的图形元件。单击“图层_4”的第 65 帧，按 F6 键插入关键帧，使用“选择”工具将文字向右移动一点。

（19）单击第 55 帧，选择文字对象，在“属性”面板中将“色彩效果”选项组中的 Alpha 值设置为 0%。

（20）右击第 55～第 65 帧之间的任意一帧，在弹出的快捷菜单中选择“创建传统补间”命令。

（21）在“图层_4”上方新建“图层_5”，使用同样的方法制作文字“国”的动画，如图 2-2-19 所示。此时的“时间轴”面板如图 2-2-20 所示。

图　2-2-18

图　2-2-19

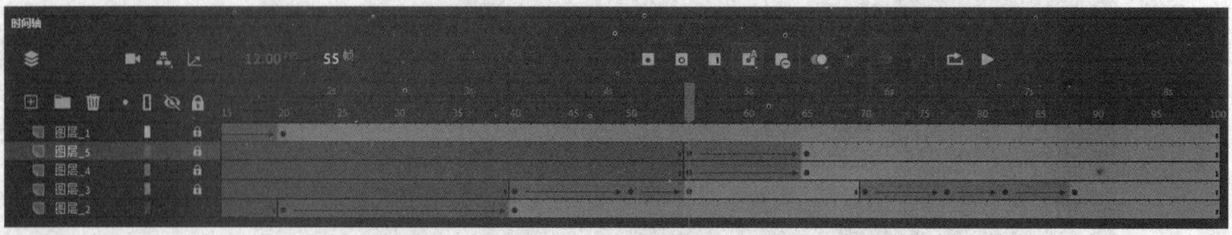

图　2-2-20

（22）在“图层_5”上方新建“图层_6”，选择“插入”→“新建元件”命令，在打开的“新建元件”对话框中，命名元件名称为“红星闪闪”，元件类型为“影片剪辑”，展开高级选项，单击“源文件”按钮，在打开的对话框中选择“红星闪闪.fla”，如图 2-2-21 所示，单击“打开”按钮。在打开的“选择元件”对话框中选择“闪闪的红星”影片剪辑元件，如图 2-2-22 所示。单击“确定”按钮完成元件的创建。

（23）单击“图层_6”的第 55 帧，插入空白关键帧，将“库”面板中的“红星闪闪”影片剪辑拖入舞台，并调整其大小与位置，如图 2-2-23 所示。

图　2-2-21

图　2-2-22

图　2-2-23

（24）单击“图层_6”的第 65 帧，按 F6 键插入关键帧。单击第 55 帧，选择五角星对象，在“属性”面板中，将五角星的 Alpha 属性设置为 0%。在“图层_6”的第 55～第 65 帧之间的任意一帧处右击，在弹出的快捷菜单中选择“创建传统补间”命令。此时的“时间轴”面板如图 2-2-24 所示。

图　2-2-24

（25）新建图层，选择“文件”→“导入”→“导入到舞台”命令，打开“导入”对话框，选择素材文件“军歌.mp3”，导入背景音乐。打开“属性”面板，在声音选项中设置“同步”为“数据流”“循环”，如图 2-2-25 所示。

（26）为了避免动画的重复播放，在“图层_1”的最后一帧处按 F6 键插入关键帧，按 F9 键打开“动作”面板，输入代码“stop();”，如图 2-2-26 所示。

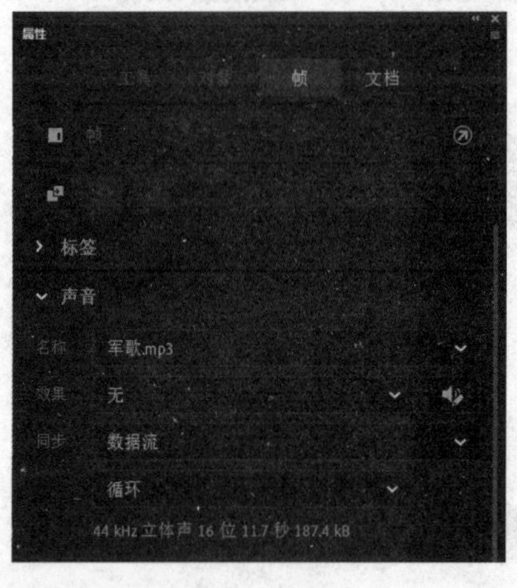

图　2-2-25

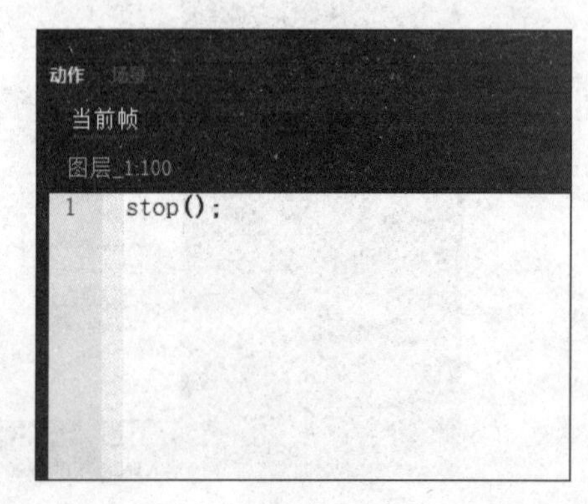

图　2-2-26

（27）按 Ctrl+Enter 组合键测试影片，测试完成后按 Ctrl+S 组合键保存文件。

2.2.4　知识点总结

本实例中红色背景的弹出效果是通过形状补间动画制作的。在制作形状补间动画时，动画对象必须是可编辑的图形。其他类型的对象如元件的实例、文字、位图等，则是不可编辑的。使用这些对象制作形状补间动画前，需要使用“修改分离”命令将对象打散为可编辑的图形 。

制作形状补间动画时，必须具备以下条件：在一个形状补间动画中至少有两个关键帧；这两个关键帧中的对象必须是可编辑的图形；这两个关键帧中的图形必须有一些变化，否则制作的动画将没有动的效果。

当创建了形状补间动画后，在两个关键帧之间会有一个浅绿色背景的实线箭头，如图 2-2-27 所示，表示该形状补间动画创建成功。如果无法创建形状补间动画，原因可能是动画对象不是可编辑的图形。此时，需要先将其转换为可编辑的图形。

图　2-2-27

2.3　任务 3——传统补间及补间动画的制作

Animate 可以创建两种类型的补间动画：传统补间和补间动画。

传统补间是指在 Animate CS3 和更早版本中使用的补间，在 Animate 2022 中予以保留主要是出于过渡目的。补间动画是一种使用元件的动画，用于创建运动、大小和旋转的变化，以及淡化效果和颜色效果。

2.3.1　实例效果预览

本节实例效果如图 2-3-1 所示。

图　2-3-1

2.3.2　技能应用分析

（1）使用传统补间动画制作背景的渐变效果。
（2）使用遮罩动画制作小路的动画效果。
（3）通过修改元件实例的属性，制作树、人物等的传统补间动画效果。
（4）使用补间动画制作太阳的轨迹变化。

2.3.3　制作步骤解析

（1）创建一个新文档，在舞台中右击，在弹出的快捷菜单中选择“文档属性”命令，打开“文档属性”对话框，设置“宽”为 579，“高”为 354，背景颜色为白色，帧速率为 30。

（2）选择“文件”→“导入”→“导入到舞台”命令，将素材文件 bg.swf 导入到舞台，如图 2-3-2 所示。

（3）选择文件 bg.swf，选择“修改”→“转换为元件”命令，打开“转换为元件”对话框，在“名称”文本框中输入“背景”，在“类型”下拉列表框中选择“图形”，如图 2-3-3 所示。

图　2-3-2

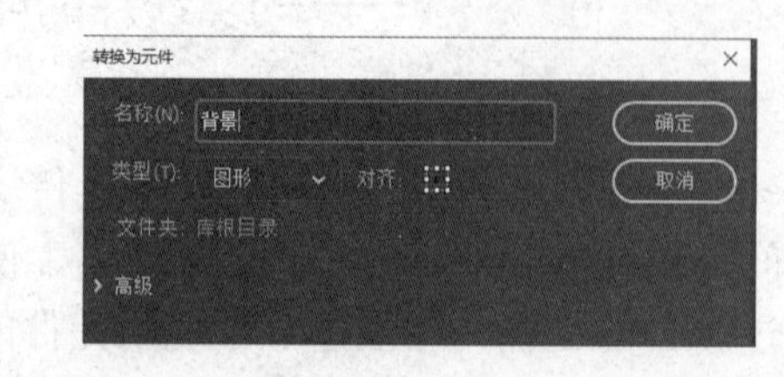

图　2-3-3

（4）单击“确定”按钮，将 bg.swf 转换为名称为“背景”的图形元件，同时保存到“库”面板中，如图 2-3-4 所示。

（5）在“图层_1”的第 15 帧处右击，在弹出的快捷菜单中选择“插入关键帧”命令，在“属性”面板中保持其宽度不变，“高”为 214，如图 2-3-5 所示。

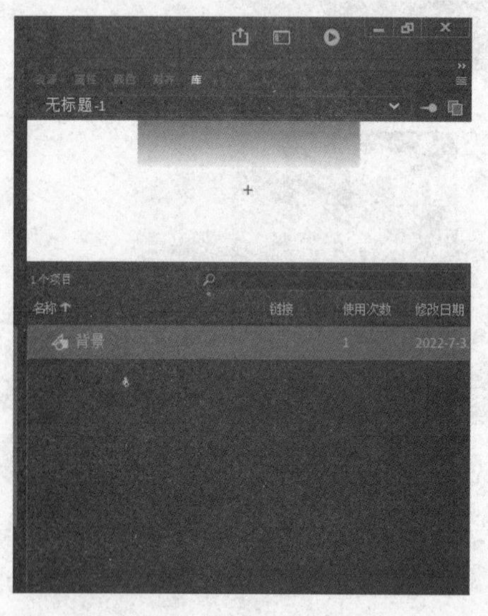

图　2-3-4

图　2-3-5

（6）选择“图层_1”第 1～第 15 帧之间的任意一帧右击，在弹出的快捷菜单中选择“创建传统补间”命令，创建出传统补间动画。

（7）选择“图层_1”第 1 帧处的“背景”元件，在“属性”面板中展开“色彩效果”选项组，在下拉列表框中选择 Alpha 选项，然后将其值设置为 0%，如图 2-3-6 所示。

（8）选择“图层_1”的第 120 帧，按 F5 键插入帧，让动画的播放时间为 120 帧。

（9）单击“新建图层”按钮，在“图层_1”之上创建一个新图层，名称为“图层_2”，如图 2-3-7 所示。

（10）选择“图层_2”，选择“文件”→“导入”→“导入到舞台”命令，将素材文件 bg2.swf 导入到舞台，设置其坐标位置为“X：0，Y：65”，如图 2-3-8 所示。

（11）选择文件 bg2.swf，选择“修改”→“转换为元件”命令，打开“转换为元件”对话框，在“名称”文本框中输入“背景 2”，在“类型”下拉列表框中选择“图形”选项，然后单击“确定”按钮，将 bg2.swf 转换为名称为“背景 2”的图形元件，并保存到“库”面板中。

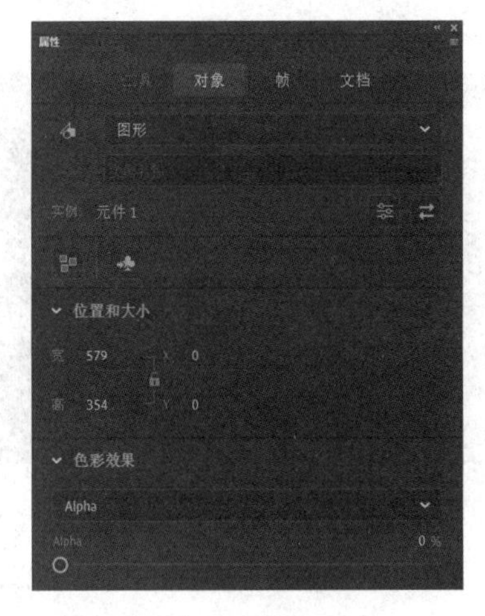

图　2-3-6

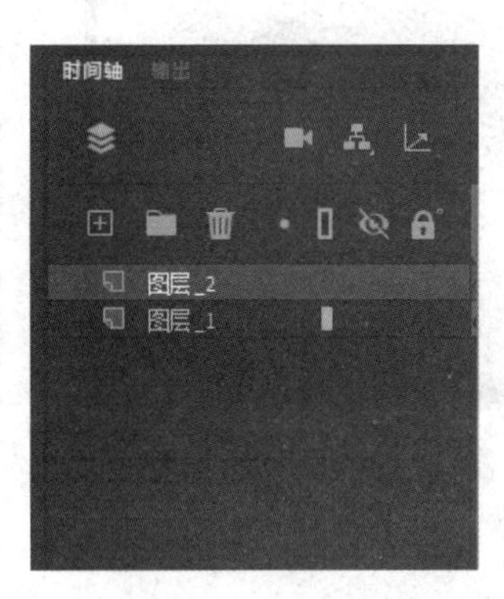

图　2-3-7

（12）在“图层_2”的第 15 帧处按 F6 键插入关键帧。选择“图层_2”第 1 帧处的“背景 2”元件，在“属性”面板中设置“色彩效果”选项组中 Alpha 的数值为 0%，如图 2-3-9 所示。

图　2-3-8

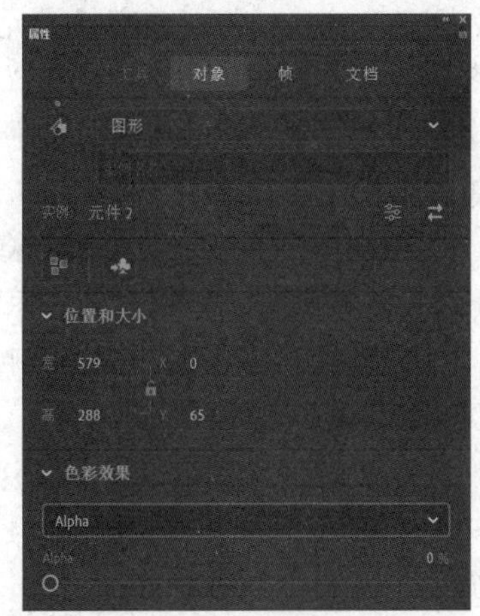

图　2-3-9

（13）选择第 1～第 15 帧之间的任意一帧右击，在弹出的快捷菜单中选择“创建传统补间”命令，创建出传统补间动画。此时的时间轴状态如图 2-3-10 所示。

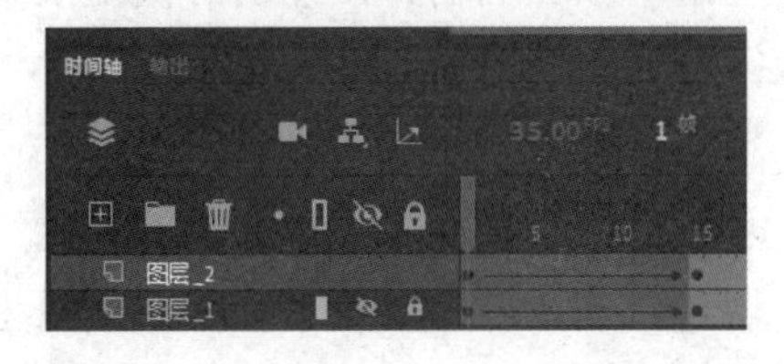

图　2-3-10

（14）在“图层_2”之上新建一个图层，名称为“图层_3”。

（15）选择“文件”→“导入”→“导入到舞台”命令，将素材文件 lu.swf 导入到舞台，如图 2-3-11 所示。

（16）选择“图层_3”的第 1 帧，按住鼠标将其向时间轴右侧拖动至第 15 帧处，然后选择导入的 lu.swf 元件，在“属性”面板中设置其“宽”为 486，“高”为 366，坐标位置为“X：0，Y：0”，如图 2-3-12 所示。

图 2-3-11

图 2-3-12

（17）在“图层_3”上方新建一个图层，名称为“图层_4”，并在其第 15 帧处按 F6 键插入关键帧。

（18）使用“矩形”工具绘制一个矩形，然后选择绘制的矩形，调整其大小，以遮住舞台为宜。

（19）选择绘制的矩形，选择“修改”→“转换为元件”命令，打开“转换为元件”对话框，在“名称”文本框中输入 ball，在“类型”下拉列表框中选择“图形”选项，将“注册”点设置到中心位置，如图 2-3-13 所示。

图 2-3-13

（20）单击“确定”按钮，将矩形转换成名称为 ball 的图形元件，并保存到“库”面板。

（21）在“图层_4”的第 33 帧处按 F6 键插入关键帧。

（22）选择“图层_4”第 15 帧中的 ball 图形元件，按住 Alt 键的同时使用“任意变形”工具将其缩小，如图 2-3-14 所示。

图 2-3-14

（23）选择“图层_4”第 15～第 33 帧之间的任意一帧并右击，在弹出的快捷菜单中选择“创建补间动画”命令，创建出传统补间动画。

（24）选择“图层_4”并右击，在弹出的快捷菜单中选择“遮罩层”命令，如图 2-3-15 所示，创建一个遮罩动画。

（25）在“图层_4”上方新建一个图层，名称为“图层_5”。

（26）选择“文件”→“导入”→“导入到舞台”命令，将素材文件 tree1.swf 导入到舞台。

（27）选择文件 tree1.swf，选择“修改”→“转换为元件”命令，将其转换成名称为“元件 1”的图形元件。

（28）选择“图层_5”的第 1 帧，按住鼠标将其向时间轴右侧拖动至第 33 帧处，对“元件 1”对象位置和大小进行调整，如图 2-3-16 所示。

（29）在“图层_5”的第 43 帧处按 F6 键插入关键帧，然后选择第 33～第 43 帧之间的任意一帧右击，在弹出的快捷菜单中选择“创建传统补间”命令，创建出传统补间动画。

（30）继续选择“图层_5”第 33 帧处的“元件 1”对象，在“属性”面板的“色彩效果”选项组中设置“样式”为 Alpha，并设置其值为 0%。

（31）按照同样的方法，在“图层_5”上方新建“图层_6”“图层_7”“图层_8”，并分别在这 3 个图层的第 37 帧、第 42 帧、第 47 帧处插入关键帧。将素材文件 tree2.swf、tree3.swf 和 tree4.swf 导入到舞台，然后将它们分别转换为图形元件“元件 2”“元件 3”“元件 4”。以“元件 1”对象为参照物，摆放“元件 2”“元件 3”“元件 4”对象，如图 2-3-17 所示。

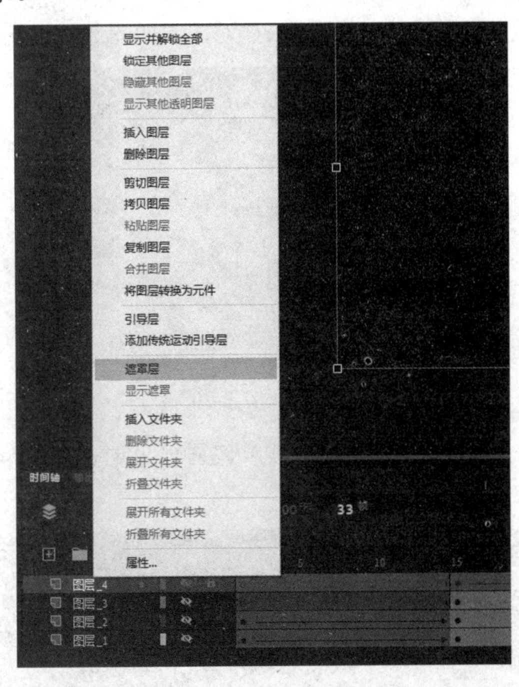

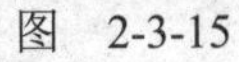

图　2-3-15

图　2-3-16

图　2-3-17

（32）按照制作“元件 1”对象的方法，制作其他几棵树的动画，此时的时间轴状态如图 2-3-18 所示。

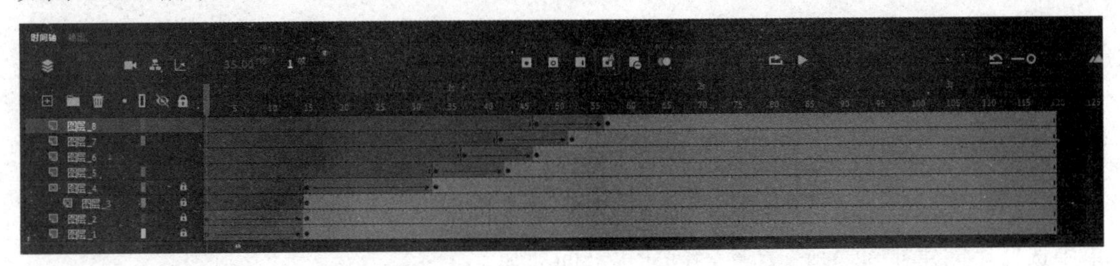

图　2-3-18

（33）在“图层_8”上方新建一个图层，名称为“图层_9”，在第 57 帧处按 F6 键插入关键帧。

（34）将素材文件 women.swf 导入到舞台，并将其转换为“元件 5”。

（35）选择“图层_9”第 57 帧处的“元件 5”，对其位置进行调整，如图 2-3-19 所示。

（36）在第 66 帧处插入关键帧，然后选择第 57～第 66 帧之间的任意一帧并右击，在弹出的快捷菜单中选择“创建传统补间”命令，创建出传统补间动画。

（37）选择第 57 帧处的“元件 5”对象，在“属性”面板的“色彩效果”选项组中设置“样式”为 Alpha，并设置其值为 0%。

（38）在“图层_8”上方新建“图层_10”和“图层_11”，并分别在这两个图层的第 66 帧和第 76 帧处插入关键帧。将素材文件 men.swf 和 line.swf 导入到舞台，然后分别转换为图形元件，即“元件 6”和“元件 7”。

（39）以“元件 5”对象为参照物，摆放“元件 6”和“元件 7”对象，如图 2-3-20 所示。

图 2-3-19

图 2-3-20

（40）按照制作“元件 5”对象的方法，制作出男士和电线杆动画，此时的时间轴状态如图 2-3-21 所示。

图 2-3-21

（41）在“图层_11”上方新建“图层_12”，在“图层_12”的第 76 帧处按 F7 键插入空白关键帧，选择“椭圆”工具，设置填充颜色为红色，笔触颜色为无，在如图 2-3-22 所示的位置按住 Shift 键绘制一个圆形，并将该圆形转换为图形元件“元件 8”。

（42）选择“图层_12”的第 76～第 120 帧之间的任意一帧并右击，在弹出的快捷菜单中选择“创建补间动画”命令，创建出补间动画。

（43）在“图层_12”的第 97 帧处，使用“选择”工具移动“元件 8”，调整产生的曲线路径，如图 2-3-23 所示。

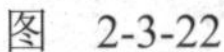

图　2-3-22

图　2-3-23

（44）单击“图层_12”的第 120 帧，调整“元件 8”的“色彩效果”选项组中 Alpha 的值为 0%，此时的时间轴状态如图 2-3-24 所示。

图　2-3-24

（45）按 Ctrl+Enter 组合键测试影片，并按 Ctrl+S 组合键保存文件。

2.3.4　知识点总结

传统补间和补间动画的应用对象和效果均不相同，具体如下。

1．应用对象不同

传统补间：对象是元件，可为影片剪辑、图形元件或按钮。即在创建传统补间前需要首先将绘制好的形状转换成元件，确保有首尾关键帧且为同一个对象，尾帧可直接插入关键帧。

补间动画：对象是元件或绘制好的形状转换成的元件，只需要一个关键帧，尾帧只要是帧就行。

2．应用效果不同

传统补间：适合做一些对象的位置变化和缩放，不适合变形。

补间动画：只需要一个关键帧，然后点创建补间动画即可。在创建完成后，可以在适当的位置插入普通帧延长动画；并且可以改变尾关键帧的一些对象属性，如透明度、亮度、位置、运动轨迹等。

2.4　任务 4——遮罩动画的制作

遮罩动画是利用 Animate 的遮罩层功能制作出的动画效果。遮罩层是一种特殊的图层，位于遮罩层下方的图层内容会根据当前遮罩层上的图形及文字内容进行相应的遮罩处理，从而实现类似于挡板或镂空的效果。

2.4.1　实例效果预览

本节实例效果如图 2-4-1 所示。

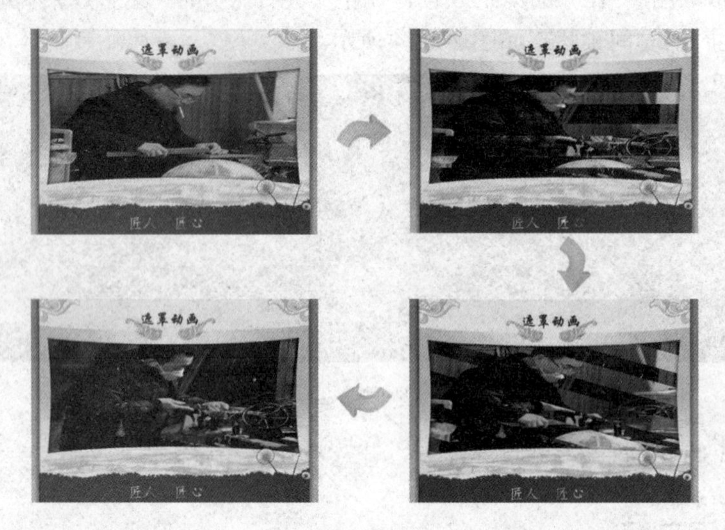

图　2-4-1

2.4.2　技能应用分析

（1）使用几个图片来制作遮罩动画的背景，bg4 素材用来制作文字的“材质流动”动画效果。

（2）制作“遮罩”“百叶窗遮罩”和“材质流动”3 个影片剪辑元件。其中，“百叶窗遮罩”元件是通过“遮罩”剪辑元件制作的。

2.4.3　制作步骤解析

（1）选择“文件”→“新建”命令，打开“新建文档”面板，单击“确定”按钮创建一个新的空白文档。设置文档的尺寸大小为 536 像素×372 像素。接着选择“文件”→“保存”命令，打开“另存为”对话框，设置文件名称为“百叶窗遮罩动画”，然后单击“保存”按钮。

（2）选择“文件”→“导入”→“导入到库”命令，在打开的“导入到库”对话框中选择 5 张素材图片，单击“确定”按钮，把图片素材全部导入到“库”面板。

（3）选择“插入”→“新建元件”命令，打开“创建新元件”对话框，设置元件名称为“遮罩”，类型为“影片剪辑”，单击“确定”按钮，创建一个“遮罩”影片剪辑元件。

（4）在“遮罩”影片剪辑元件的编辑场景中，使用“矩形”工具绘制一个矩形，在“属性”面板中设置笔触颜色为无，填充色为黑色，“宽”为 580，“高”为 49，如图 2-4-2 所示。

图　2-4-2

（5）单击“图层_1”的第 25 帧，按 F6 键插入关键帧，使用“任意变形”工具将“矩形”的高度调整为 1，如图 2-4-3 所示。

图　2-4-3

（6）在“图层_1”的第 1 帧处右击，在弹出的快捷菜单中选择“创建补间形状”命令，创建补间形状动画，如图 2-4-4 所示。

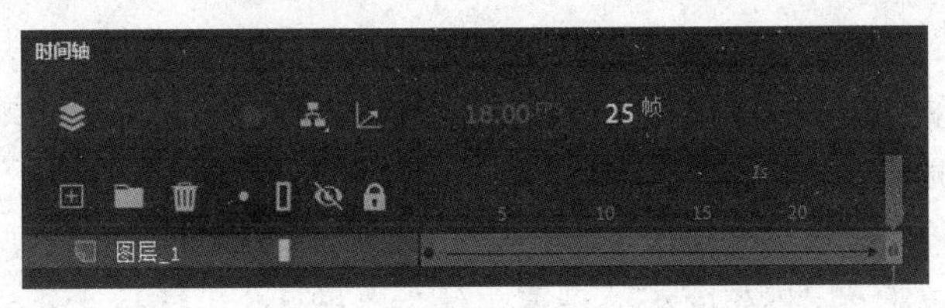

图　2-4-4

（7）选择“插入”→“新建元件”命令，打开“创建新元件”对话框，设置元件名称为“百叶窗遮罩”，类型为“影片剪辑”，单击“确定”按钮。

（8）在新建的“百叶窗遮罩”影片剪辑元件编辑场景中，单击“图层_1”的第 1 帧，然后在“库”面板中拖动“遮罩”元件到当前的影片剪辑元件场景，并在“属性”面板中定义其 X 坐标值为 0，Y 坐标值为-356，如图 2-4-5 所示。

（9）选择“遮罩”元件，按住 Alt 键，垂直向下复制出 15 个相同的“遮罩”元件，形成百叶窗遮罩效果，如图 2-4-6 所示。

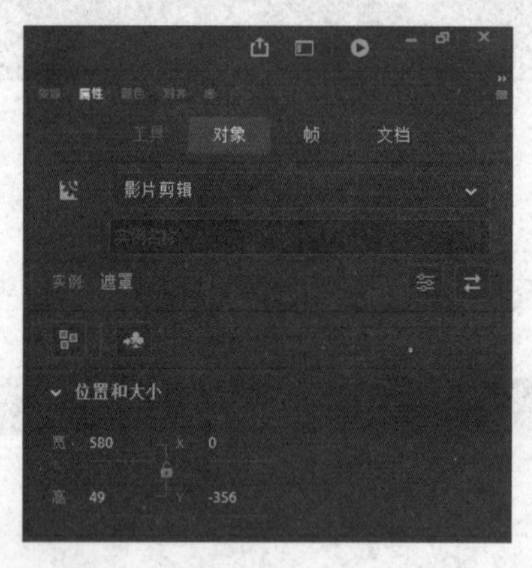

图　2-4-5

图　2-4-6

（10）选择所有已复制好的“遮罩”元件，打开“对齐”面板，依次单击“水平中齐”“垂直平均间隔”按钮，完成后的效果如图 2-4-7 所示。

图　2-4-7

（11）选择“插入”→“新建元件”命令，在打开的“创建新元件”对话框中设置元件名称为“材质流动”，类型为“影片剪辑”，单击“确定”按钮。

（12）在“材质流动”剪辑场景中新建一个图层，使图层为两个，并分别命名为“图片”和“文本”。单击“文本”图层的第 1 帧，使用“文本”工具在当前场景中输入“匠人匠心”文字，并打开“属性”面板，设置字体为“楷体”，字体大小为 28，颜色为黑色。

两次按下 Ctrl+B 组合键，将文字转换成图形。最后，在“文本”图层的第 70 帧处按 F5 键插入帧。

（13）单击“图片”图层的第 1 帧，从“库”面板中将 bg4 图片拖入场景，按 Ctrl+K 组合键打开“对齐”面板，依次单击“与舞台对齐”“水平中齐”“垂直中齐”按钮，并移动“文本”至图片的底端位置，如图 2-4-8 所示。

（14）选择图片，按 F8 键将其转换为图形元件。在“图片”图层的第 70 帧处按 F6 键插入关键帧，并在场景中用“选择”工具移动图片至最右侧，如图 2-4-9 所示。

图　2-4-8

图　2-4-9

（15）在“图片”图层第 1～第 70 帧之间任意一帧上右击，在弹出的快捷菜单中选择“创建传统补间”命令，创建补间动画。

（16）选择“文本”图层并右击，在弹出的快捷菜单中选择“遮罩层”命令，创建遮罩，如图 2-4-10 所示。

（17）单击“场景 1”，返回到主场景。连续单击 7 次“插入图层”按钮，创建 7 个新的图层，并分别命名为 bg3、bg2、“百叶窗遮罩 2”、bg2、bg3、“百叶窗遮罩 1”和 bg1，如图 2-4-11 所示。

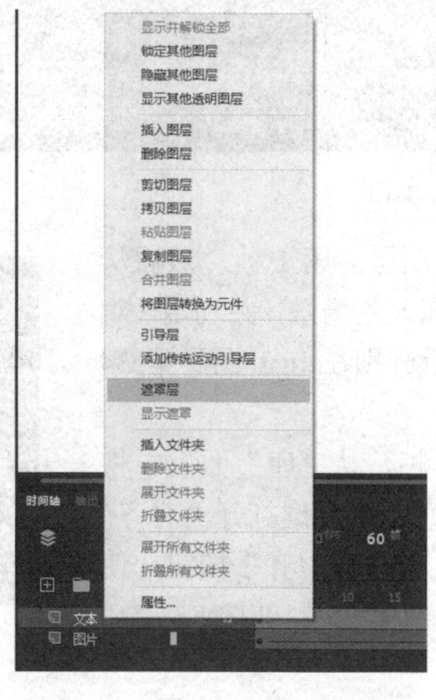

图　2-4-10

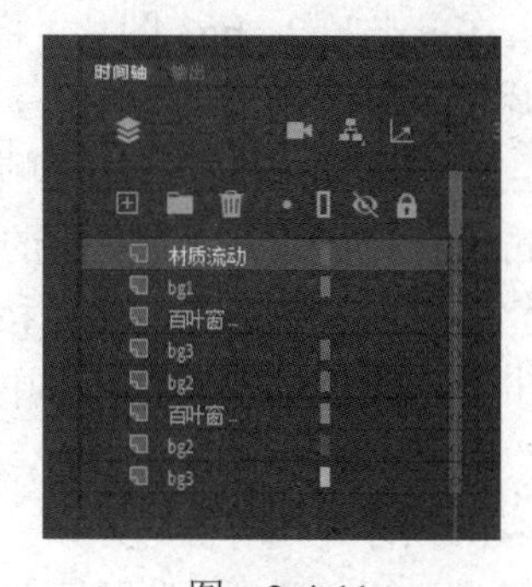

图　2-4-11

（18）单击 bg3 图层的第 35 帧，按 F7 键插入空白关键帧，然后从“库”面板中将 bg3

图片拖入主场景。按 Ctrl+K 组合键打开“对齐”面板，使 bg3 图片位于整个场景的正中心，使用“任意变形”工具调整图片大小，最后在第 70 帧处按 F5 键插入帧，如图 2-4-12 所示。

（19）单击 bg2 图层的第 35 帧，按 F7 键插入空白关键帧，然后从“库”面板中将 bg2 图片拖入主场景。按 Ctrl+K 组合键打开“对齐”面板，使 bg2 图片位于整个场景的正中心，使用“任意变形”工具调整图片大小，并在第 59 帧处按 F5 键插入帧，如图 2-4-13 所示。

（20）单击“百叶窗遮罩 2”图层的第 35 帧，按 F7 键插入空白关键帧，然后从“库”面板中将“百叶窗遮罩”元件拖入主场景。选择“任意变形”工具，对“百叶窗遮罩”元件进行旋转，如图 2-4-14 所示，最后在第 59 帧处按 F5 键插入帧。

图　2-4-12

图　2-4-13

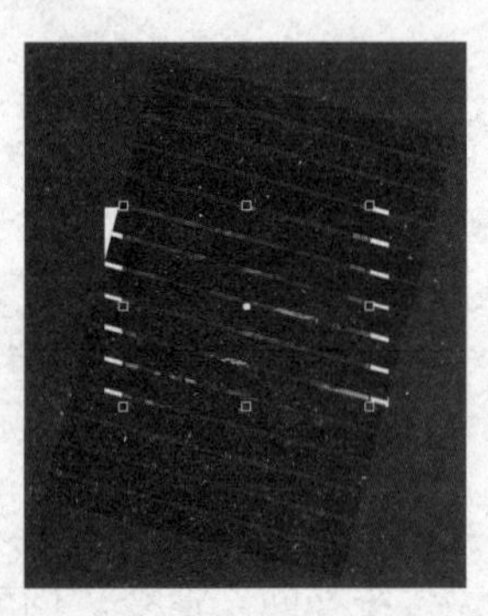

图　2-4-14

（21）选择“百叶窗遮罩 2”图层并右击，在弹出的快捷菜单中选择“遮罩层”命令，创建一个遮罩。此时的时间轴状态如图 2-4-15 所示。

图　2-4-15

（22）在主场景中，分别单击 bg2、bg3 图层的第 1 帧，然后从“库”面板中依次单击 bg2、bg3 图片，将其拖入主场景，并利用“对齐”面板使图片位于整个场景的正中心，然后分别在 bg2 图层第 34 帧处、bg3 图层第 25 帧处按 F5 键插入帧。

（23）单击“百叶窗遮罩 1”图层的第 1 帧，从“库”面板中将“百叶窗遮罩”元件拖入主场景，然后按 Ctrl+K 组合键打开“对齐”面板，依次单击“与舞台对齐”“水平中齐”“垂直中齐”按钮，使“百叶窗遮罩”元件位于场景的正中心，最后在第 25 帧处按 F5 键插入帧，如图 2-4-16 所示。

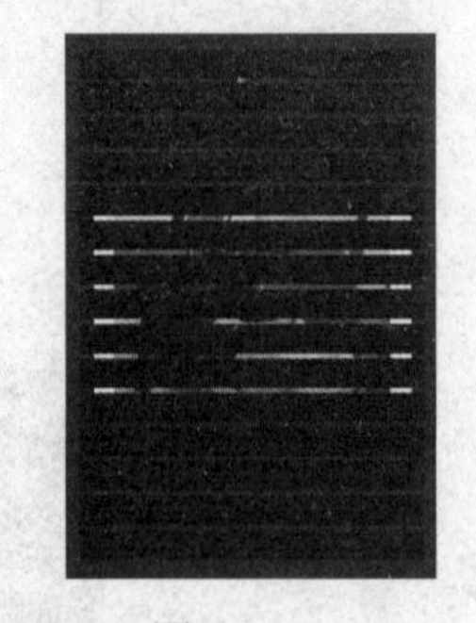

图　2-4-16

（24）选择“百叶窗遮罩 1”图层并右击，在弹出的快捷菜单中选择“遮罩层”命令，创建遮罩后的时间轴状态如图 2-4-17 所示。

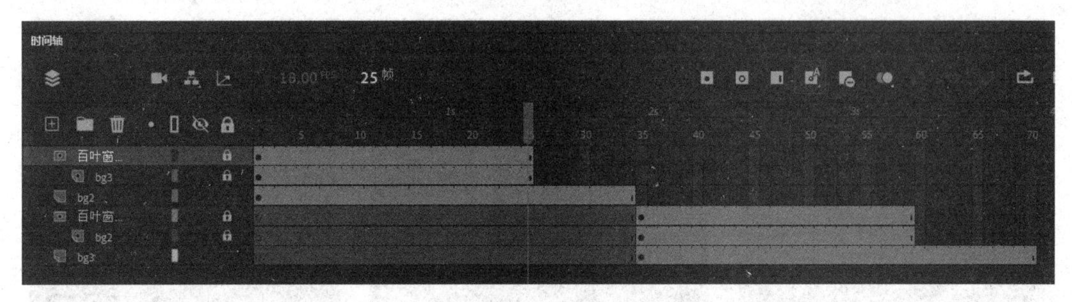

图　2-4-17

（25）单击 bg1 图层，从“库”面板中将 bg1 图片、“小草”图片拖入主场景，并保证 bg1 图片位于整个场景的正中心，然后在第 70 帧处按 F5 键插入帧，如图 2-4-18 所示。

（26）单击“材质流动”图层，从“库”面板中将“材质流动”影片剪辑元件拖入场景中 bg1 图片最底端的中心位置，如图 2-4-19 所示。在“材质流动”图层的第 70 帧处按 F5 键插入帧，如图 2-4-20 所示。至此，动画制作完成。

图　2-4-18

图　2-4-19

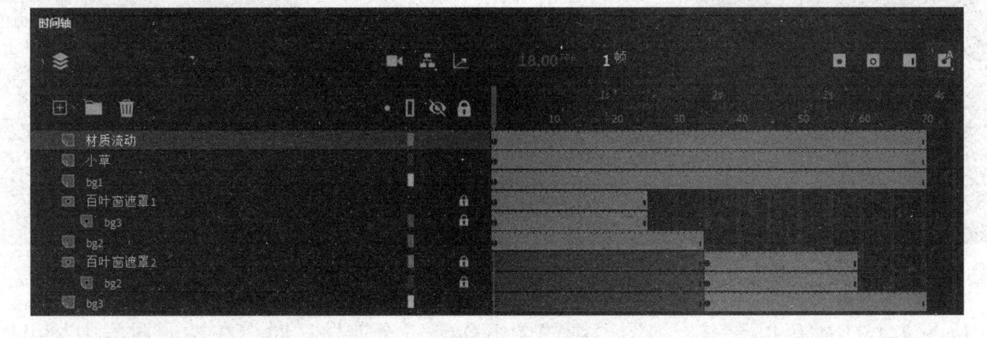

图　2-4-20

（27）按 Ctrl+S 组合键保存当前文档，然后按 Ctrl+Enter 组合键测试动画。

2.4.4　知识点总结

遮罩动画需要具备两个图层：一个是遮罩层，另一个是被遮罩层。遮罩层在上方，被遮罩层在下方，遮罩层就像是一个镂空的图层，镂空的形状就是遮罩层中的动画对象形状，在这个镂空的位置可以显示出被遮罩层的对象，如图 2-4-21 所示。

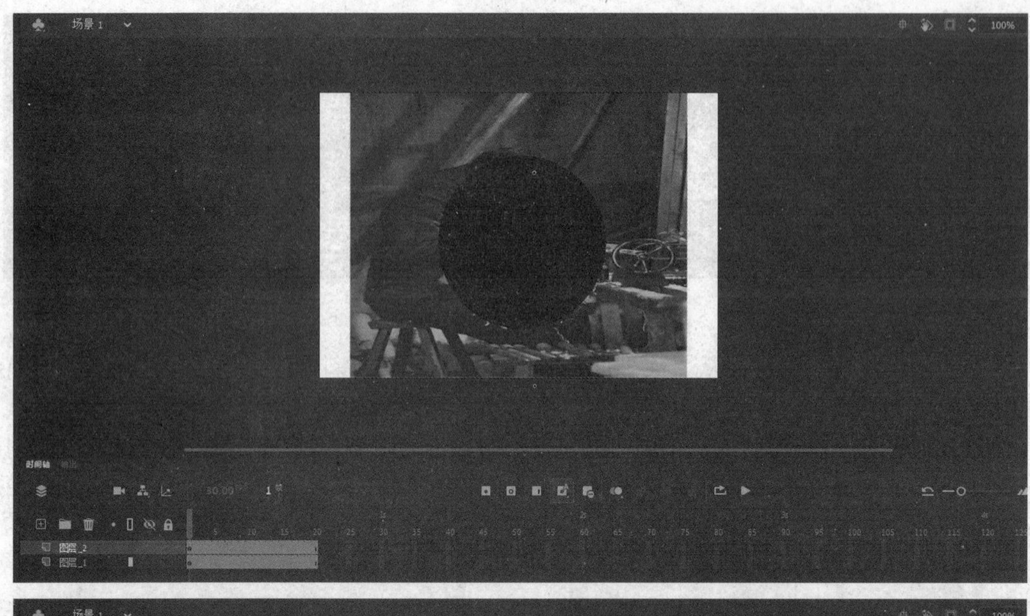

图　2-4-21

从图 2-4-21 中可以看出，当图层中的图形作为一个遮罩层时，在被遮罩层中只可以显示出遮罩层中图形所在位置的图形。在遮罩层与被遮罩层中不仅可以显示图形，还可以显示动画。当遮罩层或被遮罩层是动画时，动画就会显示出一种特殊的遮罩效果。

2.5　任务 5——引导动画的制作

引导动画即路径动画，是指物体沿着指定的路径进行位移变换的过程。制作引导动画时，首先需要创建物体元件，并制作成移动动画；然后在该图层上创建引导层，并在引导

层中绘制相应的线条作为元件运动的路径；最后，调整元件的运动起始位置和运动结束位置，使它们分别与路径的两个端点重合。

2.5.1　实例效果预览

本节实例效果如图 2-5-1 所示。

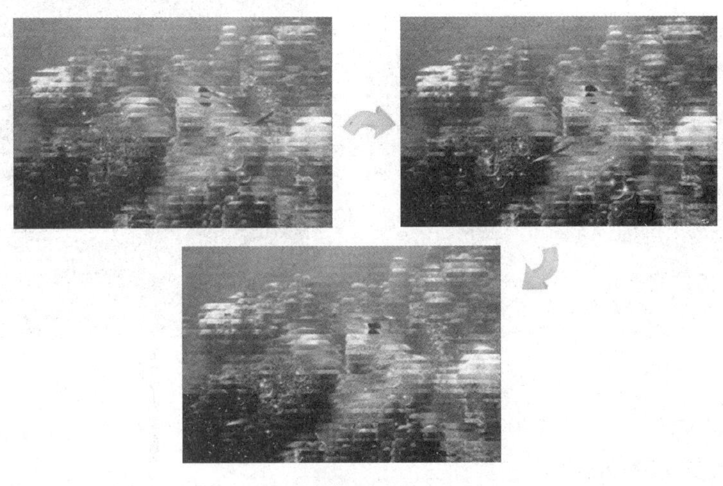

图　2-5-1

2.5.2　技能应用分析

（1）利用遮罩层制作出水波效果。

（2）使用多个色标放射状渐变填充制作水泡，并使用引导线制作水泡动画。

（3）使用引导线制作游鱼动画。

2.5.3　制作步骤解析

（1）新建一个名称为“海底世界”的 Animate 文档，设置舞台工作区的宽度为 450 像素，高为 300 像素，背景为蓝色。

（2）选择“插入”→“新建元件”命令，创建一个名称为“水波效果”、类形为“影片剪辑”的元件。

（3）将素材文件“海底.bmp”导入到“库”面板，然后在“水波效果”影片剪辑元件的编辑场景中，选择“图层_1”的第 1 帧，将“海底”元件拖入，如图 2-5-2 所示。按 Ctrl+K 组合键，对图片进行居中对齐，并在第 100 帧处按 F5 键插入帧，使其播放时间为 100 帧。

（4）在“图层_1”上方新建一个图层，名称为“图层_2”。在“图层_1”的第 1 帧处右击，在弹出的快捷菜单中选择“复制帧”命令，然后在“图层_2”的第 1 帧处右击，在弹出的快捷菜单中选择“粘贴帧”命令，将“图层_1”中的画面粘贴至“图层_2”中。使用键盘上的“↑”键将图片向上移动一个像素的位置，并按 F8 键将其转换为图形元件，设置其 Alpha 值为 70%。

（5）在“图层_2”上方新建“图层_3”，使用“矩形”工具绘制出若干个小矩形，然后选中所有的矩形，选择“修改”→“转换为元件”命令，将矩形转换为名称为“遮罩矩形”的图形元件，如图 2-5-3 所示。

图　2-5-2

图　2-5-3

（6）在“图层_3”的第 100 帧处，按 F6 键插入关键帧，使用“移动”工具将矩形元件向下移动，位置如图 2-5-4 所示。

（7）右击“图层_3”，在弹出的快捷菜单中选择“遮罩层”命令，将“图层_3”设置为遮罩层，如图 2-5-5 所示。在“图层_3”的第 1 帧和第 100 帧之间右击，创建传统补间，至此，“水波效果”影片剪辑元件制作完成。

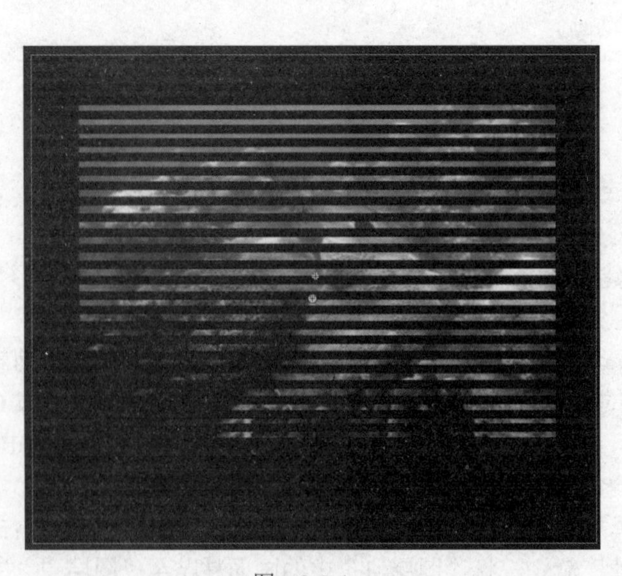

图　2-5-4

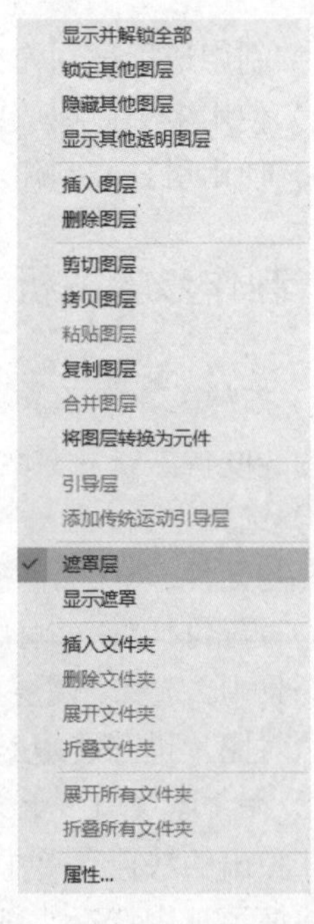

图　2-5-5

（8）接下来制作“气泡”元件。选择“插入”→“新建元件”命令，创建一个名称为“气泡”的图形元件，在工作区中绘制一个无轮廓的圆形，使其颜色类型为径向渐变，在渐变编辑器上插入 4 个编辑点，分别单击设置其填充色为“白色→白色（15%）→白色（5%）→白色（5%）→白色（15%）→白色（92%）”，然后使用“渐变变形”工具调整渐变中心点和渐变区域大小。“颜色”面板设置如图 2-5-6 所示，绘制的气泡如图 2-5-7 所示。

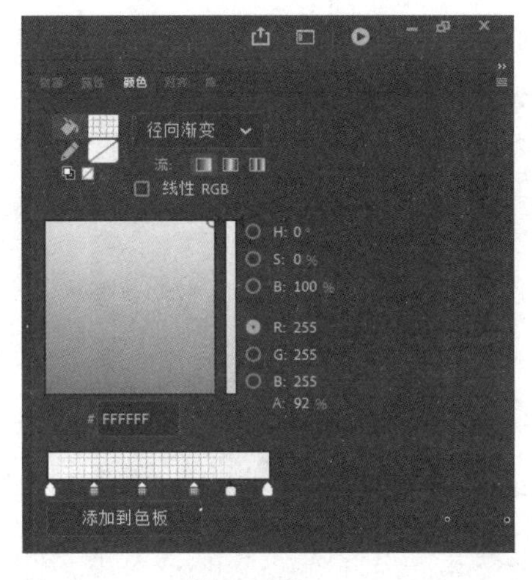

图　2-5-6

图　2-5-7

（9）下面制作“气泡及引导线”影片剪辑元件。选择“插入”→“新建元件”命令，创建一个名称为“气泡及引导线”的影片剪辑元件，在“图层_1”的第 1 帧处插入“气泡”元件。

（10）右击“图层_1”，在弹出的快捷菜单中选择“添加传统运动引导层”命令，在“图层_1”上方创建一个引导层，如图 2-5-8 所示。

（11）在“引导层”中使用“钢笔”工具绘制一条曲线，然后单击“图层_1”的第 1 帧，将气泡拖到引导线的下端，并使气泡的中心点与引导线的下端点完全重合，如图 2-5-9 所示。

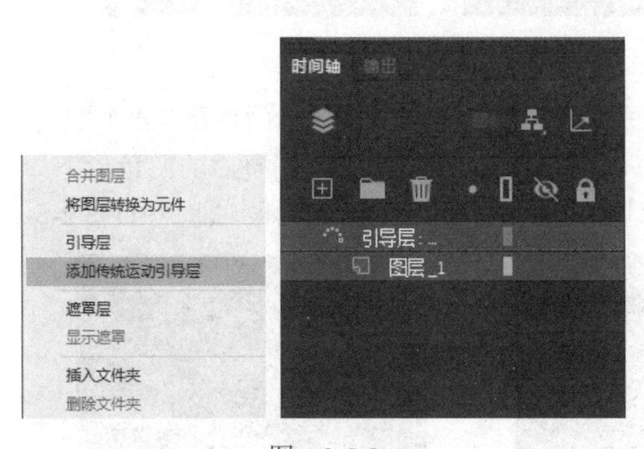

图　2-5-8

图　2-5-9

（12）单击“图层_1”的第 60 帧，按 F6 键插入关键帧，使用“任意变形”工具将气泡缩小，并将气泡的中心点拖至与引导线的上端点重合，如图 2-5-10 所示。

（13）选择“图层_1”的第 1～第 60 帧之间的任意一帧右击，在弹出的快捷菜单中选择“创建传统补间”命令，创建出补间动画。至此，气泡动画制作完成。

（14）接下来制作“成堆气泡”影片剪辑元件。选择“插入”→“新建元件”命令，创建一个名称为“成堆气泡”的影片剪辑元件，将“库”面板中的“气泡及引导线”元件拖入舞台 5 次，并使用“任意变形”工具及“选择”工具调整气泡的大小和位置，最终效果如图 2-5-11 所示。

图　2-5-10

图　2-5-11

（15）创建一个名称为“游鱼”的影片剪辑元件，使用“椭圆”工具及“钢笔”工具绘制鱼头部分，用“颜料桶”工具填充放射性渐变，最后绘制鱼尾部分，绘制完毕的游鱼效果及图层面板如图 2-5-12 所示。

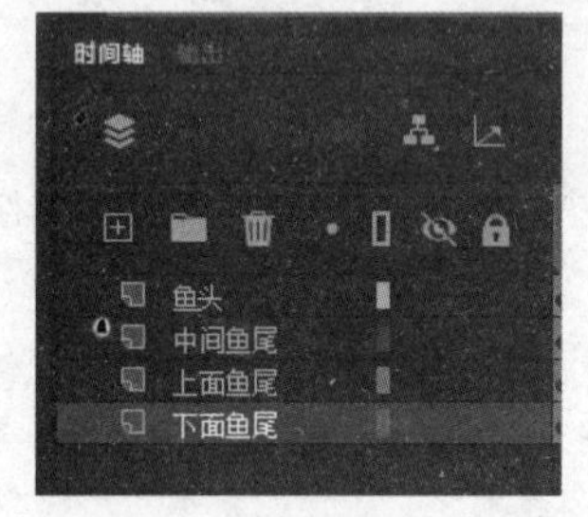

图　2-5-12

（16）依次单击“鱼头”“中间鱼尾”“上面鱼尾”“下面鱼尾”4 个图层的第 7 帧，按 F6 键插入关键帧，然后调整鱼头及鱼尾的位置和形状，调整后的游鱼形态如图 2-5-13 所示。在鱼尾的 3 个图层中分别创建形状补间动画，此时的时间轴状态如图 2-5-14 所示。

图　2-5-13

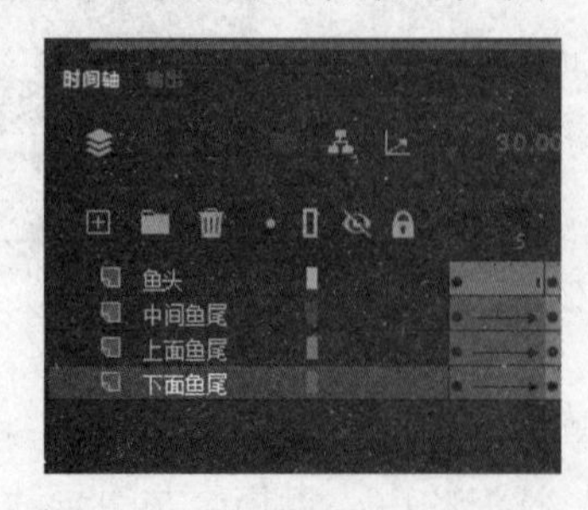

图　2-5-14

（17）依次单击“鱼头”“中间鱼尾”“上面鱼尾”“下面鱼尾”4 个图层的第 14 帧，按 F6 键插入关键帧，然后调整鱼头及鱼尾的位置和形状，调整后的游鱼形态如图 2-5-15 所示。在鱼尾的 3 个图层中分别创建形状补间动画，此时的时间轴状态如图 2-5-16 所示。

图　2-5-15

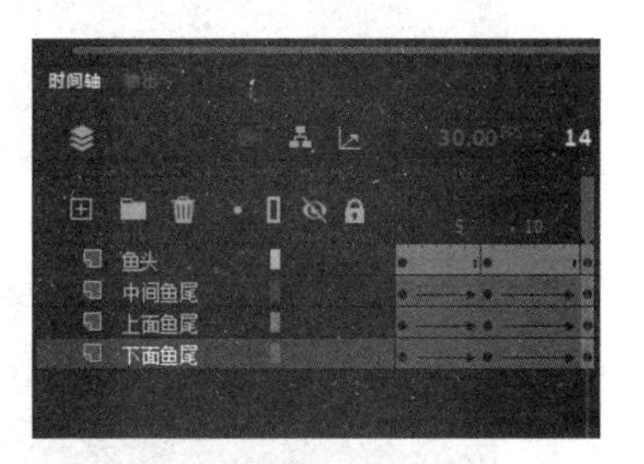

图　2-5-16

（18）依次单击“鱼头”“中间鱼尾”“上面鱼尾”“下面鱼尾”4 个图层的第 21 帧，按 F6 键插入关键帧，然后调整鱼头及鱼尾的位置和形状，调整后的游鱼形态如图 2-5-17 所示。最后在 4 个图层中分别创建形状补间动画，此时的时间轴状态如图 2-5-18 所示。

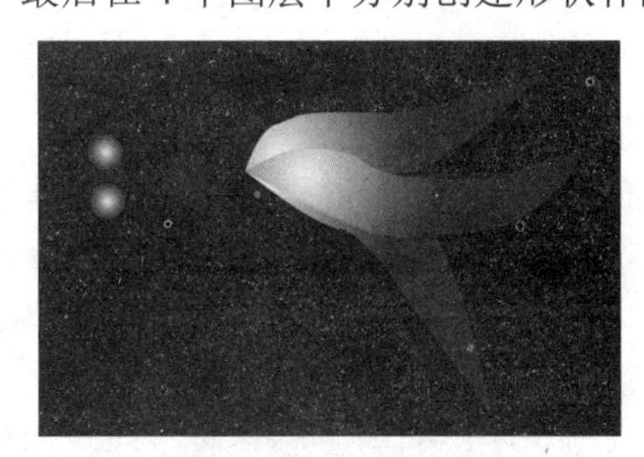

图　2-5-17

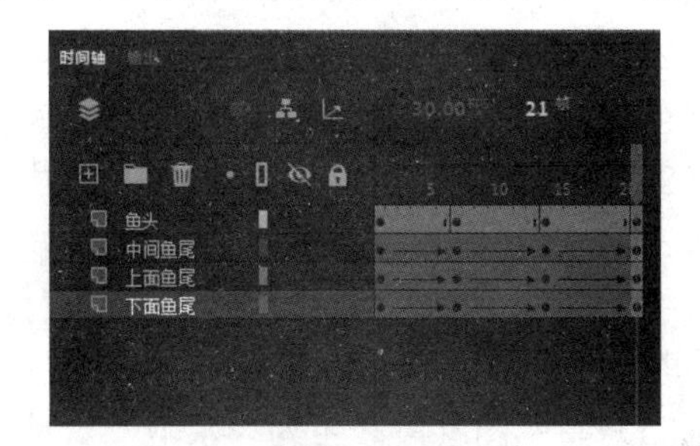

图　2-5-18

（19）选择“插入”→“新建元件”命令，创建一个名称为“鱼及引导线”的影片剪辑元件。单击“图层_1”的第 1 帧，将“游鱼”元件插入，右击“图层_1”，在弹出的快捷菜单中选择“添加传统运动引导层”命令，在“图层_1”上方创建一个运动引导层。

（20）选择“运动引导层”，使用“钢笔”工具绘制一条曲线，如图 2-5-19 所示。

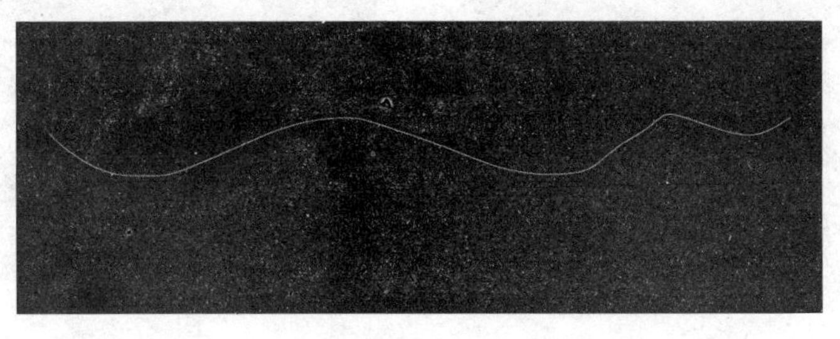

图　2-5-19

（21）单击“图层_1”的第 1 帧，将“游鱼”元件拖到引导线的右端，并使游鱼的中心点与引导线的右端点完全重合，如图 2-5-20 所示。

（22）单击“图层_1”的第 100 帧，按 F6 键插入关键帧，将“游鱼”元件拖至引导线的左端，并使用游鱼的中心点与引导线的左端点重合，如图 2-5-21 所示。

图　2-5-20

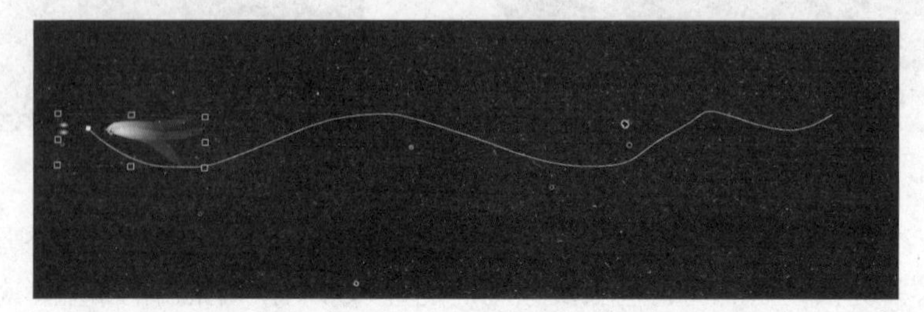

图　2-5-21

（23）在“图层_1”的第 1～第 100 帧之间的任意一帧处右击，在弹出的快捷菜单中选择“创建传统补间”命令，创建一个补间动画。

（24）单击“场景 1”，回到主场景中。双击“图层_1”，将其重命名为“背景”，然后单击第 1 帧，将“库”面板中的“水波效果”影片剪辑元件拖入舞台。按 Ctrl+K 组合键打开“对齐”面板，相对于舞台中心进行对齐。最后，单击“背景”图层的第 135 帧，按 F5 键插入帧。

（25）新建图层，命名为“水泡”。单击“水泡”图层的第 1 帧，将“库”面板中的“成堆气泡”影片剪辑元件拖入舞台两次，并适当调整其大小和位置，如图 2-5-22 所示。

（26）单击“水泡”图层的第 30 帧，按 F6 键插入关键帧，再拖入一次“成堆气泡”影片剪辑元件，如图 2-5-23 所示。

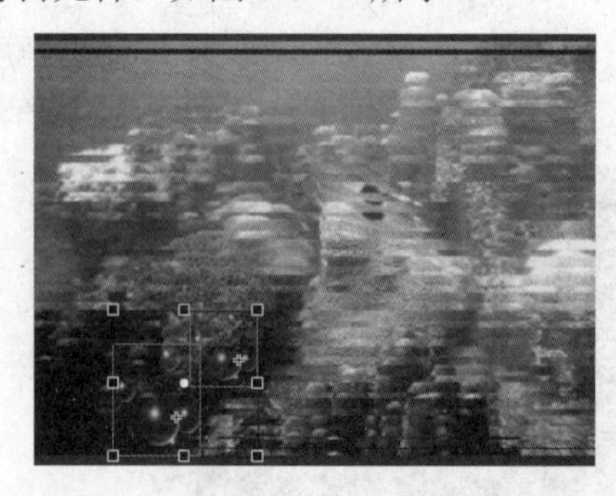

图　2-5-22

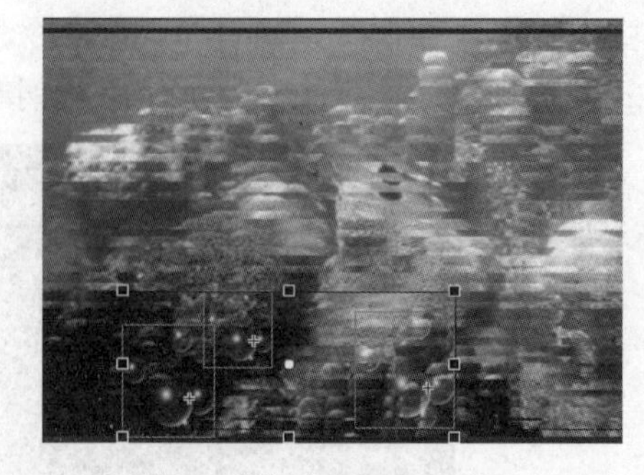

图　2-5-23

（27）新建图层，命名为“鱼”，将“库”面板中的“鱼及引导线”影片剪辑元件拖入舞台两次，调整其大小和位置，如图 2-5-24 所示。

（28）选择“文件”→“导入”→“导入到库”命令，将素材文件“流水声.mp3”导入到库。然后新建一个图层，命名为“声音”，并单击该图层的第 1 帧，在其“属性”面板的“声音”选项中，设置“名称”为“流水声.mp3”，设置“同步”为“事件”“重复”，并将重复的次数设置为 2，如图 2-5-25 所示。

图　2-5-24

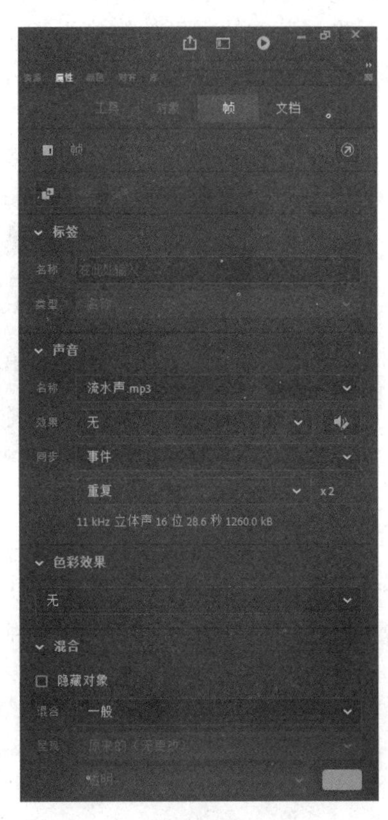

图　2-5-25

（29）至此，动画制作完成，最终的“时间轴”面板如图 2-5-26 所示。按 Ctrl+Enter 组合键测试影片，按 Ctrl+S 组合键保存文件。

图　2-5-26

2.5.4　知识点总结

本任务中，水泡和游鱼动画采用的都是引导线动画。在制作引导线动画时，需要注意以下两个方面。

（1）通过“添加传统运动引导层”命令创建引导层时，系统会自动将引导层下方的图层转换为被引导层。只有具备了引导层与被引导层才能制作出引导动画。如果通过图层属性来创建引导层，可以看出引导层前面的图标是，这说明引导层下方没有被引导层，因此需要将其下方的图层先转换为被引导层才能做出引导动画。如图 2-5-27 所示，在“图层_1”上方添加引导层后，“图层_1”自动转换为被引导层（比普通图层向里缩进了一部分）。而在图 2-5-28 中，“图层_2”虽然也被转换成了引导层，但“图层_1”仍然是普通图层，并没有自动转换为被引导层。

图　2-5-27

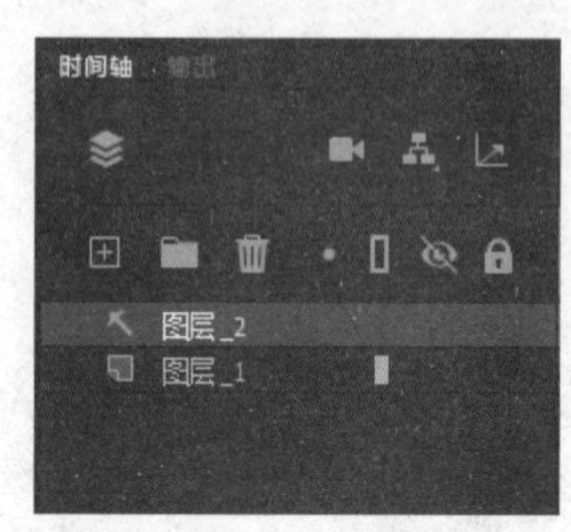

图　2-5-28

（2）在被引导层中，必须将用于引导线运动的动画对象的中心点贴到引导线上。为了能让动画对象紧贴在引导线上，可以先单击“选择”工具按钮，再单击“对齐对象”按钮，激活“对齐对象”的功能，此时动画对象的中心点将自动贴紧到引导线上。

项目 3　进阶 Animate 高级动画

使用 Animate 制作动画，除了前面学习的基础动画制作，还可以进行高级动画的制作。比如，使用骨骼工具制作角色动画、使用缓动编辑器制作有节奏的缓动类动画效果、使用摄像机工具控制镜头的运动效果等。

3.1　任务 1——骨骼动画制作

3.1.1　实例效果预览

本节实例效果如图 3-1-1 所示。

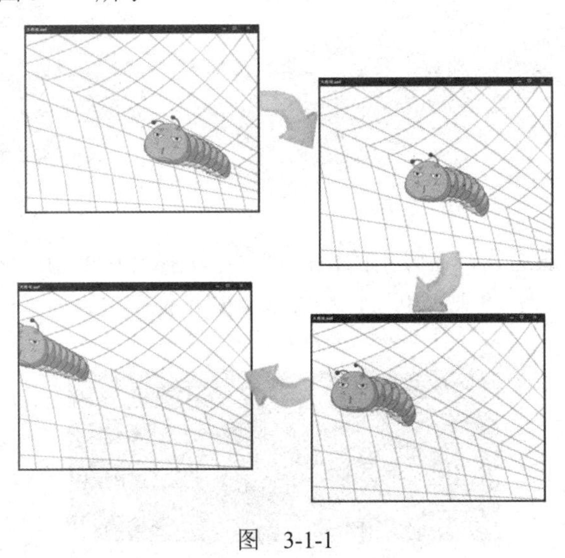

图　3-1-1

3.1.2　技能应用分析

（1）使用“绘图”工具绘制大青虫节、大青虫尾、大青虫头，并分别转换为影片剪辑元件。

（2）将大青虫节、大青虫尾、大青虫头进行组合，并将组合过的图形转换为影片剪辑元件。

（3）在影片剪辑元件内部利用“骨骼”工具制作大青虫原地爬行的骨骼动画。

（4）将大青虫影片剪辑拖放到舞台，制作传统补间动画，完成大青虫的爬行位移动画。

3.1.3　制作步骤解析

（1）选择“文件”→“新建”命令，新建一个大小为 640 像素×480 像素的标准文档，保存为“大青虫.fla”文件。

（2）使用“绘图”工具，绘制如图 3-1-2 所示的一节大青虫。

（3）将其全部选中后右击，在弹出的快捷菜单中选择“转换为元件”命令，将图像转换为影片剪辑元件，命名为“大青虫节”。

（4）使用同样的方法绘制大青虫尾部，如图 3-1-3 所示，并转换为影片剪辑元件“大青虫尾”。

图　3-1-2

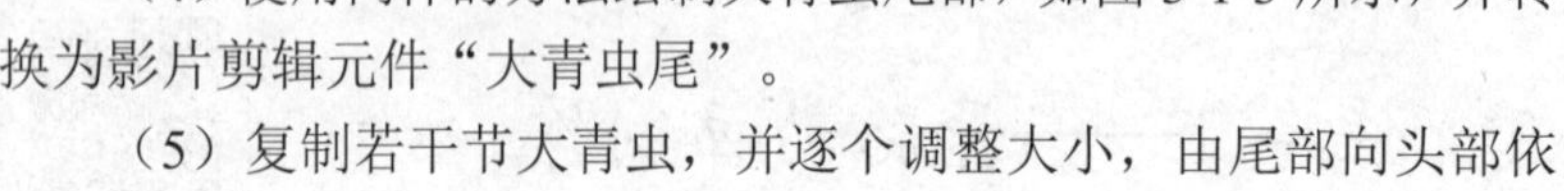

（5）复制若干节大青虫，并逐个调整大小，由尾部向头部依次排列，如图 3-1-4 所示。

（6）继续绘制大青虫的头部，并且将头部图像转换为影片剪辑元件“大青虫头”，效果如图 3-1-5 所示。

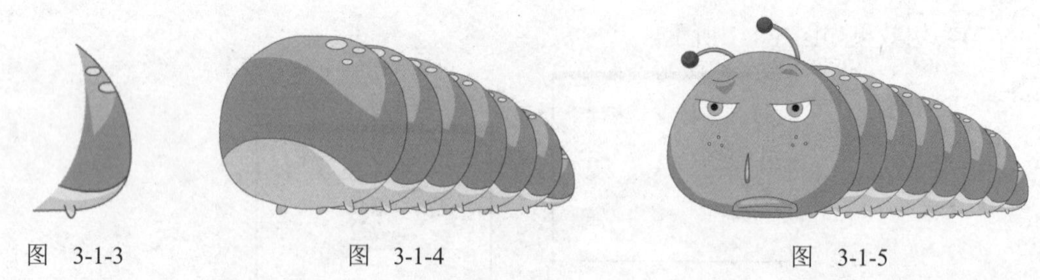

图　3-1-3　　图　3-1-4　　图　3-1-5

（7）选中所有对象右击，在弹出的快捷菜单中选择“转换为元件”命令，将图像转换为影片剪辑元件，命名为 “大青虫”，如图 3-1-6 所示。

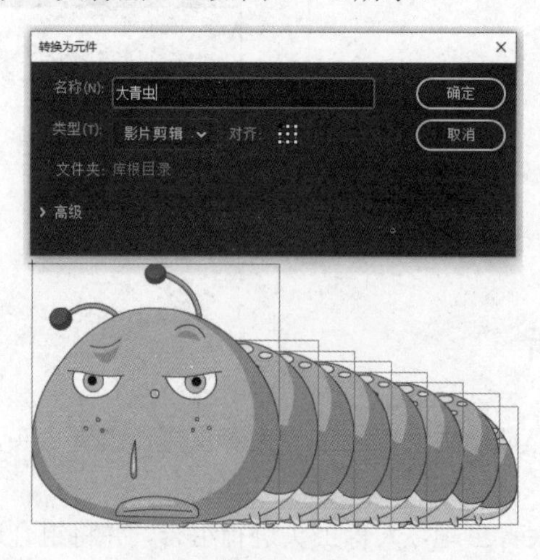

图　3-1-6

（8）双击进入大青虫元件，在该元件内部制作骨骼动画，这样在后面的制作中可以方便地复制大青虫动画。使用“骨骼”工具，从大青虫头部开始，按住鼠标左键不放并拖动鼠标指针至下一节，这样就在大青虫形状里面建立了一根骨骼，如图 3-1-7 所示。同时，“时间轴”面板上新增了一个骨架层。

(9)从上一根骨骼的尾部继续按住鼠标左键不放并拖动鼠标指针至下一节，以此类推，用骨骼将大青虫一节一节连接起来，如图 3-1-8 所示。

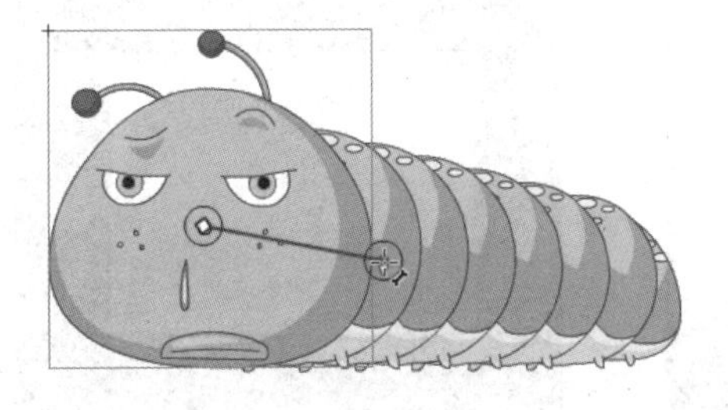

图　3-1-7

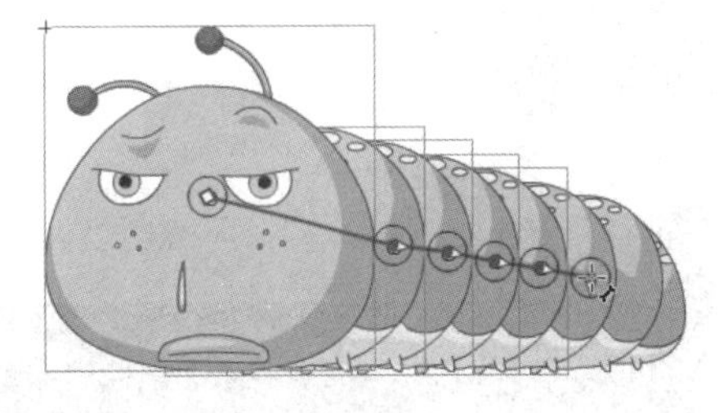

图　3-1-8

（10）所有的骨骼连接完成后，“时间轴”面板上的“图层_1”自动被删除，只留下“骨架_1”图层，如图 3-1-9 所示。此时完整的线性骨架如图 3-1-10 所示。

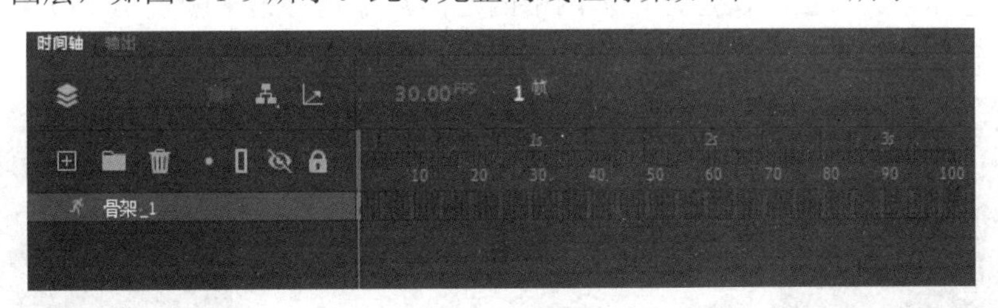

图　3-1-9

（11）在骨架层第 24 帧处按 F5 键插入帧，将骨架层延续至第 24 帧。单击选中第 1 帧，按住 Alt 键拖动第 1 帧，将第 1 帧姿势复制到第 24 帧，保持开始和结束的动作一致。

（12）将播放头移至第 12 帧，使用“选择”工具拖动大青虫中段的骨骼，使其背部能弓起来，如图 3-1-11 所示。这样就在第 12 帧自动建立了关键帧（姿势）。

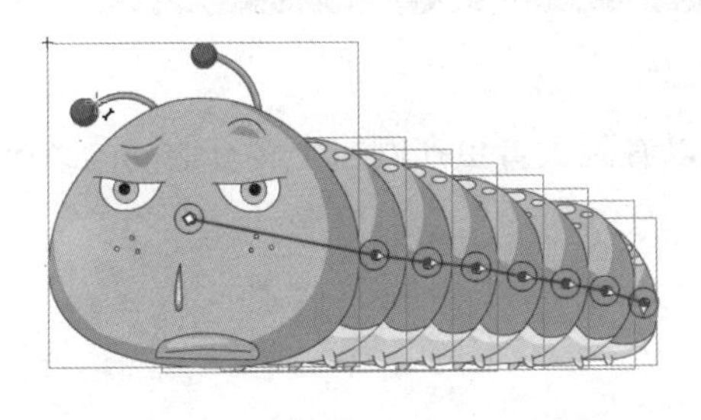

图　3-1-10

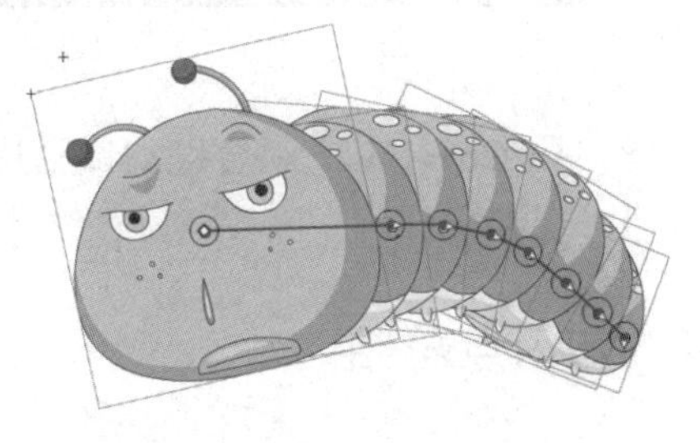

图　3-1-11

（13）退出大青虫影片剪辑元件的编辑窗口，返回到场景 1，根据舞台大小调整一下大青虫实例的大小，并且将大青虫放置到舞台右侧，将“图层_1”重命名为“大青虫”。

（14）将播放头移动到第 120 帧，按 F6 键在第 120 帧插入关键帧，将舞台右侧的大青虫移动至舞台左侧。

（15）在第 1 帧和第 120 帧之间任意位置右击，在弹出的快捷菜单中选择“创建传统补间”命令，让大青虫从舞台右侧爬行到左侧，如图 3-1-12 所示。

（16）新建“网格”图层，并且将该图层放置到大青虫图层下方，使用“钢笔”工具，绘制如图 3-1-13 所示的网格，将网格转换为图形元件“网格”。

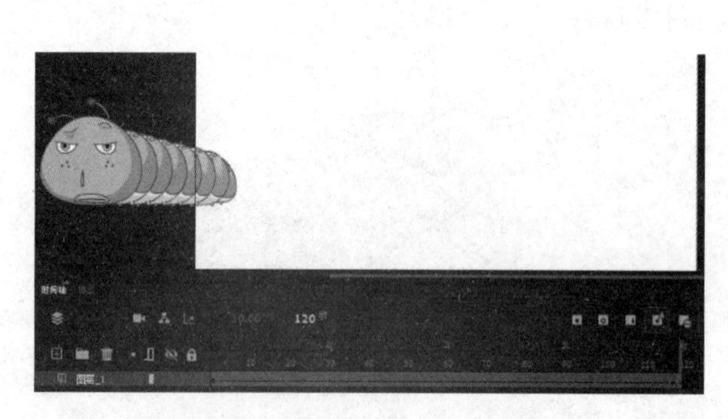

图　3-1-12

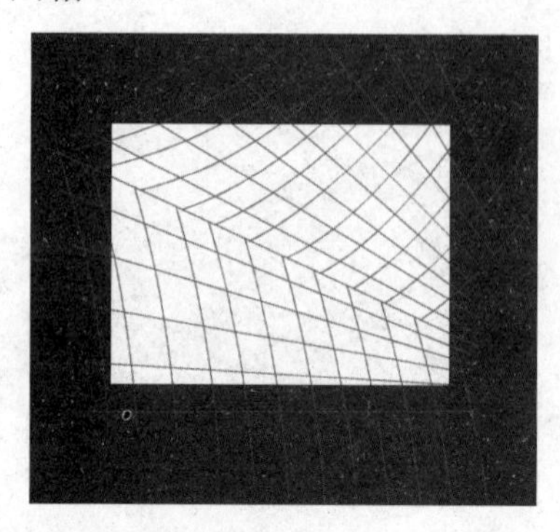

图　3-1-13

（17）选择“大青虫”图层，根据网格的走向，分别对第 1 帧及第 120 帧中的大青虫进行位置调整，使大青虫从右下角爬行到左上角，如图 3-1-14 所示。

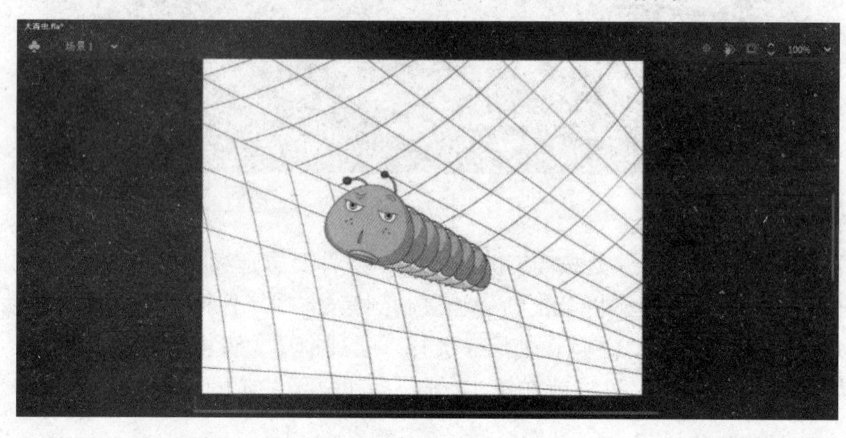

图　3-1-14

（18）按 Ctrl+Enter 组合键测试影片，可以看到大青虫在网格上爬行的动画效果。效果满意后，保存文件。

3.1.4　知识点总结

本节知识点总结如下。

（1）骨骼动画是一种特殊的动画形式，它需要先给对象绑定骨骼，然后这些骨骼按父子关系连接成线性或枝状的骨架。当一根骨骼移动时，与其连接的骨骼也发生相应的移动。因此，骨骼动画比较适合制作肢体动作、机械运动等动画效果。

（2）骨骼动画允许给形状或者元件实例两种对象添加骨骼。对建立好的骨架进行动画处理，只需在时间轴上指定骨骼的开始和结束姿势，Animate 会自动在起始帧和结束帧之间对骨架中的骨骼位置进行动画处理。

（3）骨骼属性的设置。选中一根骨骼后打开“属性”面板，可以对当前骨骼进行一些设置，如图 3-1-15 所示，主要包括以下几项。

- ❑ 速度：操作骨骼时的反应速度，相当于给骨骼加了负重，默认情况下 100%表示没有限制。
- ❑ 固定：将当前骨骼的位置固定，使其无法拖动与旋转。将鼠标指针移至骨骼尾部单击也可以固定此骨骼。
- ❑ 运动约束：默认情况下，骨骼是可以任意旋转的，但有时需要限制骨骼旋转的角度，如连接大腿和小腿的骨骼，就不能将小腿向上翘起。可根据实际需要，设置关节旋转、X 平移、Y 平移的约束以及偏移值，如图 3-1-16 所示。

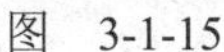
图　3-1-15

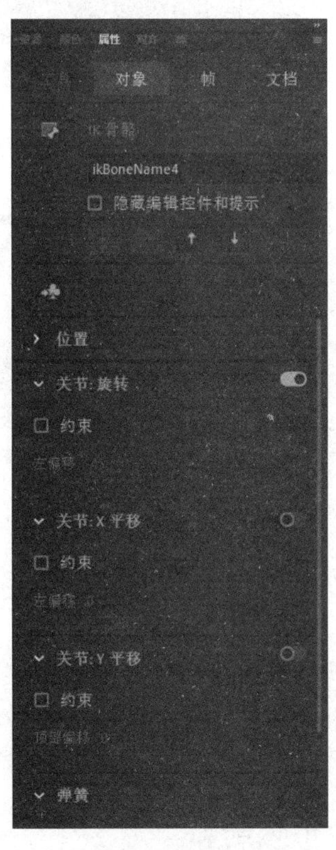

图　3-1-16

- ❑ 弹簧：弹簧属性包括“强度”和“阻尼”两个参数。通过将动态物理集成到骨骼系统中，使骨骼体现真实的物理移动效果。

（4）可以通过调整“大青虫”影片剪辑中间关键帧及结束帧位置控制大青虫爬行速度。

（5）如果需要实现多个大青虫爬行效果，可以将“库”中的“大青虫”影片剪辑拖出多个，随机放在舞台不同位置，在“属性”面板中设置各个实例不同的起始帧，这样可避免大青虫爬行动作完全统一，形成随机的爬行效果。

3.2 任务 2——摄像机动画制作

3.2.1 实例效果预览

本节实例效果如图 3-2-1 所示。

图 3-2-1

3.2.2 技能应用分析

（1）完成场景基本元素的位置摆放。

（2）添加摄像头，自动创建一个摄像头图层 Camera。

（3）对摄像头进行缩放或者旋转设置。

3.2.3 制作步骤解析

（1）选择“文件”→“打开”命令，在打开的“打开”对话框中选择素材“梦幻城堡-起始文件”。

（2）“梦幻城堡-起始文件”已经完成多个素材元件的位置摆放，并且完成了“云彩”图层中白云的简单位移动画，效果如图 3-2-2 所示。

（3）单击“时间轴”面板上方的“添加摄像头”按钮，自动创建一个摄像头图层 Camera，如图 3-2-3 所示。

（4）选中 Camera 图层的第 100 帧，按 F6 键插入关键帧。单击“摄像头”工具中的“缩放”按钮，激活缩放空间，拖曳右侧的滑块可以缩放摄像头，如图 3-2-4 所示。

图　3-2-2

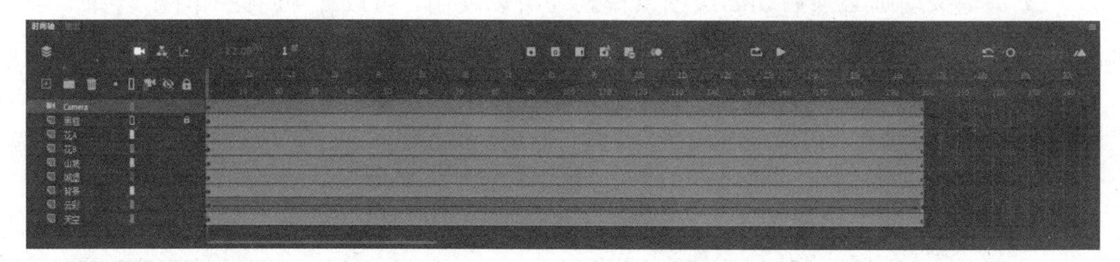

图　3-2-3

（5）如果需要精确调整缩放，可以选择场景中的摄像头，在摄像头“属性”面板的“摄像机设置”选项组中，为“缩放”项设置一个精确的缩放值，如图 3-2-5 所示。

（6）分别选中 Camera 图层的第 120 帧、第 200 帧，按 F6 键插入关键帧。选中第 200 帧，在摄像头“属性”面板的“摄像机设置”选项组中，将“位置”项设置为一个新值，可以实现摄像机镜头的位移效果，如图 3-2-6 所示。

图　3-2-4

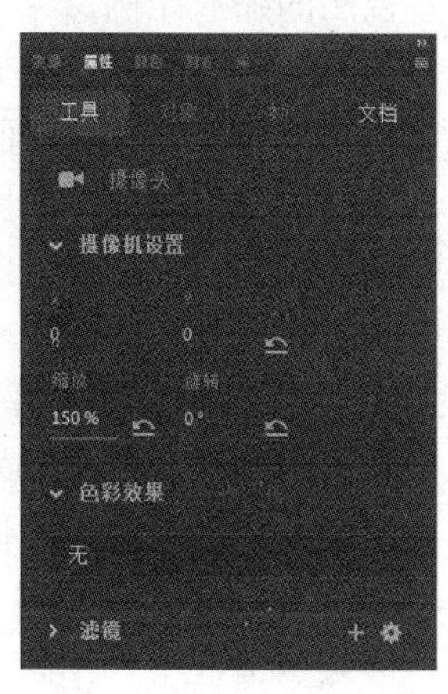

图　3-2-5

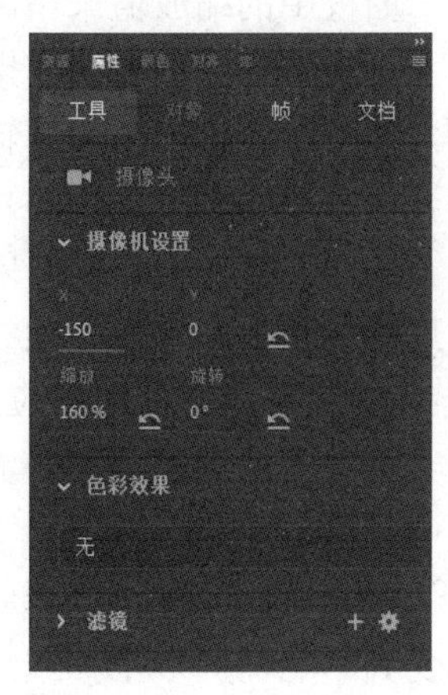

图　3-2-6

（7）分别右击 Camera 图层的第 1 帧和第 120 帧，在弹出的快捷菜单中选择“创建传统补间”命令，生成传统补间动画，如图 3-2-7 所示。

图　3-2-7

（8）按 Ctrl+Enter 组合键测试影片，完成镜头动画效果，保存文件。

3.2.4　知识点总结

本节知识点总结如下。

（1）摄像头动画必须启动高级图层模式才可以使用，可以在“属性”面板选择“文档”标签，单击“更多设置”按钮，打开“文档设置”窗口，选中“使用高级图层”复选框。

（2）再次单击“添加摄像头”按钮，将删除摄像机图层。也就是说，在 Animate 2022 中只能添加一个摄像机图层。

（3）对摄像头的操作主要包括以下几种。

平移摄像头：使用摄像头工具，在舞台范围内按住鼠标左键并拖动鼠标，可以平移摄像头；也可以在“属性”面板中设置摄像头的 X 坐标和 Y 坐标的值，以便精确移动摄像头。

缩放摄像头：使用屏幕上的摄像头控件可以缩放摄像头视图。选择缩放控件，将滑块向左拖动可以缩小视图，向右拖动可以放大视图。将滑块拖至边缘后松开，滑块会回到中间位置，然后继续拖动滑块可以实现持续缩放。也可以通过摄像头“属性”面板中的缩放值来精确设置视图的缩放比例。

旋转摄像头：与缩放摄像头类似，使用屏幕上的摄像头控件，拖动滑块可自由地旋转摄像头，或通过“属性”面板中的旋转值来精确设置旋转的角度。平移、缩放及旋转摄像头精确设置如图 3-2-8 所示，如果要返回摄像头的原始设置，可以在“属性”面板中单击各项参数中的“重置”按钮。

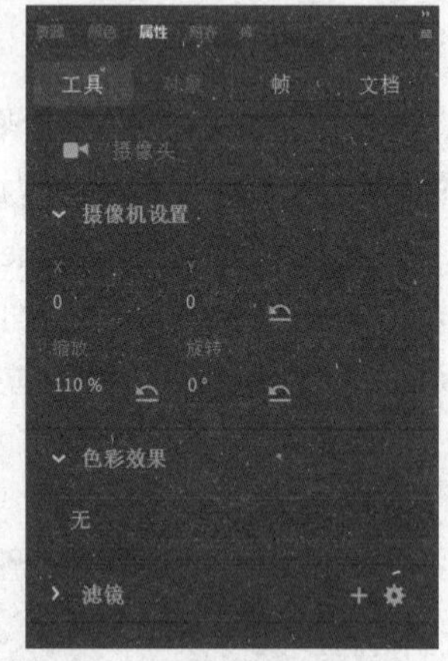

图　3-2-8

（4）对摄像头图层应用色调。使用摄像头图层可以对整个舞台进行调色，以使画面达到某种统一色调的效果，而无须对各个图层和对象分别进行操作。选择摄像头“属性”面板中“色彩效果”选项组中的“色调”，通过调整色调达到调色效果。

（5）将图层锁定至摄像头。默认情况下，当摄像头平移或缩放时，舞台上的所有对象都受到影响而同步平移或缩放。但某些情况下，如游戏动画中的比赛分数、时间或小地图的显示等是固定在视图中的某个位置的，此时就应该将该图层与摄像头图层保持锁定，也就是将其连接至摄像头，使其总是和摄像头一起移动，此时单击图层右侧的“附加到摄像头”即可将图层锁定至摄像头，如图 3-2-9 所示。

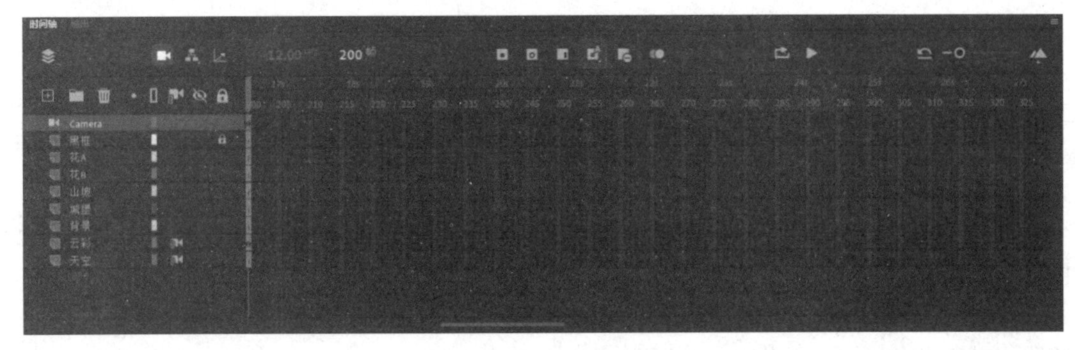

图　3-2-9

3.3　任务 3——动画缓动及编辑器的应用

3.3.1　实例效果预览

本节实例效果如图 3-3-1 所示。

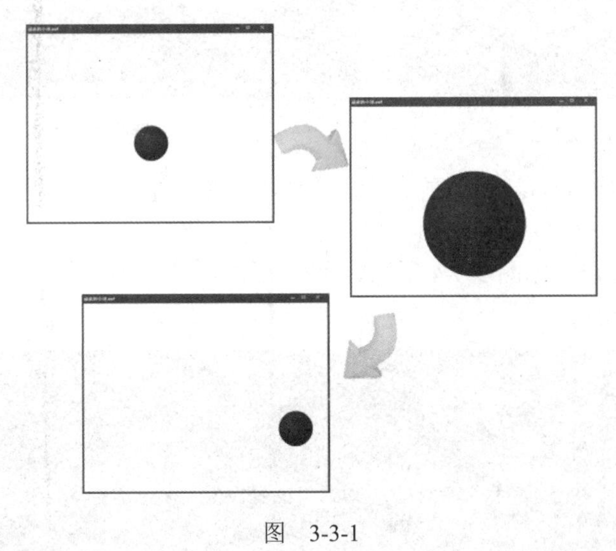

图　3-3-1

3.3.2　技能应用分析

本实例通过一个小球的多种“顽皮”动作，学习动画的缓动及动画编辑器的使用。

（1）在 Animate 中，对象的运动默认是匀速的，但在实际生活中，对象的运动往往是有速度变化的，这在 Animate 中称为缓动。

（2）使用缓动可以真实表现对象的特殊运动，比如球的自由落体和弹跳等。

（3）Animate 提供了两种方法在补间动画中应用缓动：一是补间动画“属性”面板中的“缓动”参数；二是使用动画编辑器对一个或多个属性应用预设或者自定义缓动。

3.3.3　制作步骤解析

（1）选择“文件”→“新建”命令，新建一个标准文档（640 像素×480 像素），保存为“顽皮的小球.fla”文件。

（2）在舞台上绘制一个渐变的圆形，并将其转换为图形元件，命名为“小球”，如图 3-3-2 所示。

（3）右击第 1 帧，创建补间动画，帧自动延续至第 30 帧，在第 30 帧将其垂直向下拖，制作小球下移的动画，如图 3-3-3 所示。

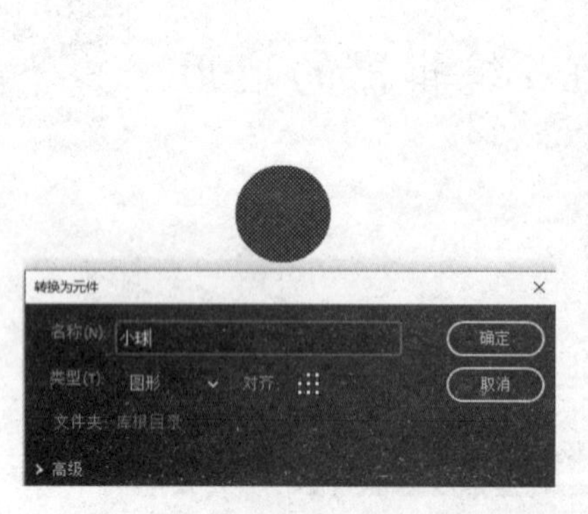

图　3-3-2

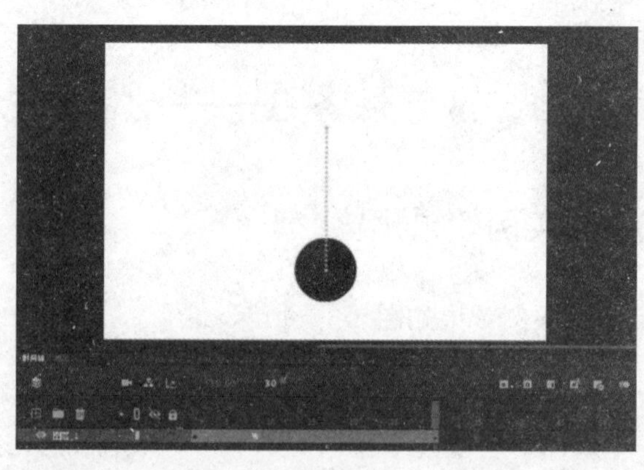

图　3-3-3

（4）双击时间轴上的补间动画，打开动画编辑器，选择左侧栏的 Y 轴，单击“添加缓动”按钮 添加... ，为 Y 轴的动画添加一个“回弹和弹簧”类别下的 BounceIn 缓动，并设置缓动跳动次数为 5，如图 3-3-4 所示。此时播放时间轴，原本匀速下降的小球动画变成了一个小球弹跳的动画。

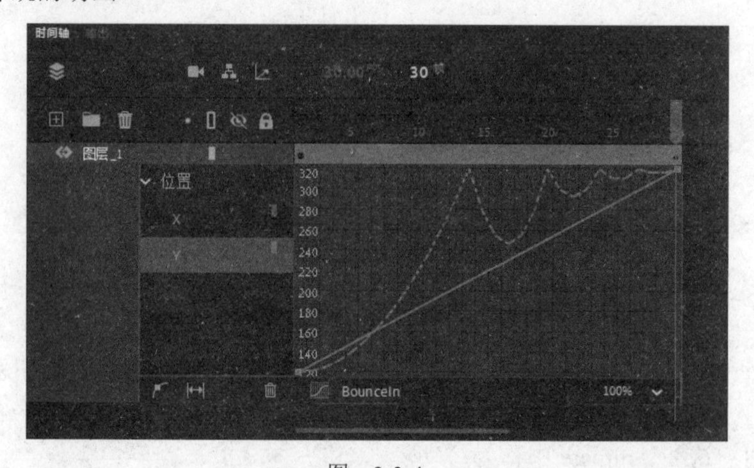

图　3-3-4

（5）继续为小球制作第 2 段缩放的弹性动画。选择第 30 帧，按住 Alt 键拖动第 31 帧，将其复制到第 31 帧建立关键帧。

（6）将时间轴延长至第 60 帧，在第 60 帧将小球放大至 300%。在这段时间里小球匀速放大，因此要为缩放属性添加弹簧的缓动预设。选择左侧栏的缩放，选择“回弹和弹簧”类别下的“弹簧”缓动，如图 3-3-5 所示。

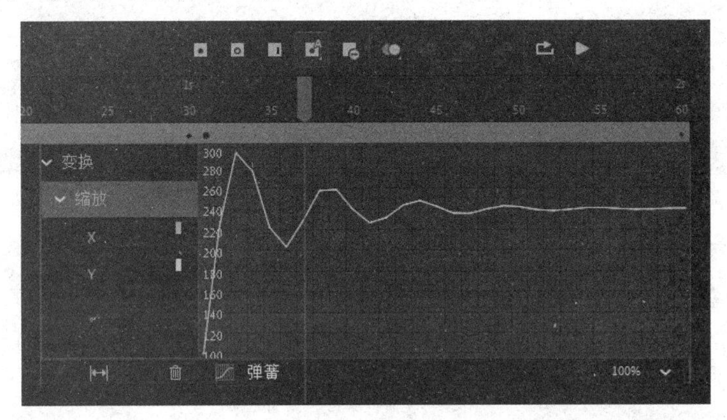

图　3-3-5

（7）选择第 60 帧，按住 Alt 键将其拖动到第 61 帧，即在第 61 帧复制第 60 帧建立关键帧。将时间轴延长至第 90 帧，在第 90 帧将小球向上移动若干距离。双击时间轴上的补间动画，打开动画编辑器，选择左侧栏的 Y 轴，单击“添加缓动”按钮，为 Y 轴的动画添加一个“回弹和弹簧”类别下的“回弹”缓动，设置缓动跳动次数为 5，如图 3-3-6 所示。

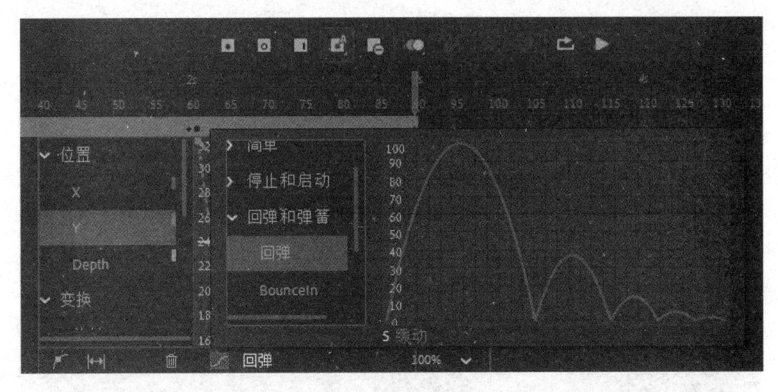

图　3-3-6

（8）用同样的方法再制作第 4 段动画，将小球调整至原始大小，并添加一个“弹簧”的缓动预设，如图 3-3-7 所示。

（9）再制作第 5 段动画，设置 Y 轴向下移动若干距离，并为 Y 轴添加一个正弦波的缓动预设，设置缓动次数为 6，如图 3-3-8 所示。

（10）最后，为小球制作一个稍微向上移动后，再向下移出屏幕的动画。设置缓动预设为“停止和启动”类下的“最快”，可设置缓动的值为 80，如图 3-3-9 所示。最终的时间轴如图 3-3-10 所示。

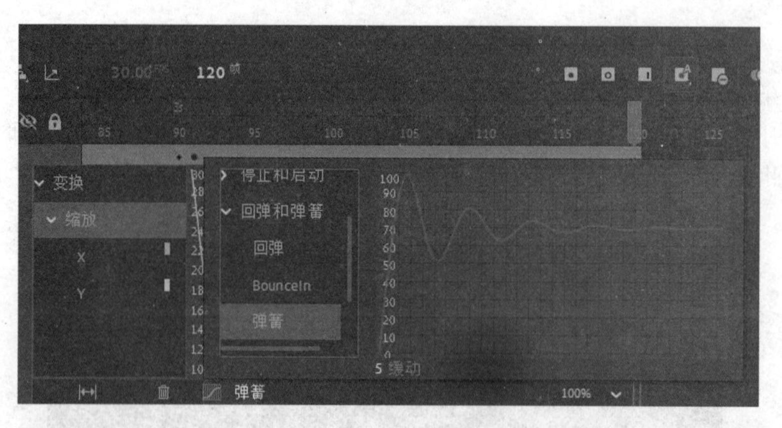

图 3-3-7

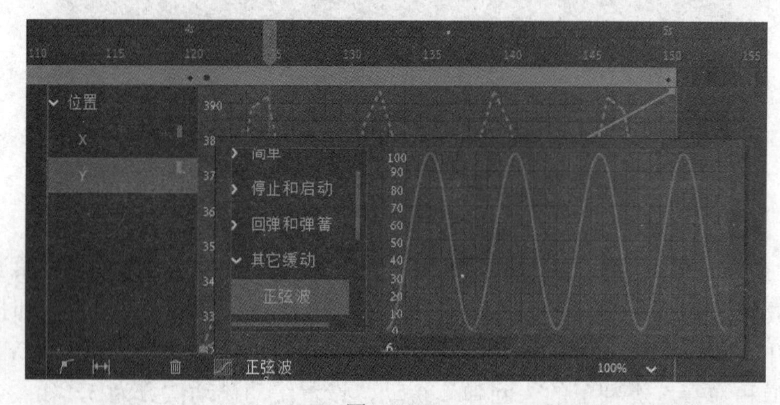

图 3-3-8

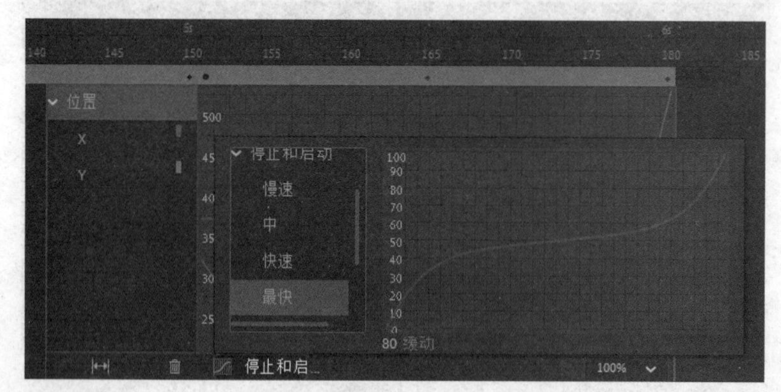

图 3-3-9

图 3-3-10

（11）按 Ctrl+Enter 组合键测试影片，完成“顽皮的小球”动画效果，保存文件。

3.3.4　知识点总结

1．使用“属性”面板为补间动画设置缓动

随意制作一段简单的补间动画，如一个红色圆形从左向右移动，默认可以看到运动轨迹上的节点是均匀分布的，表示运动速度是匀速的。选中补间范围内的任意一帧，查看其“属性”面板中的“缓动”参数，可见缓动为0，如图3-3-11所示。

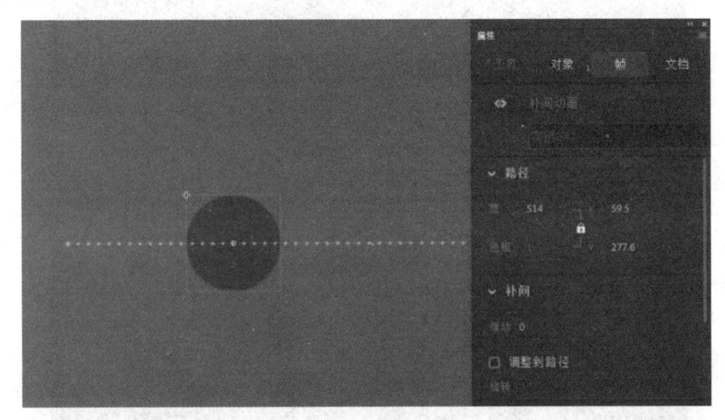

图　3-3-11

左右拖动“缓动”右侧的数值，或者手动输入一个值（范围为-100～100）来调整对象运动速度的变化。调整缓动值来观察红色圆形的变化速度，当缓动值为-1～-100的负值时，可以观察到红色圆形的运动路径，从左至右由密到疏，表示其运动过程是由慢到快的加速运动，缓动值越小，加速度越大，反之越小，如图3-3-12所示。同样，当缓动值为1～100的正值时，表示是由快到慢的减速运动。

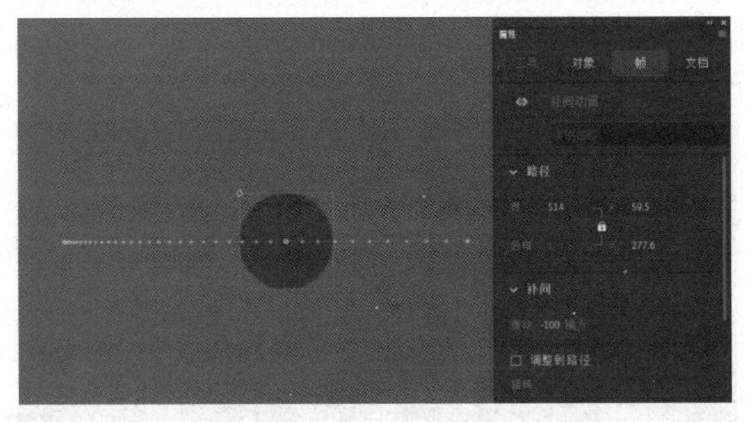

图　3-3-12

2．使用“属性”面板为传统补间或补间形状设置缓动

传统补间动画或补间形状可以设置缓动适用的对象属性及应用缓动预设，如图3-3-13所示。

图　3-3-13

其中缓动属性可以设置对象的所有属性使用同一个缓动，也可以单独为每项属性（位置、旋转、缩放、颜色和滤镜）设置不同的缓动，如图 3-3-14 所示。

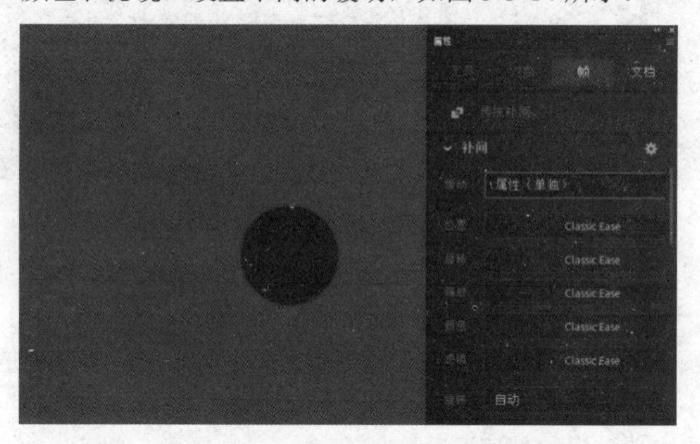

图　3-3-14

缓动“属性”面板中的 Classic Ease 是一种默认的缓动预设，可以从缓动预设列表中选择预设并双击应用，如图 3-3-15 所示。

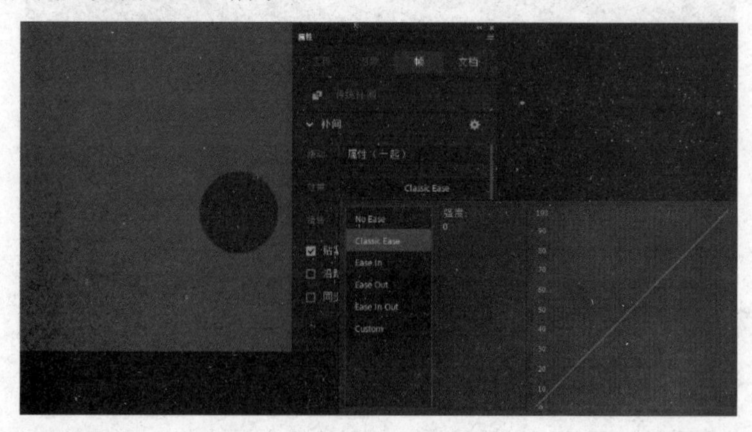

图　3-3-15

缓动预设列表中各选项的含义如下。

- ❑ No Ease：不使用缓动。
- ❑ Classic Ease：传统缓动类型，也是默认的缓动类型，可以设置缓动值。
- ❑ Ease In：输入缓动，即由慢到快的缓动。
- ❑ Ease Out：输出缓动，即由快到慢的缓动。
- ❑ Ease In Out：开始时和结束时较慢、中间较快的缓动，速度先由慢到快，再由快到慢。
- ❑ Custom：自定义缓动，可以通过手动调整缓动曲线上的点来设置复杂的缓动效果。

需要注意的是，使用“属性”面板给补间动画设置缓动时，不能分段设置，整个补间范围只能使用一个缓动值。如果要在同一段补间范围内设置不同的缓动效果，则需要在动画编辑器内进行设置。

3．动画编辑器的使用

动画编辑器是一种对运动状态进行精确调整、控制的集成工具，它将补间对象的所有属性显示为二维图形构成的缩略视图，通过修改这个图形可以方便快速地修改其对应的各个补间属性，极大地丰富了动画效果。

动画编辑器只适用于补间动画，不适用于传统补间和补间形状，通过在补间范围内双击，可以打开该补间对象的动画编辑器窗口。动画编辑器使用二维图形表示补间的属性，每个属性都有其属性曲线，如图 3-3-16 所示。图中补间有“位置”和“色彩效果”两个属性曲线，横轴（从左到右）为时间，纵轴为属性值。单击左侧的补间属性，右侧亮色加重显示的是该属性对应的曲线，浅色隐约显示的是补间的其他属性曲线。

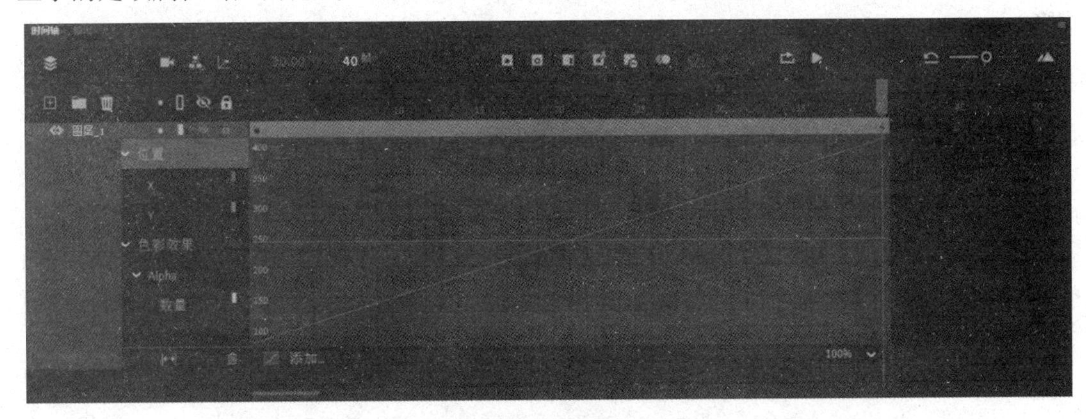

图　3-3-16

（1）锚点：在动画编辑器中可以通过添加属性关键帧或锚点来精确控制大多数曲线的形状。通过锚点可以对属性曲线的关键部分进行修改，从而达到对动画进行控制。如图 3-3-17 所示，单击左下角按钮添加锚点，可为曲线添加一个锚点，通过修改锚点位置来修改补间的曲线。

（2）控制点：按下 Alt 键单击锚点可以启动控制点，通过控制点可以平滑或者修改锚点任意一端的属性曲线，如图 3-3-18 所示。

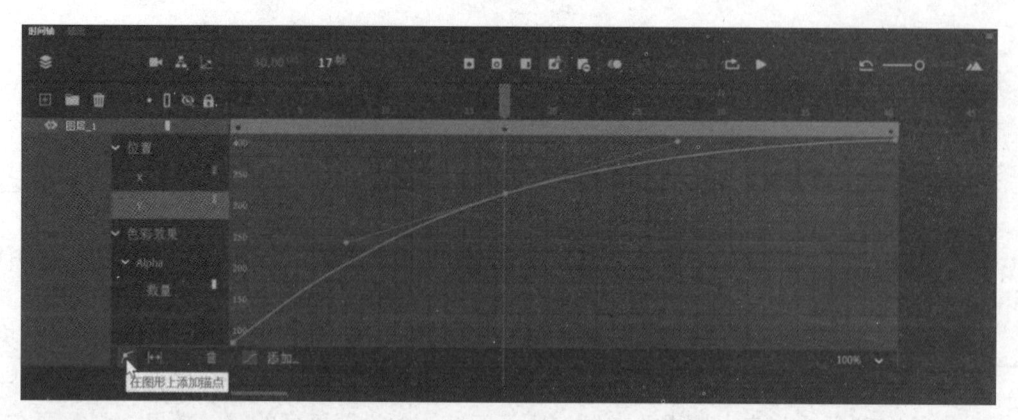

图　3-3-17

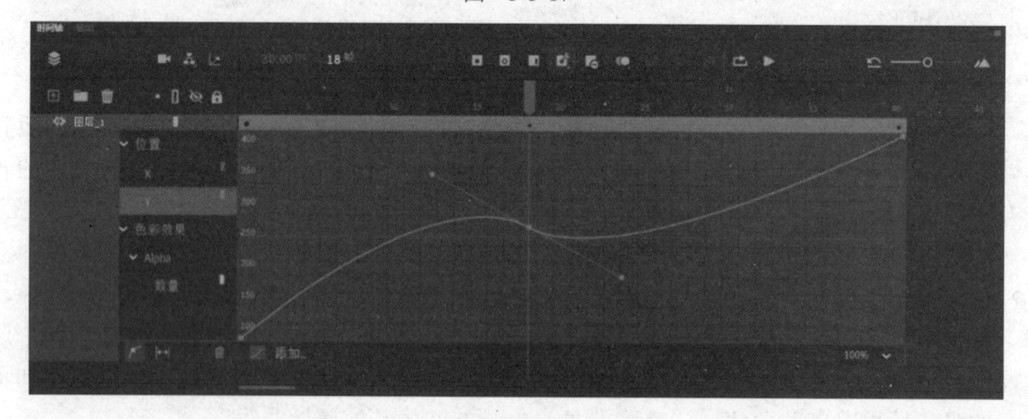

图　3-3-18

（3）编辑属性曲线：在时间轴的一个补间范围内双击，或者右击，在弹出的快捷菜单中选择“调整补间”命令可以打开动画编辑器。在动画编辑器左侧选择需要编辑的属性，在窗口右侧该属性的曲线亮色加重显示，这时可选择执行以下操作。

① 添加锚点。单击“在图形上添加锚点”工具，然后单击曲线上要添加锚点的帧；或者双击曲线来添加一个锚点。

② 选择一个现有锚点，用鼠标左键拖动可以将其移动到网格中需要的帧处，垂直方向的移动受属性值范围的限制。

③ 按住 Alt 键垂直拖动以启用控制点。可以使用贝塞尔控件修改曲线的形状。

④ 删除锚点。方法是选择一个锚点，按下 Ctrl 键单击鼠标左键。

（4）应用预设：动画编辑器中包含多种预设缓动，可以直接对补间动画应用预设，也可以创建自定义缓动曲线。

（5）对补间应用预设：在动画编辑器左侧选择要应用缓动的属性，单击“添加缓动”按钮 添加...，打开“缓动”面板，如图 3-3-19 所示。

① 选择需要的预设，在下方“缓动”字段中输入一个值，以指定缓动强度。如果使用默认的缓动强度，也可以直接双击预设应用到曲线。

② 单击“缓动”面板以外的区域关闭该面板，应用某一个预设后，“添加缓动”按钮会显示为应用的缓动名称。

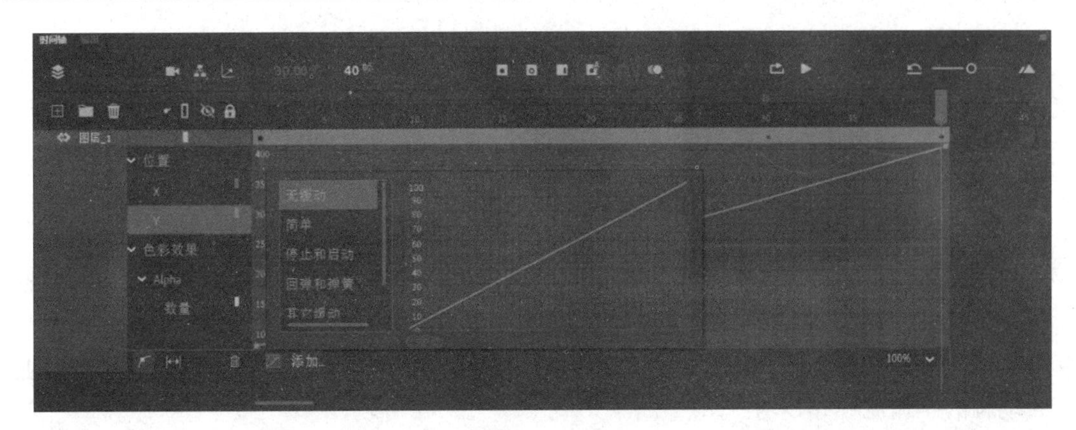

图　3-3-19

（6）创建自定义缓动曲线：在“缓动”面板的左窗格中，选择“自定义”缓动，可以创建自定义缓动曲线，然后在该曲线上进行自由编辑，如图 3-3-20 所示。

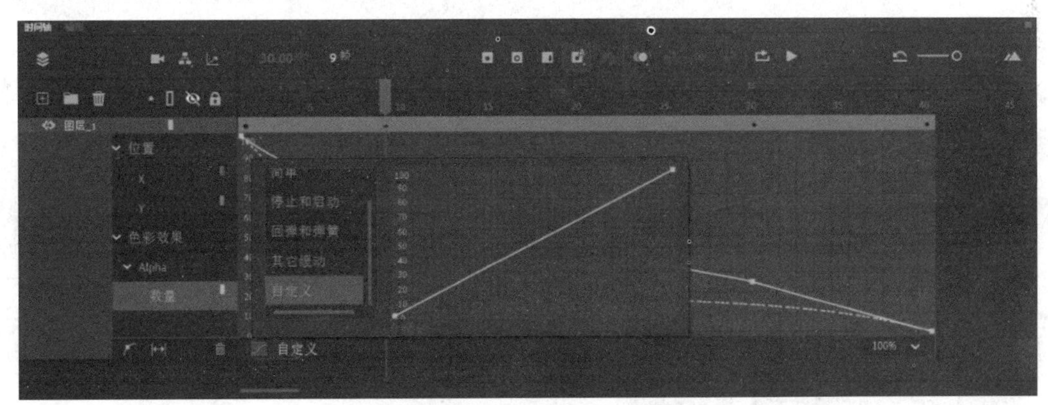

图　3-3-20

项目 4　网络广告及片头动画制作

使用 Animate 制作产品的宣传广告，充分发挥其特性会达到一种特殊的新奇时尚的宣传效果。目前，Animate 网络广告已经成为商品宣传的重要手段之一，本项目将通过 3 个任务介绍化妆品广告动画、汽车广告动画和网站片头动画的制作方法，帮助读者了解商业广告动画的制作流程和技巧。

4.1　任务 1——制作化妆品广告

化妆品广告的制作要依据主体内容确定表现手法，在制作时，注意广告画面的色彩要统一、柔和，符合产品的特点，另外还要注意舞台中各个元件的排版与层次问题，这样才能将广告作品以更好的效果展示给受众，才能起到宣传产品的作用。

4.1.1　实例效果预览

本节实例效果如图 4-1-1 所示。

图　4-1-1

4.1.2　技能应用分析

（1）设置舞台属性，导入需要的素材做背景。

（2）以彩妆人物作为主体，运用传统补间动画制作出人物逐渐显现的动画效果。

（3）搭配闪亮的化妆品突出广告宣传的内容，并制作出产品出现的动画效果。

（4）运用分离命令将文字打散，制作出文字逐一显现并消失的动画效果。

4.1.3　制作步骤解析

（1）新建一个 Animate 文件，在“属性”面板上设置动画帧频为 12，舞台尺寸为 950 像素×400 像素。在时间轴上将“图层_1”命名为“背景”，选择“文件”→“导入”→“导入到舞台”命令，将素材文件“背景.jpg”导入到舞台上，并设置其坐标位置为“X：0，Y：0”，如图 4-1-2 所示。

图　4-1-2

（2）按 Ctrl+F8 组合键，打开“创建新元件”对话框，插入一个新的影片剪辑元件“闪光”，如图 4-1-3 所示。

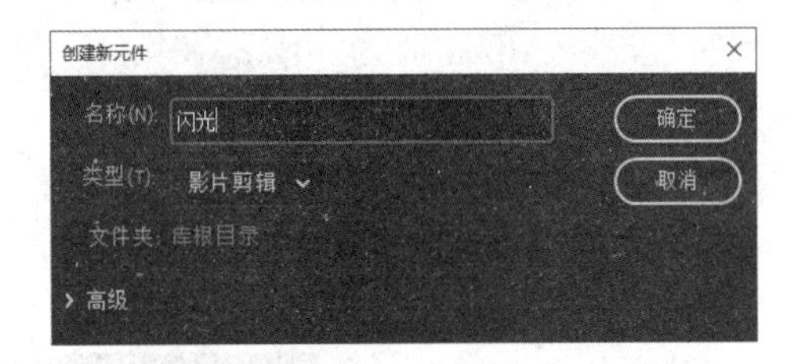

图　4-1-3

（3）选择“椭圆”工具，设置笔触颜色为无，填充颜色为白色，绘制一个白色的圆形，并在“属性”面板上设置其坐标位置为“X：0，Y：0”，宽度、高度分别为 15，如图 4-1-4 所示。

（4）打开“颜色”面板，设置填充色为“径向渐变”，并将右侧色标的 Alpha 值设置为 0%，得到由白色到透明的圆形效果，如图 4-1-5 所示。

图　4-1-4

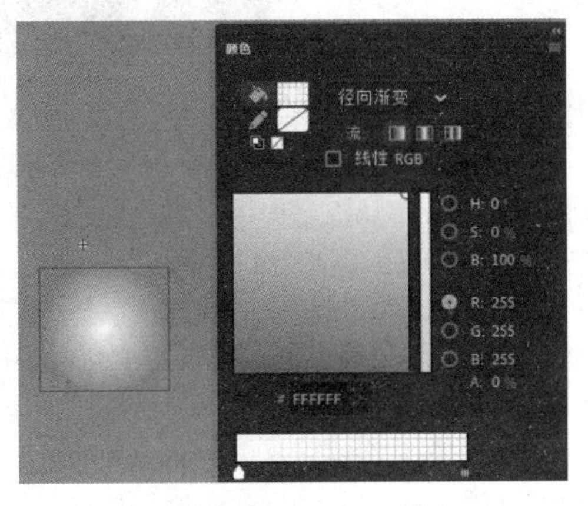

图　4-1-5

（5）按 F8 键将白色圆形转换为图形元件“圆形”，然后选中白色圆形，按 Ctrl+C 组合键进行复制，再按 Shift+Ctrl+V 组合键将其粘贴到当前位置。最后，在“属性”面板上设置其“宽”为 60，“高”为 3，得到细长的白色条形，如图 4-1-6 所示。

（6）再次将白色条形选中、复制并粘贴，然后在“变形”面板上设置旋转角度为 90°，形成星光图形，如图 4-1-7 所示。

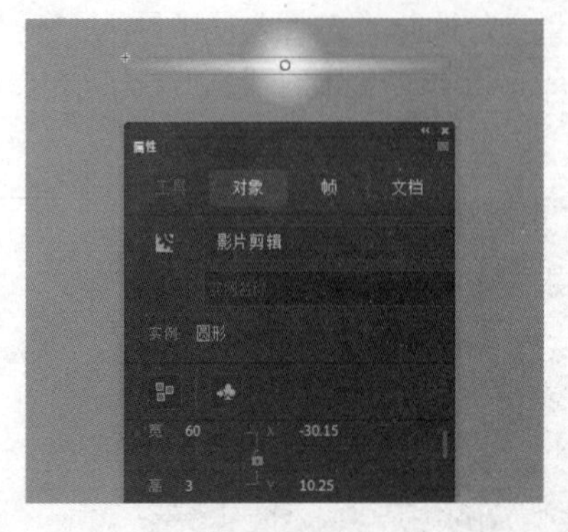

图　4-1-6

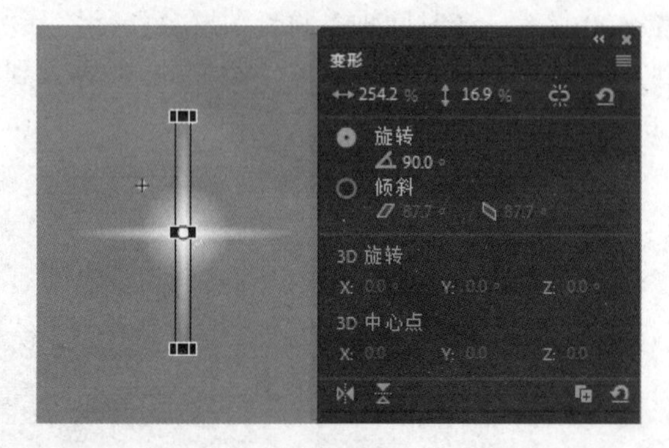

图　4-1-7

（7）在舞台上将白色圆形和两个白色条形全部选中，按 F8 键将其转换为影片剪辑元件“星光”。然后分别在第 7 帧、第 13 帧处按 F6 键插入关键帧，接着将第 1 帧中的星光等比例缩小到原来的 50%，设置 Alpha 值为 40%；将第 13 帧中的星光等比例缩小到原来的 40%，设置 Alpha 值为 30%；在第 1～第 7 帧和第 7～第 13 帧之间创建传统补间，形成星光闪烁的动画效果。

（8）按 Ctrl+F8 组合键，打开“创建新元件”对话框，创建一个新的影片剪辑元件“人物”，如图 4-1-8 所示，然后单击“确定”按钮。

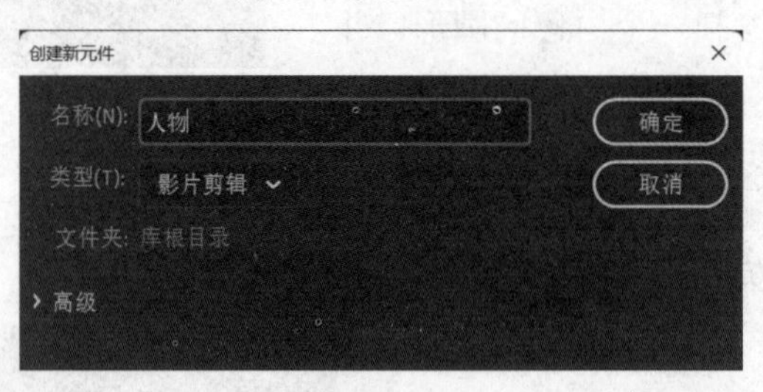

图　4-1-8

（9）选择“文件”→“导入”→“导入到舞台”命令，将素材文件“人物.png”导入到舞台，并在“属性”面板上设置图片的坐标位置为“X：0，Y：0”，“宽”为 306.45，“高”为 400，如图 4-1-9 所示。

（10）在图片被选中的状态下，按 F8 键将其转换为图形元件“彩妆人物”。在第 20 帧处按 F6 键插入关键帧，设置第 1 帧中图片的 Alpha 值为 0%，右击第 1 帧，在弹出的快捷菜单中选择“创建传统补间”命令，制作出人物图片逐渐显现的动画效果。

（11）新建图层，从库中将影片剪辑元件“闪光”拖入舞台，然后按 Ctrl 键将闪光元件多次复制，并调整大小和角度，放在人物图片的不同位置，如图 4-1-10 所示。

图　4-1-9

图　4-1-10

（12）新建图层，在第 20 帧处按 F7 键插入一个空白关键帧，然后按 F9 键打开“动作”面板，输入脚本代码“stop();”。此时的时间轴及“动作”面板状态如图 4-1-11 所示。

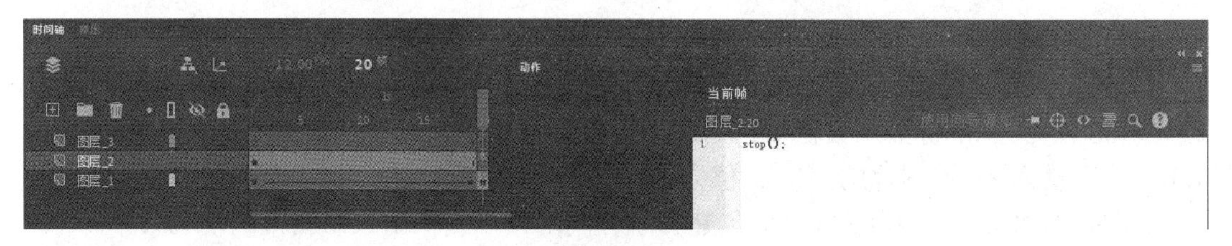

图　4-1-11

（13）按 Ctrl+F8 组合键，打开“创建新元件”对话框，创建一个新的影片剪辑元件“化妆品动画”，如图 4-1-12 所示，然后单击“确定”按钮。

（14）选择“文件”→“导入”→“导入到舞台”命令，将素材文件“口红.png”导入到舞台，并在“属性”面板上设置图片的坐标位置为“X：0，Y：50”，“宽”为 342.4，“高”为 340，效果如图 4-1-13 所示。

图　4-1-12

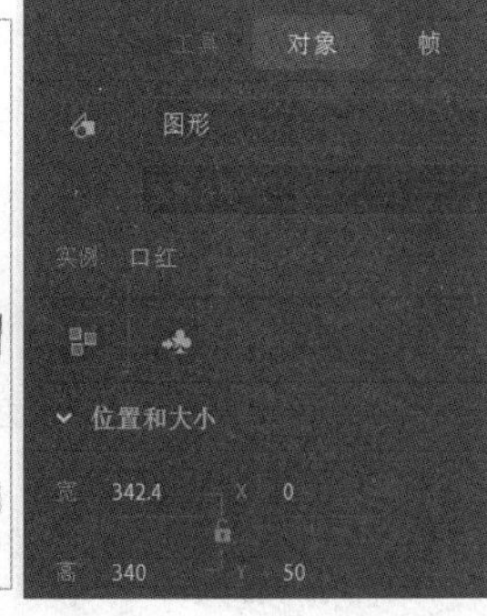

图　4-1-13

（15）选中口红图片，按 F8 键将其转换为图形元件“口红”。分别在第 15 帧、第 35 帧、第 50 帧处按 F6 键插入关键帧，设置第 1 帧图片的 Alpha 值为 0%，横坐标位置为“X：70”；设置第 50 帧图片的 Alpha 值为 0%，横坐标位置为“X：−80”；接着在第 1～第 15 帧和第 35～第 50 帧之间创建传统补间动画，制作出口红图片渐现渐隐并位移的动画效果。

（16）新建图层，在第 35 帧处按 F7 键插入一个空白关键帧，选择“文件”→“导入”→“导入到舞台”命令，将素材文件“眼影.png”导入到舞台，并在“属性”面板上设置图片的坐标位置为“X：0，Y：60”，“宽”为346，“高”为340，效果如图4-1-14所示。

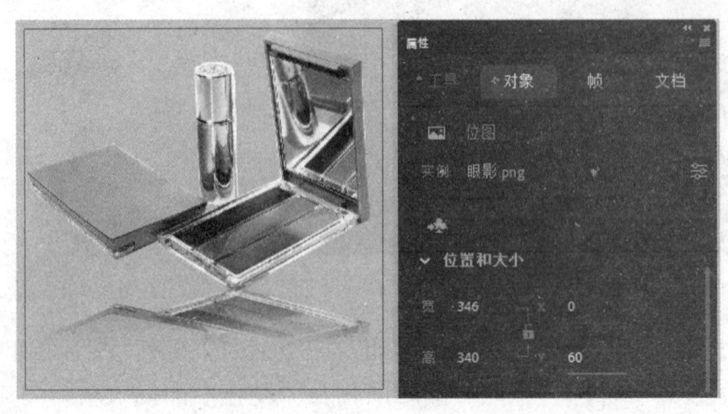

图　4-1-14

（17）选中眼影图片，按F8键将其转换为图形元件“眼影”。分别在第50帧、第70帧、第85帧处按F6键插入关键帧，设置第35帧图片的Alpha值为0%，纵坐标位置为“Y：150”；设置第85帧图片的Alpha值为0%，坐标位置为“X：40，Y：165”；接着在第35～第50帧和第70～第85帧之间创建传统补间动画，制作出眼影图片的动画效果。

（18）新建图层，在第70帧处按F7键插入一个空白关键帧，选择“文件”→“导入”→“导入到舞台”命令，将素材文件“腮红.png”导入到舞台，并在“属性”面板上设置图片的坐标位置为“X：0，Y：90”，“宽”为450，“高”为270，效果如图4-1-15所示。

（19）选中腮红图片，按F8键将其转换为图形元件“腮红”。分别在第85帧、第105帧、第120帧处按F6键插入关键帧，设置第70帧图片的Alpha值为“0%”；设置第120帧图片的Alpha值为0%，坐标位置为“X：78，Y：15”；接着在第70～第85帧和第105～第120帧之间创建传统补间动画，制作出腮红图片的动画效果。

（20）新建图层，在第105帧处按F7键插入一个空白关键帧，选择“文件”→“导入”→“导入到舞台”命令，将素材文件“指甲油.png”导入到舞台，并在“属性”面板上设置图片的坐标位置为“X：-12，Y：50”，“宽”为224.45，“高”为340，效果如图4-1-16所示。

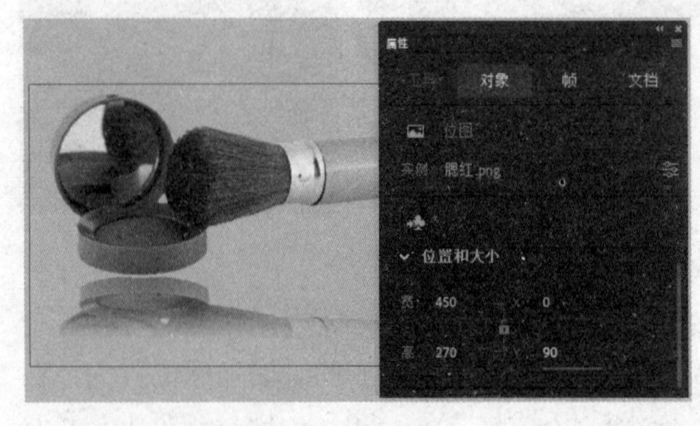

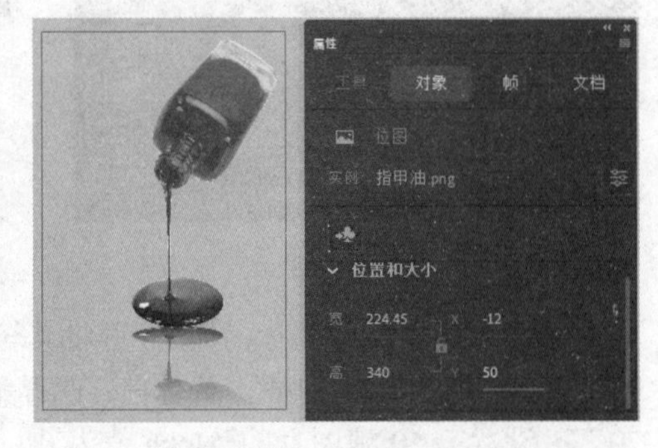

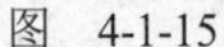
图　4-1-15　　　　图　4-1-16

（21）选中指甲油图片，按F8键将其转换为图形元件“指甲油”。分别在第120帧、第 140 帧、第 155 帧处按 F6 键插入关键帧，设置第 105 帧图片的 Alpha 值为 0%，坐标位置为“X：-87，Y：125”；设置第 155 帧图片的 Alpha 值为 0%；接着在第 105～第 120 帧和第 140～第 155 帧之间创建传统补间动画，制作出眼影图片的动画效果。

（22）新建图层，在第 15 帧处按 F7 键插入一个空白关键帧，然后从库中将“闪光”元件拖入舞台，放在口红图片上，在第 35 帧处按 F7 键插入空白关键帧。重复前面的操作，分别在第 50 帧、第 85 帧、第 120 帧处插入空白关键帧并拖入“闪光”元件，调整好位置、大小和角度，并分别在第 70 帧、第 105 帧、第 140 帧处插入空白关键帧。此时的时间轴状态如图 4-1-17 所示。

图　4-1-17

（23）至此已完成了化妆品动画元件的制作。按 Ctrl+F8 组合键，打开“创建新元件”对话框，创建一个新的影片剪辑元件“动感文字”，如图 4-1-18 所示。

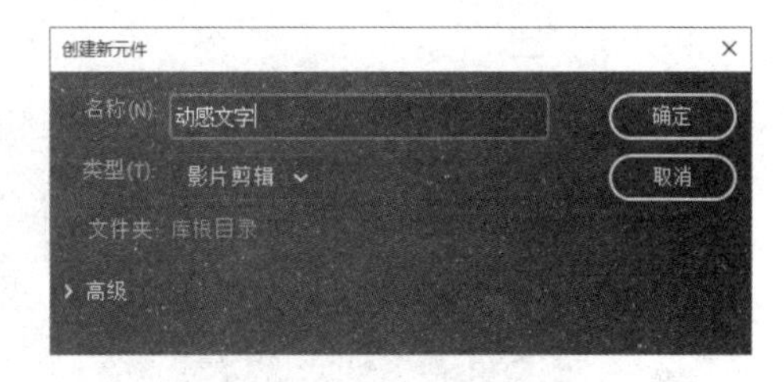

图　4-1-18

（24）因为要输入白色的文字，可暂时在“属性”面板上将舞台颜色设置为较深的任意颜色。然后使用“文本”工具输入文字“魅力袭蔻　完美呈现”，在“属性”面板上设置字体为“黑体”，字体大小为 23 点，字体颜色为白色；坐标位置为“X：0，Y：0”，效果如图 4-1-19 所示。

（25）按 Ctrl+B 组合键将文字分离为单个的汉字，选择“修改”→“时间轴”→“分散到图层”命令，将每个汉字都放在单独的图层上，并将分离后空的图层删除掉。然后分别选中每个文字，按 F8 键将其转换为图形元件。此时的时间轴状态如图 4-1-20 所示。

图　4-1-19

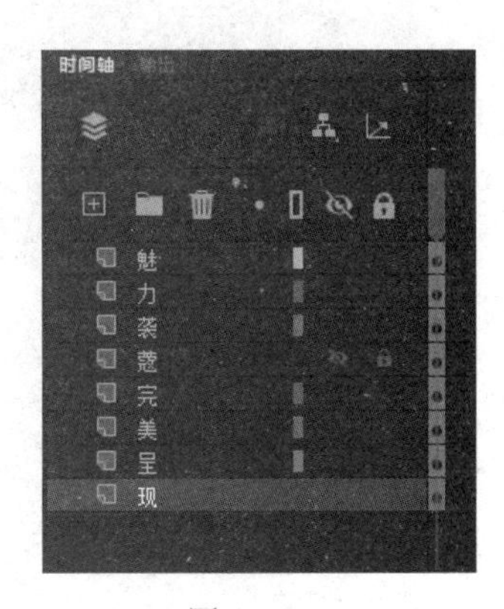

图　4-1-20

（26）在时间轴上将下面 7 个图层的关键帧依次向后移动一帧，并在每个图层上间隔 10 帧按 F6 键插入关键帧；继续向后间隔 60 帧按 F6 键插入关键帧；然后再次间隔 10 帧按下 F6 键插入关键帧。此时的时间轴状态如图 4-1-21 所示。

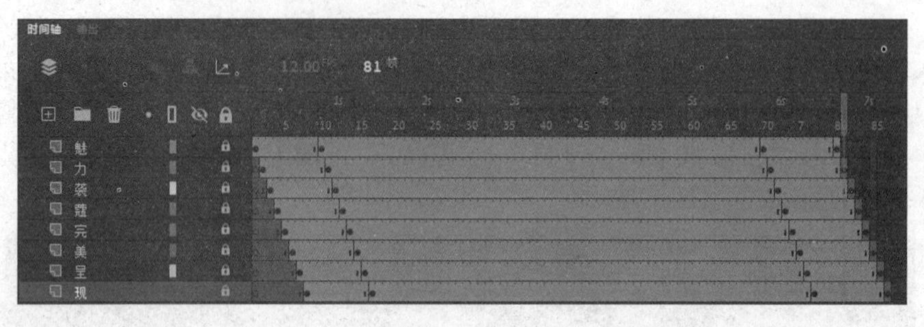

图　4-1-21

（27）选中文字“魅”的第 1 帧，按 Ctrl+T 组合键打开“变形”面板，将文字等比例放大到原来的 400%。接着选中文字“魅”的第 80 帧，同样将文字等比例放大到原来的 400%，设置 Alpha 值为 20%。在第 1～第 10 帧和第 70～第 80 帧之间创建传统补间动画。

（28）依照上面的制作方法，依次制作出其他几个文字的动画效果。此时的时间轴状态如图 4-1-22 所示。

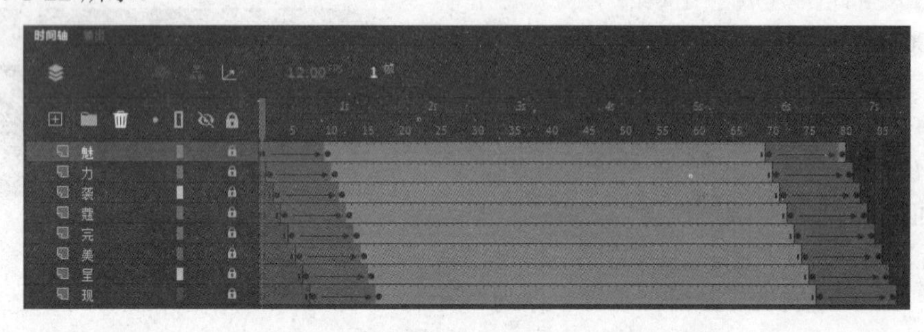

图　4-1-22

（29）新建图层，使用“文本”工具输入文字“Fashion & Beauty”，设置字体为 Arial，字体大小为 16 点，字体颜色为白色，坐标位置为“X：75，Y：27”，效果如图 4-1-23 所示。

图　4-1-23

（30）依照前面的制作方法，按 Ctrl+B 组合键将文字分离，并放在单独的图层上，然后分别选中各个文字，按 F8 键将其转换为图形元件。接着将各个图层的关键帧选中后向后移动，使这些关键帧在第 45～第 59 帧之间交错排列，并依次间隔一段时间分别按下 F6 键插入关键帧。此时的时间轴状态如图 4-1-24 所示。

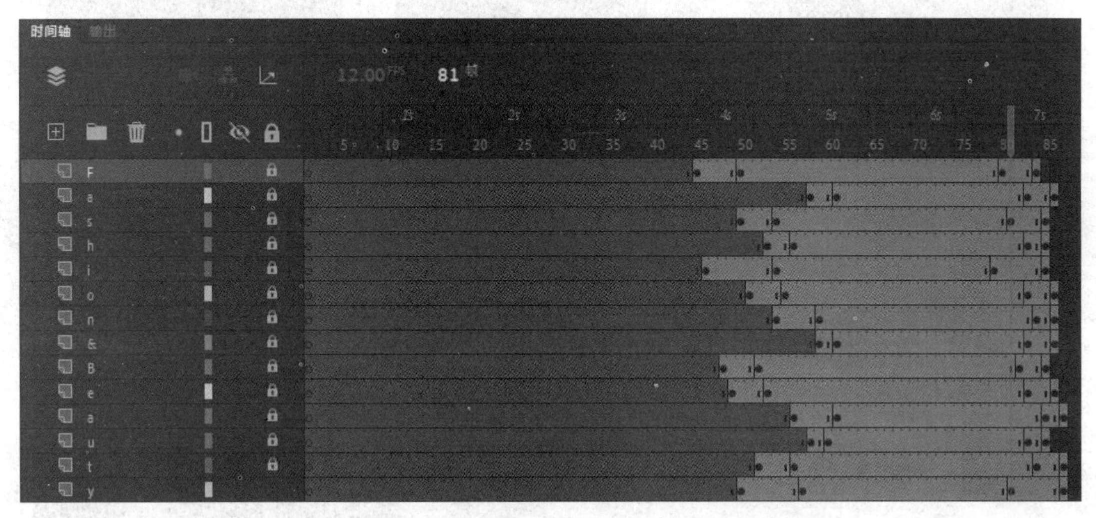

图　4-1-24

（31）接着分别将各图层的第一个关键帧中文字的 Alpha 值设置为 20%，并等比例放大到原来的 300%；将最后一个关键帧中文字的 Alpha 值设置为 20%，并等比例放大到原来的 200%；然后分别在第 1～第 2 帧、第 3～第 4 帧之间创建传统补间动画。

（32）至此，所有的动画元素制作完毕，接着要将这些影片剪辑元件组合到场景中。返回场景 1，新建图层，命名为“人物”，从库中将“人物”元件拖入舞台，设置坐标位置为“X：0，Y：0”；新建图层，命名为“化妆品”，从库中将“化妆品动画”元件拖入舞台，设置坐标位置为“X：450，Y：30”；新建图层，命名为“文字”，从库中将“动感文字”元件拖入舞台，设置坐标位置为“X：660，Y：40”。

（33）按 Ctrl+Enter 组合键预览动画效果，修改完毕后选择“文件”→“保存”命令将制作好的源文件进行保存。

4.1.4　知识点总结

在本节动画的制作中，主要应用了传统补间动画效果的制作，通过更改元件的坐标位置和 Alpha 值达到制作动画效果的目的。其中，在制作文字逐一显现并消失的动画效果时，先将文字打散，然后应用“分散到图层”命令将每个文字都单独放在一个图层上。这是因为文字对象具有其固有的属性，如果要对一行文字中的单个文字进行编辑，就需要将文字图形化，这个操作要经过两个阶段：先将文本打散，分离为单独的文本块，每个文本块中包含一个文字；再次进行打散操作，将文本转换为矢量图形，如图 4-1-25 所示。注意，一旦将文字转换成矢量图形，就无法再像编辑文字一样对它们进行编辑。

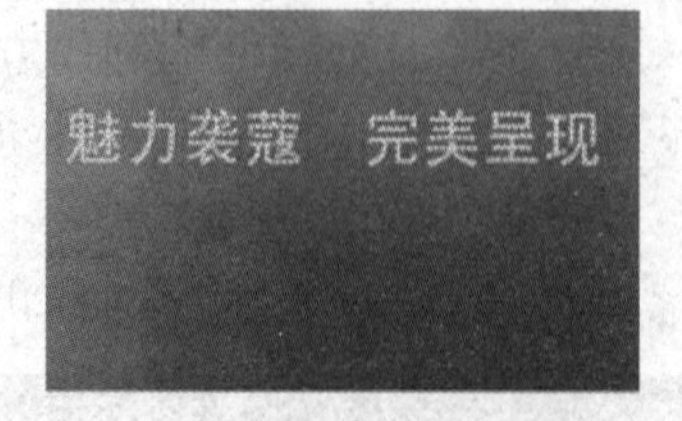

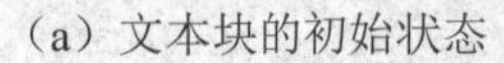

（a）文本块的初始状态　（b）打散一次，分离为单个文本　（c）打散两次，转为矢量图形

图 4-1-25

4.2 任务 2——制作汽车广告

本任务将制作一个汽车广告动画，主要运用遮罩动画和简单的运动补间动画。在制作此类动画时，首先要有一个好的创意或想法，再结合 Animate 中的动画制作方法，灵活运用已有的素材资料，就可以制作出炫目的广告动画效果。

4.2.1 实例效果预览

本节实例效果如图 4-2-1 所示。

图 4-2-1

4.2.2 技能应用分析

（1）设置舞台属性，导入需要的素材。

（2）添加背景图片，运用遮罩动画制作出汽车各个部分的特写动画。

（3）添加文字，制作文字出现的动画效果。

（4）制作汽车出场的全景动画，并制作广告语动画。

4.2.3　制作步骤解析

子任务 1　制作汽车动画效果

（1）新建 Animate 文件，在“属性”面板上设置舞台尺寸为 500 像素×200 像素。在时间轴上将“图层_1”命名为“背景”，选择“文件”→“导入”→“导入到舞台”命令，将素材文件“背景.jpg”导入到舞台，并设置其“宽”为 500，“高”为 200，坐标位置为“X：0，Y：0”，如图 4-2-2 所示。在第 500 帧处按 F5 键延长帧。

图　4-2-2

（2）新建一个图层，将其命名为“遮罩”。然后选择“基本矩形”工具，设置笔触颜色为无，填充颜色为白色，绘制一个矩形，并在“属性”面板上设置矩形的坐标位置为“X：17，Y：33”，“宽”为 216，“高”为 140，矩形边角半径为 15，如图 4-2-3 所示。

图　4-2-3

（3）将白色圆角矩形复制，然后新建图层，命名为“边框”。选择第 1 帧，按 Shift+Ctrl+V 组合键将复制的矩形粘贴到原来的位置，选择“修改”→“形状”→“柔化填充边缘”命令，在如图 4-2-4 所示的对话框中设置“距离”为“6 像素”，“步长数”为 4，“方向”为“扩展”，然后单击“确定”按钮为矩形填充边缘。填充完毕后，按 Ctrl+B 组合键将白色矩形的填充色和边框色分离，然后单击选中填充色，并按 Delete 键将其删除，只留下白色边框，如图 4-2-5 所示。

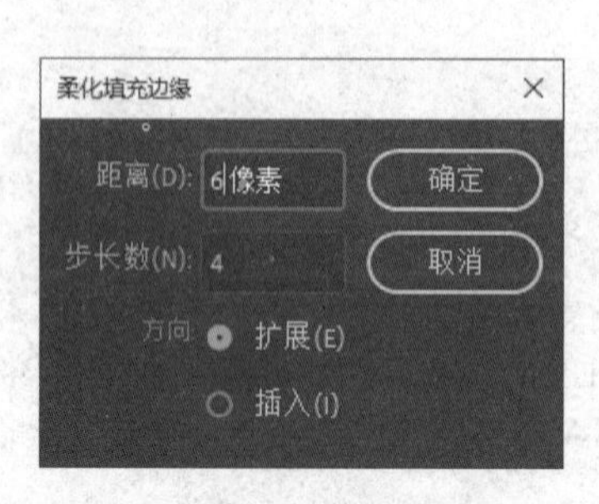

图　4-2-4

图　4-2-5

（4）选中白色边框，按 F8 键将其转换为图形元件“边框”，然后在第 15 帧处按 F6 键插入关键帧，调整第 1 帧白色边框的高度为 1，纵坐标位置为“Y：100”，如图 4-2-6 所示。接着在第 1～第 15 帧之间创建传统补间动画，形成白色边框逐渐展开的动画效果。

（5）在“遮罩”和“边框”图层的第 336 帧处按 F7 键插入空白关键帧。接着在“背景”图层的上方新建图层，命名为“汽车 1”，在第 16 帧处插入空白关键帧，然后选择“文件”→“导入”→“导入到舞台”命令，将素材文件“汽车 1.jpg”导入到舞台，设置其“宽”为 1140，“高”为 638.5，坐标位置为“X：−355，Y：−328”，使右侧车灯位于方框内部，如图 4-2-7 所示。接着按 F8 键将其转换为图形元件“汽车”。

图　4-2-6

图　4-2-7

（6）在第 27 帧和第 75 帧处分别按 F6 键插入关键帧，将第 17 帧中汽车的 Alpha 值设置为 0%；将第 28 帧汽车的坐标位置设置为“X：−360，Y：−310”；将第 75 帧汽车的坐标位置设置为“X：−390，Y：−290”；接着在第 17～第 27 帧和第 27～第 75 帧之间创建传统补间动画，并在第 76 帧处按 F7 键插入空白关键帧。

（7）在时间轴上右击“遮罩”图层，在弹出的快捷菜单中选择“遮罩层”命令，使其对“汽车 1”图层起到遮罩作用，遮罩后的效果如图 4-2-8 所示。为了方便下面的制作，可以暂时将“遮罩”图层隐藏起来。

（8）在“汽车 1”图层的上方新建图层，命名为“过渡 1”，使其位于“遮罩”图层的作用下，在第 68 帧处按 F7 键插入空白关键帧，再次按 Shift+Ctrl+V 组合键将前面复制的白色圆角矩形粘贴到当前位置；接着在第 75 帧处插入关键帧，并在“颜色”面板上将第

68 帧中矩形填充色的 Alpha 值设置为 0%，使圆角矩形变成透明的效果，如图 4-2-9 所示。然后在第 68～第 75 帧之间创建补间形状动画，并在第 85 帧处插入空白关键帧。

图　4-2-8

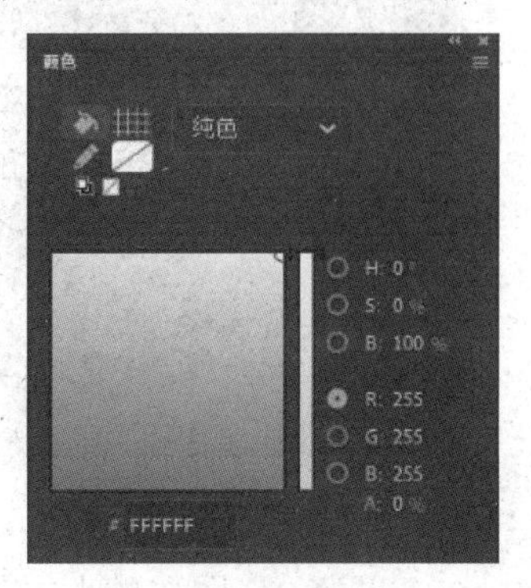

图　4-2-9

（9）在“过渡 1”图层的上方新建图层，命名为“汽车 2”，使其位于“遮罩”图层的作用下，在第 75 帧处插入空白关键帧，从库中将图形元件“汽车”拖入舞台上，设置其坐标位置为“X：-100，Y：-358”，使左侧车头位于方框内部，如图 4-2-10 所示。

图　4-2-10

（10）分别在第 85 帧、第 140 处插入关键帧，将第 75 帧中的汽车 Alpha 值设置为 0%；将第 85 帧汽车的坐标位置设置为“X：-140，Y：-380”；将第 140 帧汽车的坐标位置设置为“X：-290，Y：-420”；接着在第 75～第 85 帧和第 85～第 140 帧之间创建传统补间动画，并在第 141 帧处按 F7 键插入空白关键帧。

（11）在“汽车 2”图层的上方新建图层，命名为“过渡 2”，使其位于“遮罩”图层作用下，在第 133 帧处插入空白关键帧。然后选中“过渡 1”图层的第 68 帧，并拖动鼠标将该图层中的帧选中右击，在弹出的快捷菜单中选择“复制帧”命令，如图 4-2-11 所示。接着选中“过渡 2”图层的第 133 帧右击，在弹出的快捷菜单中选择“粘贴帧”命令，如图 4-2-12 所示，将前面复制的白色过渡动画粘贴过来。

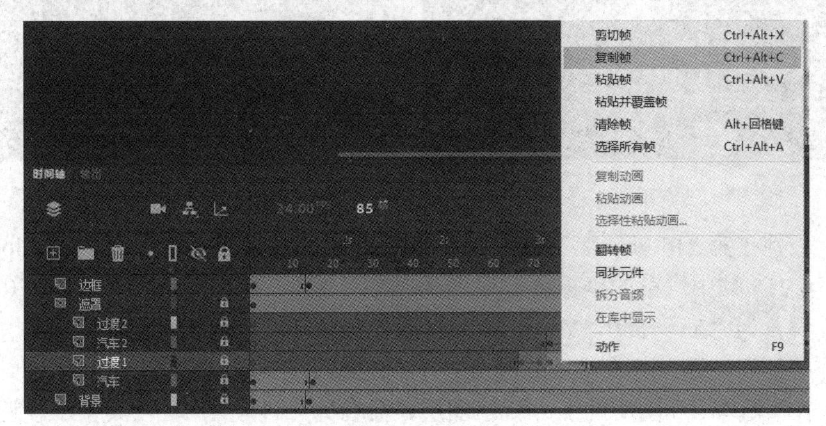

图　4-2-11

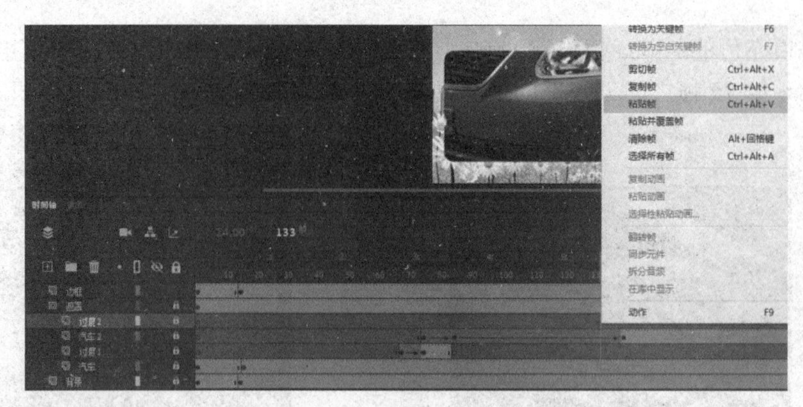

图　4-2-12

（12）在“过渡2”图层的上方新建一个图层，命名为“汽车3”，使其位于“遮罩”图层作用下，在第140帧处插入空白关键帧，将图形元件“汽车”拖入到舞台，设置其坐标位置为“X：-520，Y：-400”，使右侧车轮位于方框内部，如图4-2-13所示。

（13）分别在第149帧和第205帧处插入关键帧，将第140帧中的汽车Alpha值设置为0%；将第149帧汽车的坐标位置设置为“X：-560，Y：-350”；将第205帧中汽车的坐标位置设置为“X：-780，Y：-190”；接着在第140～第149帧和第149～第205帧之间创建传统补间动画，并在第206帧处按F7键插入空白关键帧。

（14）在“汽车3”图层的上方新建一个图层，命名为“过渡3”，使其位于“遮罩”图层作用下，在第198帧处插入空白关键帧。然后右击，在弹出的快捷菜单中选择“粘贴帧”命令，将前面复制的白色过渡动画粘贴过来。

（15）在“过渡3”图层的上方新建一个图层，命名为“汽车4”，使其位于“遮罩”图层作用下，在第205帧处插入空白关键帧，将图形元件“汽车”拖入到舞台，设置其坐标位置为“X：-280，Y：-100”，使左侧玻璃位于方框内部，如图4-2-14所示。

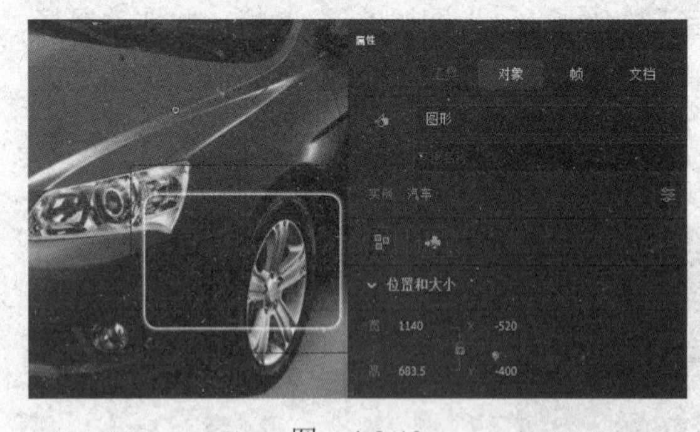

图　4-2-13

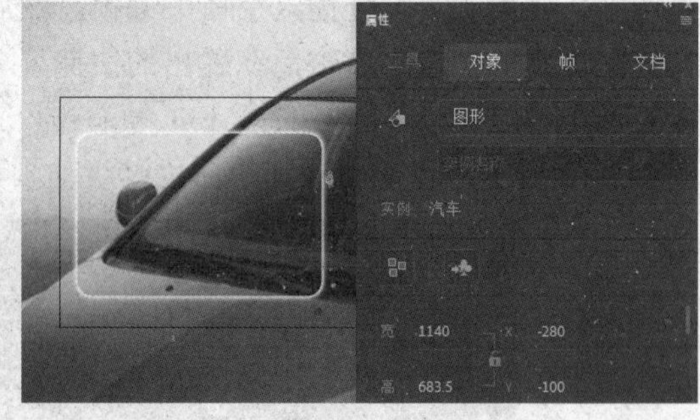

图　4-2-14

（16）分别在第215帧、第270帧处插入关键帧，将第205帧中汽车的Alpha值设置为0%；将第215帧中汽车的坐标位置设置为“X：-314，Y：-100”；将第270帧中汽车的坐标位置设置为“X：-550，Y：-100”；接着在第205～第215帧和第215～第270帧之间创建传统补间动画，并在第271帧处按F7键插入空白关键帧。

（17）在“汽车4”图层的上方新建图层，命名为“过渡4”，使其位于“遮罩”图层作用下，在第263帧处插入空白关键帧。然后右击，在弹出的快捷菜单中选择“粘贴帧”

命令，将前面复制的白色过渡动画粘贴过来。

（18）在“过渡4”图层的上方新建图层，命名为“汽车5”，使其位于“遮罩”图层作用下，在第270帧处插入空白关键帧，将图形元件“汽车”拖入到舞台，设置其坐标位置为“X：-550，Y：-22”，使汽车上部位于方框内部，如图4-2-15所示。

（19）分别在第280帧和第335帧处插入关键帧，将第270帧中汽车的Alpha值设置为0%；将第280帧中汽车的坐标位置设置为“X：-550，Y：-100”；将第335帧中汽车的坐标位置设置为“X：-500，Y：-230”；接着在第270～第280帧和第280～第335帧之间创建传统补间动画，并在第336帧处按F7键插入空白关键帧。

（20）在“汽车5”图层的上方新建图层，命名为“过渡5”，使其位于“遮罩”图层作用下，在第328帧处插入空白关键帧。然后右击，在弹出的快捷菜单中选择“粘贴帧”命令，将前面复制的白色过渡动画粘贴过来，并将最后的空白关键帧移动到第336帧。

（21）在“边框”图层的上方新建图层，命名为“汽车”，在第336帧处插入空白关键帧，选择“文件”→“导入”→“导入到舞台”命令，将素材文件“汽车.png”导入到舞台，设置其坐标位置为“X：10，Y：25”，如图4-2-16所示。

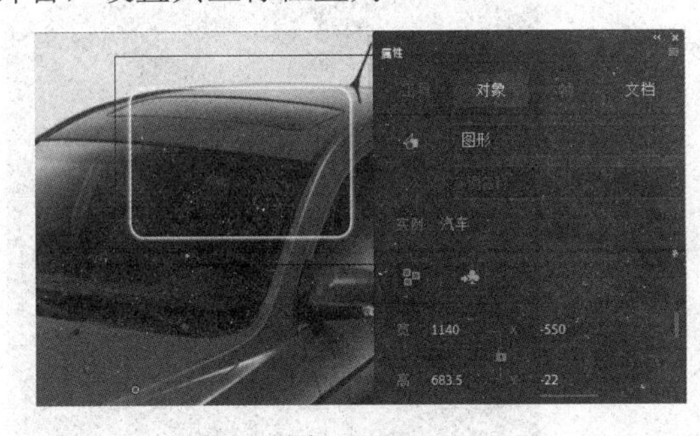

图　4-2-15

图　4-2-16

（22）选中“汽车”元件，按F8键将其转换为影片剪辑元件“汽车2”，并分别在第338帧、第340帧、第343帧处插入关键帧。然后选择第336帧中的元件，在属性面板上为其添加模糊滤镜，设置横向模糊数值为50，“品质”为“高”，效果如图4-2-17所示；选择第338帧中的元件，添加模糊滤镜，设置横向模糊数值为30，“品质”为“高”；选择第340帧中的元件，添加模糊滤镜，设置横向模糊数值为20，“品质”为“高”；在第336～第338帧、第338～第340帧、第340～第343帧之间创建传统补间动画。

图　4-2-17

子任务 2　制作文字动画效果

（1）下面制作相关文字的动画效果。按 Ctrl+F8 组合键创建新的影片剪辑元件“文字1”，使用“文本”工具在舞台上输入文字“美引力”，设置字体为“汉仪舒同体简”，字体大小为 23 点，字体颜色为红色（#FF0000），坐标位置为“X：0，Y：0”，如图 4-2-18 所示。

（2）选中文字并将其转换为影片剪辑元件 text1，在第 10 帧处插入关键帧，然后设置第 1 帧中的文字元件横坐标位置为“X：-20”，Alpha 值为 0%，在第 1～第 10 帧之间创建传统补间动画。

（3）在第 49 帧、第 56 帧、第 58 帧处插入关键帧，选择第 56 帧中的元件，为其添加模糊滤镜，设置横向模糊值为 30，效果如图 4-2-19 所示。

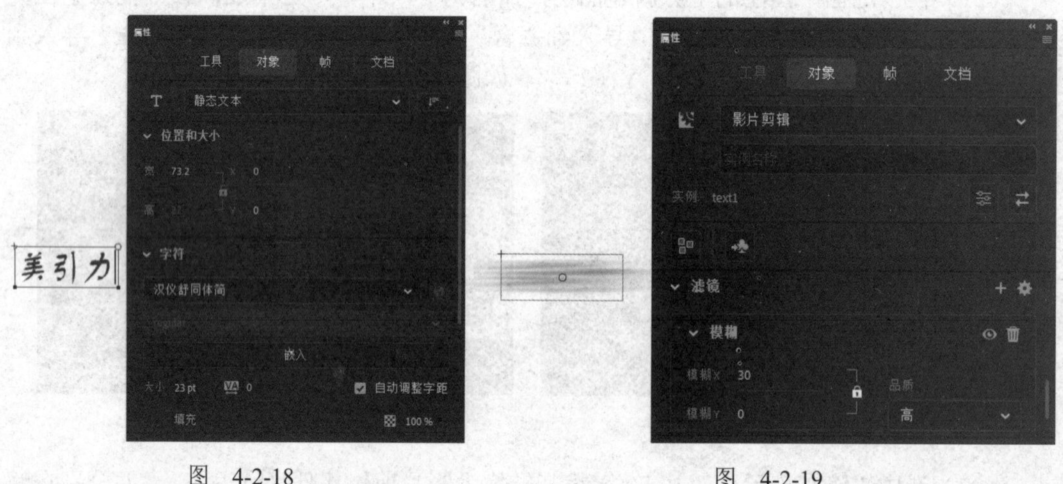

图　4-2-18　　　　　　　　图　4-2-19

（4）选择第 58 帧中的元件，设置文字的 Alpha 值为 0%，接着在第 49～第 56 帧和第 56～第 58 帧之间创建传统补间动画，制作出文字模糊并消失的动画效果。

（5）新建图层，在第 15 帧处插入空白关键帧，输入文字“欧尚设计”，设置字体为“黑体”，字体颜色为黑色，字体大小为 16 点，坐标位置为“X：45，Y：35”，如图 4-2-20 所示。

（6）将文字元件转换为影片剪辑元件 text2，然后在第 22 帧和第 26 帧处分别插入关键帧，将第 15 帧中的文字元件等比例缩小到原来的 80%，设置坐标位置为“X：30，Y：25”；设置第 22 帧元件的位置为“X：35，Y：30”；在第 15～第 22 帧和第 22～第 26 帧之间创建传统补间动画。

（7）在第 49 帧、第 56 帧、第 58 帧处插入关键帧，选择第 56 帧中的元件，为其添加模糊滤镜，设置横向模糊值为 30；选择第 58 帧中的元件，设置文字的 Alpha 值为 0%，接着在第 49～第 56 帧和第 56～第 58 帧之间创建传统补间动画，同样制作出文字模糊并消失的动画效果。

（8）新建图层，在第 19 帧处插入空白关键帧，输入文字“潮流风范”，设置字体为

“黑体”，字体颜色为黑色，字体大小为 16 点，坐标位置为“X：60，Y：60”，如图 4-2-21 所示。

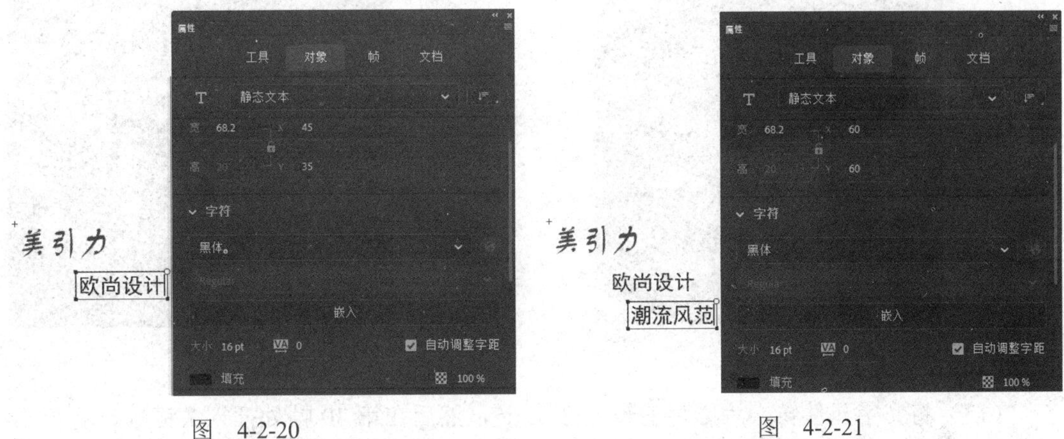

图　4-2-20　　　　　　　　　　图　4-2-21

（9）将文字元件转换为影片剪辑元件 text3，然后在第 26 帧和第 30 帧处分别插入关键帧，将第 19 帧中的文字元件等比例缩小到原来的 80%，设置坐标位置为“X：50，Y：45”；设置第 26 帧元件的位置为“X：55，Y：55”；在第 19～第 26 帧和第 26～第 30 帧之间创建传统补间动画。

（10）在第 49 帧、第 56 帧、第 58 帧处插入关键帧，选择第 56 帧中的元件，为其添加模糊滤镜，设置横向模糊值为 30；选择第 58 帧中的元件，设置文字的 Alpha 值为 0%，接着在第 49～第 56 帧和第 56～第 58 帧之间创建传统补间动画，同样制作出文字模糊并消失的动画效果。

（11）返回到场景 1，在“汽车”图层的上方新建图层，命名为“文字 1”，在第 16 帧处插入空白关键帧，从库中将影片剪辑元件“文字 1”拖入舞台，设置坐标位置为“X：280，Y：50”，然后在第 76 帧处插入空白关键帧。

（12）按 Ctrl+F8 组合键，创建新的影片剪辑元件“文字 2”，使用“文本”工具在舞台上输入文字“质引力”，设置字体为“汉仪舒同体简”，字体大小为 23 点，字体颜色为红色（#FF0000），坐标位置为“X：0，Y：0”，如图 4-2-22 所示。

（13）选中文字并将其转换为影片剪辑元件 text4，在第 10 帧处插入关键帧，然后设置第 1 帧中的文字元件横坐标位置为“Y：-20”，Alpha 值为 0%，在第 1～第 10 帧之间创建传统补间动画。

（14）分别在第 54 帧、第 60 帧、第 65 帧处插入关键帧，选择第 60 帧中的元件，为其添加模糊滤镜，设置横向模糊值为 30，效果如图 4-2-23 所示。

（15）选择第 65 帧中的元件，设置文字的 Alpha 值为 0%，接着在第 54～第 60 帧和第 60～第 65 帧之间创建传统补间动画，制作出文字模糊并消失的动画效果。

（16）新建图层，在第 15 帧处插入空白关键帧，输入文字“内外兼修”，设置字体为“黑体”，字体颜色为黑色，字体大小为 16 点，坐标位置为“X：35，Y：35”，如图 4-2-24 所示。

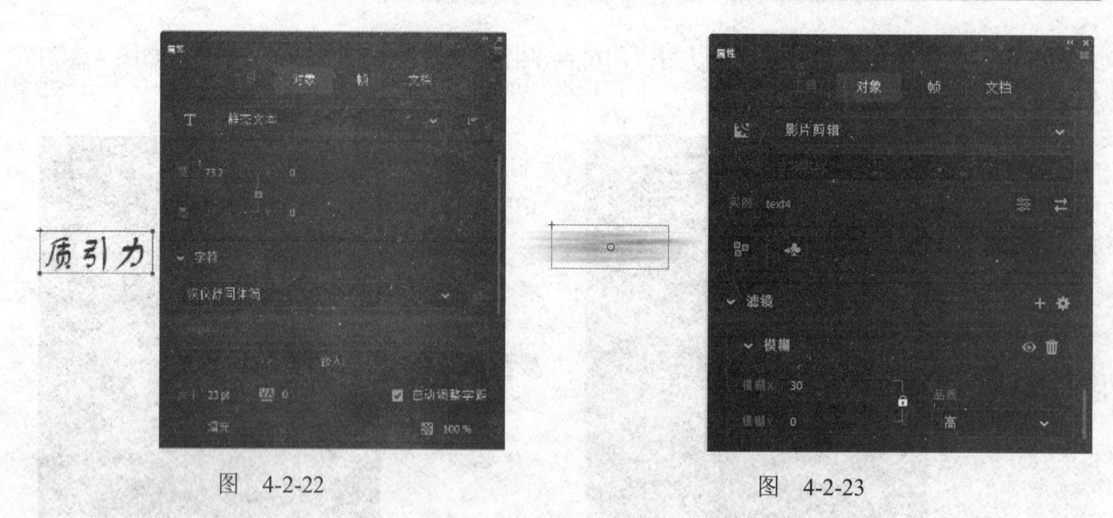

图　4-2-22　　　　图　4-2-23

（17）将文字元件转换为影片剪辑元件 text5，然后在第 30 帧处插入关键帧，将第 15 帧中文字元件的横坐标位置设置为“X：80”，并为其添加模糊滤镜，设置横向模糊值为 30，如图 4-2-25 所示；在第 15～第 30 帧之间创建传统补间动画。

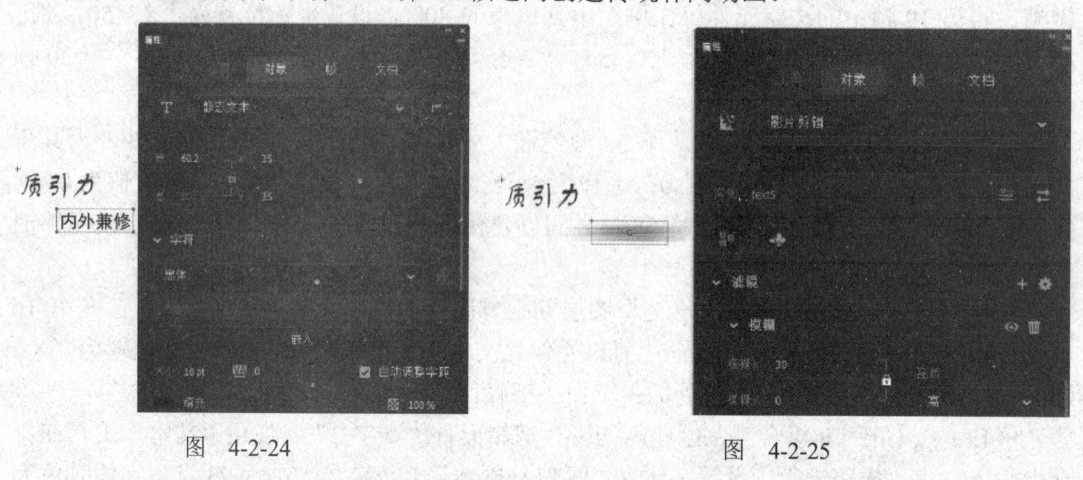

图　4-2-24　　　　图　4-2-25

（18）分别在第 54 帧、第 60 帧、第 65 帧处插入关键帧，选择第 60 帧中的元件，为其添加模糊滤镜，设置横向模糊值为 30；选择第 65 帧中的元件，设置文字的 Alpha 值为 0%，接着在第 54～第 60 帧和第 60～第 65 帧之间创建传统补间动画，同样制作出文字模糊并消失的动画效果。

（19）新建图层，在第 15 帧插入空白关键帧，输入文字“励精图治”，设置字体为“黑体”，字体颜色为黑色，字体大小为 16 点，坐标位置为“X：50，Y：60”，如图 4-2-26 所示。

（20）将文字元件转换为影片剪辑元件 text6，然后在第 30 帧处插入关键帧，将第 15 帧中文字元件的横坐标位置设置为“X：0”，并为其添加模糊滤镜，设置横向模糊值为 30，在第 15～第 30 帧之间创建传统补间动画。

（21）在第 54 帧、第 60 帧、第 65 帧处插入关键帧，选择第 60 帧中的元件，为其添加模糊滤镜，设置横向模糊值为 30；选择第 65 帧中的元件，设置文字的 Alpha 值为 0%，接着在第54～第60帧和第60～第65帧之间创建传统补间动画，同样制作出文字模糊并消失的动画效果。

（22）返回到“场景1”，在“文字1”图层上方新建图层，命名为“文字2”，在第76帧处插入空白关键帧，从库中将影片剪辑元件“文字2”拖入舞台，设置坐标位置为“X：280，Y：50”，然后在第141帧处插入空白关键帧。

（23）按Ctrl+F8组合键，创建新的影片剪辑元件“文字3”，使用“文本”工具在舞台上输入文字“智引力”，设置字体为“汉仪舒同体简”，字体大小为23点，字体颜色为红色（#FF0000），坐标位置为“X：0，Y：0”，如图4-2-27所示。

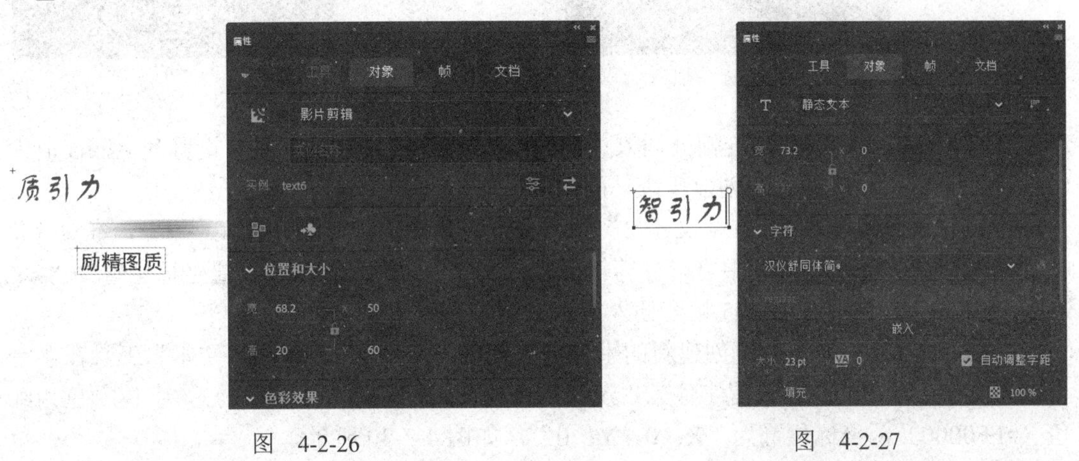

图　4-2-26　　　　图　4-2-27

（24）选中文字并将其转换为影片剪辑元件text7，在第10帧处插入关键帧，然后设置第1帧中的文字元件横坐标位置为“X：35”，Alpha值为0%，在第1～第10帧之间创建传统补间动画。

（25）在第56帧和第65帧处插入关键帧，选择第65帧中的元件，设置其Alpha值为0%，在第56～第65帧之间创建传统补间动画。

（26）新建图层，在第15帧处插入空白关键帧，输入文字“人性科技”，设置字体为“黑体”，字体颜色为黑色，字体大小为16点，坐标位置为“X：40，Y：35”，如图4-2-28所示。

（27）将文字元件转换为影片剪辑元件text8，然后在第30帧处插入关键帧，为第15帧中的文字元件添加模糊滤镜，设置横向模糊值为30，在第15～第30帧之间创建传统补间动画。

（28）在第56帧和第65帧处插入关键帧，选择第65帧中的元件，设置其Alpha值为0%，在第56～第65帧之间创建传统补间动画。

（29）新建图层，在第15帧处插入空白关键帧，输入文字“智高一筹”，设置字体为“黑体”，字体颜色为黑色，字体大小为16点，坐标位置为“X：56，Y：60”，如图4-2-29所示。

（30）将文字元件转换为影片剪辑元件text9，然后在第30帧处插入关键帧，为第15帧中的文字元件添加模糊滤镜，设置横向模糊值为30，在第15～第30帧之间创建传统补间动画。

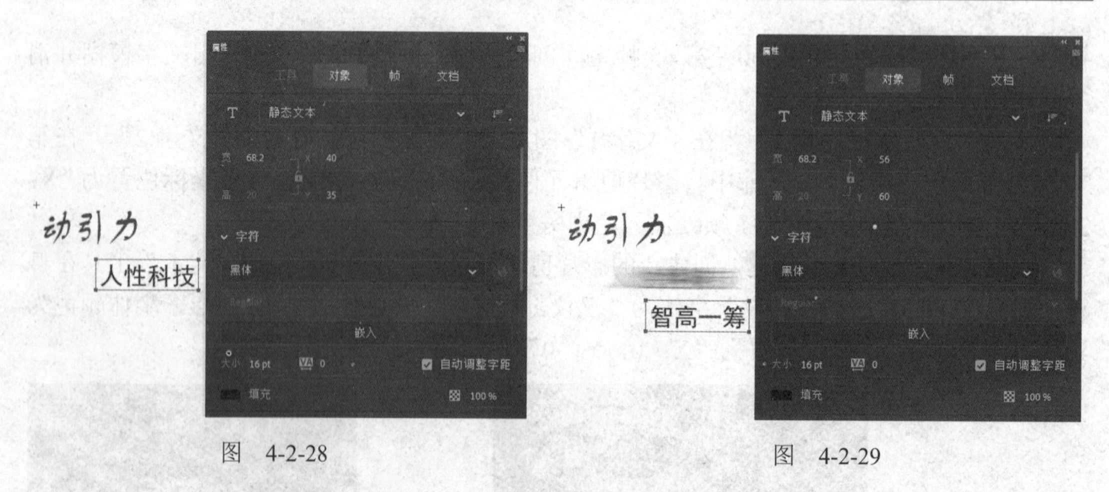

图　4-2-28　　　　图　4-2-29

（31）在第 56 帧和第 65 帧处插入关键帧，选择第 65 帧中的元件，设置其 Alpha 值为 0%，在第 56～第 65 帧之间创建传统补间动画。

（32）返回到场景 1，在“文字 2”图层上方新建图层，命名为“文字 3”，在第 140 帧处插入空白关键帧，从库中将影片剪辑元件“文字 3”拖入舞台，设置坐标位置为“X：280，Y：50”，然后在第 205 帧处插入空白关键帧。

（33）按 Ctrl+F8 组合键创建新的影片剪辑元件“文字 4”，使用“文本”工具在舞台上输入文字“动引力”，设置字体为“汉仪舒同体简”，字体大小为 23 点，字体颜色为红色（#FF0000），坐标位置为“X：0，Y：0”，如图 4-2-30 所示。

（34）选中文字并将其转换为影片剪辑元件 text10，在第 10 帧处插入关键帧，然后设置第 1 帧中文字元件的 Alpha 值为 0%，在第 1～第 10 帧之间创建传统补间动画。

（35）在第 56 帧和第 65 帧处插入关键帧，选择第 65 帧中的元件，设置其 Alpha 值为 0%，在第 56～第 65 帧之间创建传统补间动画。

（36）新建图层，在第 15 帧处插入空白关键帧，输入文字“动感在握”，设置字体为“黑体”，字体颜色为黑色，字体大小为 16 点，坐标位置为“X：40，Y：35”，如图 4-2-31 所示。

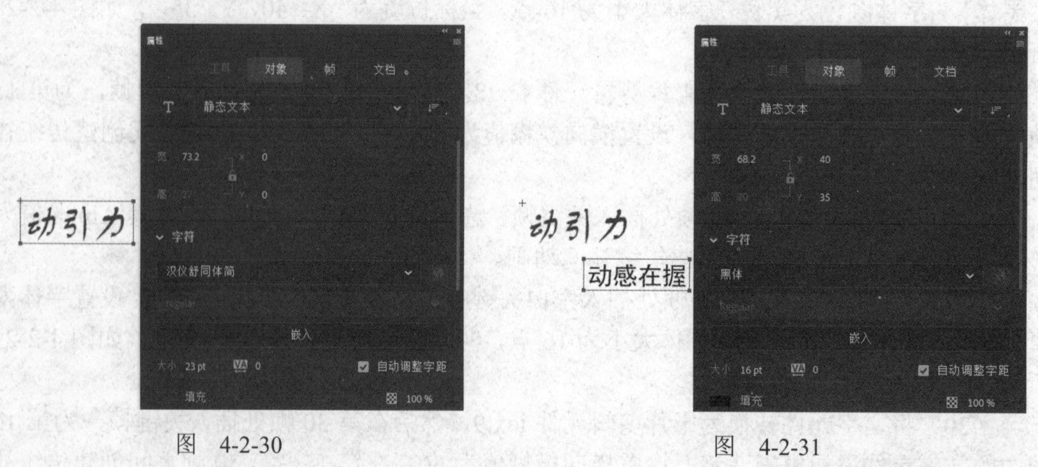

图　4-2-30　　　　图　4-2-31

（37）将文字元件转换为影片剪辑元件 text11，然后在第 25 帧处插入关键帧，设置第

15 帧中文字元件的 Alpha 值为 0%，在第 15～第 25 帧之间创建传统补间动画。

（38）分别在第 56 帧和第 65 帧处插入关键帧，选择第 65 帧中的元件，设置其 Alpha 值为 0%，在第 56～第 65 帧之间创建传统补间动画。

（39）新建图层，在第 19 帧处插入空白关键帧，输入文字“权力表现”，设置字体为“黑体”，字体颜色为黑色，字体大小为 16 点，坐标位置为“X：55，Y：60”，如图 4-2-32 所示。

（40）将文字元件转换为影片剪辑元件 text12，然后在第 28 帧处插入关键帧，设置第 19 帧中文字元件的 Alpha 值为 0%，在第 19～第 28 帧之间创建传统补间动画。

（41）分别在第 56 帧和第 65 帧处插入关键帧，选择第 65 帧中的元件，设置其 Alpha 值为 0%，在第 56～第 65 帧之间创建传统补间动画。

（42）返回到“场景 1”，在“文字 3”图层上方新建图层，命名为“文字 4”，在第 205 帧处插入空白关键帧，从库中将影片剪辑元件“文字 4”拖入舞台，设置坐标位置为“X：280，Y：50”，然后在第 271 帧处插入空白关键帧。

（43）按 Ctrl+F8 组合键创建新的影片剪辑元件“文字 5”，使用“文本”工具在舞台上输入文字“绿引力”，设置字体为“汉仪舒同体简”，字体大小为 23 点，字体颜色为红色（#FF0000），坐标位置为“X：0，Y：0”，如图 4-2-33 所示。

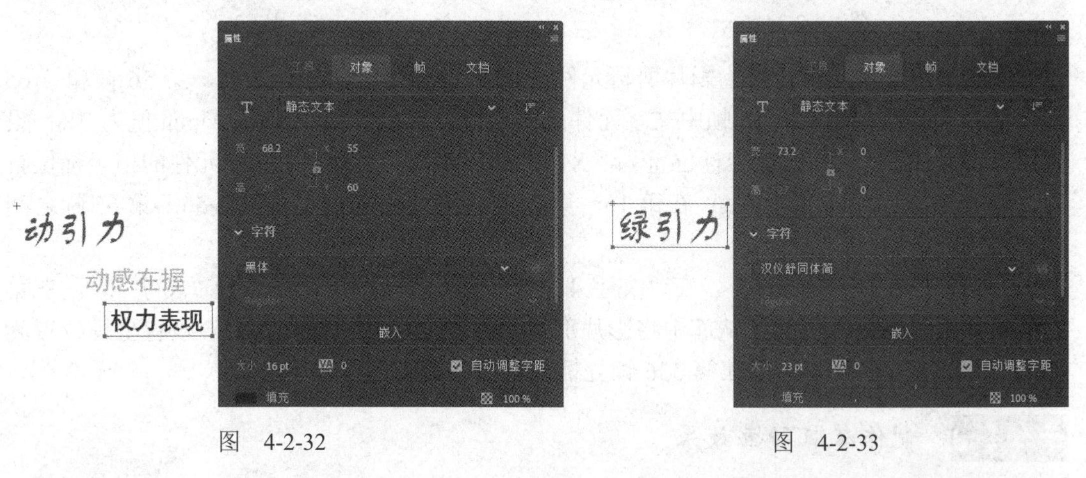

图 4-2-32　　　　图 4-2-33

（44）选中文字并将其转换为影片剪辑元件 text13，在第 10 帧处插入关键帧，然后设置第 1 帧中文字元件的 Alpha 值为 0%，纵坐标位置为 30；在第 1～第 10 帧之间创建传统补间动画。

（45）分别在第 56 帧和第 65 帧处插入关键帧，选择第 65 帧中的元件，设置其 Alpha 值为 0%，在第 56～第 65 帧之间创建传统补间动画。

（46）新建图层，在第 15 帧处插入空白关键帧，输入文字“责任之心”，设置字体为“黑体”，字体颜色为黑色，字体大小为 16 点，坐标位置为“X：40，Y：35”，如图 4-2-34 所示。

（47）将文字元件转换为影片剪辑元件 text14，然后分别在第 25 帧、第 56 帧和第 65 帧处插入关键帧，设置第 15 帧中文字元件的横坐标位置为“X：-20”，Alpha 值为 0%；

设置第 25 帧中文字元件的横坐标位置为“X：10”；设置第 65 帧中文字元件的横坐标位置为“X：50”，Alpha 值为 0%；在第 15～第 25 帧、第 25～第 56 帧和第 56～第 65 帧之间创建传统补间动画。

（48）新建图层，在第 15 帧处插入空白关键帧，输入文字“绿动未来”，设置字体为“黑体”，字体颜色为黑色，字体大小为 16 点，坐标位置为“X：55，Y：60”，如图 4-2-35 所示。

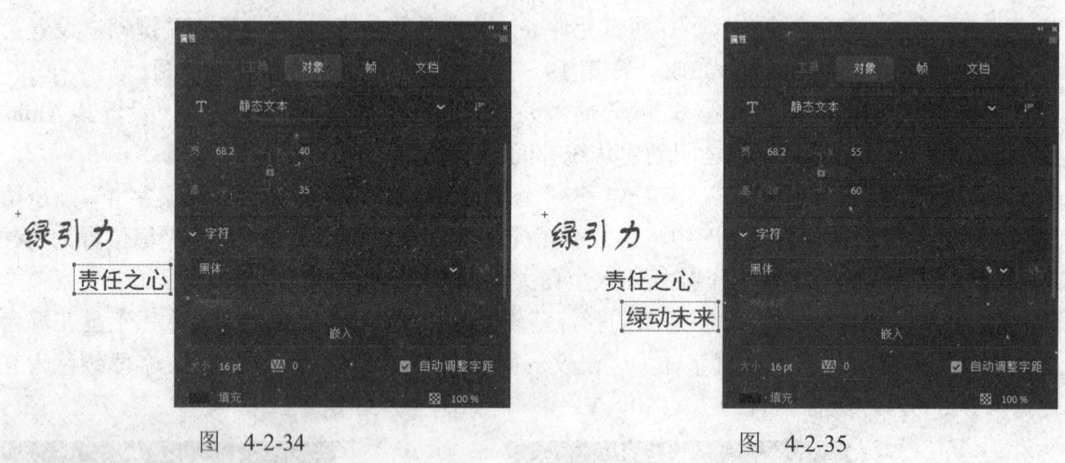

图　4-2-34　　　　图　4-2-35

（49）将文字元件转换为影片剪辑元件 text15，然后分别在第 25 帧、第 56 帧和第 65 帧处插入关键帧，设置第 15 帧中文字元件的横坐标位置为“X：-5”，Alpha 值为 0%；设置第 25 帧中文字元件的横坐标位置为“X：25”；设置第 65 帧中文字元件的横坐标位置为“X：65”，Alpha 值为 0%；在第 15～第 25 帧、第 25～第 56 帧和第 56～第 65 帧之间创建传统补间动画。

（50）返回到“场景 1”，在“文字 4”图层上方新建图层，命名为“文字 5”，在第 270 帧处插入空白关键帧，从库中将影片剪辑元件“文字 5”拖入舞台，设置坐标位置为“X：280，Y：50”，然后在第 336 帧处插入空白关键帧。

子任务 3　制作落版动画效果

落版动画指的是 Animate 影片中最终的定格动画效果。下面来制作该汽车广告的落版动画。

（1）按 Ctrl+F8 组合键创建新的影片剪辑元件“波浪”。可暂时将舞台背景设置为较深的颜色，制作完成后再将舞台颜色恢复为白色。使用“钢笔”工具绘制如图 4-2-36 所示的闭合曲线，并填充“白色→透明→白色→透明→白色”的线性渐变，设置其坐标位置为“X：0，Y：0”。

（2）选中曲线图形，按住 Ctrl 键将曲线向右拖动复制两次，得到如图 4-2-37 所示的效果。将两条波浪图形全部选中，按 F8 键将其转换为图形元件“波浪图形”，然后在第 40 帧处插入关键帧，设置图形的横坐标位置为“X：-400”，在第 1～第 40 帧之间创建传统补间动画。

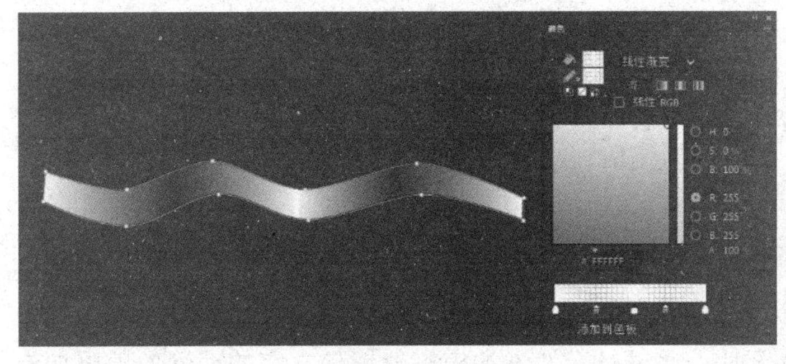

图　4-2-36

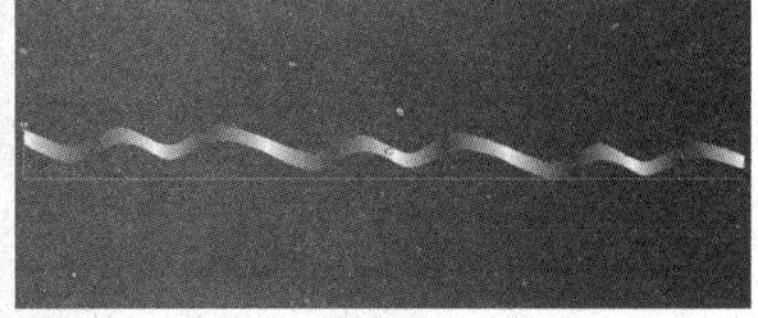

图　4-2-37

（3）按 Ctrl+F8 组合键创建新的影片剪辑元件“文字 6”，使用“文本”工具输入文字“欧尚潮流生活车”，设置坐标位置为“X：0，Y：0”，字体为“方正综艺简体”，字体大小为 30 点，字体颜色为红色（#FF000000），如图 4-2-38 所示。

（4）将文字转换为图形元件 text16，然后在第 10 帧处插入关键帧，设置第 1 帧元件的横坐标位置为“X：200”，Alpha 值为 0%；在第 1～第 10 帧之间创建传统补间动画，并在第 165 帧处按 F5 键延长帧。

（5）新建图层，在第 10 帧处插入空白关键帧，从库中将“波浪”元件拖入舞台，设置其坐标位置为“X：0，Y：17”。再次新建图层，在第 10 帧处插入空白关键帧，从库中将 text16 元件拖入舞台，设置坐标位置为“X：0，Y：0”，与“图层 1”中的文字位置重合，然后右击该图层，在弹出的快捷菜单中选择“遮罩层”命令，使其对下面的波浪起遮罩作用。

（6）新建图层，在第 20 帧处插入空白关键帧，输入文字“帝豪 EC7-RV”，设置坐标位置为“X：80，Y：55”，字体为“黑体”，字体大小为 20 点，字体颜色为黑色，如图 4-2-39 所示。

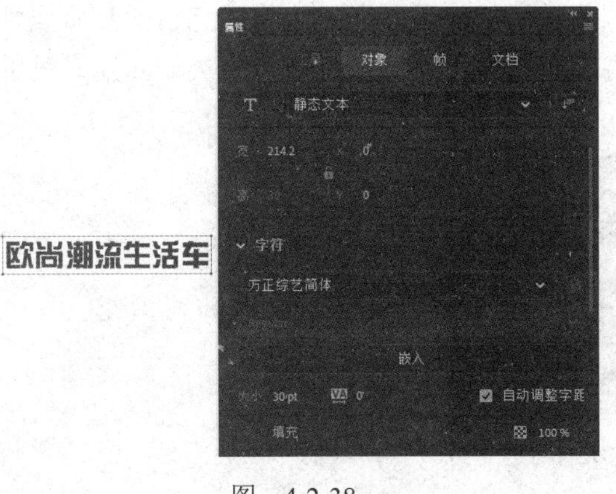

图　4-2-38

图　4-2-39

（7）将文字转换为图形元件 text17，在第 30 帧处插入关键帧，调整第 20 帧元件的横坐标位置为“X：60”，Alpha 值为 0%，在第 20～第 30 帧之间创建传统补间动画。

（8）返回“场景 1”，新建图层，命名为“文字 6”，在第 335 帧处插入空白关键帧，从库中将“文字 6”元件拖入舞台，设置其坐标位置为“X：280，Y：30”，使其位于舞台的右外侧。

（9）至此，整个汽车广告动画效果制作完毕。选择“控制”→“测试影片”命令对影片进行测试；测试无误后，选择“文件”→“保存”命令将影片保存为“汽车广告.fla”。

4.2.4 知识点总结

在本实例的动画效果制作中，运用了大量的遮罩动画，相关知识可以参考项目 2 的内容。另外，在制作文字的动画效果时，通过对元件添加模糊滤镜使文字的动画效果更加有动感。在 Animate 中，使用滤镜可以对位图和显示对象应用投影、斜角和模糊等各种效果。

1．斜角滤镜

斜角滤镜可以为对象添加三维斜面边缘，通过设置加亮和阴影颜色、斜角边缘模糊、斜角角度和斜角边缘的位置，可以创建出挖空效果，如图 4-2-40 所示。

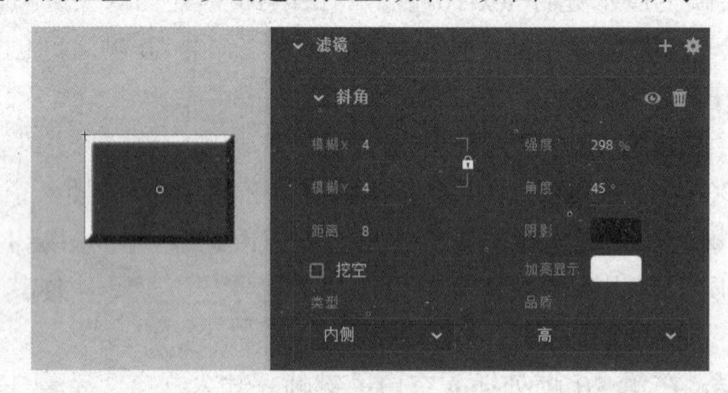

图 4-2-40

2．模糊滤镜

模糊滤镜可使显示对象及其内容具有涂抹或模糊的效果。通过将模糊滤镜的品质属性设置为低，可以模拟离开焦点的镜头效果，将品质属性设置为高，会产生类似高斯模糊的平滑模糊效果，如图 4-2-41 所示。

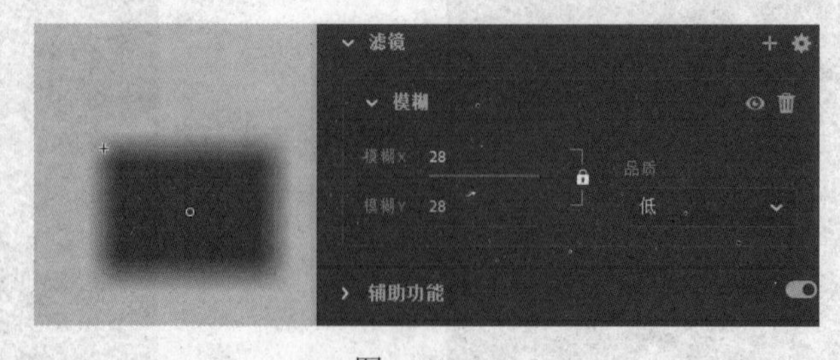

图 4-2-41

3．投影滤镜

投影滤镜可以模拟不同的光源属性，如 Alpha 值、颜色值、偏移量和亮度值等，还可以对投影的样式应用自定义变形选项，包括内侧或外侧阴影和挖空模式，如图 4-2-42 所示。

除此之外，还有发光滤镜、渐变斜角滤镜、渐变发光滤镜等滤镜效果，感兴趣的读者可以尝试在滤镜选项中添加相应效果并调整参数，制作出更加丰富的效果。

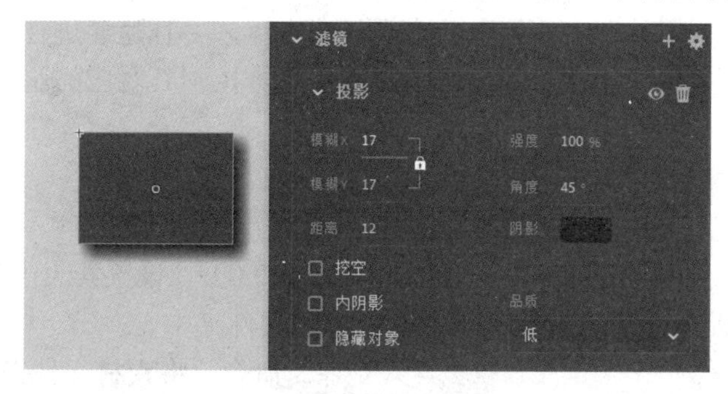

图　4-2-42

4.3　任务 3——制作网站片头动画

Animate 网站片头动画以其独特的魅力在网站制作中备受青睐。制作时，应根据网站的主题择取关键内容，并保证风格基调与网站相同，具体制作上应尽量简、短、精。本任务所制作的片头动画中，所有元素都取自于戏曲，以生、旦、净、末、丑等名词为线索，通过颇具古味的繁体文字、错落有致的戏曲脸谱，将网站的主题完美地表现出来。

4.3.1　实例效果预览

本节实例效果如图 4-3-1 所示。

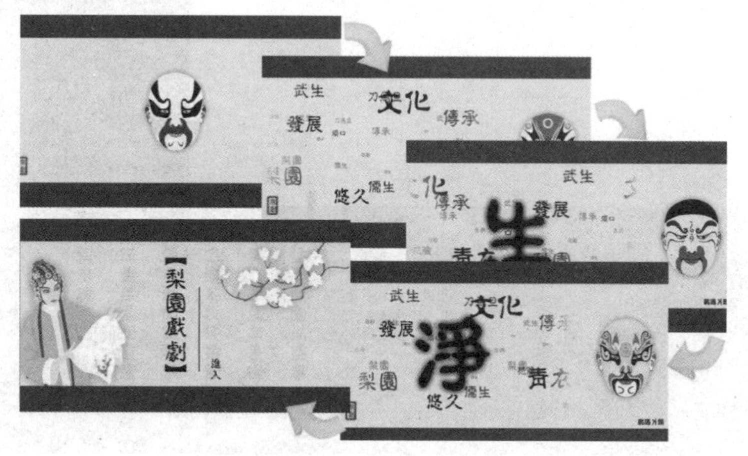

图　4-3-1

4.3.2　技能应用分析

（1）本实例根据网站的内容和风格，选取京剧脸谱为主要的动画对象。

（2）以京剧选段作为网站片头动画的配音，使观众完全融入到戏曲环境中。

（3）背景文字采用具有古典特色的汉鼎繁淡古体，并且随意进行排列。

（4）根据文字“生旦净末丑”的出现，运用脚本控制其对应的脸谱停止和放大。

4.3.3　制作步骤解析

（1）创建一个空白 Animate 文档（ActionScript 3.0），设置其大小为 700 像素×400 像素，其他参数保持默认值，然后将其保存到指定的文件夹中。

（2）选择“文件”→“导入”→“导入到库”命令，将素材文件夹中的声音文件和位图文件导入到影片的元件库中，便于后面制作时调用。

（3）将“图层_1”重命名为“黑框”，绘制一个比舞台大的黑色矩形，然后在黑色矩形旁边绘制一个 700 像素×400 像素的白色矩形，并设置其位置为“X：0，Y：0”。利用“同色相焊接，异色相剪切”的属性，再次删除白色矩形，可得到一个类似窗口的黑色矩形。将该图层的显示方式设置为轮廓显示，延长至第 570 帧，最后在绘图工作区的上下两端再绘制出两个浅黑色的矩形挡边，如图 4-3-2 所示。

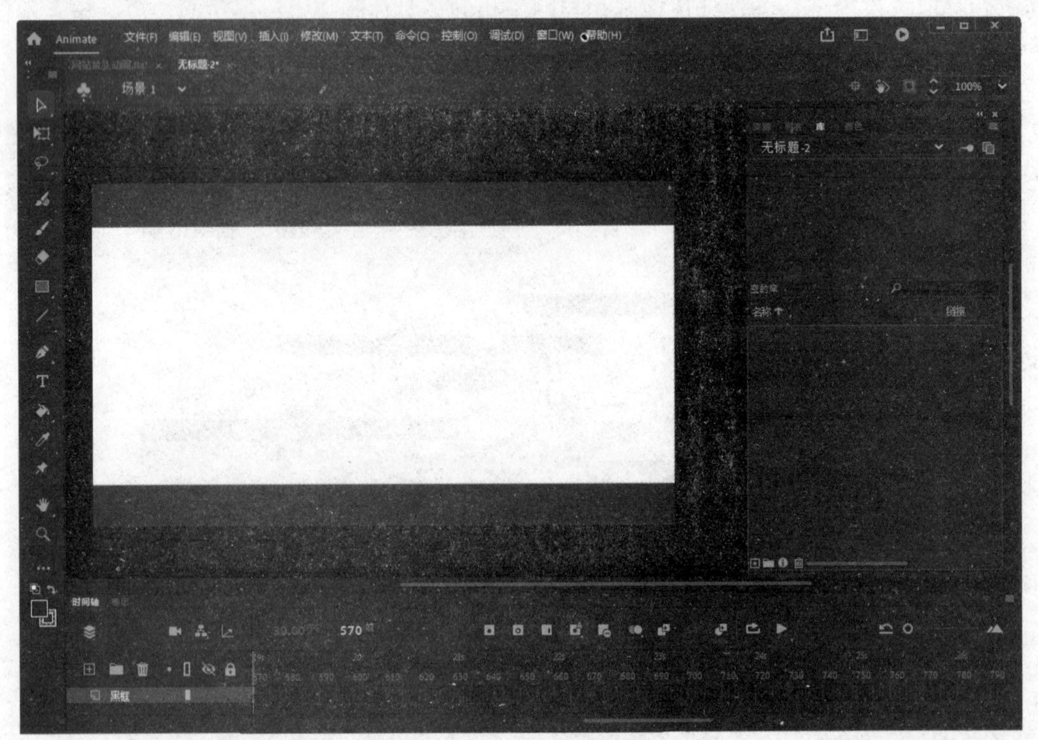

图　4-3-2

（4）在舞台的右下角输入文字“跳过片头”，设置其字体为“汉鼎繁淡古体”，字号为 14，颜色为黑色，如图 4-3-3 所示。

（5）按 F8 键将文字转换为一个按钮元件“跳转按钮”，然后为其添加一个发光的滤镜效果，设置模糊为 3，强度为 60%，颜色为浅黑色（#333333），如图 4-3-4 所示。

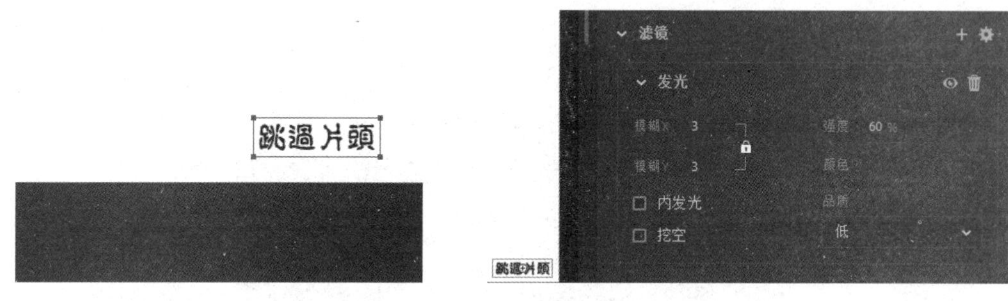

图　4-3-3　　　　图　4-3-4

（6）在“属性”面板中为该按钮添加实例名称 btn1。新建 AS 图层，在其第 1 帧添加如下动作代码。

```
btn1.addEventListener(MouseEvent.CLICK, fl_ClickToGoToAndPlayFromFrame1);
function fl_ClickToGoToAndPlayFromFrame1(event:MouseEvent):void
{
gotoAndStop(570);
}
```

（7）将第 570 帧转换为关键帧，删除其中的按钮元件（此时片头动画已经播放完毕，不再需要该元件）。

（8）锁定“黑框”图层，在其下方插入一个新的图层，将其命名为“背景”。从元件库中将位图文件 photo01 拖曳到该图层中，调整好其位置和大小，如图 4-3-5 所示。

图　4-3-5

（9）在“背景”图层绘图工作区的左下角，绘制一枚红色的印章，并将其转换为影片剪辑元件“印章”。通过“属性”面板为其添加一个发光的滤镜效果，设置模糊 X/Y 的值为 4，强度为 60%，颜色为红色，如图 4-3-6 所示。

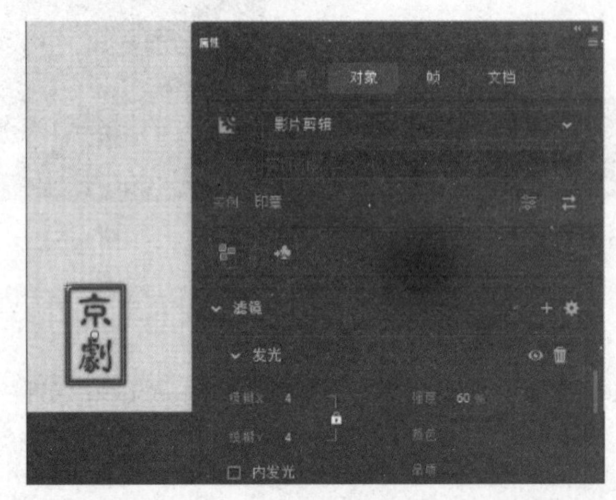

图　4-3-6

（10）在“背景”图层的上方插入一个新的图层，将其命名为“脸谱”，将库中素材“脸谱 01”拖至该图层的绘图工作区中，并按 F8 键将其转换为影片剪辑元件“化妆”，然后通过“属性”面板为其添加一个发光的滤镜效果，设置模糊 X/Y 的值为 20，强度为 40%，颜色为黑色，如图 4-3-7 所示。

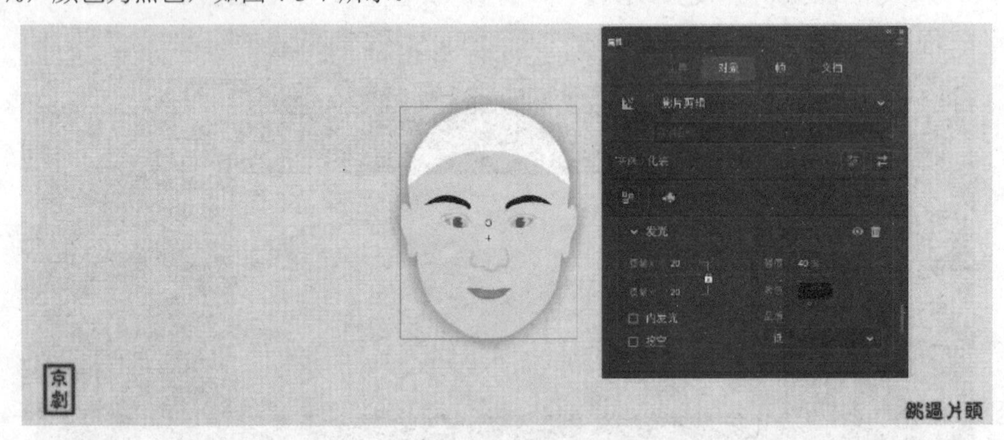

图　4-3-7

（11）双击进入“化妆”元件的编辑窗口，插入一个新的图层，在该图层的第 10 帧中对照如图 4-3-8 所示的人物脸型，绘制出京剧脸谱上的白底色。

（12）在第 30 帧处插入关键帧，为第 10 帧创建补间形状动画，并修改第 10 帧中图形的填充色为透明白色，这样就得到了白底色渐渐显现的动画效果。

（13）参照上面的方法，在一个新的图层中，编辑出眼睛部位的黑色油彩逐渐显现的形状补间动画，如图 4-3-9 所示。

（14）使用同样的方法编辑出脸谱上其他油彩依次显现的动画效果，这样就完成了一个绘制脸谱的动画，如图 4-3-10 所示。

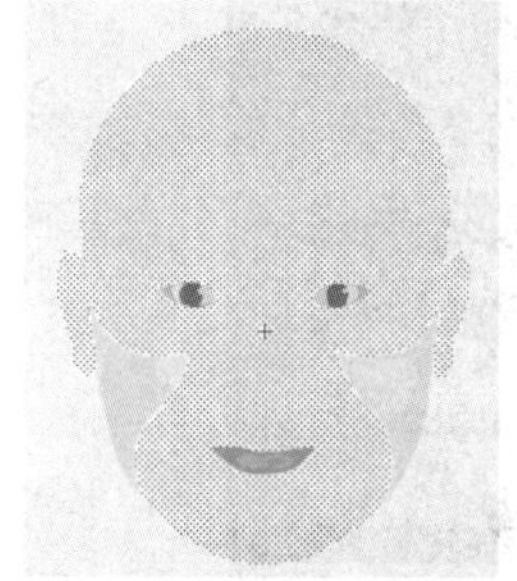

图　4-3-8

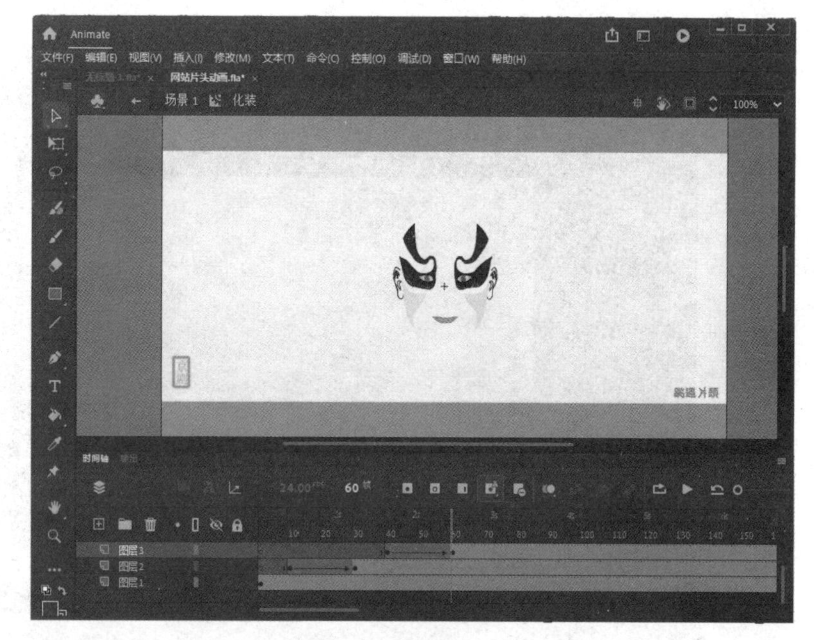

图　4-3-9

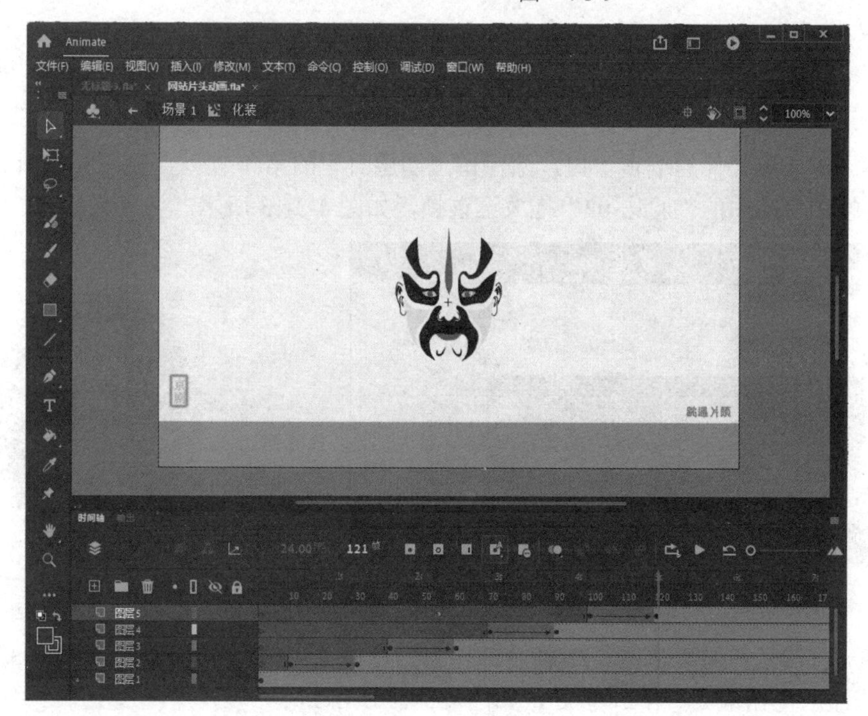

图　4-3-10

（15）选择最后一帧，为其添加动作代码“stop();”。

（16）回到主场景中，将“脸谱”图层的第 130 帧和第 140 帧转换为关键帧，然后将第 140 帧中的影片剪辑“化妆”移动到舞台的右端，再选中第 130 帧创建传统补间动画，如图 4-3-11 所示。

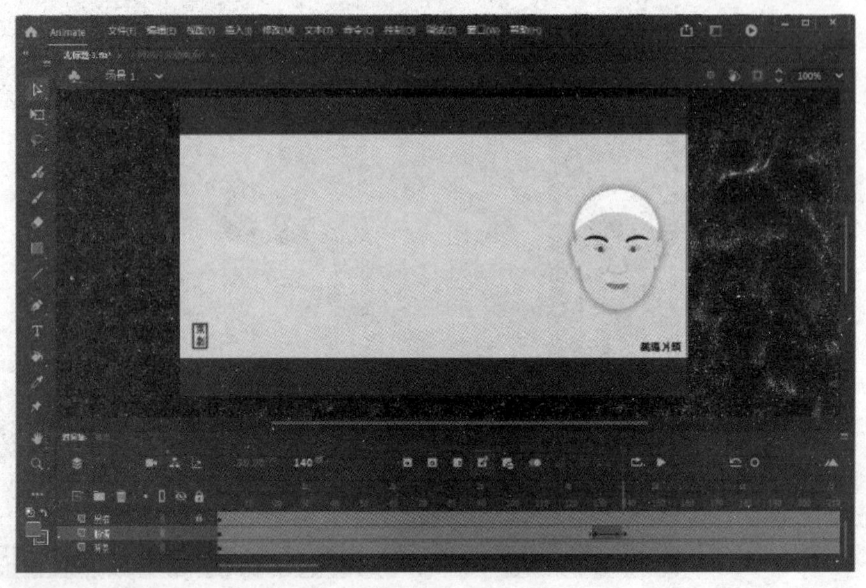

图　4-3-11

（17）将第 141 帧转换为关键帧，在影片剪辑“化妆”上右击，在弹出的快捷菜单中选择“直接复制元件”命令，复制得到一个新的影片剪辑，将其命名为“脸谱”，如图 4-3-12 所示。

（18）进入该元件的编辑窗口，除保留“图层_1”的第 1 帧外，删除其余所有帧，然后在第 1 帧中将库中的“脸谱 02”拖放至该帧，如图 4-3-13 所示。

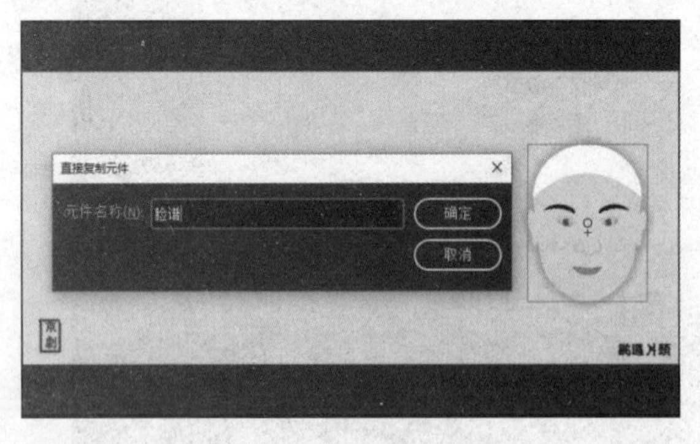

图　4-3-12

图　4-3-13

（19）将该元件的第 2～第 21 帧全部转换为空白关键帧，并将库中“脸谱 03”～“脸谱 22”依次放置在第 2～第 21 帧处，如图 4-3-14 所示。

（20）回到主场景中，通过“属性”面板将元件“脸谱”的实例名称定义为 faceA。

（21）对影片剪辑“脸谱”进行复制，然后在绘图工作区的空白处右击，在弹出的快捷菜单中选择“粘贴到当前位置”命令，将复制的影片剪辑粘贴到原来的位置，如图 4-3-15 所示。

图　4-3-14

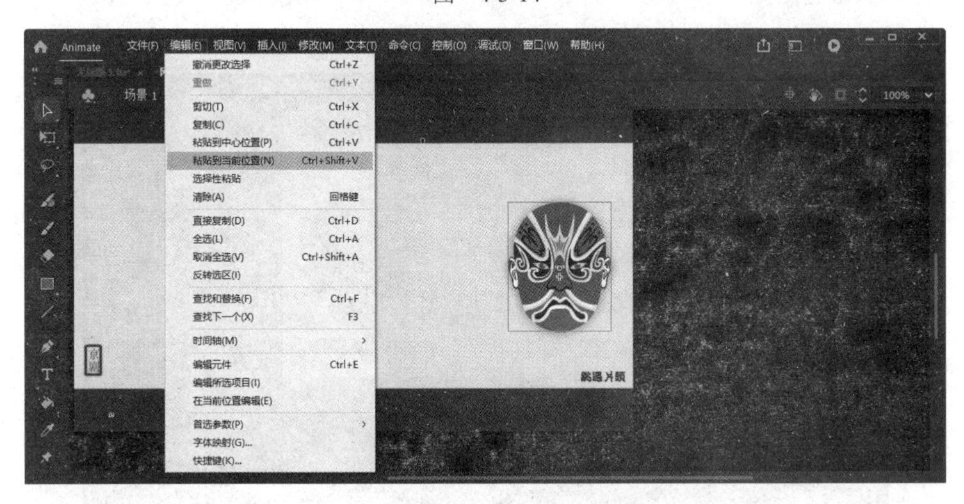

图　4-3-15

（22）通过“属性”面板定义其实例名称为 face，再删除该影片剪辑上的滤镜效果。

（23）在脸谱图层的下方插入一个新的图层，将其命名为“文字”，在该图层的第 140 帧处插入关键帧，使用汉鼎繁淡古字体输入一些与京剧有关的黑色文字，然后调整它们的大小和位置并进行组合，如图 4-3-16 所示。

（24）对文字组合进行复制，然后按 F8 键将其转换为影片剪辑元件“文字”。双击进

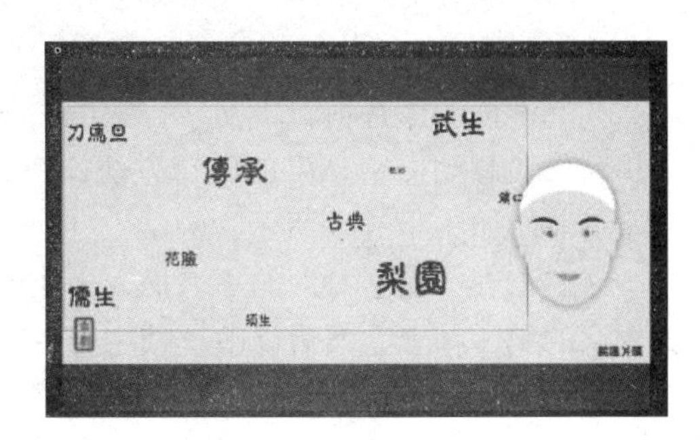

图　4-3-16

入该元件的编辑窗口，将文字组合再转换为一个新的影片剪辑元件“移动文字 A”，并修改其透明度为 70%，如图 4-3-17 所示。

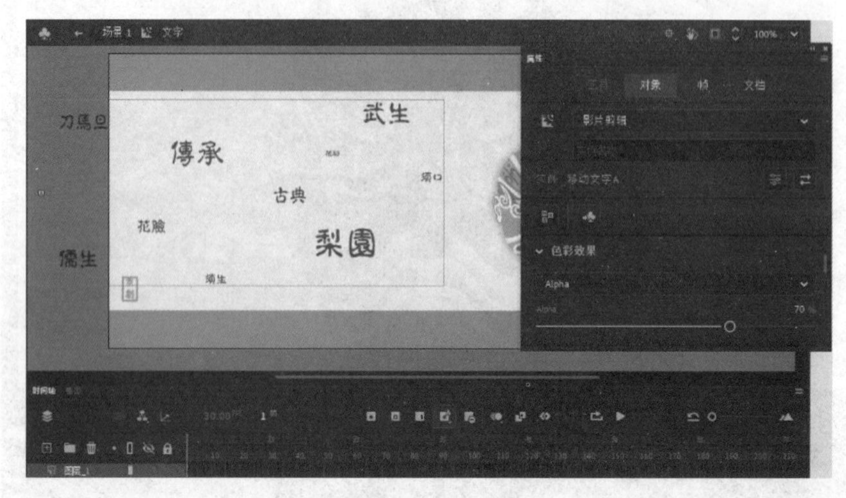

图　4-3-17

（25）双击进入元件“移动文字 A”的编辑窗口，将所有的组合转换为影片剪辑元件“文字 A”，然后用 80 帧的长度编辑文字向右移动的动画效果，如图 4-3-18 所示。

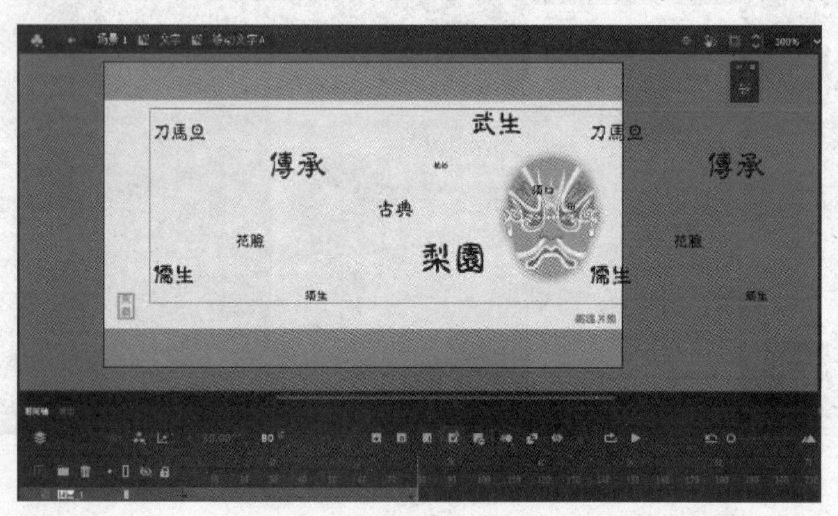

图　4-3-18

（26）回到影片剪辑“文字”的编辑窗口，延长图层的显示帧到第 354 帧。参照影片剪辑元件“移动文字 A”的编辑方法，在一个新的图层中编辑出新的影片剪辑元件“移动文字 B”，如图 4-3-19 所示。

（27）在“图层_1”的下方插入一个新的图层，将“图层_1”的第 1 帧复制并粘贴到该图层的第 1 帧上，然后修改该帧中影片剪辑的大小为原来的 50%，透明度为 40%，这样就得到了 3 层文字移动的动画，更具层次感，如图 4-3-20 所示。

（28）通过“属性”面板依次为 3 个图层中的影片剪辑设置实例名称为 wordA、wordB、

wordC。

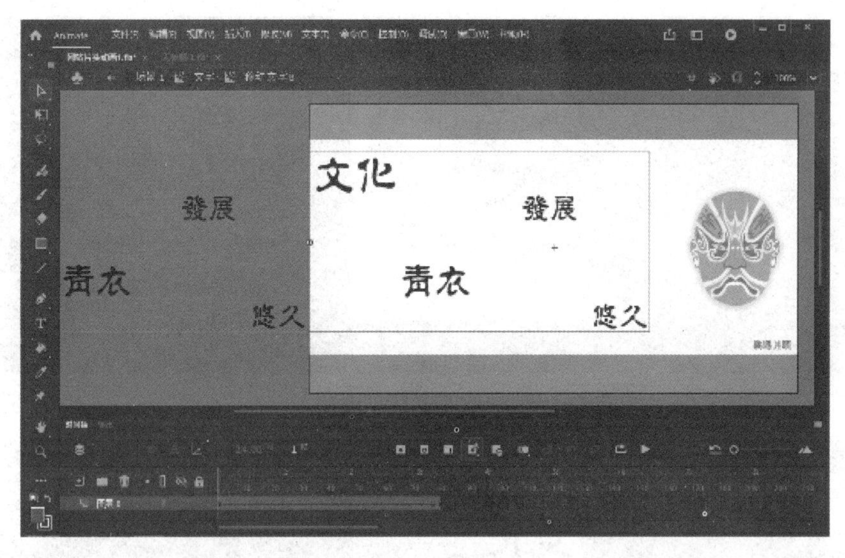

图　4-3-19

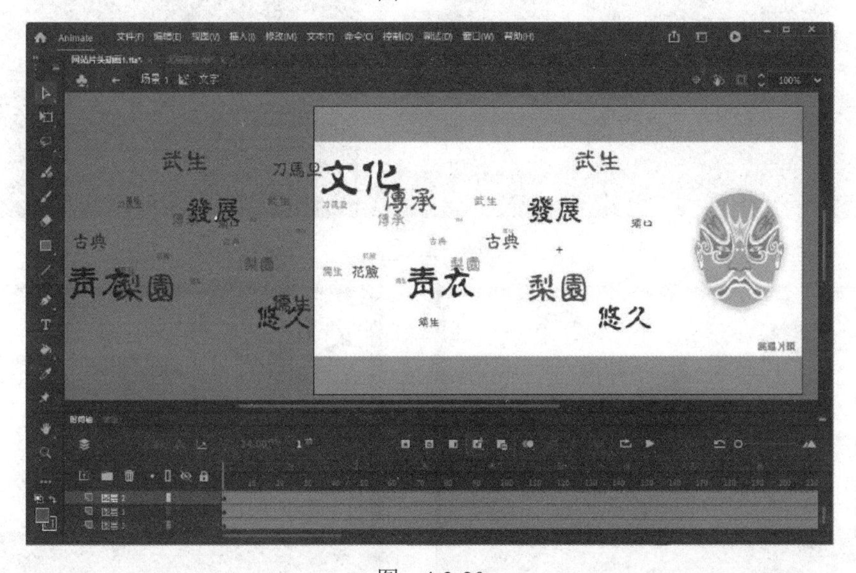

图　4-3-20

（29）在所有图层的上方插入一个新的图层，在该图层的第 41 帧使用 180 号大小的黑色汉鼎繁淡古字体输入文字“生”，调整好位置，然后通过“属性”面板为其添加一个模糊的滤镜效果，设置“模糊 X”为 60，“模糊 Y”为 5，如图 4-3-21 所示。

（30）在第 42 帧处插入关键帧，将该帧中的文字向右移动，然后修改其“模糊 X”的值为 40，如图 4-3-22 所示。

（31）参照上面的方法，再用两帧编辑出文字“生”移动到舞台中央的动画，如图 4-3-23 所示。

（32）参照文字“生”移入的编辑方法，在第 80～第 83 帧之间编辑出文字移出的动画效果，如图 4-3-24 所示。

图　4-3-21

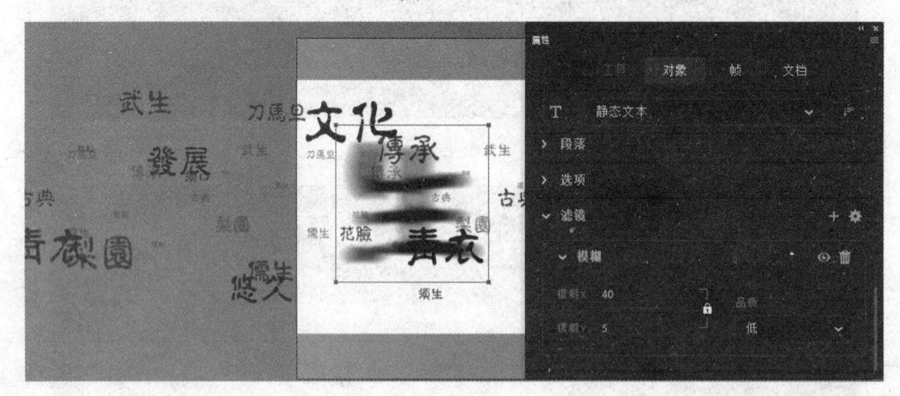

图　4-3-22

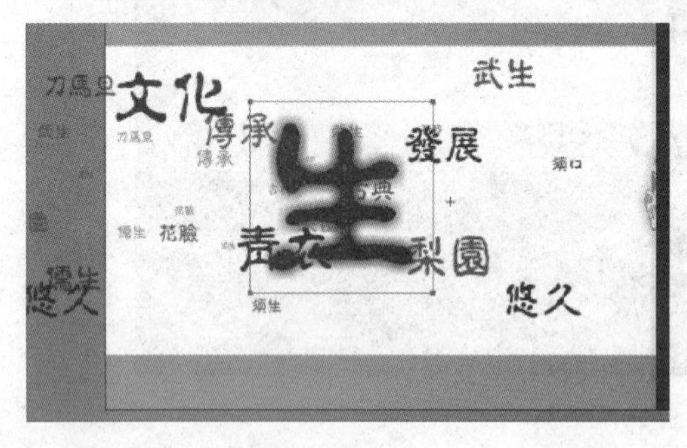

图　4-3-23

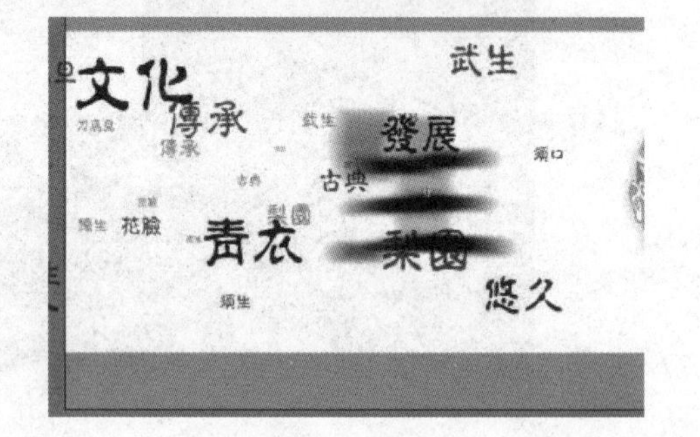

图　4-3-24

（33）参照步骤（29）～步骤（32），编辑出文字“旦”“净”“末”“丑”依次移入画面并移出的逐帧动画，然后分别为它们添加相应的动作代码。选中第 354 帧，为其添加动作代码“stop();”，如图 4-3-25 所示。

（34）在所有图层的上方插入一个新的图层，在该图层中绘制一个覆盖舞台的矩形，使用“透明白色→白色→白色→透明白色”的线性渐变填充色对其进行填充，然后按 F8 键将其转换为影片剪辑元件“遮罩”，如图 4-3-26 所示。

（35）通过“属性”面板修改影片剪辑“遮罩”的“混合”模式为 Alpha。回到主场景中，将影片剪辑“文字”的“混合”模式设置为“图层”，这样就实现了对文字的模糊遮罩，如图 4-3-27 所示。

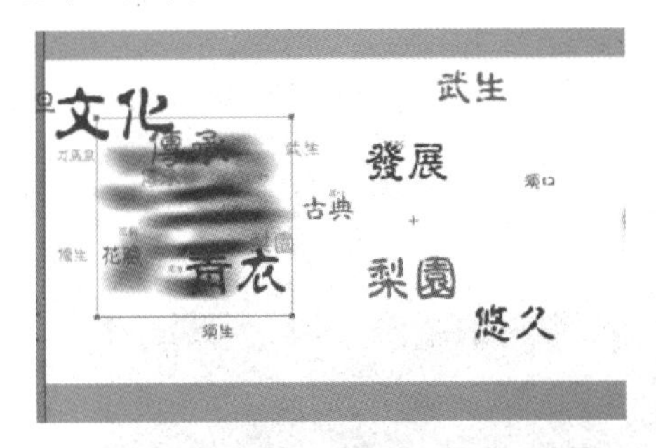

图　4-3-25

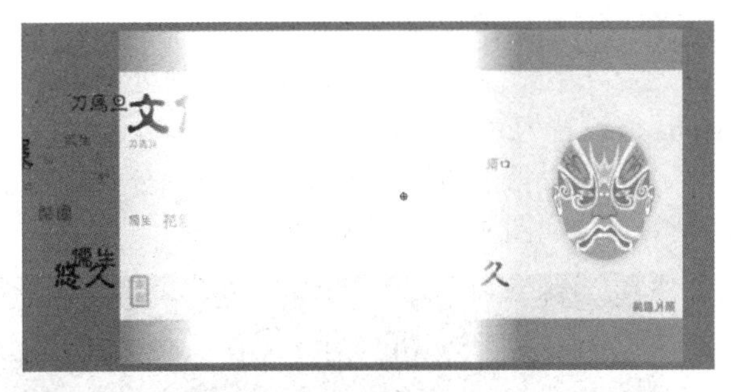

图　4-3-26

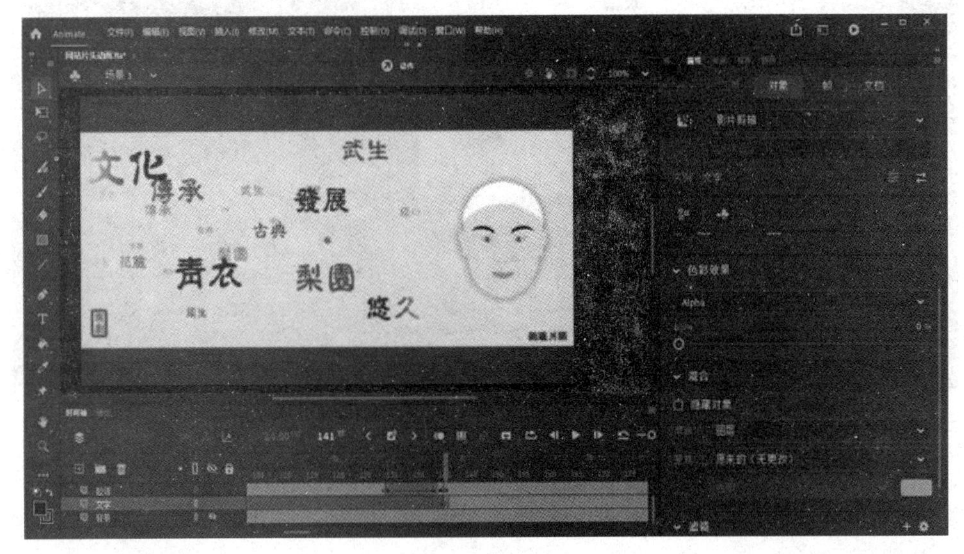

图　4-3-27

（36）双击进入“文字”影片剪辑，为影片剪辑添加动作脚本。新建“图层_6”，在该图层的第 44 帧处插入关键帧，打开“动作”窗口，添加如下动作代码。

```
import Animate.display.MovieClip;
import fl.transitions.Tween;
import fl.transitions.easing.*;
MovieClip(root).faceA.gotoAndStop(13);
MovieClip(root).face.gotoAndStop(13);
var mc:MovieClip=MovieClip(root).face;
new Tween(mc,"alpha",Regular.easeOut,1,0,1,true);
new Tween(mc,"scaleX",Regular.easeOut,1,1.5,1,true);
new Tween(mc,"scaleY",Regular.easeOut,1,1.5,1,true);
```

（37）继续在该图层的第 80 帧处插入关键帧，添加如下动作代码，使影片剪辑 faceA 继续播放。

```
MovieClip(root).faceA.gotoAndPlay(14);
```

（38）使用同样的方法在之后的第 113 帧、第 149 帧、第 179 帧、第 215 帧、第 248

帧、第 284 帧、第 315 帧和第 350 帧分别添加步骤（36）和步骤（37）的动作脚本，修改其中的停止和播放帧数，使画面出现“生”“旦”“净”“末”“丑”的文字时分别显示与其相对应的脸谱效果。

（39）在“文字”图层的第 160 帧处插入关键帧，将第 140 帧中影片剪辑“文字”的 Alpha 值设置为 0%，创建第 140～第 160 帧之间的传统补间动画，实现文字的淡入效果。

（40）在第 520～第 540 帧之间，分别编辑出影片剪辑“脸谱”“文字”淡出舞台的动画效果，如图 4-3-28 所示。

图　4-3-28

（41）在“脸谱”图层的第 541 帧处插入关键帧，将库中的“画面 1”“画面 2”拖入舞台，输入一段与京剧相关的文字，设置文字颜色为#ACACAC，Alpha 值为 10%，如图 4-3-29 所示。

（42）框选这 3 部分内容，按 F8 键将其转换为影片剪辑元件“进入界面”，通过“属性”面板为其添加一个发光的滤镜效果，设置模糊为 30，强度为 60%，颜色为红色，如图 4-3-30 所示。

图　4-3-29

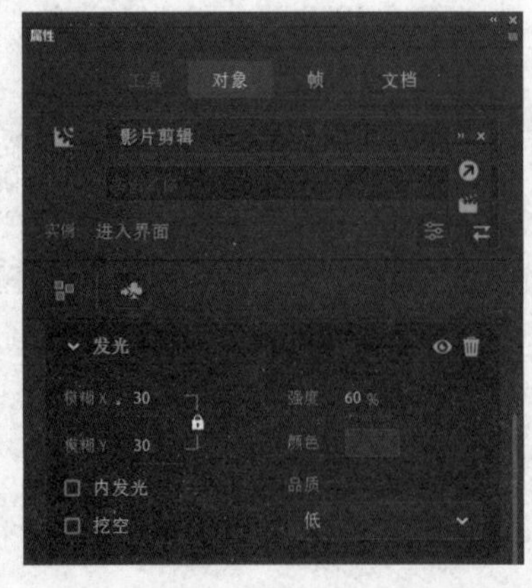

图　4-3-30

（43）在第 541～第 550 帧之间，编辑出影片剪辑“进入界面”淡入的动画效果，如图 4-3-31 所示。

图　4-3-31

（44）在“文字”图层的第 550 帧处插入空白关键帧，编辑出网站的名称“梨园戏剧进入”，再将其转换为按钮元件“按钮”，并添加一个黑色发光的滤镜效果，然后在第 550～第 570 帧之间，编辑出该按钮元件淡入的动画效果，如图 4-3-32 所示。

图　4-3-32

（45）为第 570 帧添加动作代码“stop();”。

（46）双击按钮元件“按钮”，进入其编辑窗口，将“点击”帧转换为空白关键帧，然后对照文字“进入”的位置，绘制一个矩形，作为该按钮的反应区，如图 4-3-33 所示。

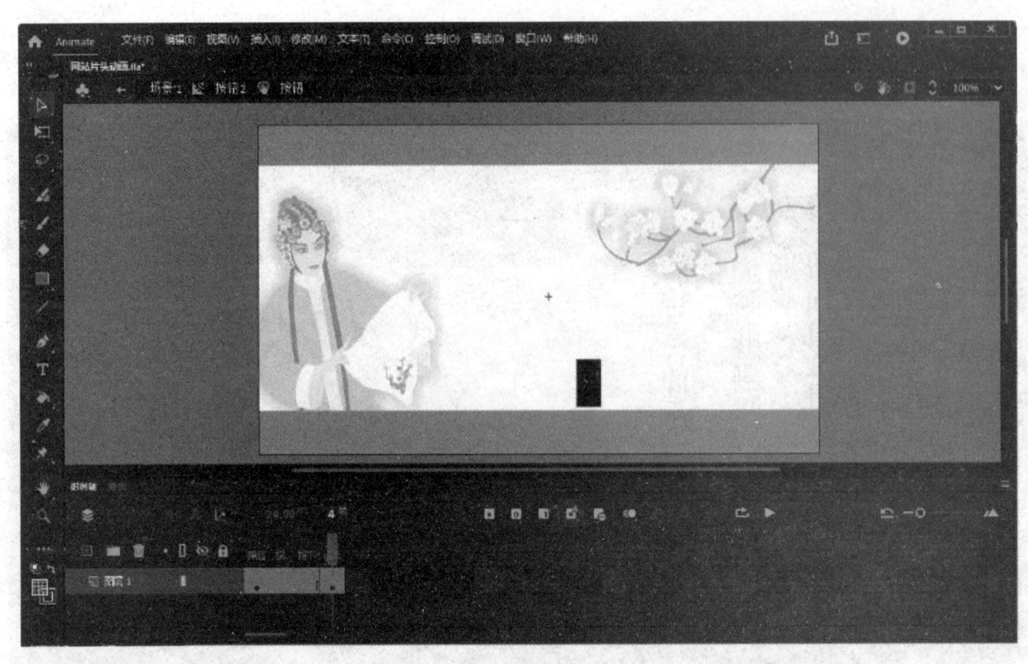

图　4-3-33

（47）回到主场景，选中“黑框”图层的第 1 帧，为其添加声音文件 sound01，设置“同步”方式为“数据流”。

（48）保存文件，测试影片。

4.3.4　知识点总结

在本节实例中，使用滤镜、混合和动作脚本 3 种方式完成了网站片头动画的制作。

（1）导入宣纸纹理图案作为影片背景，应用中国戏曲中的角色脸谱和戏曲音乐背景展现传统曲艺文化。

（2）脸谱的快速变换动画与对应的戏曲角色类型、介绍文字动画紧密结合，不仅使动画效果引人入胜，而且展现了戏曲特色，介绍了各种脸谱的角色名称，起到了宣传文化、推广戏曲的作用。

（3）应用混合功能编辑模糊遮罩动画，美化文字及戏曲角色图形的画面效果，使每个画面元素都精致、美观，将传统文化的艺术特色展现得淋漓尽致，给人一种视觉享受。

项目 5　Animate UI 动效设计

5.1　任务 1——制作引导界面动画

引导界面又叫引导页，顾名思义，在使用一款新的产品时，给用户展示简单的功能介绍、欢迎文案等，又或者引导用户创建账号、设置偏好、兴趣范围甚至给用户提供使用指引等，从零开始带用户了解产品。

一个好的引导页设计会给用户留下良好的第一印象；也可以降低用户的学习成本，快速上手产品并了解新增功能，避免用户在使用过程产生迷茫，减少误操作，是提升产品体验的必要手段。App 引导页重在强调产品的核心功能与优势，上一页与下一页启到承上启下的作用，好的视觉配上动画会使引导页更加生动有吸引力。本案例以一个阅读 App 的新版本功能引导页为例，一起探讨关于引导页动画的设计思路。

5.1.1　实例效果预览

本节实例效果如图 5-1-1 所示。

图　5-1-1

5.1.2　技能应用分析

（1）导入 5 张引导界面图片。

（2）在底部制作 5 个按钮，并定义按钮的初始状态和指针经过时的状态。

（3）添加代码，开始时先停止播放动画，单击不同的按钮加载相应的图片。

5.1.3 制作步骤解析

（1）新建一个 Animate 文件，在“属性”面板上设置动画帧频为“FPS：30”，舞台尺寸为 720 像素×1280 像素。选择“文件”→“导入”→“导入到库”命令，在打开的“导入到库”对话框中将素材文件夹中的 5 张图片导入到库。

（2）将“图层_1”重命名为“图片”，在第 1 帧处，拖入“库”面板中的“11.png”，位置设置为“X：0，Y：0”，在第 5 帧处按 F5 键插入帧，使图片延长 5 帧，在第 6 帧处，按 F7 键插入空白关键帧，拖入“库”面板中的 22.png，设置位置为“X：0，Y：0”，按 F5 键延长 5 帧。依次在第 11 帧、第 16 帧、第 21 帧处插入空白关键帧，分别拖入 33.png、44.png、55.png 文件并调整位置，使每张图片的播放时间延长 5 帧，如图 5-1-2 所示。

图　5-1-2

（3）新建图层“按钮”，选择“椭圆”工具，按住 Shift 键绘制一个圆形，选择椭圆，打开“属性”面板，设置“宽”和“高”均为 20，填充为#FAB100，笔触为#6C5529，笔触大小为 1，按 F8 键打开“转换为元件”对话框，设置名称为“圆形按钮”，类型为“按钮”，将椭圆转换为元件，如图 5-1-3 所示。

（4）在“库”面板中，双击“圆形按钮”元件，打开该按钮，选择圆形按钮对象，按 Ctrl+C 组合键进行复制，新建“图层_2”，在该图层的“指针经过”帧处，按 Shift+Ctrl+V 组合键将圆形按钮粘贴到原处，如图 5-1-4 所示。选择黄色填充部分，按 F8 键将其转换成名称为“黄色圆形”、类型为“图形”的元件。单击“图层_1”的“弹起”帧，选择图像的黄色填充部分，按 Delete 键删除，如图 5-1-5 所示。制作按钮初始状态为圆环，指针经过时圆环内显示为黄色。

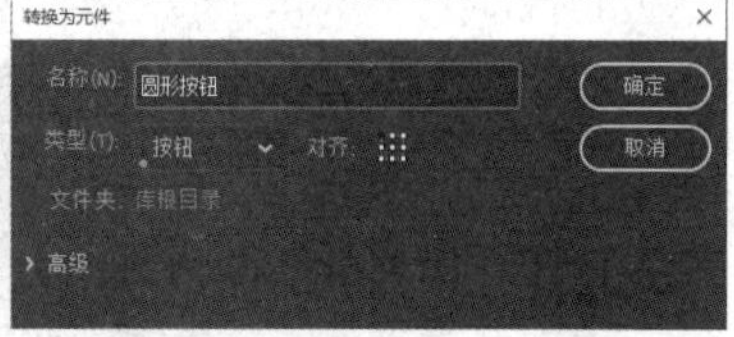

图　5-1-3

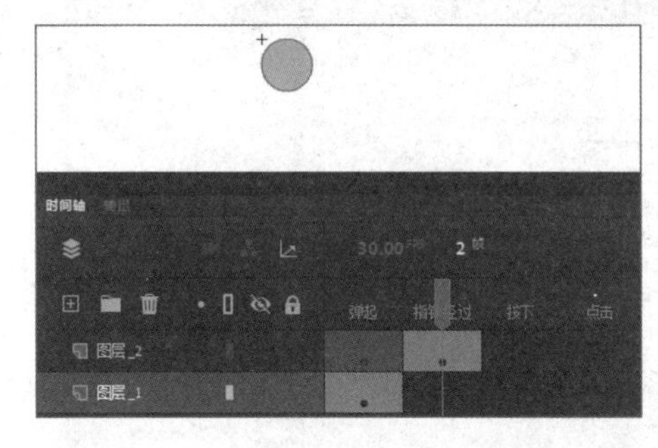

图　5-1-4

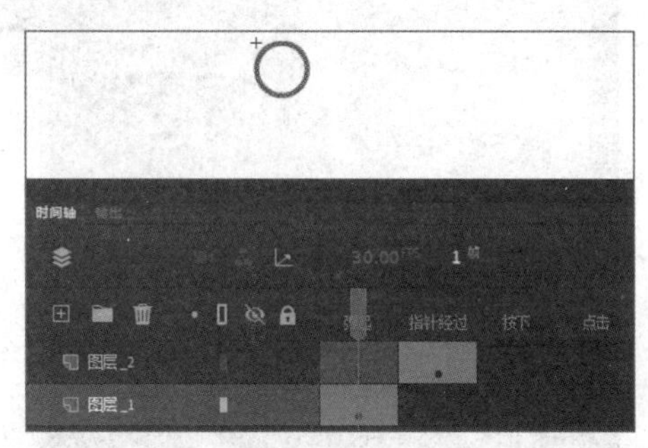

图　5-1-5

（5）返回到场景 1，将“圆形按钮”元件拖入到场景中 4 次，选择 5 个按钮，调整其位置，使它们在垂直方向上对齐，水平间距相同，如图 5-1-6 所示。

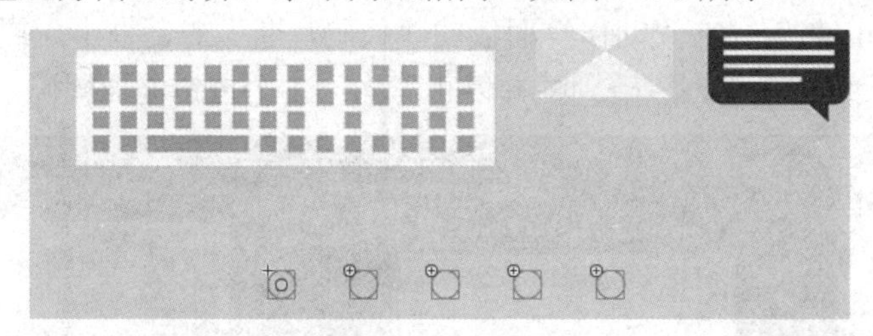

图　5-1-6

（6）为了达到单击每个按钮时加载相应的图片的效果，我们需要使用代码来控制。首先要让影片停止播放，才能对按钮进行单击。为了便于在代码里区分每个按钮，在输入代码之前，需要给每个按钮起一个实例名称，选择第一个按钮，打开“属性”面板，在“实例名称”文本框中输入 btn1，如图 5-1-7 所示，按同样的方法，依次将其他 4 个按钮的实例名称设置为 btn2、btn3、btn4、btn5。

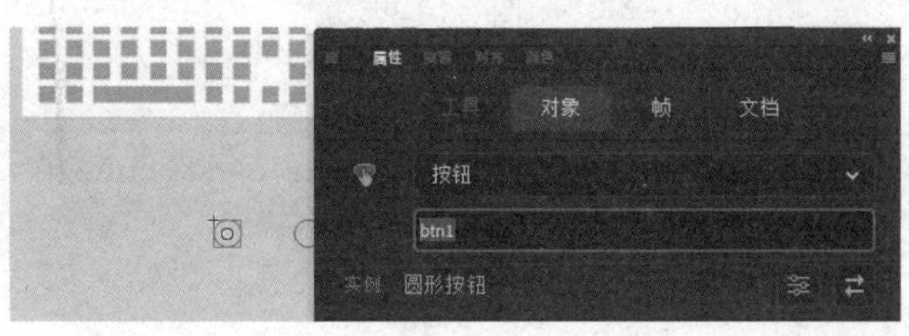

图　5-1-7

（7）在时间轴上右击，在弹出的快捷菜单中选择“动作”命令，打开“动作”面板，在面板右上角单击“代码片断”按钮，打开“代码片断”对话框，展开 ActionScript→“时间轴导航”，双击“在此帧处停止”即可将代码“stop();”插入。此时，时间轴上会自动创建一个名称为 Actions 的图层，如图 5-1-8 所示。

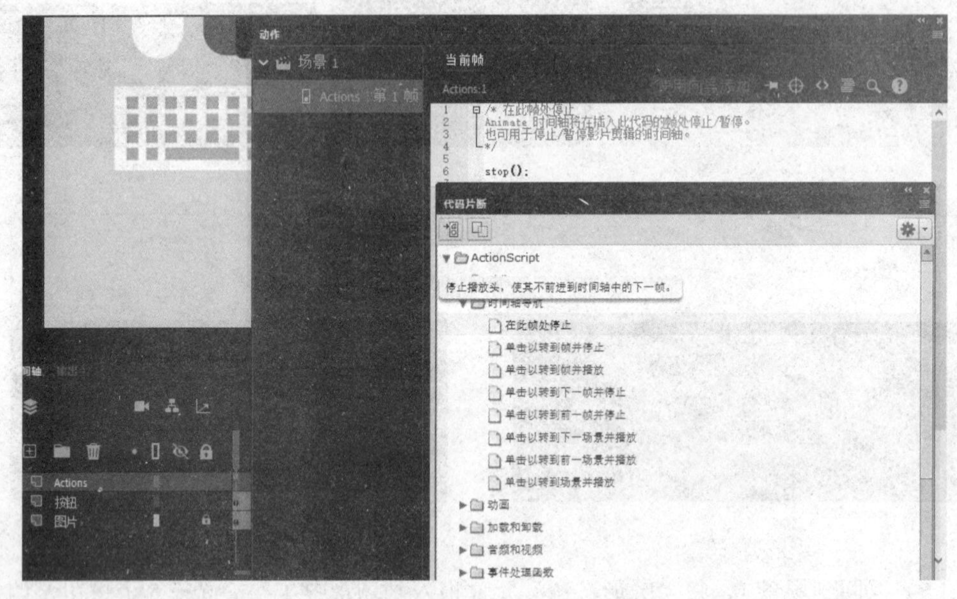

图　5-1-8

（8）选择 btn1 按钮，在“动作”面板的“代码片断”对话框中，展开 ActionScript→“时间轴导航”，双击“单击以转到帧并停止”为第 1 个按钮添加代码，如图 5-1-9 所示。

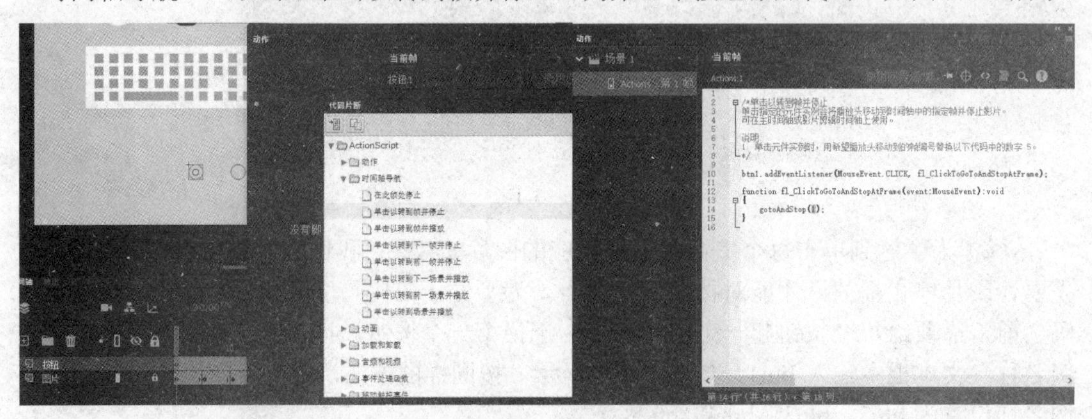

图　5-1-9

插入的代码如下。

```
btn1.addEventListener(MouseEvent.CLICK, fl_ClickToGoToAndStopAtFrame);

function fl_ClickToGoToAndStopAtFrame(event: MouseEvent): void {
    gotoAndStop(5);
}
```

（9）其中，gotoAndStop(5)的意思是跳转到第 5 帧并停止，我们添加的代码是第 1 个按钮的代码，第 1 个按钮不应该跳转到第 5 帧，而应该跳转到第 1 帧，因此将这句代码改为 gotoAndStop(1)。

（10）同样的方法为每个按钮都添加一段代码，并修改它们的跳转位置，分别为 6、11、16、21，如图 5-1-10 所示。

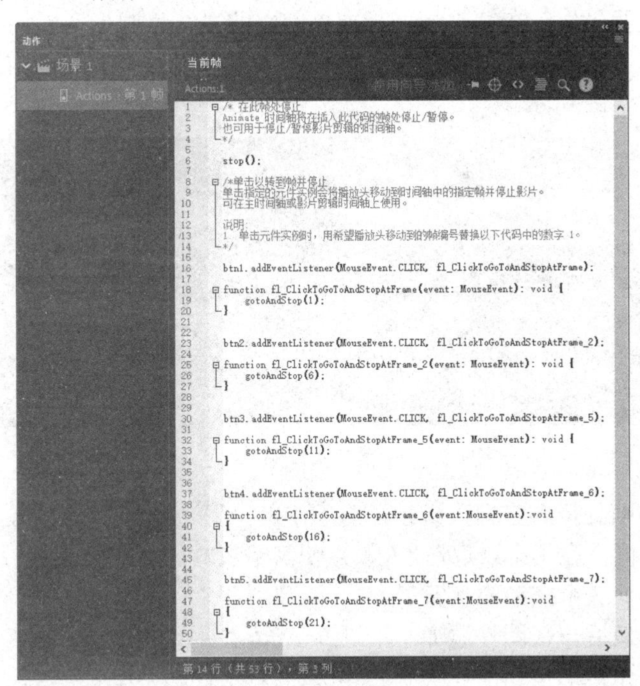

图　5-1-10

```
Stop();
btn1.addEventListener(MouseEvent.CLICK, fl_ClickToGoToAndStopAtFrame);
function fl_ClickToGoToAndStopAtFrame(event: MouseEvent): void {
	gotoAndStop(1);
}
btn2.addEventListener(MouseEvent.CLICK, fl_ClickToGoToAndStopAtFrame_2);
function fl_ClickToGoToAndStopAtFrame_2(event: MouseEvent): void {
	gotoAndStop(6);
}
btn3.addEventListener(MouseEvent.CLICK, fl_ClickToGoToAndStopAtFrame_5);
function fl_ClickToGoToAndStopAtFrame_5(event: MouseEvent): void {
	gotoAndStop(11);
}
btn4.addEventListener(MouseEvent.CLICK, fl_ClickToGoToAndStopAtFrame_6);
function fl_ClickToGoToAndStopAtFrame_6(event:MouseEvent):void
{
	gotoAndStop(16);
}
btn5.addEventListener(MouseEvent.CLICK, fl_ClickToGoToAndStopAtFrame_7);
function fl_ClickToGoToAndStopAtFrame_7(event:MouseEvent):void
{
```

```
    gotoAndStop(21);
}
```

（11）此时动画效果为：一开始动画停止，按钮初始状态为圆环，指针经过时按钮显示为黄色，单击按钮时加载相应的图片，但是指针移走时，显示为圆环。下面制作加载图片时相应按钮显示为黄色的效果，直到单击下一个按钮时为止。在“图片”图层的上方新建一个图层“按钮背景”，在第 1 帧处，拖入库中的“黄色圆形”元件到第 1 个按钮处，调整位置，使之与按钮位置相同。删除第 6～第 25 帧，使其播放时间与第 1 张图片的播放时间相同，如图 5-1-11 所示。

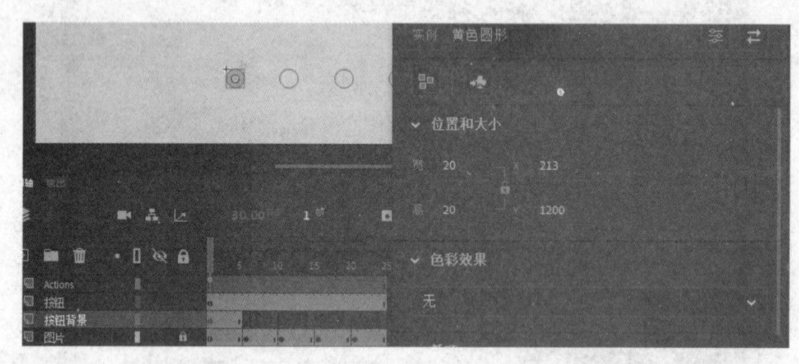

图　5-1-11

（12）在第 6 帧处插入空白关键帧，将库中的“黄色圆形”元件拖到第 2 个按钮处，调整位置与按钮相同，在第 10 帧处插入帧，使其播放时间与第 2 张图片的播放时间相同。按相同的方法为其他 3 个按钮添加背景。

（13）下面为最后一张图片添加一个进入 App 主界面的按钮，按 Ctrl+F8 组合键，新建一个名称为“圆角矩形按钮”、类型为“按钮”的元件，选择“矩形”工具，设置参数如图 5-1-12 所示，绘制一个大小为 300×70 的浅黄色的圆角矩形。

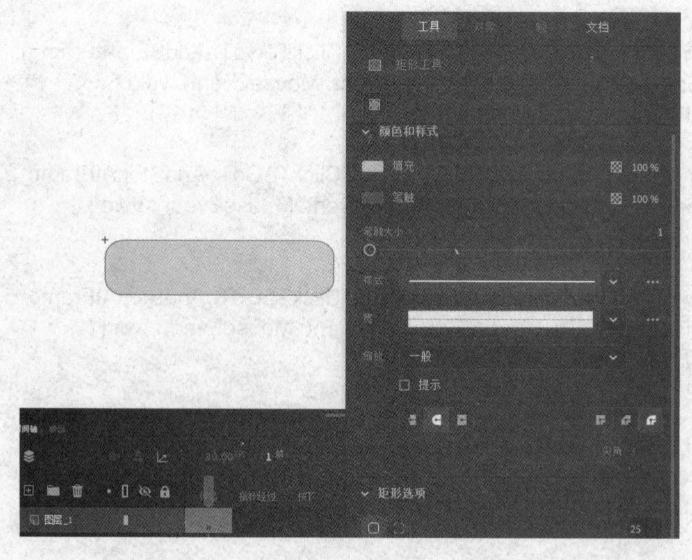

图　5-1-12

（14）新建“图层_2”，将“图层_1”中的黄色圆角矩形复制粘贴在该图层的“指针经过”帧处，选择黄色填充部分，打开“属性”面板，将填充颜色设置为深一点的黄色#FAB903，在“点击”帧处插入帧，如图 5-1-13 所示。

图　5-1-13

（15）新建“图层_3”，选择“文本”工具，输入文本“开启全新库壳”，如图 5-1-14 所示。

（16）返回到场景 1，选择“图片”图层的第 21 帧，将“圆角矩形按钮”元件拖到合适的位置，如图 5-1-15 所示。

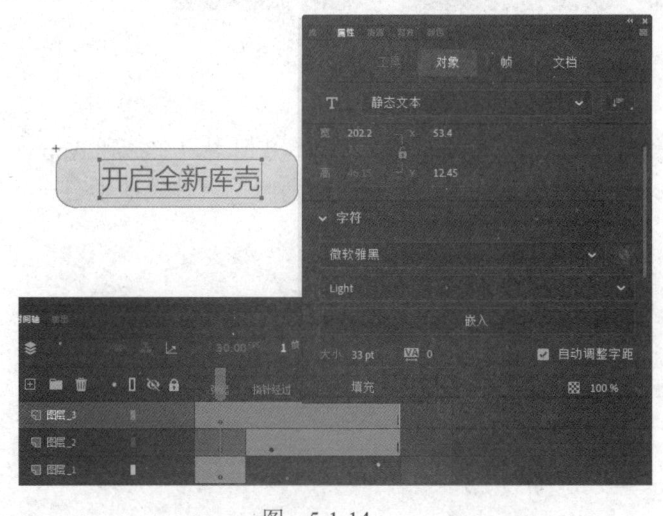

图　5-1-14　　　　图　5-1-15

（17）保存文件，测试影片。

5.1.4　知识点总结

1．按钮元件不同帧的功能

在本节实例中，用到了按钮元件，下面对按钮元件各帧的功能分别进行介绍。

- 弹起：鼠标不在按钮上时的状态，即按钮的原始状态。
- 指针经过：鼠标移动到按钮上时的按钮状态。
- 按下：鼠标单击按钮时的按钮状态。
- 点击：用于设置对鼠标动作做出反应的区域。

2．引导页的几种常见类型

1）欢迎文案

这种引导页，一般在用户初次使用 App 时出现，通常会以插画或图片的形式向用户传递一种感情，就像新开张的店铺，门口通常放置欢迎光临的标志/标语，给客户带来一种贴心、温暖的感觉，如图 5-1-16 所示。

图　5-1-16

2）功能介绍

通常用文字和插画相结合的幻灯片方式概述 App 的功能点，方便用户在打开 App 的第一时间了解 App 的功能定位，寻求用户的情感共鸣，吸引和鼓励用户更有效地学习产品的功能使用，如图 5-1-17 所示。

图　5-1-17

3）个性化定制

例如资讯类、理财类、招聘类、健康类等功能性 App，比较注重用户的职业、使用习惯、兴趣范围等信息，在引导页收集这些数据，可以更有效地为用户展示首页的内容，帮助用户定制产品的功能，使用户获得更优质的使用体验，增强用户黏性，如图 5-1-18 所示。

图　5-1-18

4）操作指引

当需要引导用户操作时遮盖次要内容的蒙版是必不可少的，在半透明黑色蒙版的基础上（也可根据具体情况调整蒙版透明度），可以用“纯文字+简单线条指引”“插画+弹出框”指引或突出强调产品某一部分的方式为用户提供操作引导。这种引导方式具有轻量性的特性，可以大大减少用户阅读时间和学习成本。为了保证用户体验，需要在明显位置放置“跳过引导”的按钮，以方便用户随时结束引导环节，如图 5-1-19 所示。

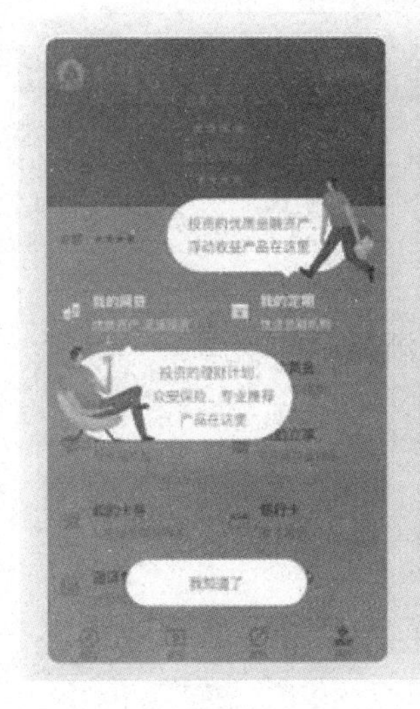

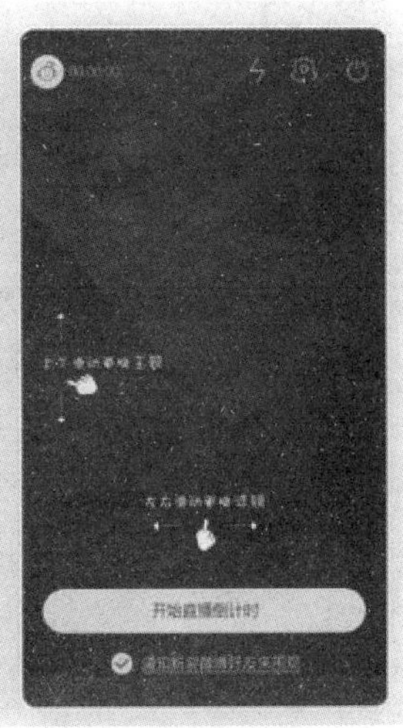

图　5-1-19

5.2　任务 2——制作加载界面动画

App 服务器在加载数据时需要用户等待一段时间，为了缓解用户等待过程中的焦虑情绪，设计者可以采用加载动画的方式来缓解用户的等待时间，使整个等待过程变得更加友好、流畅。一个好的加载动画分为两个层次：第一个层次是满足用户的基本心理预期，缓解等待的焦虑；第二个层次是要给用户带来一定的惊喜，甚至让用户对加载动画抱有期待、好奇的心理。本案例制作的是一个启动页加载动画。

5.2.1　实例效果预览

本节实例效果如图 5-2-1 所示。

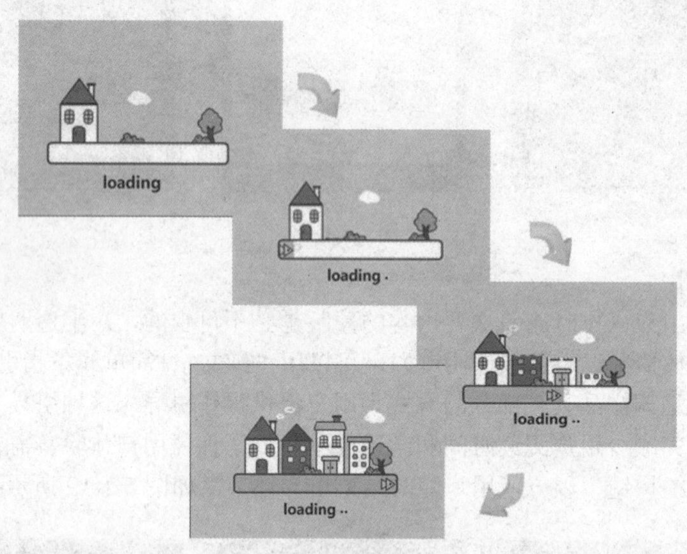

图　5-2-1

5.2.2　技能应用分析

（1）将 psd 分层图片导入舞台，分散到不同的层。

（2）制作进度条，并使用遮罩做出进度条和房子逐渐显示的动画。

（3）制作小鱼吐泡泡并向前游动的动画。

（4）制作白云和烟的位移动画。

（5）制作 loading 文字闪动动画。

5.2.3　制作步骤解析

（1）新建一个 Animate 文件，在“属性”面板上设置动画帧频为“FPS：30”，舞台尺寸为 600 像素×400 像素。选择“文件”→“导入”→“导入到舞台”命令，在打开的对话框中选中“选择所有图层”复选框，设置“将图层转换为”为“Animate 图层”，如图 5-2-2 所示，单击“导入”按钮，将素材文件夹中的“房子.psd”图片导入舞台，如图 5-2-3 所示。

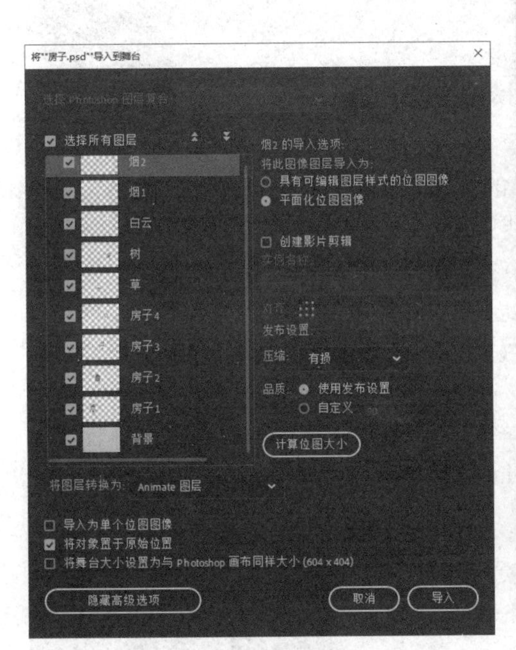

图　5-2-2

图　5-2-3

（2）新建图层，选择“矩形”工具，设置“填充”为白色，“笔触”为#604B46，“笔触大小”为 4，将“矩形选项”的“矩形边角半径”设置为 10，绘制一个矩形，如图 5-2-4 所示。双击矩形内部的白色填充部分，选中白色部分右击，在弹出的快捷菜单中选择“分散到图层”命令，并将图层分别命名为“边框”和“白色填充”。在时间轴上右击“白色填充”图层，在弹出的快捷菜单中选择“复制图层”命令，重命名为“蓝色填充”。

图　5-2-4

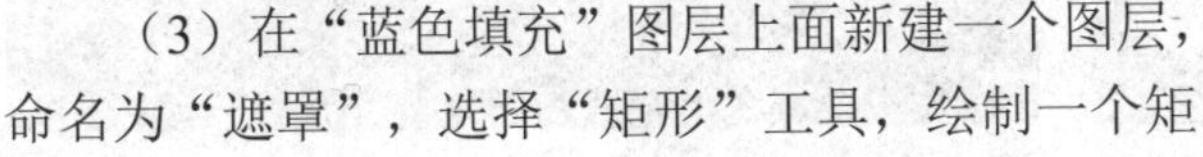

（3）在“蓝色填充”图层上面新建一个图层，命名为“遮罩”，选择“矩形”工具，绘制一个矩形，选择该矩形并右击，在弹出的快捷菜单中选择“转换为元件”命令，在打开的“转换为元件”对话框中，设置“名称”为“遮罩”，类型为“图形”，单击“确定”按钮，如图 5-2-5 所示。

（4）在“遮罩”图层第 100 帧处按 F6 键插入关键帧，选中矩形，选择“任意变形”工具，修改矩形大小，并调整位置，使其完全遮盖进度条，如图 5-2-6 所示。在第 1～第 100 帧之间创建形状补间动画，形成矩形展开的效果。

图　5-2-5

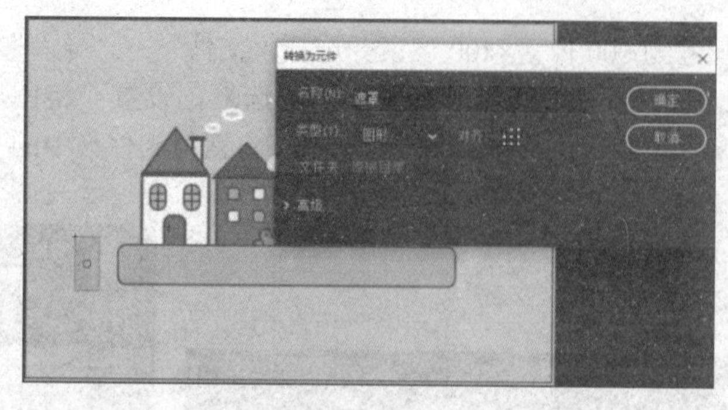

图　5-2-6

（5）在时间轴上右击“遮罩”图层，在弹出的快捷菜单中选择“遮罩层”命令，使其对“蓝色填充”图层起到遮罩作用，遮罩后的效果如图 5-2-7 所示。为了方便下面的制作，可以暂时将“遮罩”图层隐藏起来。

（6）新建“小鱼”图层，按 Ctrl+F8 组合键创建一个名称为“小鱼”的图形元件，选择“多角星形”工具，设置“填充”为黄色（#FFCC33），“笔触”为#604B46，“笔触大小”为 3，“工具选项”的“边数”为 3，绘制一个三角形，设置位置为“X：0，Y：0”。选中三角形，将其转换成名称为“三角形”的图形元件。然后将库中的三角形元件拖入舞台，调整三角形的大小和位置，新建一个图层，绘制一个圆点，作为小鱼的眼睛，如图 5-2-8 所示。

图　5-2-7

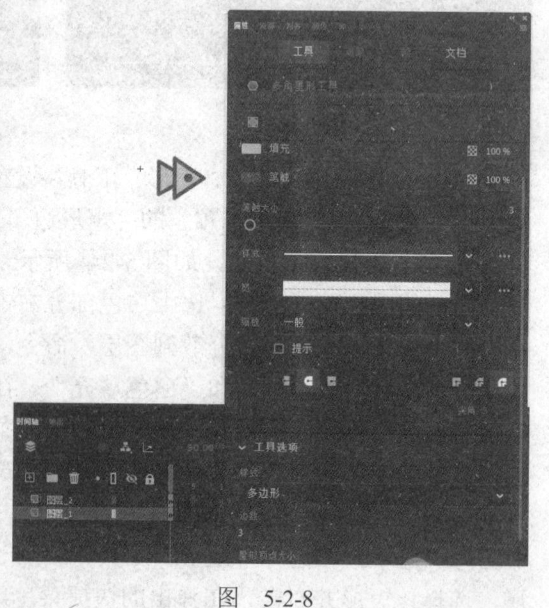

图　5-2-8

（7）新建一个名称为“泡泡”的图形元件，选择“椭圆”工具，绘制一个圆环，参数设置如图 5-2-9 所示。

（8）新建一个名称为“小鱼动画”、类型为“图形”的元件，在“图层_1”的第 1 帧处，拖入“小鱼”元件，在第 45 帧处按 F6 键插入关键帧。新建“图层_2”，拖入“泡泡”

元件，设置位置为“X：57，Y：-2”，在第 45 帧处按 F6 键插入关键帧，设置位置为“X：82，Y：7”，在第 1 帧处，将其“色彩效果”的 Alpha 值设置为 0，在第 1～第 45 帧之间创建传统补间动画。新建“图层_3”，在第 20 帧处插入关键帧，拖入“泡泡”元件，调整其“宽”为 10，“高”为 10，位置为“X：52，Y：0”，在第 45 帧处插入关键帧，设置其位置为“X：60，Y：2”，在第 1 帧处，设置其“色彩效果”的 Alpha 值为 0%。制作出小鱼吐泡泡的动画，如图 5-2-10 所示。

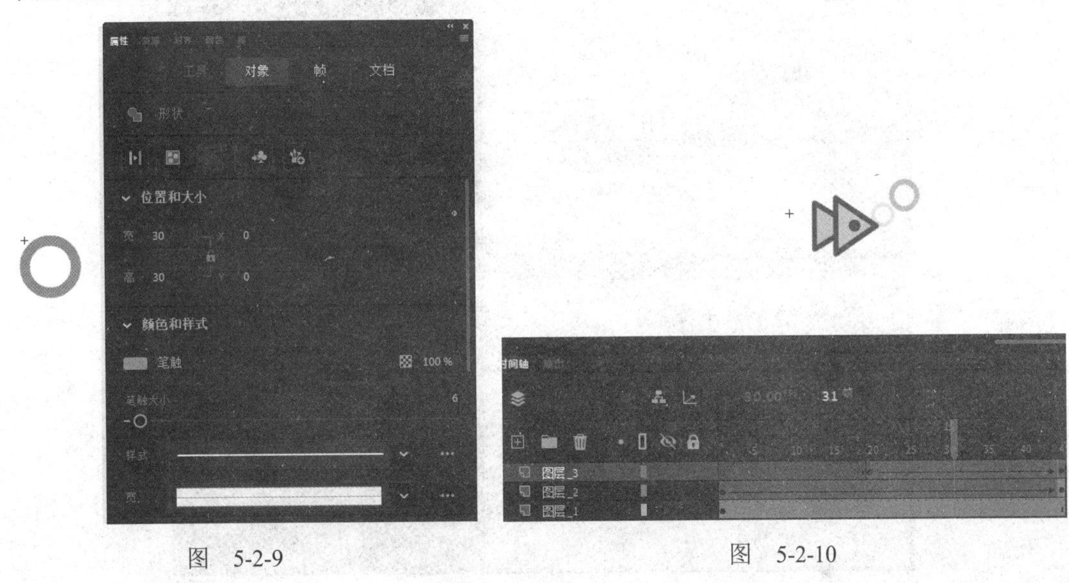

图　5-2-9　　　图　5-2-10

（9）返回到场景 1，在“小鱼”图层的第 15 帧处插入关键帧，将“库”面板中的“小鱼动画”元件拖到进度条的左端，在第 100 帧处插入关键帧，将“小鱼动画”元件施放至进度条的右端，然后在第 1～第 100 帧之间创建传统补间动画。

（10）在“房子 4”图层上方新建“遮罩 4”图层，按 Ctrl+F8 组合键新建一个图形元件“遮罩 2”，选择“钢笔”工具，绘制一个上部为波浪形的形状，并填充颜色，如图 5-2-11 所示。

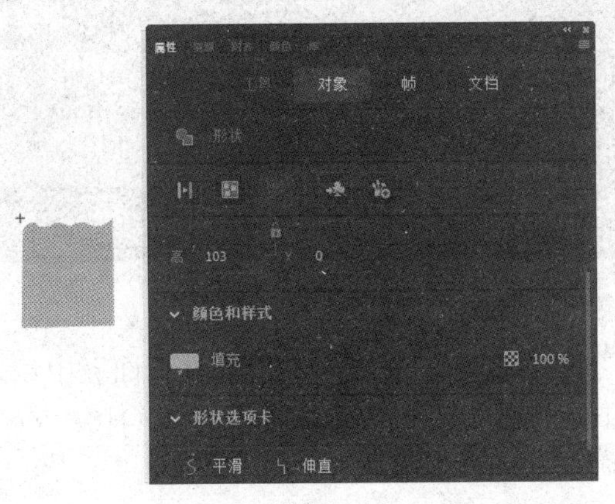

图　5-2-11

（11）返回到场景 1，在第 40 帧处插入一个关键帧，拖入“遮罩 2”元件，调整位置，在第 100 帧处插入关键帧，选择“任意变形”工具，修改遮罩的大小和位置，如图 5-2-12 所示，在第 40～第 100 帧处创建传统补间动画。在时间轴上右击“遮罩 4”图层，在弹出的快捷菜单中选择“遮罩层”命令，使其对“房子 4”图层起到遮罩作用。

图　5-2-12

（12）在“房子 3”和“房子 2”图层的上方分别创建“遮罩 3”图层和“遮罩 2”图层，按照上面的方法对这两个图层制作遮罩效果，如图 5-2-13 所示。

图　5-2-13

（13）单击“白云”图层的第 1 帧处，在“属性”面板中，设置白云的位置为“X：274，Y：144”，在第 100 帧处，设置白云位置为“X：410，Y：105”，在第 1～第 100 帧之间创建传统补间动画，如图 5-2-14 所示。

（14）单击“烟 1”图层的第 1 帧，将烟转换为元件，在“属性”面板中设置烟的位置和 Alpha 值，在第 100 帧处设置烟的位置，制作出烟渐渐出现并移动的动画效果。使用同样的方法制作出“烟 2”图层的动画效果，如图 5-2-15 所示。

图　5-2-14

图　5-2-15

（15）新建一个图层 loading，选择“文本”工具，输入 Loading。新建一个元件“动点”，在第 10 帧处，按 F6 键插入关键帧，选择“文本”工具，输入“.”，设置位置为“X：0，Y：0”，选择对象，将其转换成名称为“点”的图形元件。在第 40 帧处插入帧。新建“图层_2”，在第 10 帧处将“库”面板中的“点”元件拖入，设置位置为“X：10，Y：0”，新建“图层_3”，在第 20 帧处拖入“点”元件，设置位置为“X：20，Y：0”，如图 5-2-16 所示。

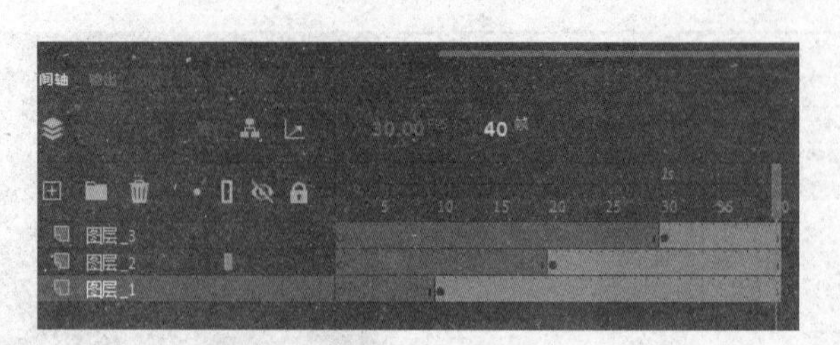

图　5-2-16

（16）返回到场景 1，将“动点”元件拖入至文字 loading 后面。至此，动画制作完成，如图 5-2-17 所示。最后保存文件，测试影片。

图　5-2-17

5.2.4　知识点总结

加载动画的常见使用场景一共分为以下 5 种。

1．下拉刷新加载

下拉刷新可以让用户在看到本地数据的同时重新加载数据，以确保用户可以看到最新的内容。下拉加载一般分为两种形式，即动画加文字（如今日头条下拉加载样式）、纯动画（如网易邮箱），如图 5-2-18 所示。

图　5-2-18

2．切换新页面数据加载

当切换新页面时，常常会重新加载数据，这也是加载动画使用最多的场景，市面上的加载样式也是多种多样，如白屏加载、toast 加载、进度条加载、导航栏加载等等，如图 5-2-19 所示。

图　5-2-19

3．页面上拉加载

当一个页面数据量过大时，服务器不会一次性将内容全部加载，而是加载一部分，只有当用户向上拉动页面时，才会加载更多，如图 5-2-20 所示。上拉加载的样式不会过于复杂，一般采用比较简单的转圈动画来实现。

图　5-2-20

4．页面局部加载

常见的局部加载场景有视频列表、加载图片的占位图等，如图 5-2-21 所示。

图　5-2-21

5．启动页加载

为了缓解用户启动 App 时的等待时间，有些 App 会将启动页设计成一个加载动画，如京东、百度贴吧等，不仅使等待变得有趣，而且增加了品牌记忆，达到了一箭双雕的效果，如图 5-2-22 所示。

图　5-2-22

5.3　任务 3——制作交互界面动画

交互动画的核心作用就是告诉用户操作过程是从哪里来、往哪里去的一个过程，从而提高产品的趣味性与用户的满意度。但是，过度地强化交互动画，不仅不会提升用户的满意度，反而会在加大运行时长以外，降低用户的满意度并使用户视觉疲劳感。所以，合理的设计交互动画，掌握好动静这两者的平衡点，也是设计师需要着重考虑与学习的。在本任务中，我们将制作按钮切换图片效果动画。

5.3.1　实例效果预览

本节实例效果如图 5-3-1 所示。

图　5-3-1

5.3.2　技能应用分析

（1）导入挑战答题首页素材，并制作首页动画。

（2）制作答题页面动画、题目文字及按钮。

（3）制作答题正确和答题错误按钮样式。

（4）导入答题正确页面和答题错误页面。

（5）为选项按钮添加代码，根据选择按钮分别跳转到成功或失败页面。

5.3.3　制作步骤解析

（1）新建一个 Animate 文件，在“属性”面板上设置动画帧频为“FPS：30”，舞台尺寸为 720 像素×1280 像素。选择“文件”→“导入”→“导入到舞台”命令，将素材文件夹中的“首页.psd”导入到舞台，如图 5-3-2 所示。

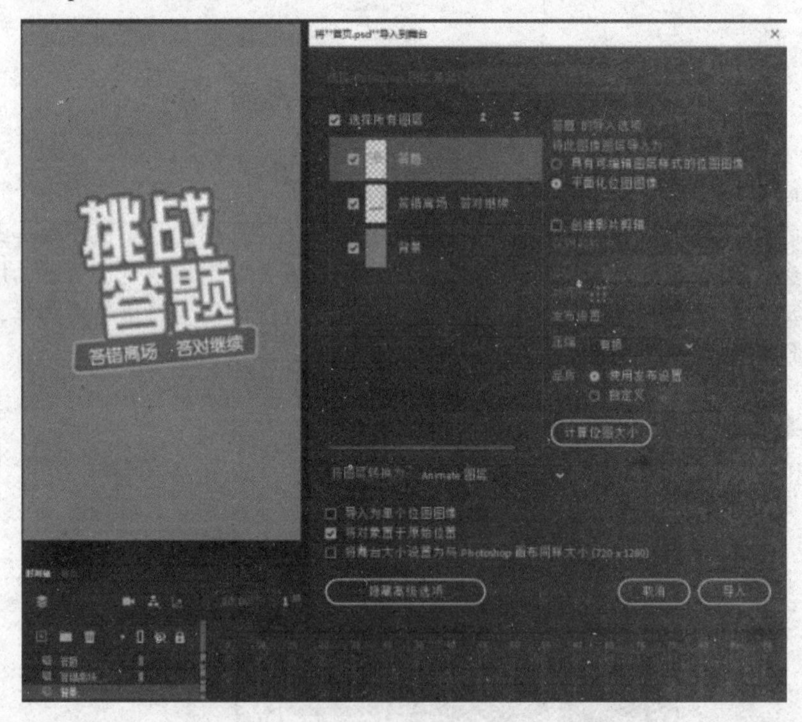

图　5-3-2

（2）选择挑战答题和答错离场部分，转换为“首页动画”图形元件，并整理图层，如图 5-3-3 所示。

（3）选择“背景”图层，在第 85 帧处按 F5 键延长背景播放时间，选择“挑战答题”图层，在第 15 帧处按 F6 键插入关键帧，在第 1 帧处，对其属性进行设置，如图 5-3-4 所示，使其变大，变成透明，在第 1～第 15 帧之间创建传统补间动画。

（4）在第 40 帧处插入关键帧，右击第 1 帧，在弹出的快捷菜单中选择“复制帧”命令，在第 55 帧处右击，在弹出的快捷菜单中选择“粘贴帧”命令，将第 1 帧粘贴到第 55 帧，然后在第 40～第 55 帧之间创建传统补间动画，如图 5-3-5 所示。

图　5-3-3

图　5-3-4

图　5-3-5

（5）新建图层，选择“文件”→“导入”→“导入到舞台”命令，选择素材文件夹中的“答题页面.psd”，在打开的对话框中选择除背景层之外的所有图层，单击“导入”按钮，如图 5-3-6 所示。同时选择导入的 3 个图层的第 1 帧，拖动到第 56 帧处。

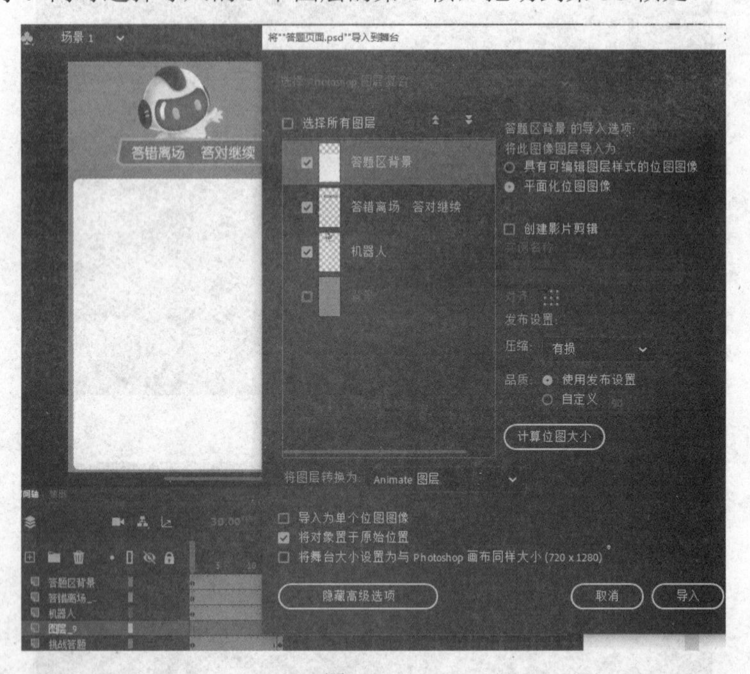

图　5-3-6

（6）选择机器人和矩形文字部分，转换为“机器人”图形元件，如图 5-3-7 所示。将空白图层删除，在“答错离场”图层的第 70 帧处插入关键帧，选择第 56 帧，设置位置，使其位于舞台左边，如图 5-3-8 所示。在第 56～第 70 帧处创建传统补间动画。

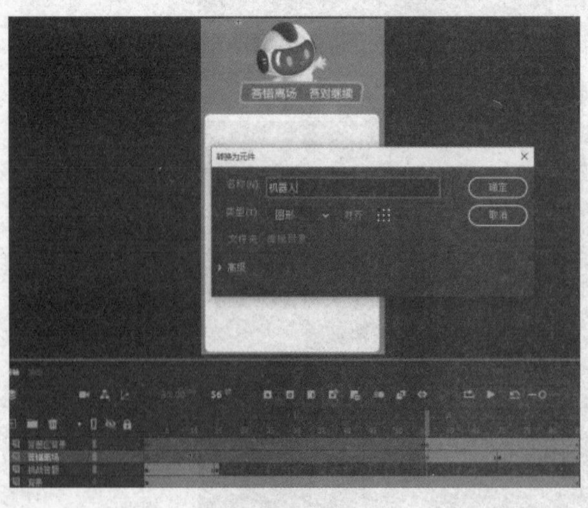

图　5-3-7

图　5-3-8

（7）新建图层“选项按钮”，选择“矩形”工具，绘制一个大小为 580 像素×100 像素的圆角矩形，填充为透明，笔触为蓝色、1 像素，圆角半径为 50，如图 5-3-9 所示。将圆角矩形转换为“按钮”元件，如图 5-3-10 所示。

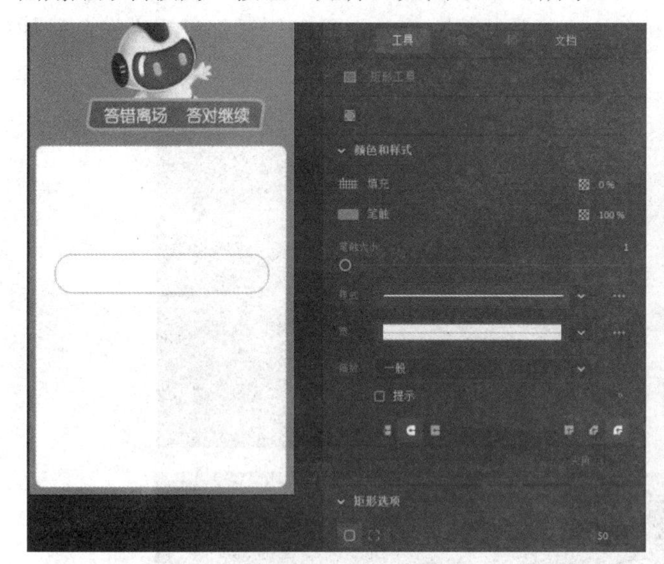

图　5-3-9　　　　　　　　　　图　5-3-10

（8）在“属性”面板中双击“按钮”元件，在“指针经过”帧处插入关键帧，选择边框线，将“笔触大小”设置为 2，如图 5-3-11 所示。在“按下”帧处，选择边框线和填充部分，将填充和笔触都设置为红色，在“点击”帧处插入帧，如图 5-3-12 所示。

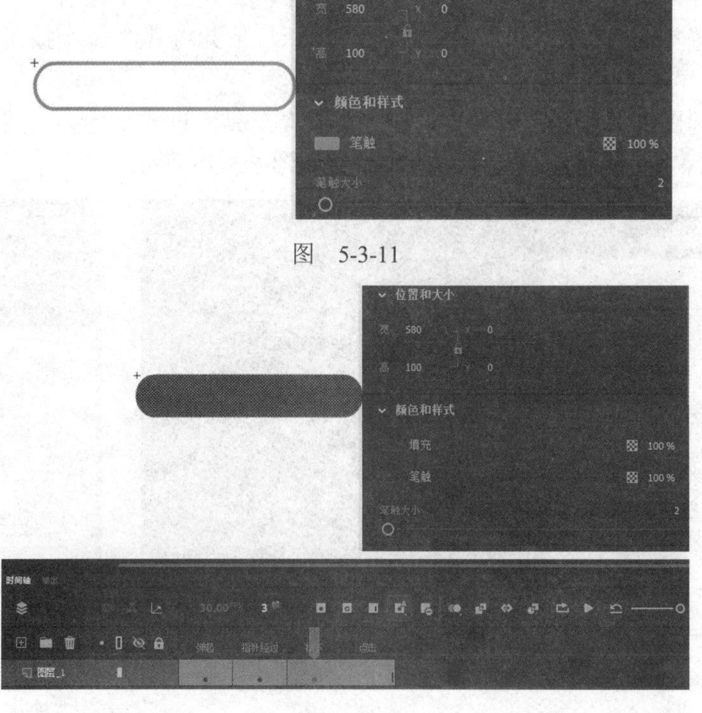

图　5-3-11

图　5-3-12

（9）右击“按钮”元件，在弹出的快捷菜单中选择“直接复制”命令，复制名称为“正确选项按钮”的元件，双击该元件，在“按下”帧处，将其填充和笔触都设置为绿色，如图 5-3-13 所示。

图　5-3-13

（10）返回场景 1，选择“按钮”元件，按 Ctrl+C 组合键复制，按 Ctrl+V 组合键粘贴两次，总共制作出 3 个同样的按钮，作为错误选项按钮，然后在“库”面板中选择“正确选项按钮”元件，拖入到舞台，放在前 3 个按钮下面。选择 4 个按钮，进行对齐；选择第一个按钮，设置实例名称为 m0，如图 5-3-14 所示。依此将其他 3 个按钮设置实例名称为 m1、m2、m3。

（11）新建图层“题目文字”，选择“文本”工具，设置字体为“微软雅黑”，大小为 30，颜色为深灰色，将题目文字输入，效果如图 5-3-15 所示。

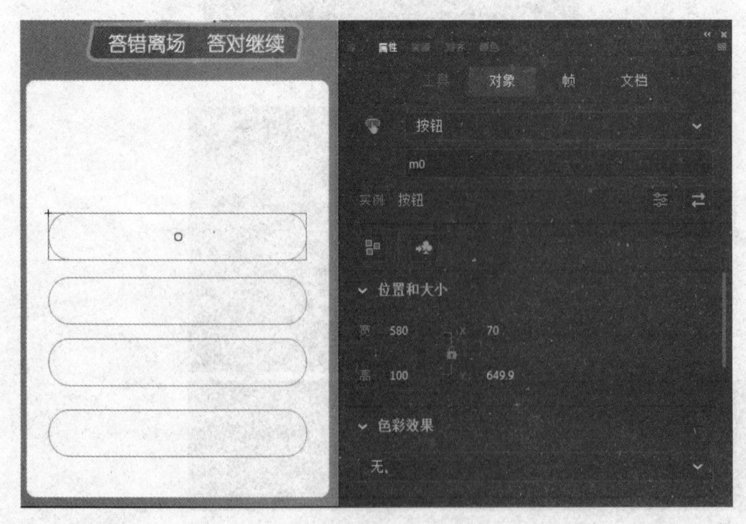

图　5-3-14

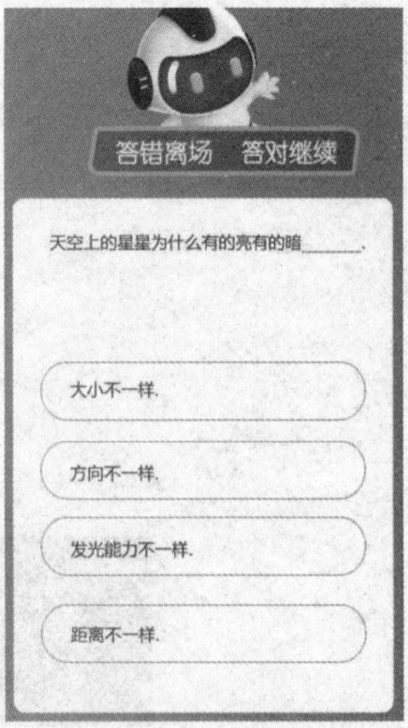

答错离场　答对继续

天空上的星星为什么有的亮有的暗______.

大小不一样.

方向不一样.

发光能力不一样.

距离不一样.

图　5-3-15

（12）新建“结果”图层，在第 71 帧处导入图片“成功”，在第 72 帧处导入图片“失败”。

（13）新建“代码”图层，在第 70 帧处插入空白关键帧，按 F9 键，在打开的“动作”面板中输入代码，如图 5-3-16 所示。

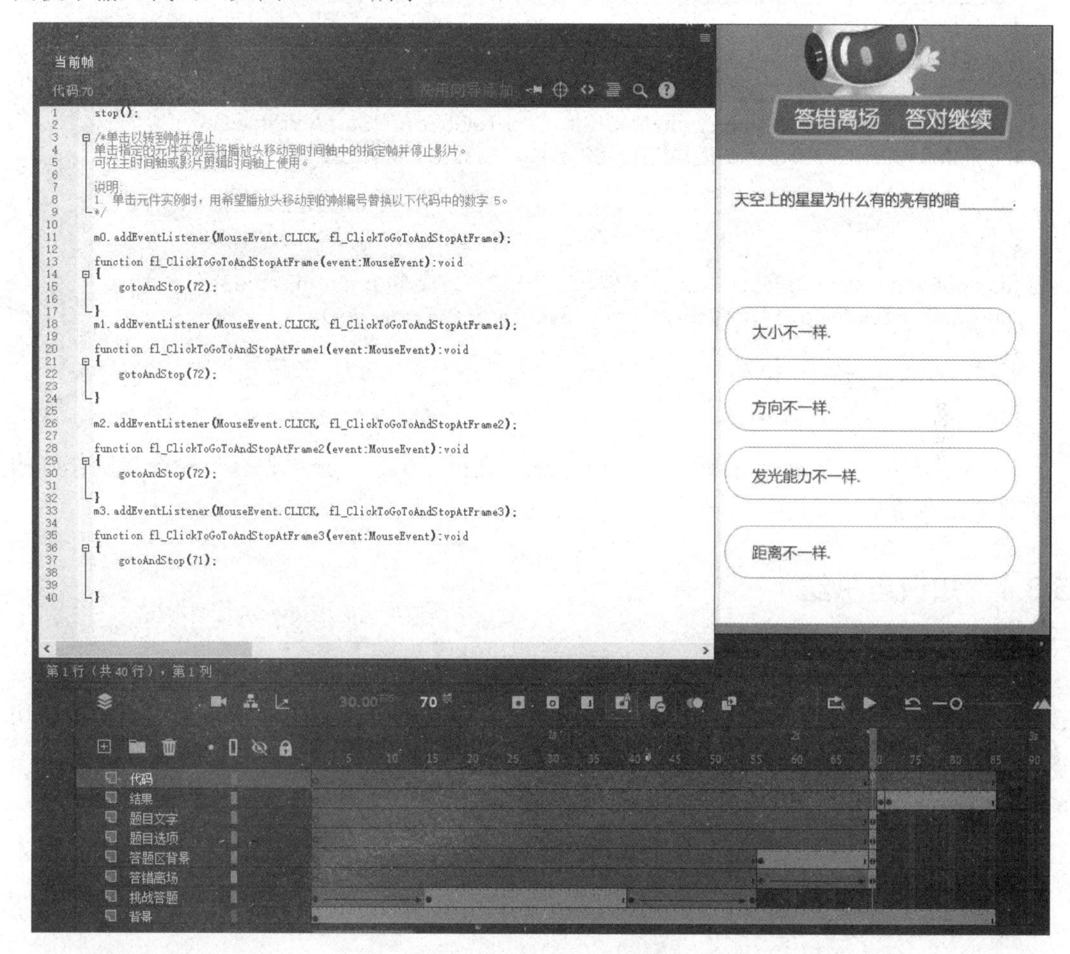

图　5-3-16

代码如下所示。其意思为单击前 3 个不正确选项时，跳转到第 72 帧——失败界面；单击第 4 个正确选项时，跳转到第 71 帧——成功界面。

```
stop();
/*单击以转到帧并停止
单击指定的元件实例会将播放头移动到时间轴中的指定帧并停止影片。
可在主时间轴或影片剪辑时间轴上使用。

说明:
1. 单击元件实例时，用希望播放头移动到的帧编号替换以下代码中的数字 5。
*/
m0.addEventListener(MouseEvent.CLICK, fl_ClickToGoToAndStopAtFrame);
function fl_ClickToGoToAndStopAtFrame(event:MouseEvent):void
{
```

```
  gotoAndStop(72);
}
m1.addEventListener(MouseEvent.CLICK, fl_ClickToGoToAndStopAtFrame1);
function fl_ClickToGoToAndStopAtFrame1(event:MouseEvent):void
{
  gotoAndStop(72);
}
m2.addEventListener(MouseEvent.CLICK, fl_ClickToGoToAndStopAtFrame2);
function fl_ClickToGoToAndStopAtFrame2(event:MouseEvent):void
{
  gotoAndStop(72);
}
m3.addEventListener(MouseEvent.CLICK, fl_ClickToGoToAndStopAtFrame3);
function fl_ClickToGoToAndStopAtFrame3(event:MouseEvent):void
{
  gotoAndStop(71);
}
```

（14）按 Ctrl+Enter 组合键预览动画效果。选择“文件”→“保存”命令将制作好的源文件进行保存。

5.3.4 知识点总结

交互式动画的播放不是从头播到尾的，而是可以接受用户的控制。用户一般通过菜单、按钮、键盘和文字输入等方式来控制动画的播放。本案例是网页中非常常见的一种按钮切换图片动画，主要通过为按钮添加代码来实现图片的切换。常用代码有以下几种。

- stop()：在当前帧进行停止。
- gotoAndPlay()：跳转到某帧并开始播放。
- gotoAndStop()：跳转到某帧并停止播放。
- nextFrame()：跳转到下一帧。
- addEventListener()：添加事件。

5.4 任务 4——制作导航菜单动画

本任务中，济源职业技术学院纪律检查委员会导航是整个网站架构、内容的集中表现，因此导航的主体信息结构及布局应该依照纪检主题的特性展开，所有内容都以此为依据，用清晰、明了的布局引导浏览者方便、快捷地取得所需信息。

5.4.1 实例效果预览

本节实例效果如图 5-4-1 所示。

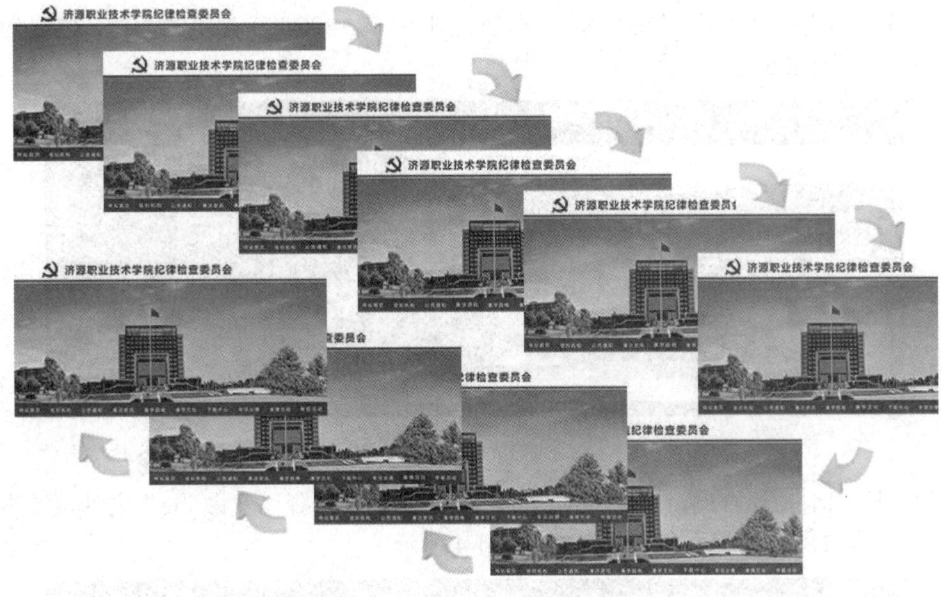

图　5-4-1

5.4.2　技能应用分析

（1）导入 banner 图片，制作出页头部分。

（2）制作出导航按钮元件，鼠标指针经过时，按钮背景由蓝色变为红色，字体变大。

（3）对于有相同元素的多个元件，可以将元件直接复制并进行修改，以提高制作效率。

5.4.3　制作步骤解析

（1）新建一个 Animate 文件，在“属性”面板上设置动画帧频为“FPS：30”，舞台尺寸为 1200 像素×600 像素，舞台颜色为白色。

（2）将“图层_1”重命名为“banner”，按 Ctrl+R 组合键，在打开的“导入”对话框中选择 banner.jpg 文件，单击“打开”按钮，设置图片的位置，如图 5-4-2 所示。

图　5-4-2

（3）新建 head 图层，使用“矩形”工具，绘制一个红色矩形，选中矩形，在“属性”

面板中设置“宽”为 1200，“高”为 8，填充为红色（#A40C09），笔触为无，位置为“X：0，Y：90”，如图 5-4-3 所示。

图　5-4-3

（4）按 Ctrl+R 组合键，在打开的“导入”对话框中选择“党徽.jpg”文件，单击“打开”按钮，设置图片的大小和位置，如图 5-4-4 所示。

图　5-4-4

（5）选择“文本”工具，输入文字“济源职业技术学院纪律检查委员会”，选中文字，在“属性”面板中设置字体为“微软雅黑”，大小为 38，颜色为红色（#A40C09），如图 5-4-5 所示。

图　5-4-5

（6）新建 menu 图层，按 Ctrl+F8 组合键，在打开的“新建元件”对话框中输入元件“名称”为“蓝底”，将“类型”设置为“图形”，单击“确定”按钮，然后使用“矩形”工具绘制矩形，选中绘制的矩形，在“属性”面板中将“宽”设置为 120，将“高”设置为 50，将“笔触颜色”设置为无，将“填充”设置为#0C3AA9，如图 5-4-6 所示。

（7）按 Ctrl+F8 组合键，在打开的对话框中输入“名称”为“红底”，将“类型”设置为“图形”，单击“确定”按钮，然后使用“矩形”工具绘制矩形，选中绘制的矩形，在“属性”面板中将“宽”设置为 120，将“高”设置为 50，将“笔触颜色”设置为无，将“填充”设置为红色，如图 5-4-7 所示。

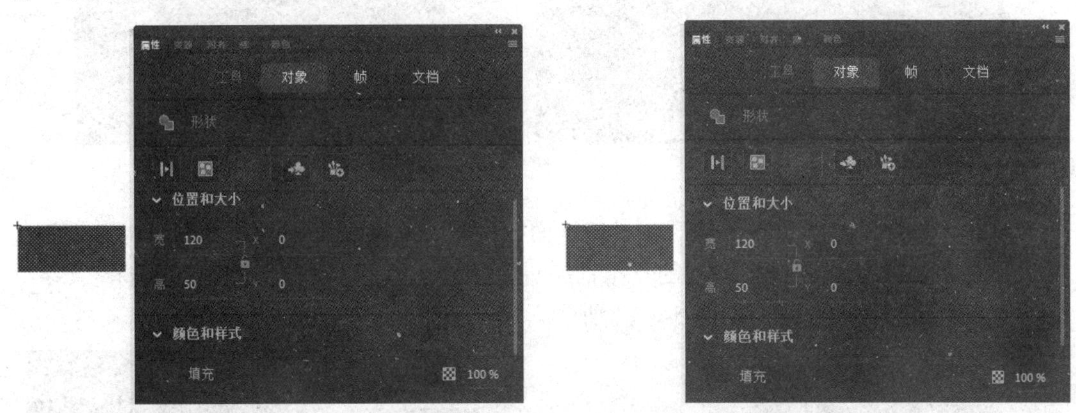

图　5-4-6　　　　　　　　　　　　　　　　图　5-4-7

（8）再次按 Ctrl+F8 组合键，在打开的“创建新元件”对话框中输入“名称”为“文字 1”，“类型”为“图形”，单击“确定”按钮，然后使用“文本”工具输入文字“网站首页”，选中输入的文字，在“属性”面板中设置字符为“微软雅黑”，将“大小”设置为 16，将“填充”设置为白色，如图 5-4-8 所示。

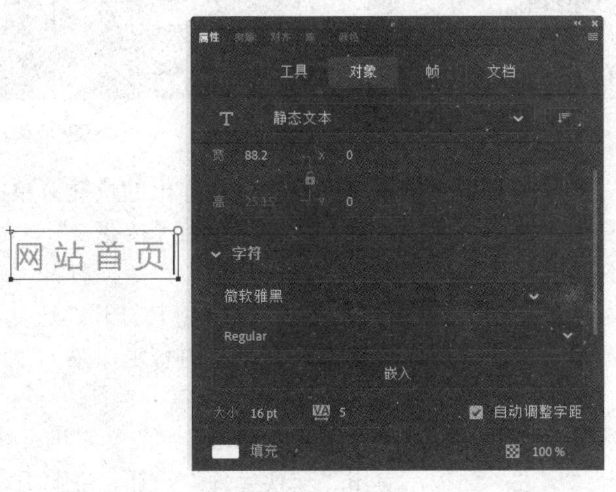

图　5-4-8

（9）继续按 Ctrl+F8 组合键，在打开的“创建新元件”对话框中，输入“名称”为“按钮 1”，“类型”设置为“按钮”，单击“确定”按钮，在“库”面板中将“蓝底”元件拖到舞台中并调整位置，如图 5-4-9 所示。

（10）新建“图层_2”，在该图层的“指针经过”处插入关键帧，在“库”面板中将“红底”元件拖至舞台，在舞台中调整位置，使两个矩形完全重合，如图 5-4-10 所示。

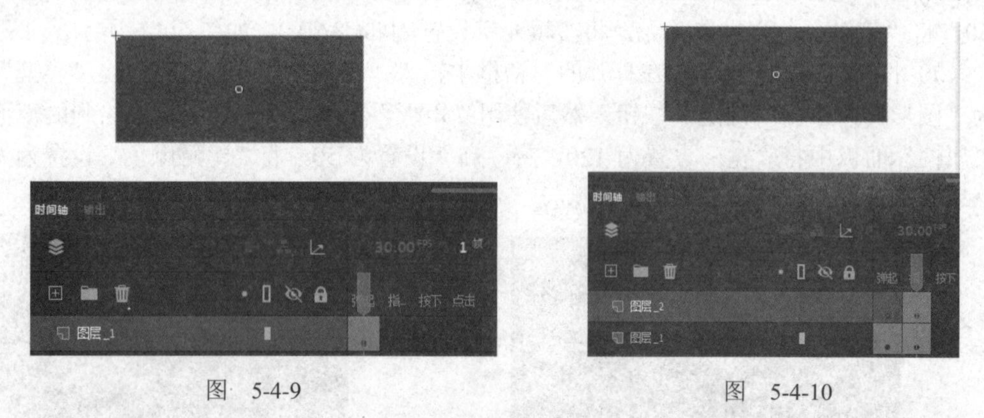

图　5-4-9　　　　图　5-4-10

（11）新建“图层_3”，然后在“库”面板中将“文字 1”元件拖到舞台中并调整位置，如图 5-4-11 所示，在该图层的“指针经过”帧处，按 F6 键插入关键帧，调整文字大小，使其比原来稍大一些，如图 5-4-12 所示。

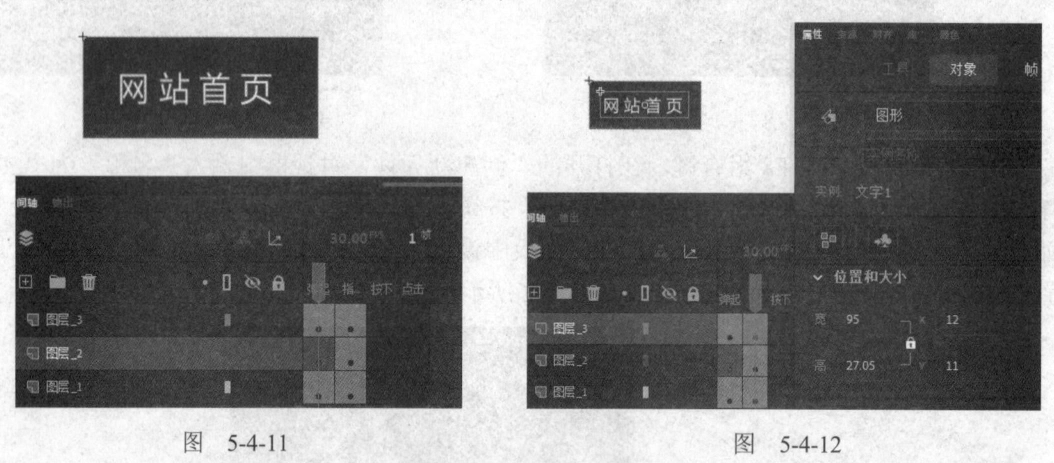

图　5-4-11　　　　图　5-4-12

（12）在“库”面板中右击“按钮 1”元件，在弹出的快捷菜单中选择“直接复制”命令，打开“直接复制元件”对话框，输入“名称”为“按钮 2”，如图 5-4-13 所示。右击“文字 1”，在弹出的快捷菜单中选择“直接复制”命令，打开“直接复制元件”对话框，输入“名称”为“文字 2”，双击“文字 2”元件将其打开，选择“文本”工具，在原来文字的位置单击，输入文字“组织机构”，将文字内容由原来的“网站首页”改为“组织机构 ”。

（13）双击“按钮 2”元件将其打开，对“按钮 2”中的文字进行修改，选择“图层_3”的“弹起”帧，打开“属性”面板，单击“交换元件”按钮，在打开的“交换元件”对话框中选择“文字 2”，单击“确定”按钮，如图 5-4-14 所示。选择“图层_3”的“指针经过”帧，打开“属性”面板，单击“交换元件”按钮，在打开的“交换元件”对话框中选择“文字 2”，单击“确定”按钮。至此，“按钮 2”中的文字通过交换元件的方法完成修改。

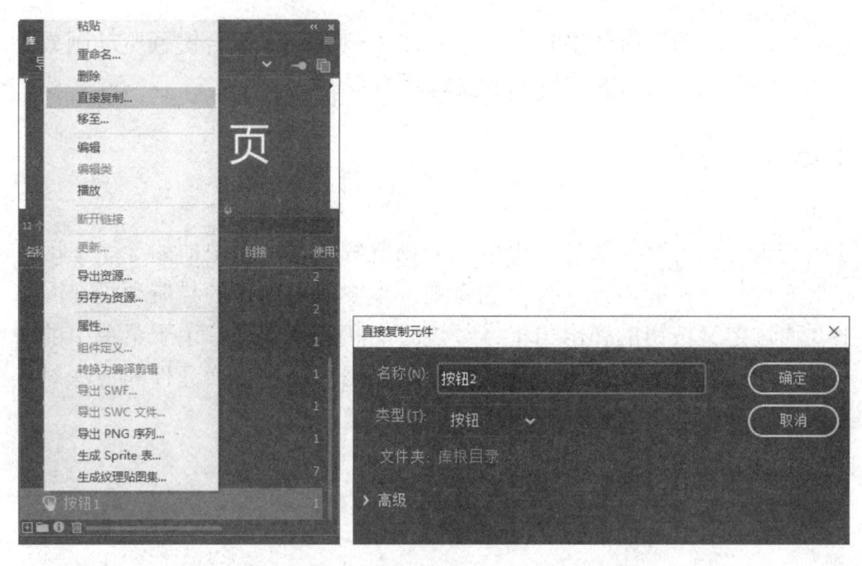

图　5-4-13

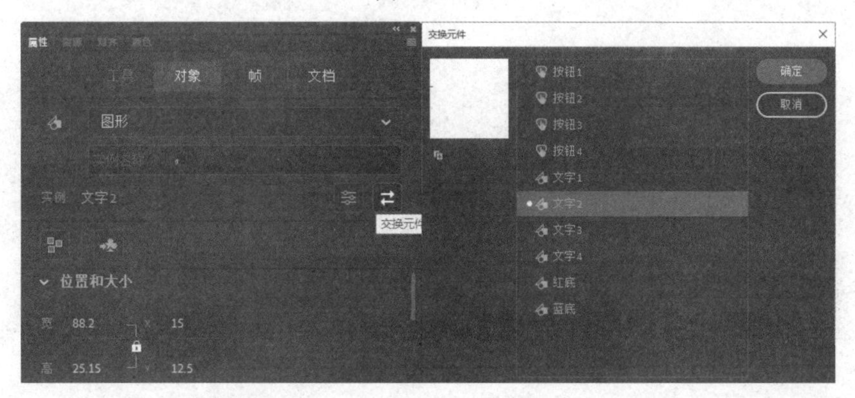

图　5-4-14

（14）使用同样的方法，复制出“文字 3”至“文字 10”元件，将文字内容分别改为“公告通知”“廉洁资讯”“廉学园地”“廉学文化”“下载中心”“专项治理”“廉情互动”“专题活动”；复制出“按钮 3”至“按钮 10”元件，并对元件进行修改。返回场景中，在“库”面板中将“按钮 1”至“按钮 10”元件依次拖入舞台，并调位置和大小，如图 5-4-15 所示。

图　5-4-15

（15）至此，网站的导航效果制作完毕。按 Ctrl+Enter 组合键预览动画效果，然后选择“文件”→“保存”命令将制作好的源文件进行保存。

5.4.4 知识点总结

好的导航动画可以为网页加分，也可以为浏览者带来方便快捷的导航作用。动态导航不应该设计得太过复杂，应该设计得更加直观。本案例中制作的导航动画在网络上应用非常广泛，主要通过定义按钮的弹出与指针经过时的状态来实现。由于菜单中的所有按钮都是类似的，可以对已经做好的按钮进行直接复制，然后通过交换元件的方法对按钮中的文字进行修改，达到事半功倍的效果。

项目 6　多媒体作品创作

时下流行的二维动画短片、片头动画、网络动画等集构图、画面、情节、音乐等多种形式为一体，借助它，创作者可以诠释自己内心的情感，而这正是二维动画的魅力所在。

6.1　任务 1——制作传统节日宣传动画

本节制作的新年宣传动画选用喜庆的红色作为主体颜色，多处使用剪纸、灯笼、十二生肖等具有传统风格的元素，在十二生肖元素滚动出现的最后，龙的形象逐渐变大，突出“龙”年的主题。在制作过程中，主要使用传统补间动画、元件的属性设置等相关知识。

6.1.1　实例效果预览

本节实例效果如图 6-1-1 所示。

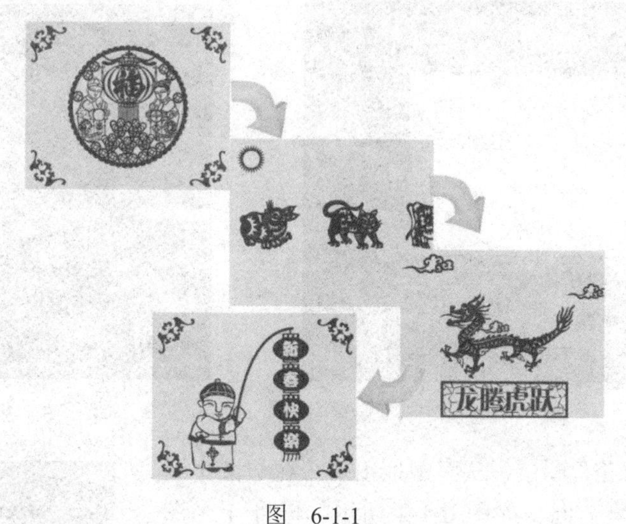

图　6-1-1

6.1.2　技能应用分析

在本实例的制作过程中，将导入的位图作为影片中的窗户纸，然后绘制出各种图形并使用导入的位图填充各图形间的空隙，再编辑完成各种动画。

（1）利用各种传统剪纸风格的图形和新年音乐，展现传统佳节的喜庆气氛。

（2）对绘制的图形做精细编辑处理，使其与背景更好地融合，并编辑出细致、活泼的剪纸动画效果。

（3）设计此类贺卡时，要善于利用吉祥的主题文字，并在图形效果上保持传统的画面风格，让庆祝新年的气氛热烈洋溢。

6.1.3　制作步骤解析

（1）开启 Animate 2022 并创建一个空白的文档（ActionScript 3.0），设置影片的尺寸为宽 500 像素、高 400 像素。

（2）将“图层_1”改名为“取景框”，延长该图层的显示帧到第 500 帧，在该图层中绘制一个长大于 500、宽大于 400 的黑色矩形，再绘制一个长度为 500、宽度为 400，X 和 Y 位置分别为 0 的白色矩形，然后删除白色矩形，形成一个显示舞台的镂空黑框，然后将该图层设置为“轮廓”显示方式并锁定该图层，如图 6-1-2 所示。

（3）选择“文件”→“导入”→“导入到库”命令，将配套素材中的声音文件和位图文件导入影片的元件库。

（4）在“取景框”图层下方插入一个新的图层，将其命名为“窗纸”，从元件库中将导入的位图 photo01 拖曳到绘图工作区，调整好其大小和位置，使之正好覆盖住舞台，并将该层锁定。这样在最后完成的影片中，就会产生图形在窗纸上运动的效果，以贴合剪纸画的主题，如图 6-1-3 所示。

图　6-1-2

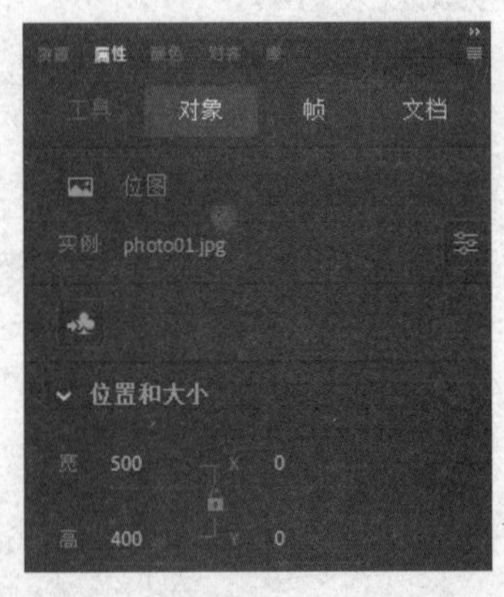

图　6-1-3

（5）新建“窗花”图层，从库中拖出 4 个花边图案至舞台，调整花边图案方向，如图 6-1-4 所示，再将 4 个图案全部选中，转换为一个影片剪辑“边花”。

图　6-1-4

（6）在“窗花”图层的第 45 帧、第 60 帧处插入关键帧，将第 60 帧处的“窗花”元件的 Alpha 值设置为 0%，创建第 45～第 60 帧之间的传统补间，得到边花淡出的动画效果，如图 6-1-5 所示。

（7）新建“福”图层，拖入“福.psd”文件，然后将其转换为一个影片剪辑“福”。双击鼠标，进入该元件的编辑窗口，将福字的图案再转换为一个影片剪辑并命名为“福字”，然后依次将图层的第 10 帧、第 22 帧、第 66 帧转换为关键帧。

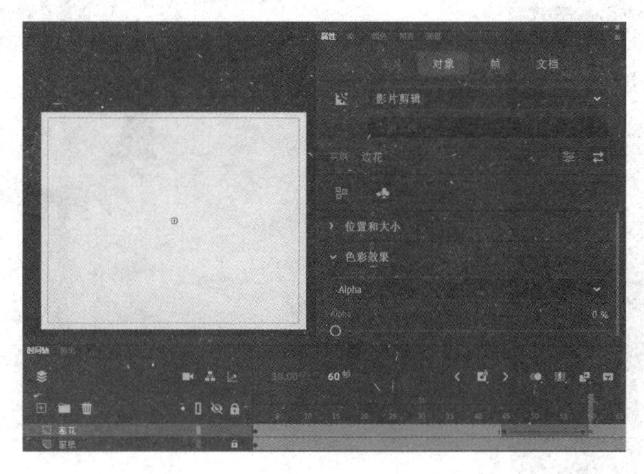

图　6-1-5

（8）选中第 1 帧中的影片剪辑“福字”，修改其大小为原来的 10%，然后创建补间动画，得到图案逐渐放大的动画效果。

（9）选中第 22 帧，为其添加传统补间动画，设置缓动为 Classic Ease，强度值为-100，旋转为顺时针，如图 6-1-6 和图 6-1-7 所示。

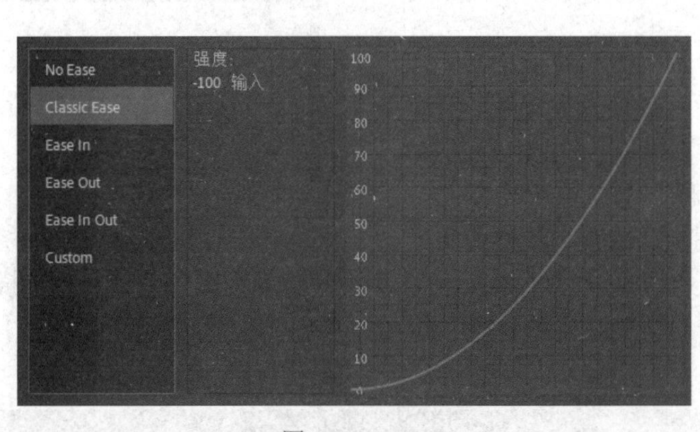

图　6-1-6

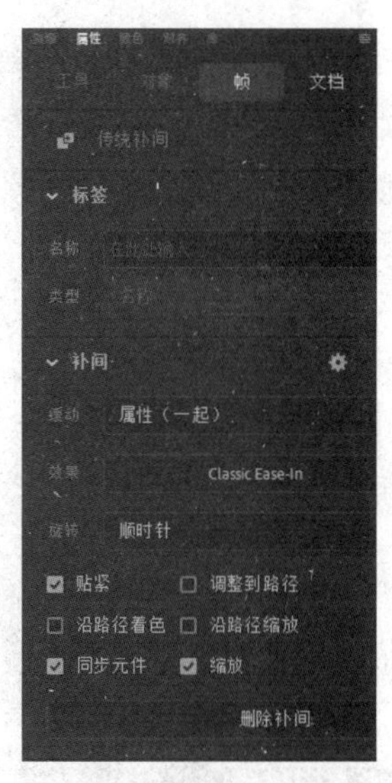

图　6-1-7

（10）选中第 66 帧中的影片剪辑，通过“属性”面板为其添加一个模糊的滤镜效果，设置模糊为 30，再修改其透明度为 0%，如图 6-1-8 所示。然后在第 46 帧处插入一个关键帧，修改其透明度为 100%，这样就得到了影片剪辑“福字”旋转模糊淡出的动画效果。

（11）新建图层，重命名为“太阳”，在该图层的第 46 帧处，对照下方的图案绘制出一个太阳的图形，然后将其转换为一个影片剪辑“太阳”，如图 6-1-9 所示。

（12）进入影片剪辑“太阳”的编辑窗口，将第 2 帧转换为关键帧，并将其中的图形旋转 6°，这样在影片播放时，就得到了太阳不停旋转的动画效果，如图 6-1-10 所示。

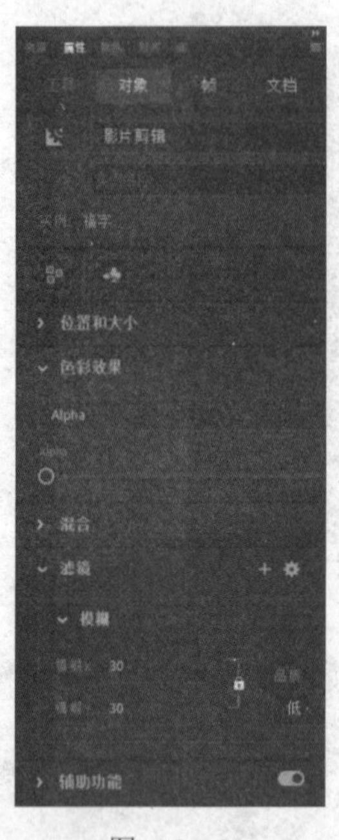

图　6-1-8

图　6-1-9

图　6-1-10

（13）回到影片剪辑“福”的编辑窗口中，编辑出影片剪辑“太阳”淡入的动画，然后通过“动作”面板为第 66 帧添加动作代码 stop();（该元件停止播放），如图 6-1-11 所示。

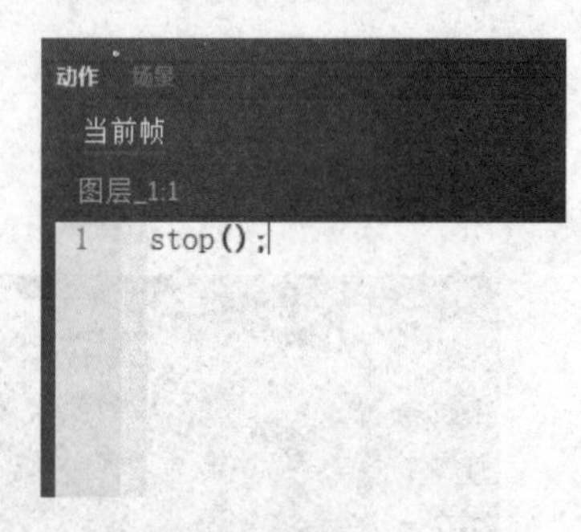

图　6-1-11

（14）回到主场景中，将“福”图层的影片剪辑拖动到第 25 帧，将第 90 帧、第 100 帧转换为关键帧，然后将第 100 帧中的影片剪辑移动到舞台的左上角，缩小至 30%。再选中第 90 帧创建传统补间动画。

（15）新建“十二生肖”图层，在第 100 帧处插入关键帧，将库中的“子鼠”拖到场景中，如图 6-1-12 所示。将其转换为影片剪辑元件“横向移动”，双击进入该元件，使用“对齐”工具将十二生肖动物按照顺序依次摆放，如图 6-1-13 所示。

图　6-1-12

图　6-1-13

（16）拉动所有的生肖动物，使“子鼠”处在场景的正中间，并将所有的动物全部框选，转换为图形元件1，如图6-1-14所示。

图　6-1-14

（17）在第80帧处插入关键帧，将元件1拉到场景外，如图6-1-15所示。在第1帧与第80帧之间创建传统补间。

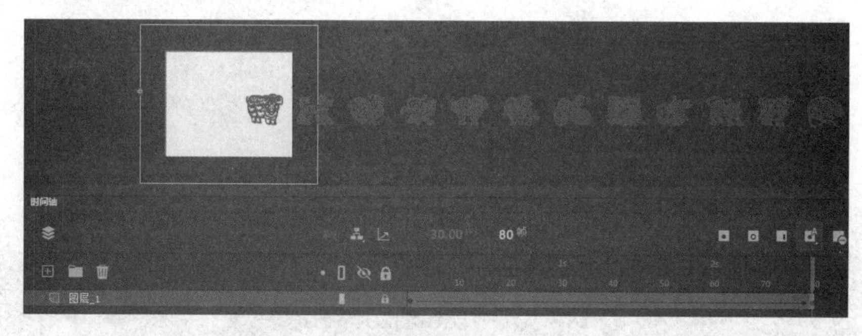

图　6-1-15

（18）新建“图层_2”，在第55帧处插入关键帧，再次拉动元件1到场景中，其与“图层_1”中元件1的相对位置如图6-1-16所示。

图　6-1-16

（19）在第105帧处插入关键帧，向右拉动元件1，使“辰龙”处于场景正中间，在第55帧与第105帧之间创建传统动画。在第120帧处插入关键帧，在“属性”面板中将元件 1 的 Alpha 值设置为 0%，创建第 105～第 120 帧之间的传统动画。

（20）新建“图层_3”，在第 120 帧放置“辰龙”图案，并将其转换为元件，分别在第 140 帧和第 160 帧处插入关键帧，然后将第 120 帧和 160 帧处的元件 Alpha 值设置为 0%，将第 140 帧的元件放大至 150%，创建第 120 帧、第 140 帧和第 160 帧之间的传统补间，并且在最后一帧处添加代码 stop();（该元件停止播放）。

（21）返回主场景，新建“龙腾虎跃”图层，双击库中元件“龙.psd”，将每个图层的第 5 帧、第 10 帧转换为关键帧，并为它们创建传统补间动画，然后修改每个图层第 5 帧中元件的位置、角度，在影片播放时就得到了龙腾的动画效果，如图 6-1-17 所示。

图　6-1-17

（22）返回主场景，在“龙腾虎跃”图层的第 260 帧处插入关键帧，将影片剪辑“龙.psd”拖入该帧。然后分别在第 320 帧和第 340 帧处插入关键帧，将第 340 帧处“龙”的 Alpha 值设置为 0%。在第 260 帧、第 320 帧和第 340 帧之间创建传统补间。

（23）在主场景中新建“云”图层，在第 260 帧处插入关键帧，将库中素材“云.psd”拖入场景，将其转换为影片剪辑“云”并且放置在场景左侧。然后分别在第 320 帧和第 340 帧处插入关键帧，将第 320 帧处的“云”向右拖动，将第 340 帧的“云”的 Alpha 值设置为 0%。在第 260 帧、第 320 帧和第 340 帧之间创建传统补间。

（24）新建“文字”图层并导入“龙腾虎跃.psd”，将其转换为影片剪辑“龙腾虎跃”。在“文字”图层的第 260 帧处拖入该文字，然后在第 320 帧和第 340 帧处分别插入关键帧，将第 340 帧的文字的 Alpha 值设置为 0%，创建第 320 帧和第 340 帧之间的传统补间，然后删除第 340 帧后面的所有帧，如图 6-1-18 所示。

（25）新建“波浪”图层，在第 360 帧处插入关键帧，在图层中绘制一排同心圆，然后将其转换为一个影片剪辑“波浪”。

图　6-1-18

（26）进入影片剪辑“波浪”的编辑窗口中，将同心圆的图形再转换为一个图形元件“水波”，然后用 39 帧编辑出图形元件“水波”一上一下的动画，使用相同的方法再编辑出两层“水波”波动的动画效果，如图 6-1-19 所示。

图　6-1-19

（27）回到主场景，在“波浪”图层的第 340～第 350 帧之间编辑出影片剪辑“波浪”向上移入舞台的动画效果。

（28）根据影片剪辑“波浪”向上移入舞台的动画，依次编辑出影片“鱼”向上移入舞台的动画，以及影片“年年有余”淡入的动画。在第 400～第 410 帧之间编辑出影片剪辑“年年有余”“鱼”“波浪”淡出的动画，如图 6-1-20 所示。

图　6-1-20

（29）新建“新年快乐”图层，将库中素材“小孩.psd”拖放到舞台左侧，并将其转换为影片剪辑“小孩”。双击进入该元件的编辑窗口，用 4 帧的逐帧动画编辑出灯笼左右扭动的动画效果，如图 6-1-21 所示。

图　6-1-21

（30）回到主场景，在“新年快乐”图层的第 410 帧处插入关键帧，将“小孩”拖入该帧，将第 410 帧的元件放大到 300%，调整元件位置，使其在舞台中只显示一个“新”字的灯笼，在第 420 帧处插入关键帧，调整第 410 帧中“小孩”的 Alpha 值为 0%，在第 410～

第 420 帧之间创建传统补间，实现小孩淡入的效果，如图 6-1-22 所示。

图　6-1-22

（31）在第 450 帧处插入关键帧，修改元件位置，使舞台中只显示一个“乐”字的灯笼。选中第 420 帧，为第 420～第 450 帧创建传统补间动画，如图 6-1-23 所示。

图　6-1-23

（32）在第 480 帧处插入关键帧，将小孩缩小放置舞台中间，为第 450～第 480 帧创建传统补间动画。

（33）编辑“窗花”图层，在第 480 帧和第 500 帧处分别插入关键帧，为第 480～第 500 帧创建传统补间，编辑出图形元件“边花“淡入的动画效果，如图 6-1-24 所示。

图　6-1-24

（34）将“福”图层第 260 帧后面的所有帧删除。选中取景框第 500 帧，按 F6 键插入关键帧，为其添加动作代码 stop();（影片停止播放）。

（35）选中“取景框”图层的第 1 帧，将库中声音素材 music 拖放至舞台，设置同步为“事件”“循环”模式，如图 6-1-25 所示。

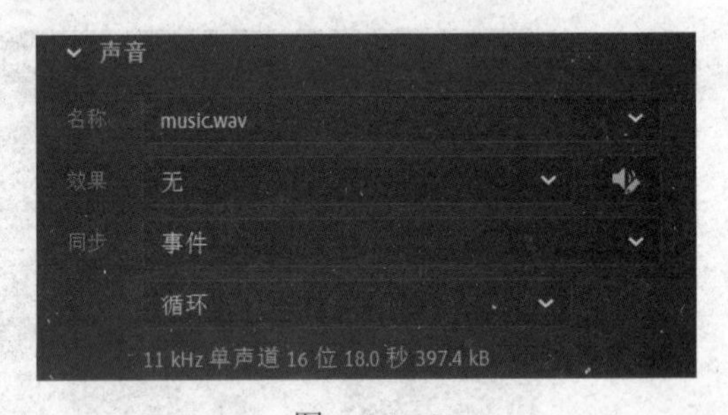

图　6-1-25

（36）保存文件，然后测试影片。

6.1.4　知识点总结

本实例的制作主要使用了传统补间动画，通过更改对象的位置、大小及透明度属性完成动画效果。制作传统补间动画的方法是，先在时间轴的不同帧的位置设定好关键帧（每个关键帧都必须是同一个对象），之后在关键帧之间选择传统补间，即可完成动画制作。如果一个对象中需要做动画的部位有多个，则需要将这些部位分别放置到不同的图层，并对各个部位进行动画设置。设置过程中需要注意各个部位之间的协调。例如，在本实例影片剪辑“龙”的编辑中，就是将“龙头”“龙身”“龙尾”“龙爪 1”“龙爪 2”“龙爪 3”

“龙爪 4”分别放到不同的图层，各自完成传统补间动画的动作。编辑时应注意各个部位的协调，最后完成龙腾的效果，如图 6-1-26 所示。

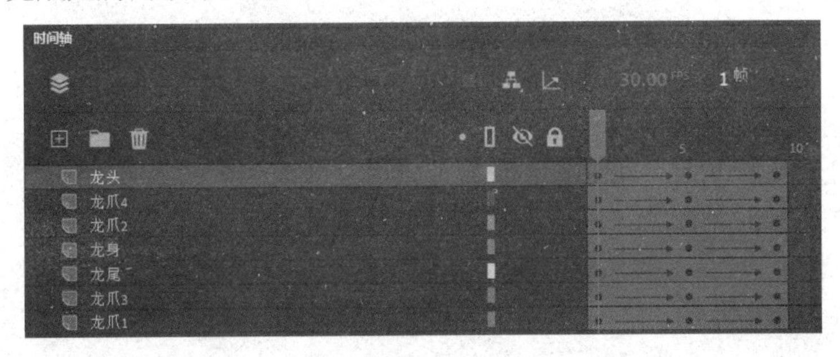

图　6-1-26

6.2　任务 2——制作《愚公移山》动画短片

动画短片是二维动画很重要的表现形式之一，或者以动画的形式来讲述一个故事，或者用故事情节阐述一首歌曲的情感。本实例改编自传说故事《愚公移山》，分成若干个场景完成。动画中细节较多，如人物对话时的表情、动作，各个场景的布置，人物对话配音等，制作时需要更多的耐心和细心。

6.2.1　实例效果预览

本节实例效果如图 6-2-1 所示。

图　6-2-1

6.2.2　技能应用分析

（1）根据传说故事进行动画脚本的创作。

（2）运用基本动画形式重点完成人物细节，如对话、表情等。

（3）整个动画较长时，可在适当位置将动画分成若干个场景来实现。

（4）根据人物对话配音，制作人物对话的动画效果。

6.2.3　制作步骤解析

（1）选择“文件”→“打开”命令，打开配套素材“愚公移山素材.fla”文件，修改文档的帧频为12 fps。将“图层_1”重命名为“取景框”，绘制一个比舞台大的白色矩形，然后在白色矩形旁边绘制一个550×400 的黑色矩形，在“属性”面板中将黑色矩形的位置设置为“X：0，Y：0”，利用“同色相焊接，异色相剪切”的属性，再次删除黑色矩形，就得到了与窗口一样的白色矩形，如图 6-2-2 所示，将该图层的显示方式设置为轮廓显示，延长至第 430 帧，如图 6-2-3 所示。

图　6-2-2

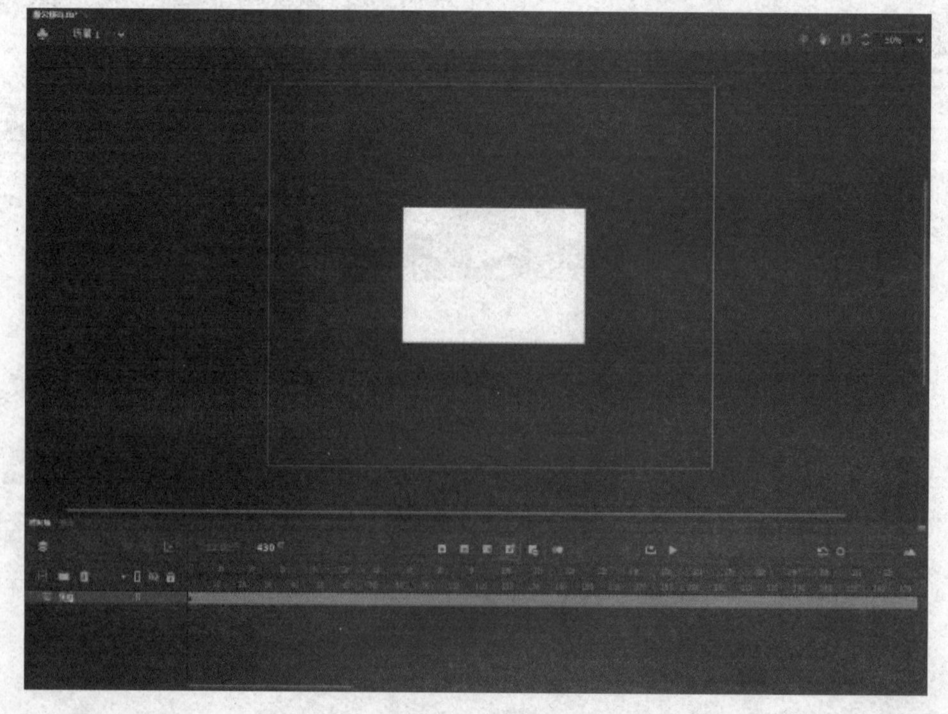

图　6-2-3

（2）新建“背景”图层，从库中拖入相应的背景图片，摆放好相对位置，如图 6-2-4 所示。

图　6-2-4

（3）新建“开始字幕”图层，在第 1 帧处拖入元件“开始字幕”，放到场景合适位置，然后在第 30 帧、第 85 帧、第 100 帧处分别插入关键帧。修改第 1 帧、第 100 帧的“开始字幕”元件的“透明度”为 0%，创建第 1～第 30 帧、第 85～第 100 帧之间的传统补间，在第 101 帧处插入空白关键帧，实现字幕的淡入和淡出效果，如图 6-2-5 所示。

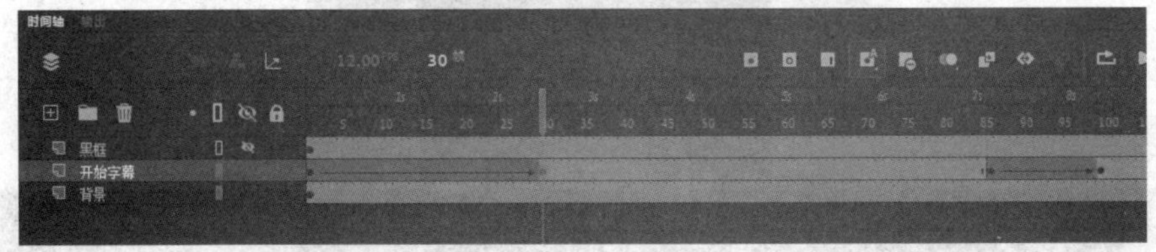

图　6-2-5

（4）在“背景”图层的第 110 帧、第 130 帧处分别插入关键帧，将第 130 帧的背景放大移动，使画面中的房屋处于画布的中间位置，实现镜头向前推动，移动到房屋部分的效果如图 6-2-6 所示。在第 146 帧处插入关键帧，将此帧上背景的透明度设置为 0%，使其淡出场景。创建第 110～第 130 帧、第 130～第 146 帧之间的传统补间动画，在第 147 帧处插入空白关键帧，结束这一个背景的显示。此时的时间轴如图 6-2-7 所示。

（5）新建“背景音乐”图层，在第 2 帧处插入关键帧，将库中音乐 beijing 插入场景，设置属性中的“同步”为“事件”“重复”。

图　6-2-6

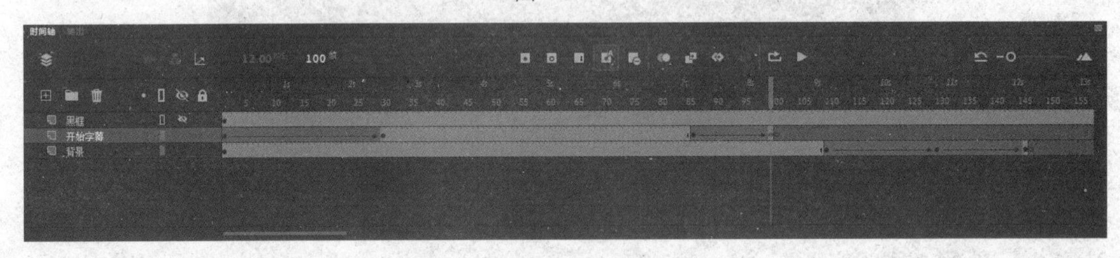

图　6-2-7

（6）新建影片剪辑元件“愚公”，将库中人物文件夹中元件 39～元件 46 的头、右手、左手、眼睛等分别放置在不同的图层，并利用逐帧动画制作愚公说话的效果，如图 6-2-8 所示。

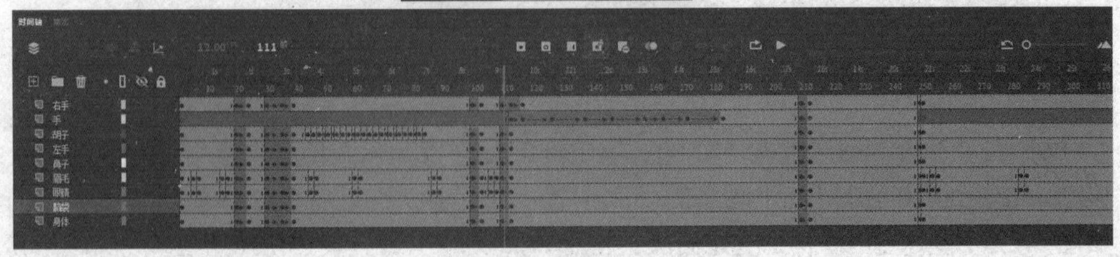

图　6-2-8

（7）新建影片剪辑元件“愚公（在窗前）”，先绘制背景，然后拖入元件“愚公”，最后添加“房子”和“窗户”图层，调整图层的顺序，将所有图层延长至第 225 帧，如图 6-2-9 所示。

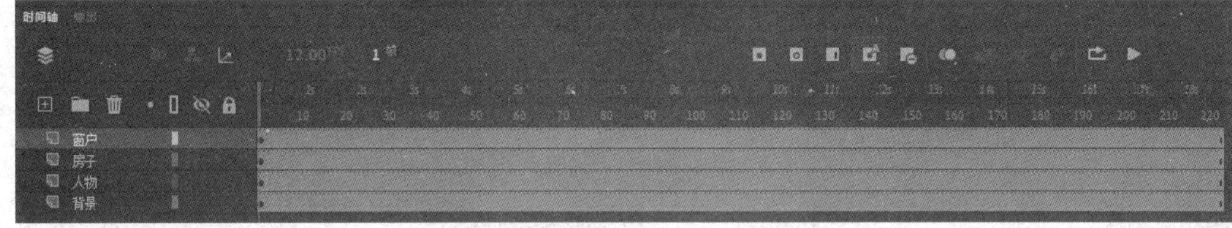

图　6-2-9

（8）返回主场景，新建“愚公”图层，然后将元件“愚公（在窗前）”放置在第 130 帧，在第 310 帧处插入关键帧、第 225 帧处插入空白关键帧，用于制作对话场景，如图 6-2-10 所示。

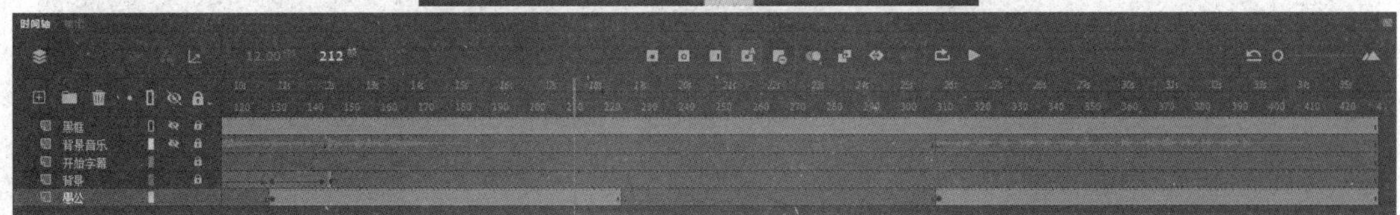

图　6-2-10

（9）新建“儿子 2”影片剪辑元件，将库中“儿子 2 素材”文件夹中的元件分别放置在不同的图层，并利用逐帧动画制作“儿子 2”中人物说话的效果，如图 6-2-11 所示。

（10）新建影片剪辑元件“愚公儿子说话”，将“儿子 2”拖入该元件，新建一个图层，将库中“背景”文件夹中的“墙”拖入该图层，调整相对位置，并延长两个图层至第 100 帧，如图 6-2-12 所示。

（11）返回主场景，新建“愚公儿子”图层，在第 225 帧处插入关键帧，将“愚公儿子”说话放至该帧，在该图层第 310 帧处插入空白关键帧。

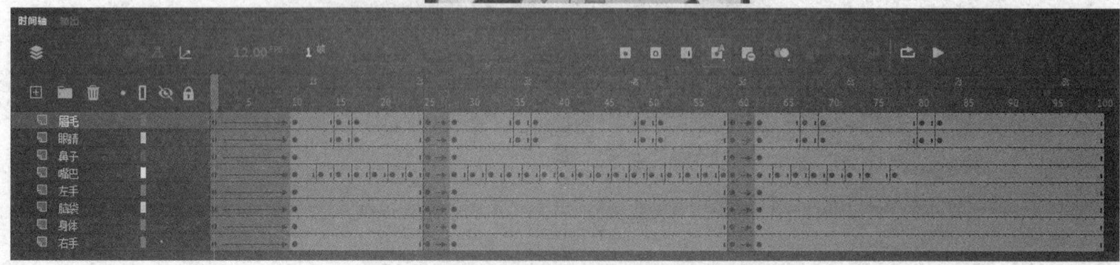

图　6-2-11

图　6-2-12

（12）新建“愚公思考”图层，拖入库中“背景”文件夹下的元件“思考”，然后在第 310～第 317 帧、第 410～第 415 帧间创建元件“思考”淡入淡出的效果，在第 416 帧处插入空白关键帧，如图 6-2-13 所示。

（13）新建“人物配音”图层，在第 170～第 235 帧、第 236～第 396 帧、第 397～第 598 帧间依次插入愚公与他儿子对话的声音片段，在“背景音乐”图层第 146 帧处插入 1101429 声音素材。新建“字幕”图层，在相应的位置依次插入愚公与他儿子对话的内容，如图 6-2-14 所示。

（14）新建 AS 图层，在第 1 帧处将库中“背景”文件夹中的 play 按钮拖放至场景，并在“属性”面板中将按钮实例名称定义为 btn1，如图 6-2-15 所示，同时在该帧处输入文本“愚公移山”作为 MV 动画标题。在第 2 帧处插入空白关键帧，让按钮和标题消失。

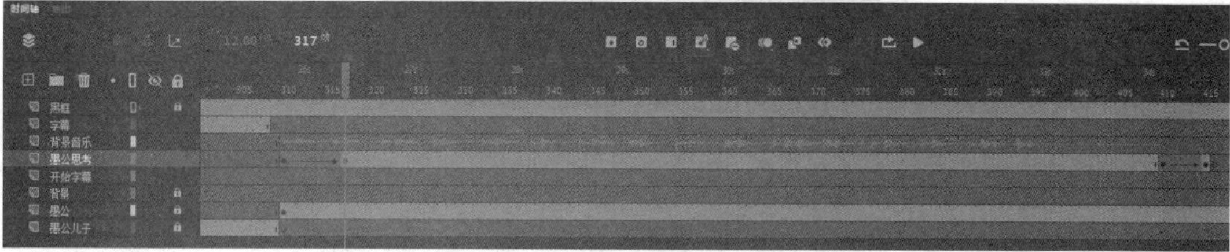

图　6-2-13

图　6-2-14

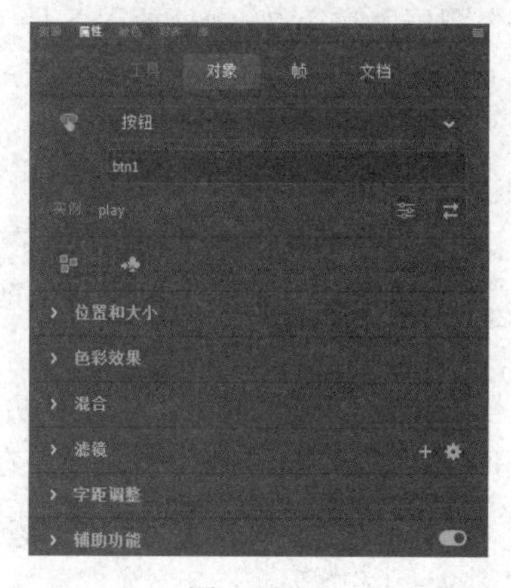

图　6-2-15

（15）在 AS 图层的第 1 帧处添加如下动作脚本。

```
stop();
btn1.addEventListener(MouseEvent.CLICK, fl_ClickToGoToAndPlayFromFrame1);
function fl_ClickToGoToAndPlayFromFrame1(event:MouseEvent):void
{
	gotoAndPlay(2);
}
```

此段脚本实现的功能是：第 1 帧停止，当单击播放按钮时，从第 2 帧开始播放。至此完成愚公与儿子对话的第 1 个场景。

（16）新建场景 2，用同样的方法创建“黑框”图层，并延长该图层至第 170 帧。新建“移山倡议”图层，将元件“移山倡议”放置在该图层的第 1～第 70 帧间，在第 71 帧处插入空白关键帧。新建“背景音乐”图层，在该图层的第 1 帧将音乐文件 1101583 拖入场景，设置“同步”为“数据流”，如图 6-2-16 所示。

图　6-2-16

（17）新建“移山敢死队”图层，在第 71 帧处放入元件“移山敢死队”，并对元件进行放大处理，在第 81～第 110 帧间创建画面逐渐缩小的补间动画，并使该元件显示延长至第 170 帧，如图 6-2-17 所示。

（18）在“背景音乐”图层的第 70 帧处插入关键帧，将库中的声音文件 200992 拖入场景，设置“同步”为“数据流”。新建“人物配音”图层，在第 1 帧处将声音文件 602524 拖放到该层，设置“同步”为“数据流”。至此，完成移山敢死队成立的第二个场景，如图 6-2-18 所示。

（19）新建场景 3，用同样的方法创建“黑框”图层，并延长该图层至第 746 帧。新建“移山镜头”图层，拖入元件 92，将其放置在第 1 帧处。在第 100 帧和第 130 帧处插入关键帧，将第 130 帧处的元件放大、下移，并且设置“透明度”为 0%，在第 100～第 130 帧之间创建传统补间动画，如图 6-2-19 所示。

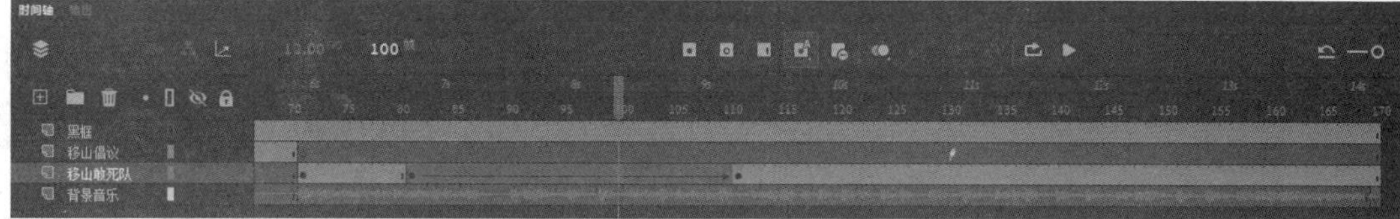

图　6-2-17

图　6-2-18

图　6-2-19

（20）新建“背景音乐”图层，在第 1～第 145 帧间插入 1101575 声音文件。新建“人物配音”图层，在第 1～第 27 帧、第 28～第 74 帧和第 75～第 147 帧间也插入相应的声音效果，如图 6-2-20 所示。

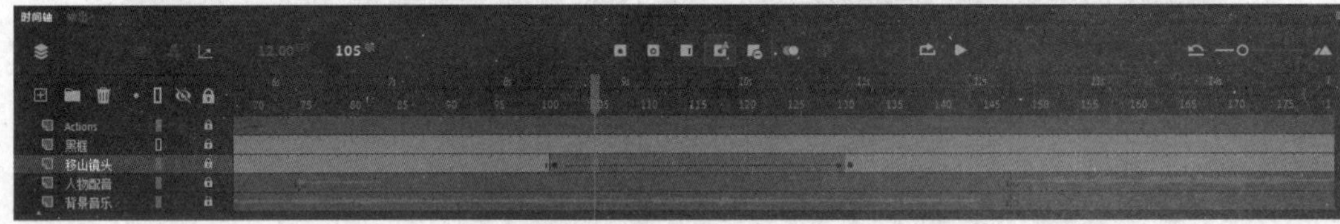

图　6-2-20

（21）参照影片剪辑元件“愚公”和“儿子 2”的制作方法，创建“河曲智叟”元件、“玉帝”元件与“操蛇之神”元件，用于制作后面的动画效果，分别如图 6-2-21、图 6-2-22 和图 6-2-23 所示。

（22）新建影片剪辑元件“愚公与智叟对话”，创建背景图层，然后再新建一个图层，制作智叟由远到近的动画，将图形元件“愚公”放于顶层，并将第 8 帧转换为关键帧，稍微调整愚公的状态，制作愚公与智叟之间的对话场景，如图 6-2-24 所示。

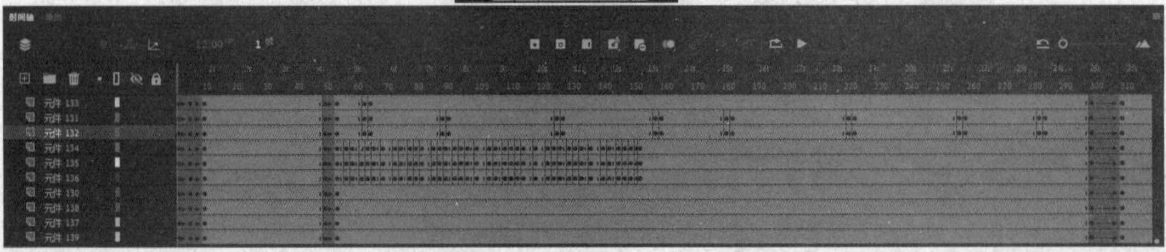

图　6-2-21

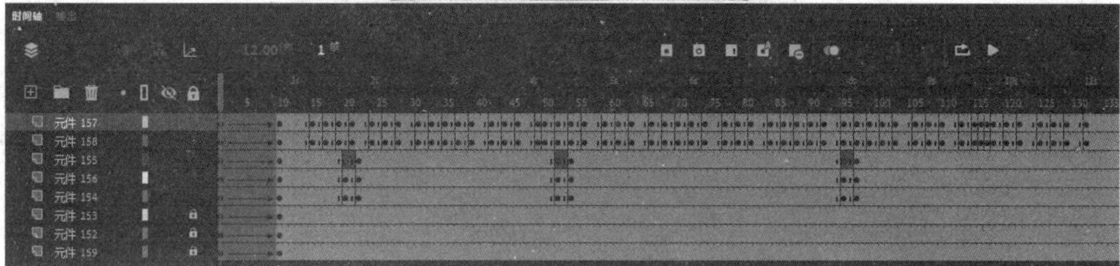

图　6-2-22

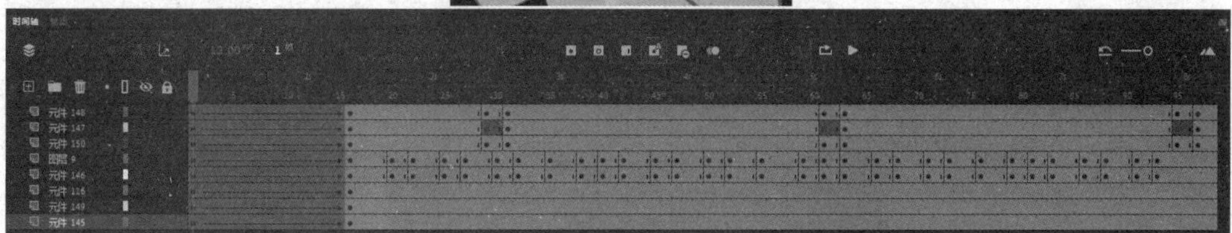

图　6-2-23

图　6-2-24

（23）返回主场景，新建“愚公与智叟”图层，拖入元件“愚公与智叟对话”，将其放置在第 100～第 423 帧间。

（24）选择“字幕”图层，在第 148 帧、第 183 帧、第 198 帧、第 223 帧、第 260 帧、第 297 帧、第 333 帧、第 350 帧、第 372 帧、第 395 帧处分别插入关键帧，输入愚公和智叟对话的内容，在“人物配音”图层相应的位置分别插入两人的对话声音文件，如图 6-2-25 所示。

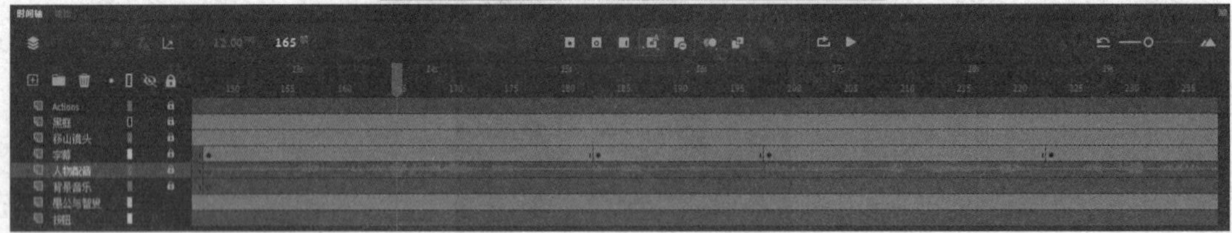

图　6-2-25

（25）新建“过渡字幕”图层，在第 425～第 474 帧间插入图形元件“字幕（若干年后）”，并分别在第 425～第 435 帧、第 464～第 474 帧间制作淡入和淡出动画效果，如图 6-2-26 所示。

若干年后，操蛇之神听到了这个消息，
担心愚公会持续下去，于是急忙禀告玉
帝……

图　6-2-26

（26）新建影片剪辑元件“操蛇之神与玉帝”，创建背景图层，再将步骤（20）制作的“操蛇”与“玉帝”分别拖入不同的图层，制作对话效果，如图 6-2-27 所示。

（27）返回主场景，新建“操蛇与玉帝”图层，在第 474 帧处插入关键帧，将元件“操蛇之神与玉帝对话”拖入场景，在第 477 帧处插入关键帧，延长该图层至第 740 帧处。然后在“字幕”图层的第 490 帧、第 504 帧、第 542 帧、第 588 帧、第 628 帧、第 670 帧处分别插入关键帧，输入操蛇与玉帝对话的内容，如图 6-2-28 所示。

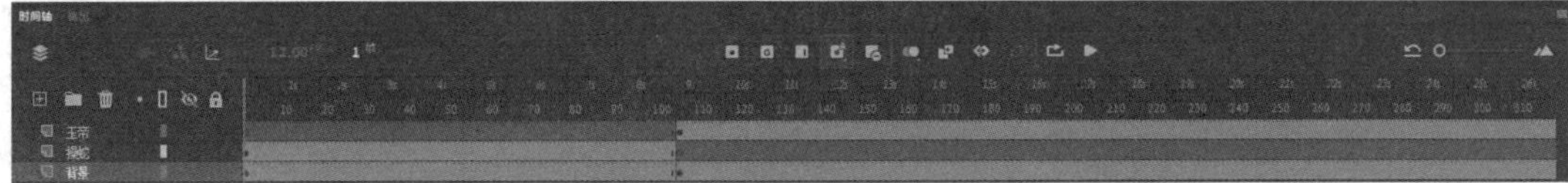

图　6-2-27

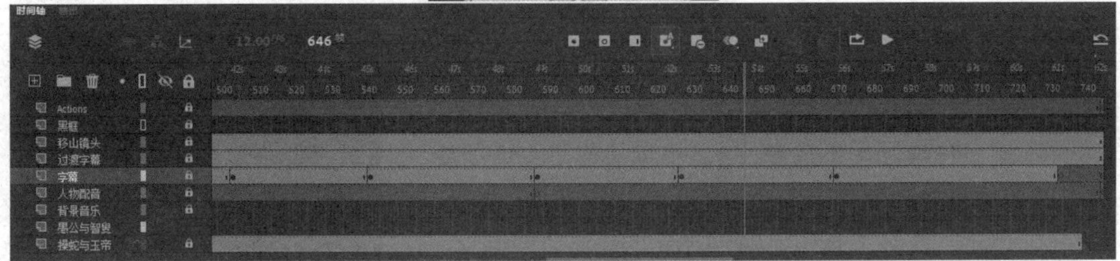

图　6-2-28

（28）在“人物配音”图层的相应位置插入对话声音文件，并设置“同步”为“数据流”，如图 6-2-29 所示。

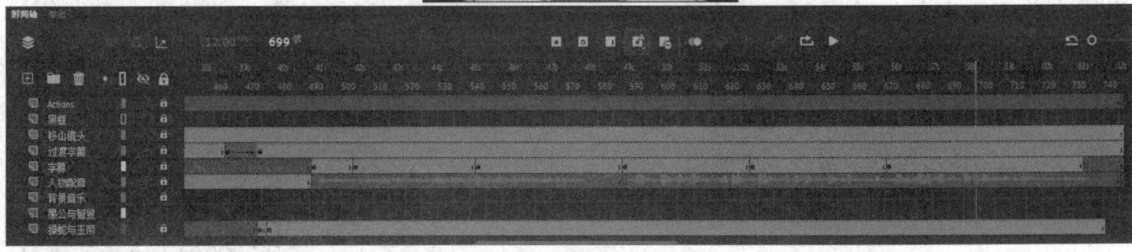

图　6-2-29

（29）新建“结尾字幕”图层，在第 738 帧处插入关键帧，插入元件 195，在第 738 帧和第 746 帧之间实现字幕淡入的动画效果。新建“按钮”图层，在第 746 帧处制作重播按钮，并定义按钮实例名称为 btn2，在该帧处加入如下动作脚本，实现动画的重播。

```
stop();
btn2.addEventListener(MouseEvent.CLICK, fl_ClickToGoToScene_1);
function fl_ClickToGoToScene_1(event:MouseEvent):void
{
	MovieClip(this.root).gotoAndPlay(2, "场景 1");
}
```

（30）最后保存该动画文件，至此愚公移山动画制作完成。

6.2.4　知识点总结

本实例动画较长，为了方便制作和管理，我们采用分场景的方式制作。使用场景可以更好地组织动画。场景的顺序和动画的顺序有关。一个场景就好像话剧中的一幕，在默认情况下依次进行场景动画的播放。

（1）选择“插入”→“场景”命令，或者选择“窗口”→“场景”命令都可以添加新的场景。

（2）“场景”面板如图 6-2-30 所示，在“场景”面板中可以对场景进行以下操作。

① 用鼠标拖动某个场景，然后根据需要上下拖动就可以改变场景排列的先后顺序，这也将影响动画的播放。

② 单击“添加”按钮，可添加新的场景。

③ 单击“复制”按钮，可对所选场景进行复制。

④ 单击“删除”按钮，会打开一个警示对话框，确认是否要删除所选的场景。

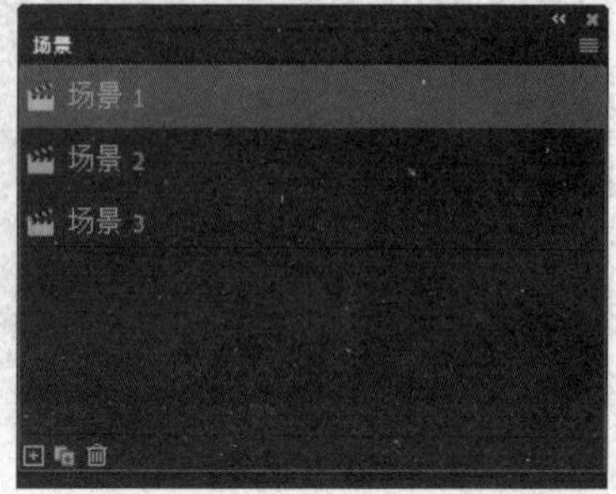

图　6-2-30

⑤ 单击选中某场景，可以进入该场景进行编辑。

⑥ 双击场景名称，可以对场景进行重命名。

6.3　任务 3——制作电子相册

本任务中的电子相册主要使用动作脚本进行控制。下方的缩略图上放置有隐形按钮，当用户单击下面的缩略图时，将在上方显示出对应的大图；当用户单击缩略图左右两侧的箭头按钮时，可以查看更多的缩略图。制作完成后，用户可以通过简单修改该电子相册的动作脚本，添加更多的照片，实现电子相册的扩展。

6.3.1　实例效果预览

本节实例效果如图 6-3-1 所示。

图　6-3-1

6.3.2　技能应用分析

（1）选择几张精心挑选的图片素材，设置相同大小，作为相册的照片。

（2）制作图片的缩览区以及图片的展示区。

（3）为相册添加必要的代码，完成相应的动作。

（4）电子相册具有很强的可扩展性，添加或删除图片简单修改部分脚本即可。

6.3.3　制作步骤解析

（1）新建一个空白 Animate 文档（ActionScript 3.0），设置文档大小为 800 像素×700 像素，设置背景色为灰色，然后将其保存到指定的文件夹中。

（2）将背景及照片素材导入库中（照片已经过处理，大小一致。本实例中图片尺寸为 680 像素×476 像素），然后新建按钮元件“按钮 1”～“按钮 8”，并依次将 photo01～photo08 拖入各个元件的编辑区，位置坐标为“X：0，Y：0”，如图 6-3-2 所示。

图　6-3-2

（3）新建影片剪辑元件，命名为“相册展示”。在其编辑窗口中，将“图层_1”重命名为“起始”图层，单击第 1 帧，从“库”面板中将“按钮 1”元件拖入，如图 6-3-3 所示。

图　6-3-3

（4）新建“起始代码”图层，在第 1 帧处添加动作“stop();”，如图 6-3-4 所示。

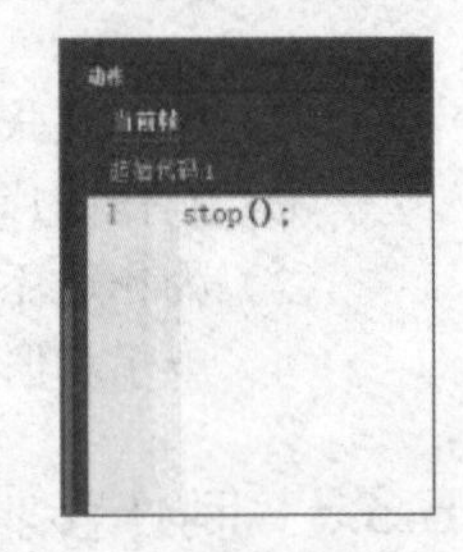

图　6-3-4

（5）新建“图片 1”图层，在第 2 帧处插入关键帧，并拖入“按钮 1”元件，在第 40 帧处插入帧，然后在第 2～第 40 帧之间的任意帧上右击，在弹出的快捷菜单中选择“创建补间动画”命令，并在第 40 帧处右击，在弹出的快捷菜单中选择“插入关键帧”→“全部”命令，如图 6-3-5 所示。

图　6-3-5

（6）新建“动作 1”图层，在第 40 帧处插入关键帧，并添加动作“stop();”，如图 6-3-6 所示。

图　6-3-6

（7）新建“图片 2”图层，在第 41 帧处插入关键帧，并拖入“按钮 2”元件，在第 80 帧处插入帧，然后在第 41～第 80 帧之间的任一帧上右击，在弹出的快捷菜单中选择“创建补间动画”命令，并在第 80 帧处右击，在弹出的快捷菜单中选择“插入关键帧”→“全部”命令，如图 6-3-7 所示。

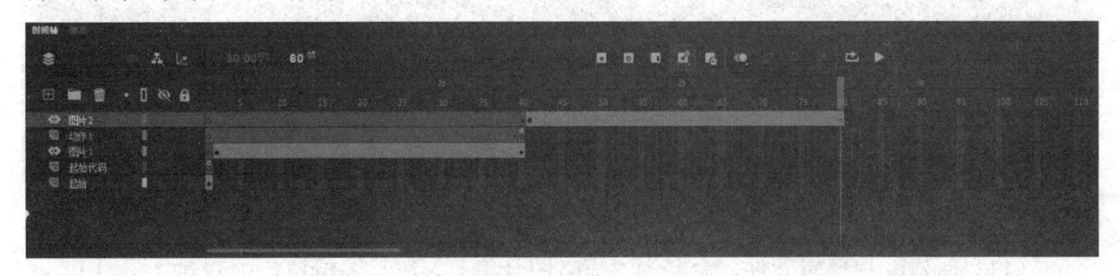

图　6-3-7

（8）选中“图片 2”中第 41 帧处的“按钮 2”按钮元件，打开“属性”面板，设置“色彩效果”下的“亮度”为-100，设置第 80 帧处的图形元件“亮度”为 0%，如图 6-3-8 所示。

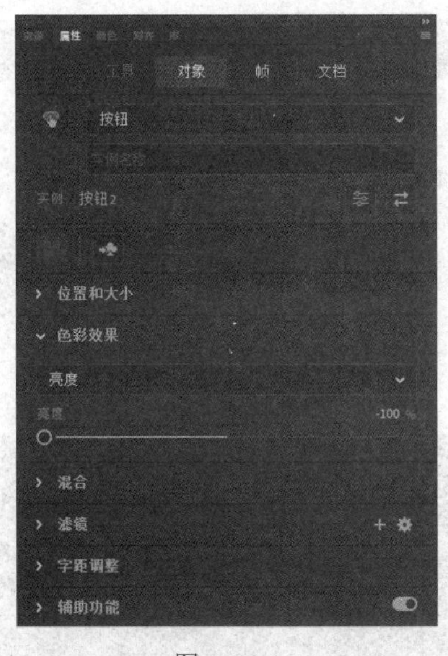

图　6-3-8

（9）新建“动作 2”图层，在第 80 帧处添加动作代码“stop();”。

（10）按照同样的方法，制作其余 6 张图片的动画效果。依次插入“图片 3”“动作 3”……“图片 8”“动作 8”共 12 个图层，设置每张图片的动作长度均为 39 帧，起始位置依次间隔 40 帧，上方都有一个动作图层。也就是说，“图片 3”的起始位置是第 81～第 120 帧，“图片 4”图层的起始位置是第 121～第 160 帧，“图片 5”的起始位置是第 161～第 200 帧，“图片 6”的起始位置是第 201～第 240 帧，“图片 7”的起始位置是第 241～第 280 帧，“图片 8”的起始位置是第 281～第 320 帧。然后选择“动作 3”～“动作 8”图层，在对应图片图层结束位置的帧处添加代码“stop();”。最终的时间轴状态如图 6-3-9 所示。

图　6-3-9

（11）新建影片剪辑元件，命名为“缩略图合集”。在其编辑窗口中新建“图层 1”～“图层 8”，依次分别在每个图层放入“按钮 1”～“按钮 8”元件。设置其“宽”为 150，“高”为 105，打开“对齐”面板，设置所有图片垂直对齐且水平平均间隔分布，如图 6-3-10 所示。

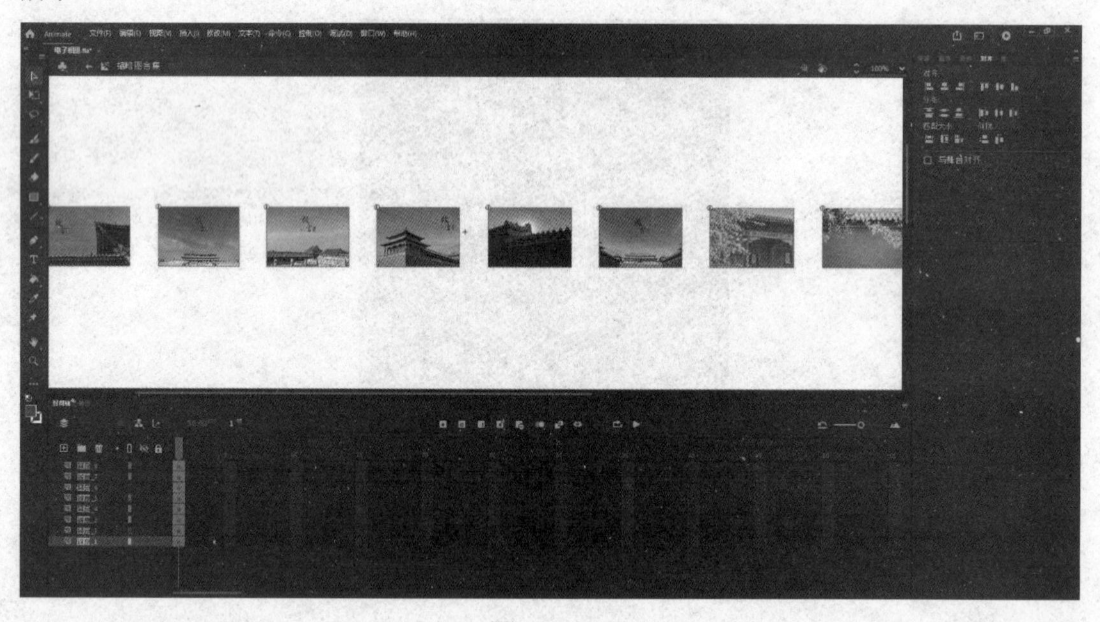

图　6-3-10

（12）分别选择每一个按钮元件，在“属性”面板中分别设置其实例名称为 btn_1～btn_8，如图 6-3-11 所示。

（13）新建按钮元件，命名为“左箭头”。在其编辑窗口中，绘制两个向左的箭头，如图 6-3-12 所示。同样，新建按钮元件“右箭头”，在其编辑窗口中绘制两个向右的箭头。

（14）新建图形元件，命名为“遮罩”。在其编辑窗口中，绘制一个“宽”为 650、“高”为 140 的蓝色矩形，如图 6-3-13 所示。

（15）新建影片剪辑元件，命名为“图片菜单”。在其编辑窗口中新建 3 个图层，从下至上依次命名为“图片”“遮罩”“左右按钮”。然后将“缩览图合集”影片剪辑元件放置在“图片”图层上，将“遮罩”图形元件放置在“遮罩”图层上，将“左箭头”和“右箭头”按钮元件放置在“左右按钮”图层上。然后调整各元件的位置，使得“遮罩”图形元件恰好遮盖住“缩略图集合”影片剪辑元件的前 4 张缩略图，而“左箭头”和“右箭头”按钮元件分别位于“遮罩”图形元件的两端，如图 6-3-14 所示。

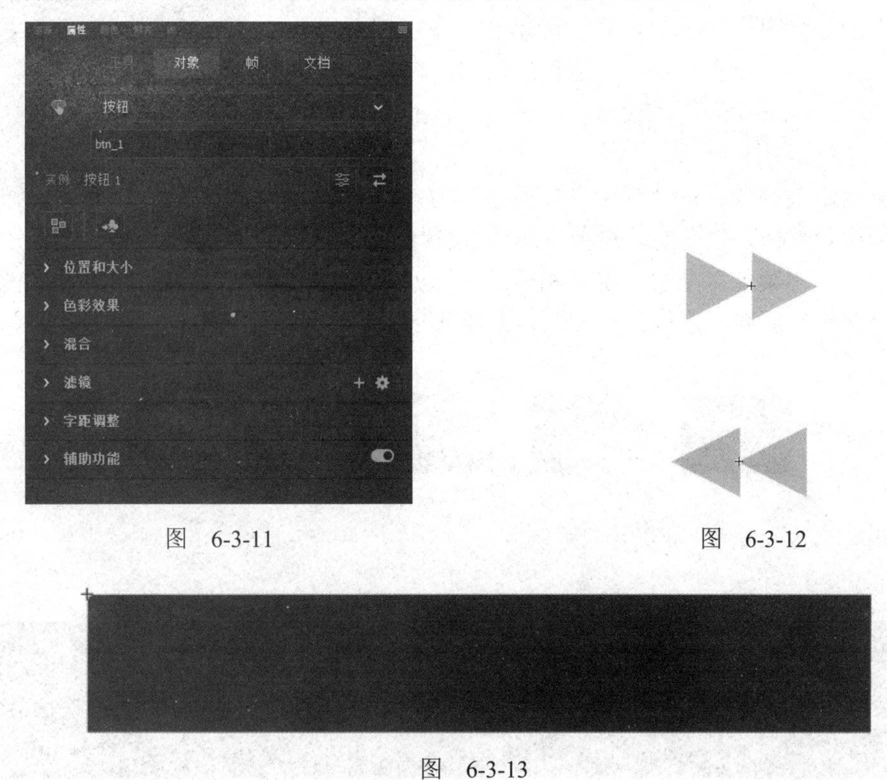

图　6-3-11

图　6-3-12

图　6-3-13

图　6-3-14

（16）右击“遮罩”图层，在弹出的快捷菜单中选择“属性”命令，设置图层属性为遮罩层并将其锁定，使其成为“图片”图层的遮罩层，如图 6-3-15 所示。

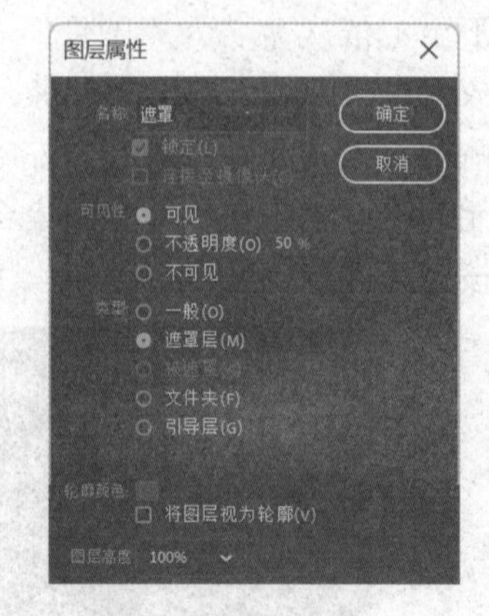

图　6-3-15

（17）右击“图片”图层，在弹出的快捷菜单中选择“属性”命令，设置图层属性为被遮罩层并将其锁定。此时“遮罩”图层和“图片”图层都被锁定。场景中只剩下被“遮罩”的 4 张图片，如图 6-3-16 所示。

（18）设置“左箭头”及“右箭头”按钮元件的实例名分别为 larrow 和 rarrow，“缩略图合集”元件的实例名称为 pics，如图 6-3-17 所示。

（19）返回主场景，将“图层_1”重命名为“相册背景”，将库中背景拖入该图层，设置 X 和 Y 位置都为 0。新建“展示”和“菜单”图层，将“相册展示”元件拖入“展示”图层，将“图片菜单”元件拖入“菜单”图层，摆放位置如图 6-3-18 所示。

图　6-3-16

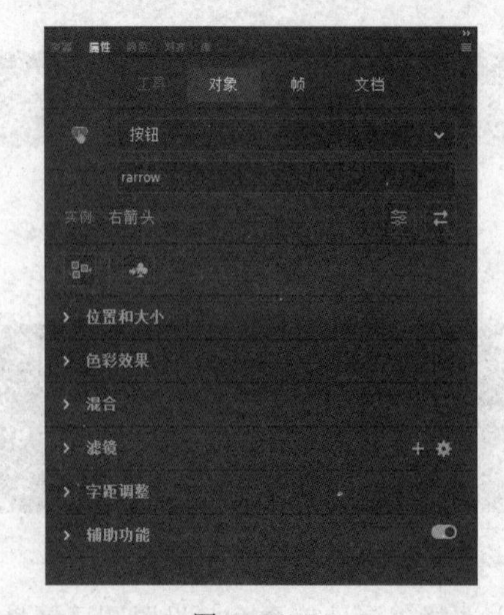

图　6-3-17

图　6-3-18

（20）将“相册展示”元件设置实例名为 display；将“图片菜单”元件设置其实例名称为 menu，如图 6-3-19 和图 6-3-20 所示。

（21）将声音素材 sound.mp3 导入库中。在主场景中新建图层 music，将声音文件拖入，打开“属性”面板，设置“同步”方式为“事件”和“循环”，如图 6-3-21 所示。

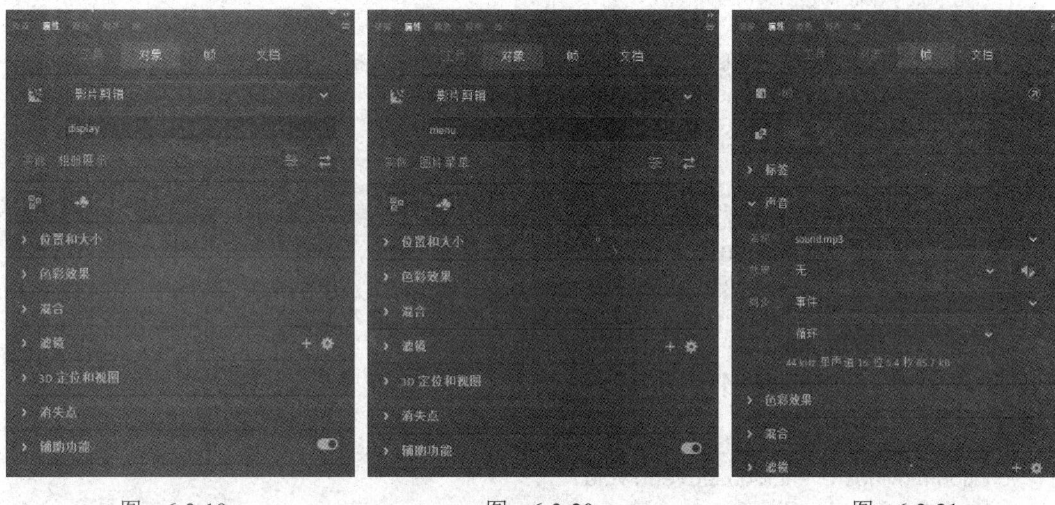

图　6-3-19　　　　图　6-3-20　　　　图　6-3-21

（22）新建“动作”图层，添加如下代码。

```
menu.larrow.addEventListener(MouseEvent.CLICK,lmove);
function lmove(event:MouseEvent):void {
      if(menu.pics.x>=-240.2)
      {}
      else {
            menu.pics.x=menu.pics.x+162;
            }
      };
menu.rarrow.addEventListener(MouseEvent.CLICK,rmove);
function rmove(event:MouseEvent):void {
      if(menu.pics.x<=-601)
      {}
      else {
            menu.pics.x=menu.pics.x-162;
            }
      };
menu.pics.btn_1.addEventListener(MouseEvent.CLICK,moving1);
function moving1(event:MouseEvent):void {
      display.gotoAndPlay(2);
      };
menu.pics.btn_2.addEventListener(MouseEvent.CLICK,moving2);
function moving2(event:MouseEvent):void {
      display.gotoAndPlay(41);
      };
menu.pics.btn_3.addEventListener(MouseEvent.CLICK,moving3);
```

```
function moving3(event:MouseEvent):void {
	display.gotoAndPlay(81);
	};
menu.pics.btn_4.addEventListener(MouseEvent.CLICK,moving4);
function moving4(event:MouseEvent):void {
	display.gotoAndPlay(121);
	};
menu.pics.btn_5.addEventListener(MouseEvent.CLICK,moving5);
function moving5(event:MouseEvent):void {
	display.gotoAndPlay(161);
	};
menu.pics.btn_6.addEventListener(MouseEvent.CLICK,moving6);
function moving6(event:MouseEvent):void {
	display.gotoAndPlay(201);
	};
menu.pics.btn_7.addEventListener(MouseEvent.CLICK,moving7);
function moving7(event:MouseEvent):void {
	display.gotoAndPlay(241);
	};
menu.pics.btn_8.addEventListener(MouseEvent.CLICK,moving8);
function moving8(event:MouseEvent):void {
	display.gotoAndPlay(281);
	};
```

（23）按 Ctrl+Enter 组合键测试影片，然后按 Ctrl+S 组合键保存文件。

6.3.4 知识点总结

（1）可以在电子相册外围做装饰性修改。

（2）通过设置图片的亮度属性完成图片的渐显和渐隐效果。

（3）动作代码中引用的对象，需要先设置其实例名称。

（4）如需要向电子相册中添加更多图片，只需要简单修改“相册展示”和“图片菜单”两个影片剪辑元件，在其动作代码中重复如下代码，并且对 gotoAndPlay(2)语句中的帧位置进行修改。

```
menu.pics.btn_1.addEventListener(MouseEvent.CLICK,moving1);
function moving1(event:MouseEvent):void {
	display.gotoAndPlay(2);
};
```

（5）菜单图片的移动距离，可以根据缩略图的具体位置进行调整。

```
menu.larrow.addEventListener(MouseEvent.CLICK,lmove);
function lmove(event:MouseEvent):void {
	if(menu.pics.x>=-240.2)
	{}
	else {
		menu.pics.x=menu.pics.x+162;
```

```
        }
    };
menu.rarrow.addEventListener(MouseEvent.CLICK,rmove);
function rmove(event:MouseEvent):void {
    if(menu.pics.x<=-601)
    {}
    else {
        menu.pics.x=menu.pics.x-162;
        }
    };
```

6.4　任务 4——制作 MTV 动画

MTV 是二维动画中很重要的一种表现形式，它通常以动画的形式讲述一个故事，或通过一个故事情节阐述某首歌曲。本实例将根据一首歌曲完成动画，并用若干个场景来完成动画细节。制作时要注意不同音乐背景下场景的布置、人物的动作等。在结束界面中，单击不同的按钮，可以跳转到相应的部分回放。动画时间比较长，制作时需要非常耐心和细心。

6.4.1　实例效果预览

本实例效果如图 6-4-1 所示。

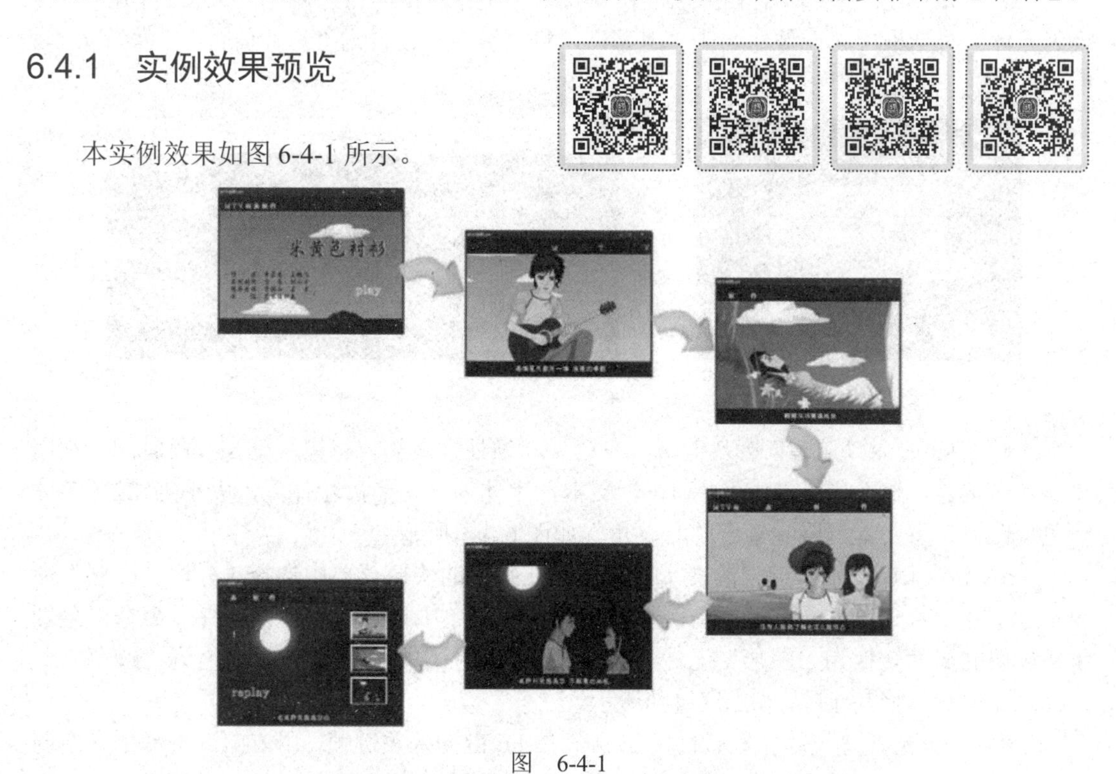

图　6-4-1

6.4.2　技能应用分析

（1）根据一首歌曲进行二维动画脚本的创作。

（2）运用基本动画形式完成场景布置、人物动作等部分。

（3）整个动画较长，因此根据歌曲意境将动画分成了若干个场景来实现。

（4）在结束界面，单击不同按钮，可以跳转到相应的部分播放。

6.4.3 制作步骤解析

子任务 1　制作“遮幕”影片剪辑元件

（1）选择“文件”→“新建”命令，在打开的“新建文档”面板中设置宽高为 550 像素×400 像素，创建一个新的空白文档。选择“文件”→“导入”→“导入到库”命令，将配套素材文件导入到“库”。按 Ctrl+S 组合键将文档保存为“MTV 动画”。

（2）将“图层_1”重命名为“遮幕”，绘制一个比舞台大的黑色矩形，然后在黑色矩形旁边绘制一个大小为 550 像素×320 像素的白色矩形，并在“属性”面板中将其位置设置为“X：0，Y：40”，利用“同色相焊接，异色相剪切”的属性，再次删除白色矩形，得到类似于窗口的黑色矩形，如图 6-4-2 所示。

（3）右击黑色“遮幕”，在弹出的快捷菜单中选择“转换为元件”命令，在打开的“转换为元件”对话框中将元件命名为“遮幕”，将“类型”设置为“影片剪辑”，如图 6-4-3 所示。

图　6-4-2

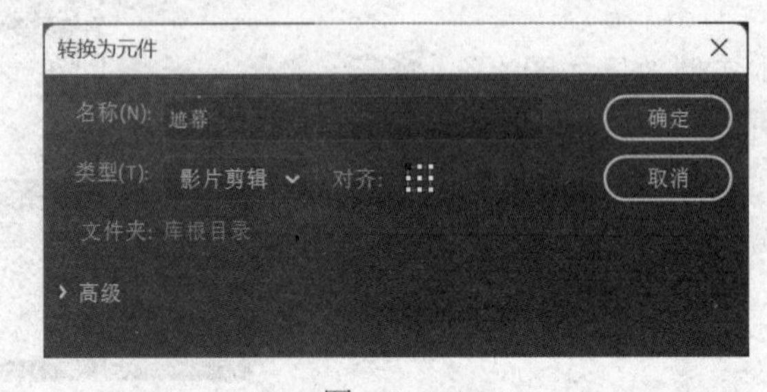

图　6-4-3

（4）双击进入“遮幕”影片剪辑，在第 140 帧处插入帧，将黑幕延长一段时间。利用“文本”工具，输入“MTV 动画制作”文本，字体为“文鼎齿轮体”，大小为 22，字体颜色为白色，将文本调整到舞台的右上角，如图 6-4-4 所示。

（5）按 Ctrl+B 组合键打散文本并右击，在弹出的快捷菜单中选择“分散到图层”命令。分别选中每一层的文字并右击，在弹出的快捷菜单中选择“转换为元件”命令，分别将每一层的文件转换为“图形”元件。在“图层”面板中将“图层_1”命名为“遮幕”，选择“图层_2”将其删除，如图 6-4-5 所示。

（6）分别选中每个文字图层的第 25 帧，按 F6 键插入关键帧，用方向键将每个文字向左移动到合适位置。选中每个文字图层的第 1 帧并创建传统动画，如图 6-4-6 所示。

（7）在每个文字图层的第 70 帧和第 95 帧处，分别按 F6 键插入关键帧，再单击每个图层的第 95 帧处，并用方向键将每个文字向左移动到合适位置，第 95 帧处的舞台效果如图 6-4-7 所示。在每个文字图层的第 70 帧处创建传统补间动画，此时的时间轴如图 6-4-8

所示。

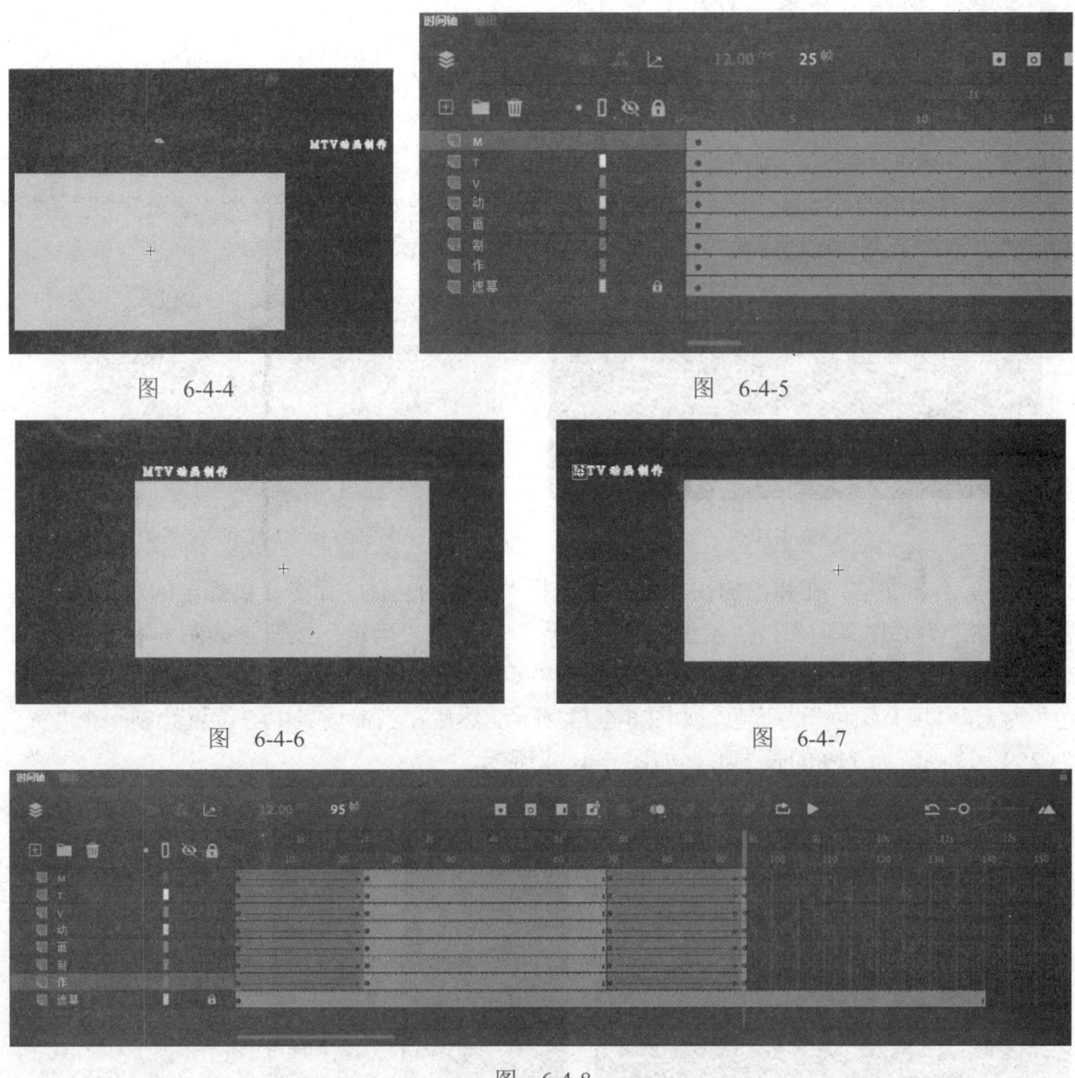

图　6-4-4

图　6-4-5

图　6-4-6

图　6-4-7

图　6-4-8

（8）分别移动每个文本图层的帧，使每个图层文本之间动画间隔 5 帧，时间轴如图 6-4-9 所示。

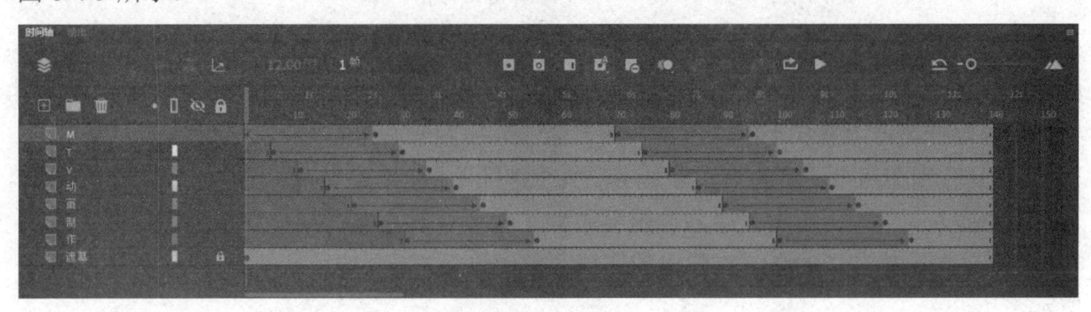

图　6-4-9

子任务 2　制作“序幕”影片剪辑元件

（1）下面制作“序幕”影片剪辑元件。选择“插入”→“新建元件”命令（或者按 F8 键），在打开的“创建新元件”对话框中设置“名称”为“序幕”，选择“类型”为“影片剪辑”，单击“确定”按钮，如图 6-4-10 所示。

（2）在当前的“序幕”影片剪辑元件中，新建两个图层，分别命名为“遮罩”“序幕”。利用“文本”工具，在“序幕”图层输入文字，如图 6-4-11 所示。

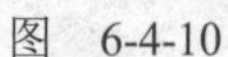
图　6-4-10

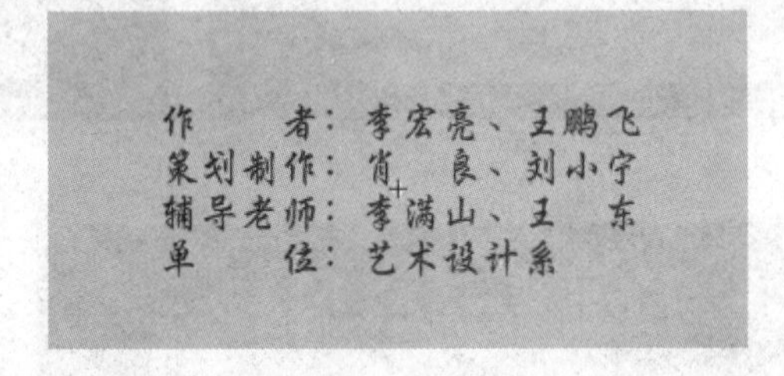

图　6-4-11

（3）右击文字，在弹出的快捷菜单中选择“转换为元件”命令，在弹出的对话框中设置“名称”为“序幕词”，“类型”为“图形”，单击“确定”按钮，如图 6-4-12 所示。

（4）在“遮罩”图层的第 1 帧处，利用“矩形”工具在工具选项位置设置其“笔触颜色”为无，“填充颜色”为蓝色，如图 6-4-13 所示，然后在当前场景中心位置绘制一个“宽”为 259、“高”为 119 的长方形，如图 6-4-14 所示。

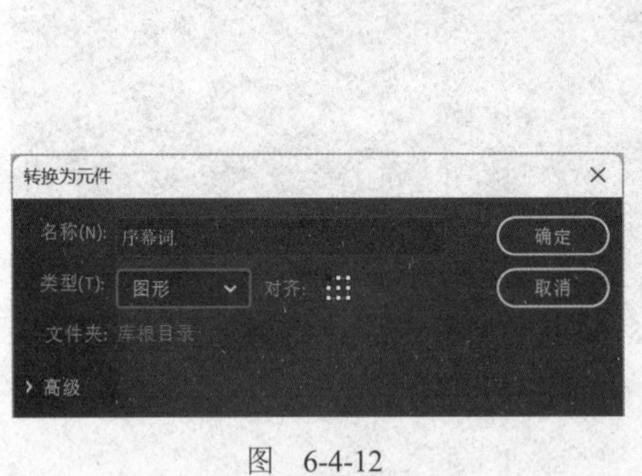

图　6-4-12

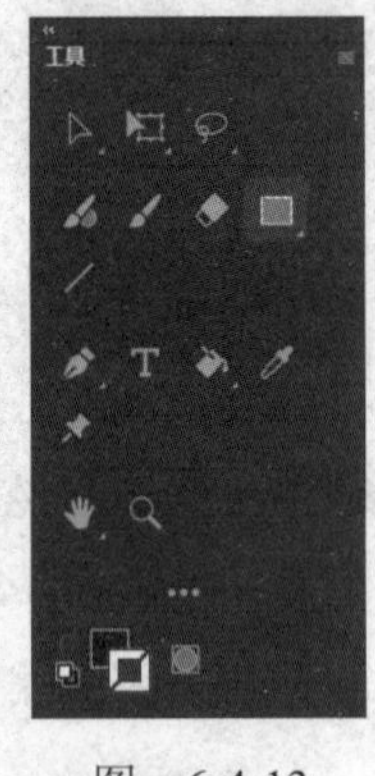

图　6-4-13

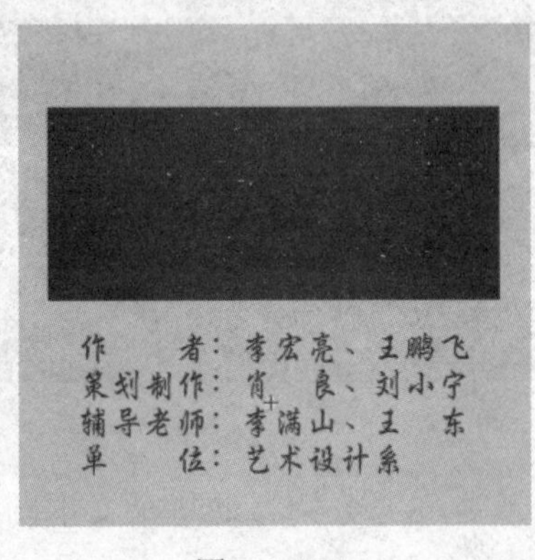

图　6-4-14

（5）分别在两个图层的第 133 帧处按 F5 键插入帧，在“序幕”图层的第 60 帧处按 F6 键插入关键帧，将序幕词向上移动到矩形框内，并选中“序幕”图层的第 1 帧并右击，在弹出的快捷菜单中选择“创建传统补间”命令，如图 6-4-15 所示。

（6）分别在两个图层的第 133 帧处按 F5 键插入帧，在“序幕”图层的第 90 帧和第 133 帧处插入关键帧。单击“序幕”图层的第 133 帧，将序幕词向上移出到矩形框上方，右击“序幕”图层的第 90 帧，在弹出的快捷菜单中选择“插入传统补间”命令，如图 6-4-16 所示。

图　6-4-15

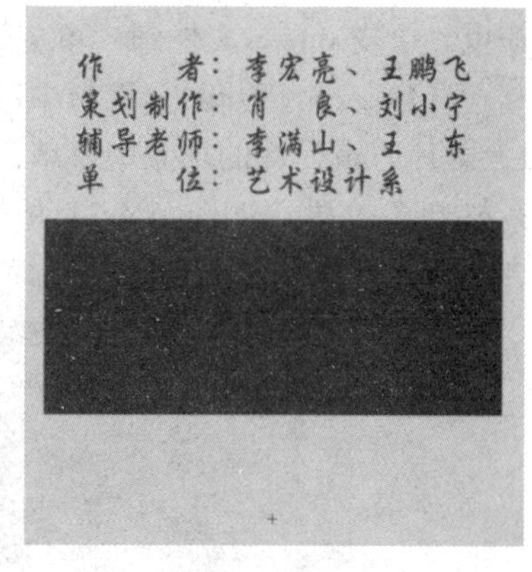

图　6-4-16

（7）在“图层”面板中右击“遮罩”图层，在弹出的快捷菜单中选择“遮罩层”命令，如图 6-4-17 所示。

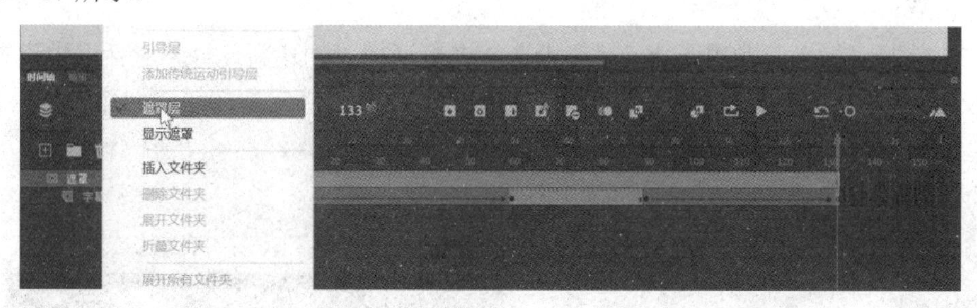

图　6-4-17

子任务 3　制作“背景 1”～“背景 3”影片剪辑元件

（1）选择“插入”→“新建元件”命令，在打开的“创建新元件”对话框中设置“名称”为“背景 1”，选择“类型”为“影片剪辑”，单击“确定”按钮，创建“背景 1”影片剪辑元件，如图 6-4-18 所示。

图　6-4-18

（2）在当前的“背景 1”影片剪辑元件中，单击两次“插入图层”按钮，创建 3 个图层，分别双击图层名称，依次命名为“草皮”“人物吉他”“天空”，如图 6-4-19 所示。

图　6-4-19

（3）打开“库”面板，拖曳“天空.png”文件到“天空”图层第 1 帧场景的中心位置。

拖曳“草皮.png”文件到“草皮”图层第 1 帧场景的合适位置，如图 6-4-20 所示。

（4）双击打开配套素材中的“动画素材.fla”源文件，在“MTV 动画.fla”中的“背景 1”影片剪辑元件的场景中，单击“人物吉他”图层的第 1 帧，在“库”面板中选择“动画素材.fla”文件，如图 6-4-21 所示，切换到“动画素材.fla”的“库”面板，并拖曳“人物吉他”元件到场景的合适位置，如图 6-4-22 所示。

图　6-4-20

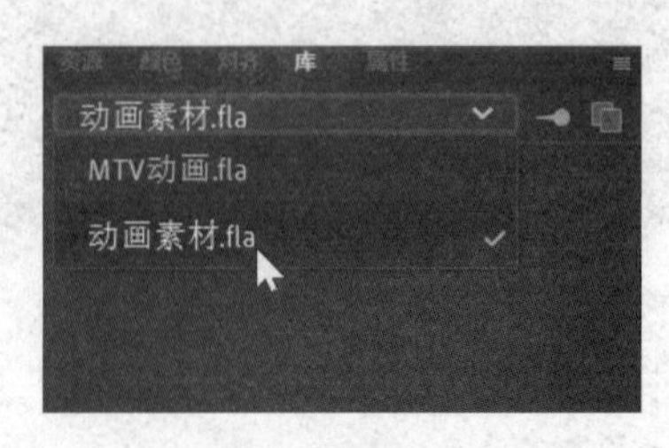

图　6-4-21

（5）选择“插入”→“新建元件”命令，在打开的“创建新元件”对话框中设置“名称”为“背景 2”，选择“类型”为“影片剪辑”，单击“确定”按钮，创建“背景 2”影片剪辑元件，如图 6-4-23 所示。

图　6-4-22

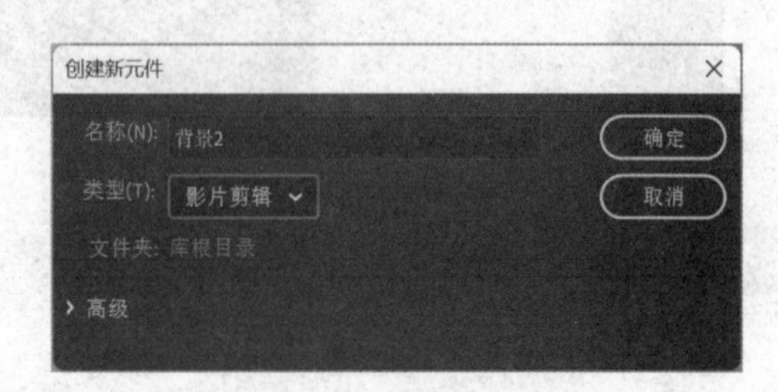

图　6-4-23

（6）在当前的“背景 2”影片剪辑元件中，单击 4 次“插入图层”按钮，创建 5 个图层，然后分别双击图层名称，依次命名为“花”“草坪”“背影”“树木”“人物”，如图 6-4-24 所示。

图　6-4-24

（7）打开“库”面板，拖曳“草坪.png”文件到“草坪”图层第 1 帧场景的中心位置；拖曳“girl.png”元件到“人物”图层第 1 帧场景的合适位置；拖曳“树木.png”元件到“树木”图层第 1 帧场景的合适位置；拖曳“背影.png”元件到“背景”图层第 1 帧场景的合适位置。效果如图 6-4-25 所示。

图　6-4-25

（8）单击“花”图层的第 1 帧，在“库”面板中选择“动画素材.fla”文件，切换到“动画素材.fla”的“库”面板，拖曳“花”影片剪辑元件到场景的合适位置，选择“修改”→“变形”→“水平翻转”命令，并利用“变形”工具加 Shift 键将“花”元件等比例缩小到合适大小，如图 6-4-26 所示。

图　6-4-26

（9）选择“插入”→“新建元件”命令，在打开的“创建新元件”对话框中设置“名称”为“背景 3”，选择“类型”为“影片剪辑”，单击“确定”按钮，创建“背景 3”影片剪辑元件。

（10）在当前的“背景 3”影片剪辑元件中，新建一个图层，将现有的图层分别命名为“男孩”“女孩”。打开“库”面板，拖曳“男孩.png”元件到“男孩”图层的第 1 帧场景，拖曳“女孩.png”元件到“女孩”图层第 1 帧场景的合适位置，如图 6-4-27 所示。

图　6-4-27

子任务 4　添加 MTV 动画按钮元件

（1）制作 play 按钮元件。选择“插入”→“新建元件”命令，在打开的“创建新元件”对话框中设置“名称”为 play，选择“类型”为“按钮”，单击“确定”按钮，创建 play 按钮元件，如图 6-4-28 所示。

图　6-4-28

（2）在当前的 play 按钮元件中，单击场景打开“属性”面板，设置背景颜色为灰色（#999999）。选中“图层 1”中的“弹起”帧，利用“文本”工具输入文本 play，设置文本大小为 40，字体为“文鼎齿轮体”，颜色为白色，如图 6-4-29 所示。

图　6-4-29

（3）在“图层_1”的“指针经过”帧处按 F6 键插入关键帧，打开“属性”面板，设置颜色为黑色，如图 6-4-30 所示。在“点击”帧处按 F6 键插入关键帧，利用“矩形”工具，在场景的文本中绘制一个矩形（此矩形的大小是鼠标单击按钮的范围），颜色任意，如图 6-4-31 所示。

图　6-4-30

图　6-4-31

（4）参照上述方法，制作 replay 按钮元件，如图 6-4-32 所示。

图　6-4-32

子任务 5　制作 MTV 动画效果

（1）回到主场景中，新建一个图层，命名为“背景 1”，拖曳“背景 1”影片剪辑元件到“背景 1”图层第 1 帧的合适位置，如图 6-4-33 所示。

（2）单击“遮幕”图层，新建两个图层，将两个图层依次命名为 title、“序幕”。拖曳“序幕”影片剪辑元件到“序幕”图层第 1 帧场景左下角的合适位置；拖曳库中 title 元件到 title 图层第 1 帧场景右上角的合适位置，如图 6-4-34 所示。

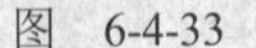

图　6-4-33

图　6-4-34

（3）分别选择 title 图层与“序幕”图层的第 2 帧，按 F7 键插入空白关键帧。分别在“遮幕”图层与“背景 1”图层的第 135 帧处按 F5 键插入帧，在“背景 1”图层的第 135 帧处按 F6 键插入关键帧，如图 6-4-35 所示。

图　6-4-35

（4）用方向键将“背景 1”图层的第 135 帧的“背景 1”影片剪辑向左上角移动到合适位置，在“背景 1”图层的第 1 帧处右击，在弹出的快捷菜单中选择“创建传统补间”命令，如图 6-4-36 所示。

图　6-4-36

（5）分别在“遮幕”图层与“背景 1”图层的第 216 帧处，按 F5 键插入帧。在“背景 1”图层的第 165 帧、第 216 帧处，按 F6 键插入关键帧。在第 216 帧处将“背景 1”元件向左移动到一定的位置，在“背景 1”图层的第 165 帧处右击，在弹出的快捷菜单中选择“创建传统补间”命令，如图 6-4-37 所示。

（6）单击“遮幕”图层的第 630 帧，按 F5 键插入帧。分别在 “背景 1”图层的第 259 帧、第 265 帧处，按 F6 键插入关键帧。在第 265 帧处，选择“背景 1”元件，打开“属性”面板，在“色彩效果”选项中选择 Alpha，将透明度值设置为 0%，如图 6-4-38 所示。在第 259 帧处创建传统补间，如图 6-4-39 所示。

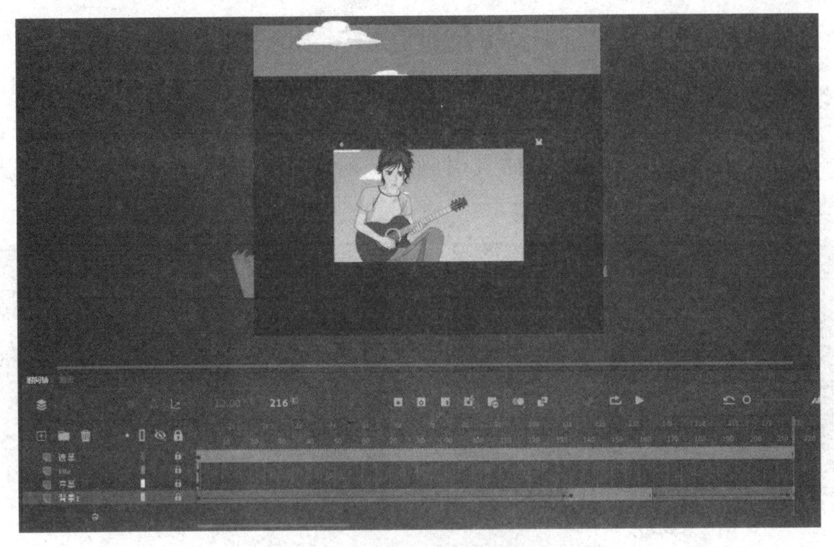

图　6-4-37

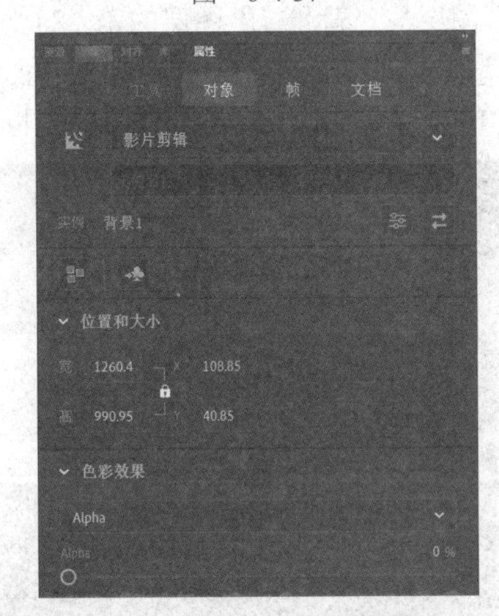

图　6-4-38

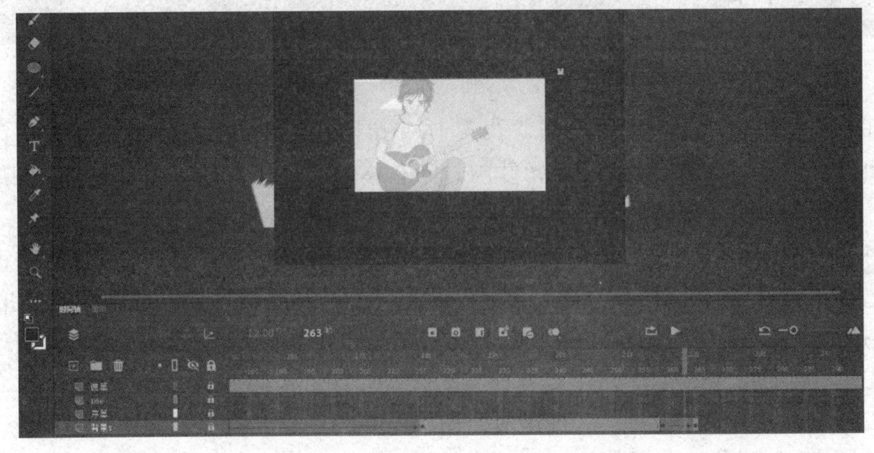

图　6-4-39

（7）单击“背景 1”图层的第 266 帧，按 F7 键插入空白关键帧，在“库”面板中拖曳“背景 2”影片剪辑元件到场景的合适位置，如图 6-4-40 所示。

（8）新建一个图层并命名为“天空”，将“天空”图层放置在“背景 1”下方。单击“天空”图层的第 266 帧，按 F7 键插入空白关键帧。打开“库”面板，拖曳“天空”元件到场景的合适位置，如图 6-4-41 所示。

图　6-4-40

图　6-4-41

（9）分别单击“天空”图层与“背景 1”图层的第 284 帧，按 F6 键插入关键帧。单击“天空”图层与“背景 1”图层的第 266 帧，在“属性”面板中选择“色彩效果”下的“亮度”值，设置亮度值为 100，并在第 266 帧处创建传统补间动画，如图 6-4-42 所示。

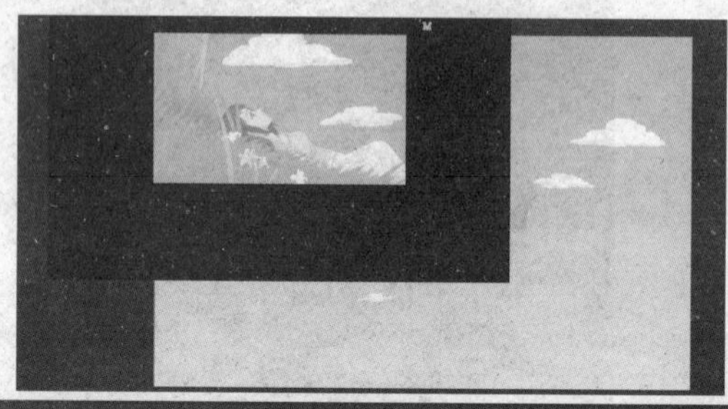

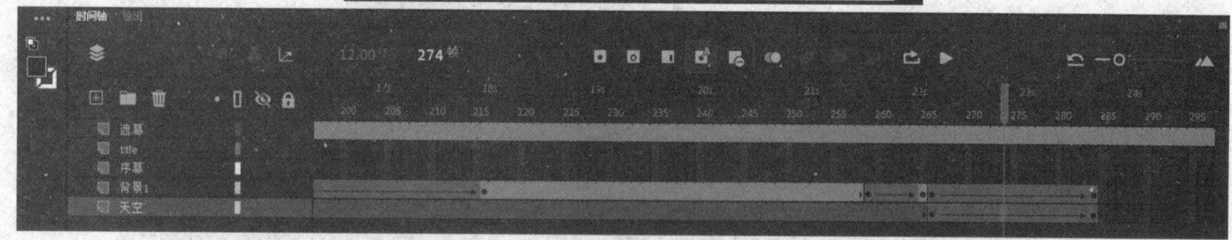

图　6-4-42

（10）分别单击“天空”图层与“背景 1”图层的第 386 帧，按 F6 键插入关键帧。用方向键将“天空”元件与“背景 2”元件同时向左移动一定位置。单击“天空”图层与“背景 1”图层第 284 帧，创建传统补间动画。

（11）分别单击“天空”图层与“背景 1”图层的第 423 帧，按 F6 键插入关键帧。在场景中选择“背景 2”元件，打开“属性”面板，设置“色彩效果”选项中的 Alpha 值为 0%。单击“天空”图层的第 423 帧，将“天空”元件向上移动。分别选中“天空”图层与“背景 1”图层的第 386 帧，创建传统补间动画，如图 6-4-43 所示。

（12）单击“背景 1”图层，新建两个图层，并分别命名为“背景 3”和“花”。分别单击“背景 3”与“花”图层的第 386 帧，按 F7 键插入空白关键帧，打开“库”面板，拖曳 BG01 元件到“背景 3”图层的第 386 帧场景中的合适位置，如图 6-4-44 所示。

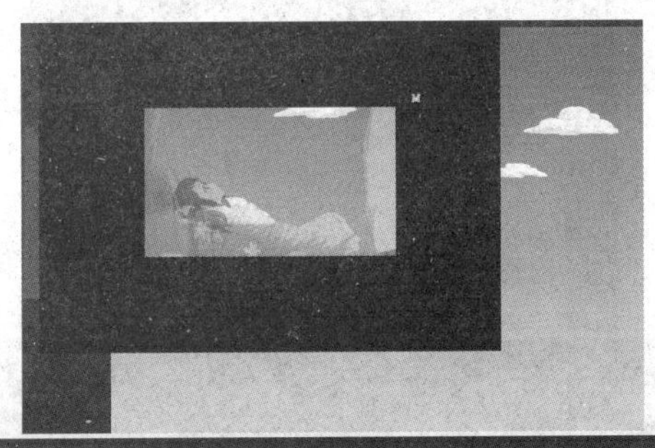

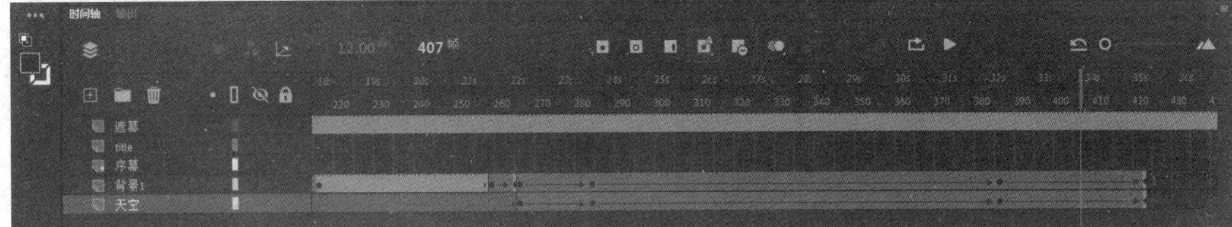

图　6-4-43

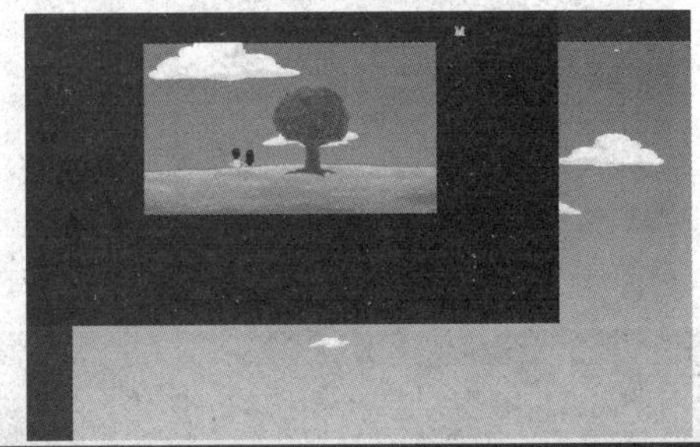

图　6-4-44

（13）单击“花“图层的第 386 帧，打开“库”面板，拖曳“花”影片剪辑元件到场景中的合适位置。利用“变形”工具加 Shift 键，将“花”影片剪辑元件等比例缩小到合适大小，如图 6-4-45 所示。

（14）同时单击“背景 3”图层与“花”图层的第 423 帧，按 F6 键插入关键帧。分别单击“背景 3”图层与“花”图层的第 386 帧，在场景中选中 BG01 元件及“花”元件，在“属性”面板中设置其 Alpha 值为 0%，并在第 386 帧处创建传统补间动画，如图 6-4-46 所示。

（15）在“背景 1”图层的第 495 帧处插入帧。

（16）单击“花”图层，新建一个图层，命名为“人物”，在“人物”图层的第 445 帧处按 F7 键插入空白关键帧，打开“库”面板，拖曳“背景 3”元件到场景的合适位置，如图 6-4-47 所示。

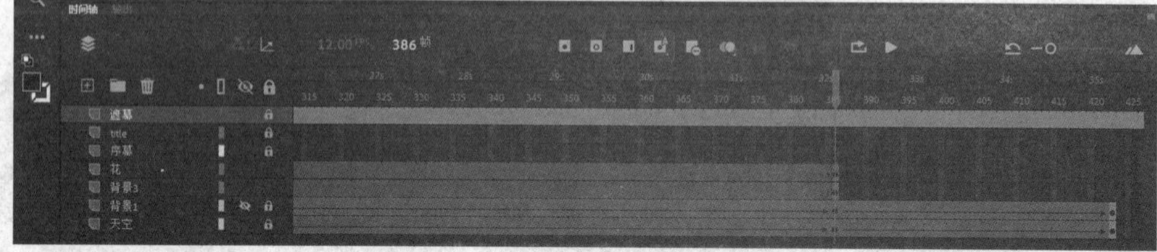

图　6-4-45

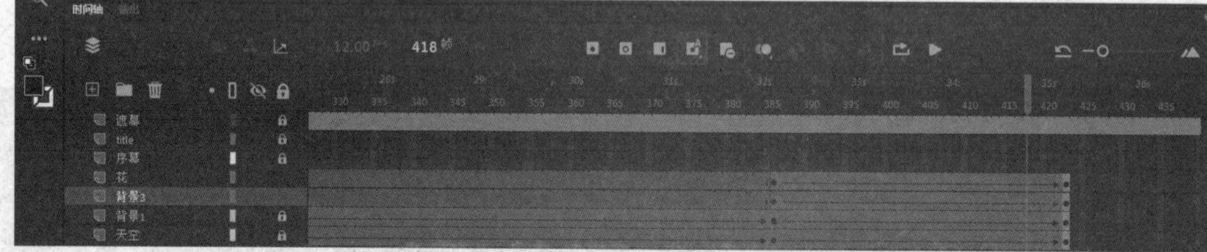

图　6-4-46

图　6-4-47

（17）单击“人物”图层的第 460 帧，按 F6 键插入关键帧，在“人物”图层的第 445 帧，将“背景 3”元件的 Alpha 值设置为 0%，并在该帧处创建传统补间动画。单击“人物”图层的第 495 帧，按 F6 键插入关键帧，用方向键将其向左移动一定的距离，并在该段创建传统补间动画，如图 6-4-48 所示。

图　6-4-48

（18）分别单击“背景 3”“花”“背景 1”“天空”图层的第 495 帧，按 F6 键插入关键帧。同时单击“人物”“背景 3”“花”“背景 1”“天空”图层的第 505 帧，按 F6 键插入关键帧。选中“背景 3”元件、“BG01”、“花”、“背景 1”、“天空”元件，在“属性”面板中分别设置 Alpha 值为 0%，并同时在第 495 帧处创建传统补间动画，如图 6-4-49 所示。

图　6-4-49

（19）单击“人物”图层，新建两个图层，并分别命名为“夜空”与“人物 1”。单击“夜空”图层的第 495 帧，按 F7 键插入空白关键帧，在“库”面板中拖曳“夜空”元件到场景的合适位置。单击“人物 1”图层的第 505 帧，按 F7 键插入空白关键帧，在“库”面板中拖曳“牵手”元件到场景的合适位置，如图 6-4-50 所示。

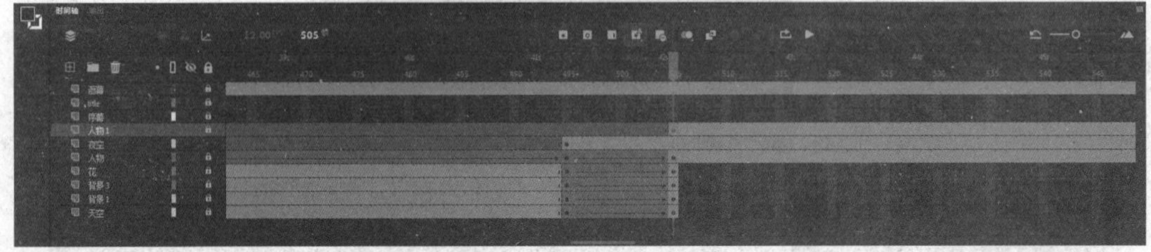

图　6-4-50

（20）单击“夜空”图层的第 505 帧，按 F6 键帧插入关键帧，单击“夜空”图层的第 495 帧，在场景中选中“夜空”元件，在“属性”面板中将透明度设置为 0%，通过右键快捷菜单创建传统补间动画，如图 6-4-51 所示。

图　6-4-51

（21）在“人物 1”图层与“夜空”图层的第 545 帧处，按 F6 键插入关键帧。在场景中同时将“牵手”元件与“夜空”元件向上移动一定的距离，并在第 505 帧处通过右键快捷菜单创建传统补间动画，如图 6-4-52 所示。

（22）单击“人物 1”图层的第 581 帧，按 F6 键插入关键帧，在“属性”面板中将“牵手”元件透明度设置为 0%，并在第 545 帧处通过右键快捷菜单创建传统补间动画，如图 6-4-53 所示。

（23）单击“人物 1”图层，新建一个图层，命名为“人物 2”。在“人物 2”图层的第 564 帧处按 F7 键插入空白关键帧，在“库”中拖曳“拥抱”元件到场景的合适位置。在第 580 帧处插入关键帧，在第 564 帧处通过右键快捷菜单创建传统补间动画，并将第 564

帧处“拥抱”元件的透明度设置为 0%，如图 6-4-54 所示。

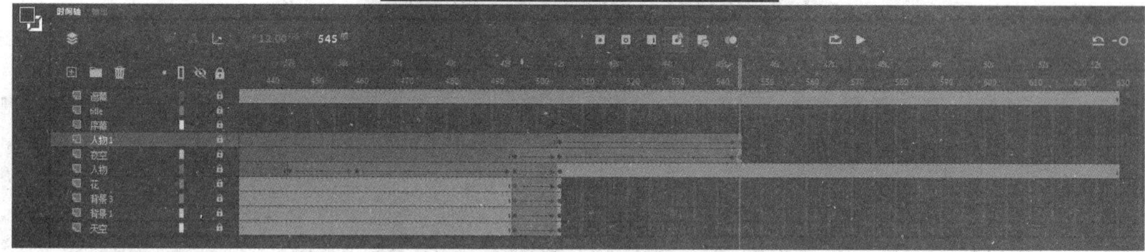

图　6-4-52

图　6-4-53

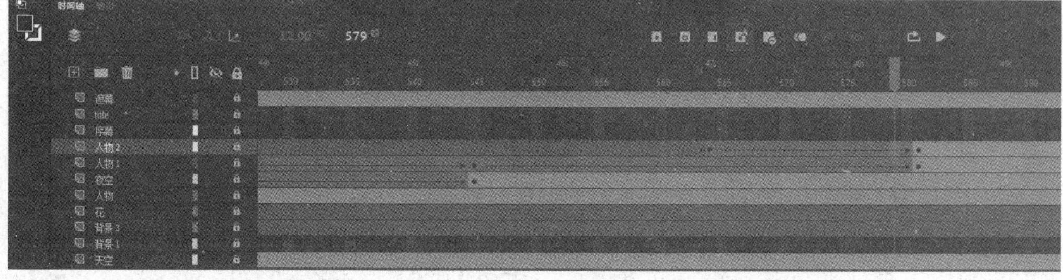

图　6-4-54

（24）单击“夜空”图层的第 581 帧，按 F6 键插入关键帧，分别在“夜空”图层与“人物 2”图层的第 630 帧处按 F6 键插入关键帧。用方向键向下移动一定的距离，并在第 581 帧处通过右键快捷菜单创建传统补间动画，如图 6-4-55 所示。

图　6-4-55

子任务 6　添加 MTV 字幕和音效

（1）添加声音文件。单击 title 图层，新建两个图层，分别命名为“音乐”与“字幕”，分别在“音乐”图层与“字幕”图层的第 2 帧处，按 F7 键插入空白关键帧。打开“库”面板，选择“动画素材”文件，拖曳“米黄色衬衫.mp3”到“音乐”图层的第 2 帧，单击“音乐”图层的第 2 帧，在“属性”面板中设置“效果”为“淡出”，“同步”选项为“数据流”，如图 6-4-56 所示。

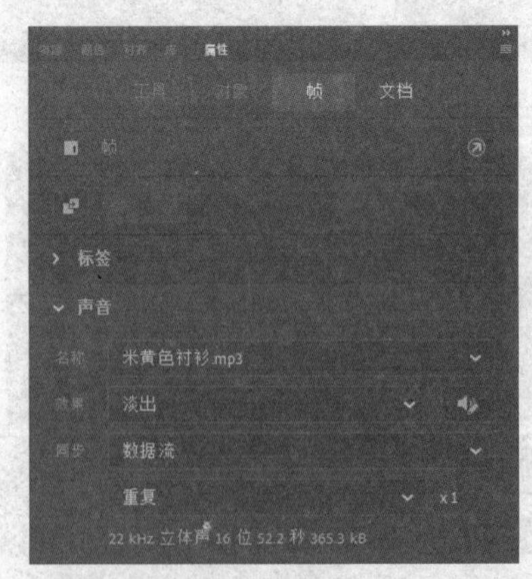

图　6-4-56

（2）添加 MTV 歌曲字幕。在配套素材中找到“歌词.txt”文本文件，双击该文件将其打开。单击“字幕”图层的第 125 帧，按 F7 键插入空白关键帧。复制歌词的第一句，粘贴到第 125 帧下方合适的位置。设置文本属性，大小为 20，字体为“汉鼎简行书”，颜色为白色，如图 6-4-57 所示。

图　6-4-57

（3）用同样的方法，分别在“字幕”图层的第 196 帧、第 256 帧、第 316 帧、第 385 帧、第 446 帧、第 507 帧、第 572 帧处插入相应的文本歌词。

（4）选择“字幕”图层，插入 4 个图层，从下至上依次将其命名为“开始播放”、“跳转播放”、“重新播放”、AS。在“开始播放”图层的第 1 帧处插入空白关键帧，将“库”中的 play 按钮元件放置到“开始播放”图层第 1 帧，在第 2 帧处插入空白关键帧，如图 6-4-58 所示。

图　6-4-58

（5）在“重新播放”图层的第 630 帧处插入空白关键帧，将“库”中的 replay 按钮元件放置到该帧，在“跳转播放”图层的第 630 帧处插入空白关键帧，将 zhetu1、zhetu2、zhetu3 图形元件放置到该帧。新建按钮元件“隐形按钮”，在“点击帧”绘制一个随意颜色的小矩形，大小与 zhetu1 元件相似。拖曳 3 个“隐形”按钮到“跳转播放”图层的第 630 帧，分别放到 zhetu1、zhetu2、zhetu3 图形元件的上方，如图 6-4-59 所示。

（6）选中场景中的 play 按钮，打开“属性”面板，设置实例名称为 kaishi，如图 6-4-60

所示。

图　6-4-59

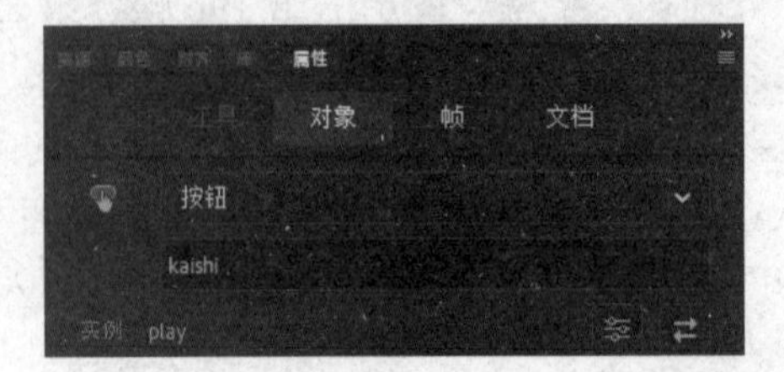

图　6-4-60

（7）使用同样的方法，将场景中的按钮 replay 设置实例名称为 OFF，将 3 个隐形按钮从上至下分别设置实例名称为 YX1、YX2、YX3。

（8）右击 AS 图层的第 1 帧，在弹出的快捷菜单中选择“动作”命令，打开“动作”面板，在面板中输入如下语句。

```
stop();
kaishi.addEventListener(MouseEvent.MOUSE_DOWN,gogo);
function gogo(e:MouseEvent):void{
	gotoAndPlay(2);
	}
```

（9）右击 AS 图层的第 630 帧，在弹出的快捷菜单中选择“动作”命令，打开“动作”面板，在面板中输入如下语句。

```
stop();
REP.addEventListener(MouseEvent.MOUSE_DOWN,CB);
function CB(e:MouseEvent):void{
	gotoAndPlay(2);
	}
YX1.addEventListener(MouseEvent.MOUSE_DOWN,go1);
function go1(e:MouseEvent):void{
	gotoAndPlay(136);
```

```
    }
YX2.addEventListener(MouseEvent.MOUSE_DOWN,go2);
function go2(e:MouseEvent):void{
    gotoAndPlay(283);
    }
YX3.addEventListener(MouseEvent.MOUSE_DOWN,go3);
function go3(e:MouseEvent):void{
    gotoAndPlay(545);
    }
```

（10）保存动画文件。至此，MTV 动画制作完成。

6.4.4　知识点总结

（1）MTV 动画制作之前，一定要有反复修改过的成熟的脚本，对场景中的演员、道具、出场顺序都有一个清晰的思路，这样才能保证动画制作顺利进行。

（2）尽量把动画中的每一个小元素做成元件放在库中，主场景中只做元件的出场排序及简单的动画，这样便于后期修改。

项目 7　交互式动画作品创作

交互式动画作品能够通过人机互动，给予操作者沉浸式体验。这类动画作品往往需要开发人员编写具有高性能的响应性代码，ActionScript 3.0 作为一种强大的面向对象的编程语言，以其支持类型安全性、相对比较简单、容易编写等优势，成为 Animate 项目开发的主流脚本语言。本项目通过剪刀石头布小游戏、乡村旅游 VR 虚拟展示动画和大美中华摄影网站动画的制作，详细介绍 ActionScript 3.0 在交互式动画作品创作中的应用。

7.1　任务 1——制作《剪刀石头布小游戏》

Animate 游戏是一种很常见的网络游戏形式，这是因为 Animate 游戏通常具有美观的动画和有趣的游戏内容，除此之外，还具有很强的交互能力。本任务通过制作一个简单的“剪刀石头布”Animate 游戏，使读者了解鼠标控制的互动游戏制作过程，并掌握常见的 ActionScript 代码应用和简单的游戏算法。

7.1.1　实例效果预览

本节实例效果如图 7-1-1 所示。

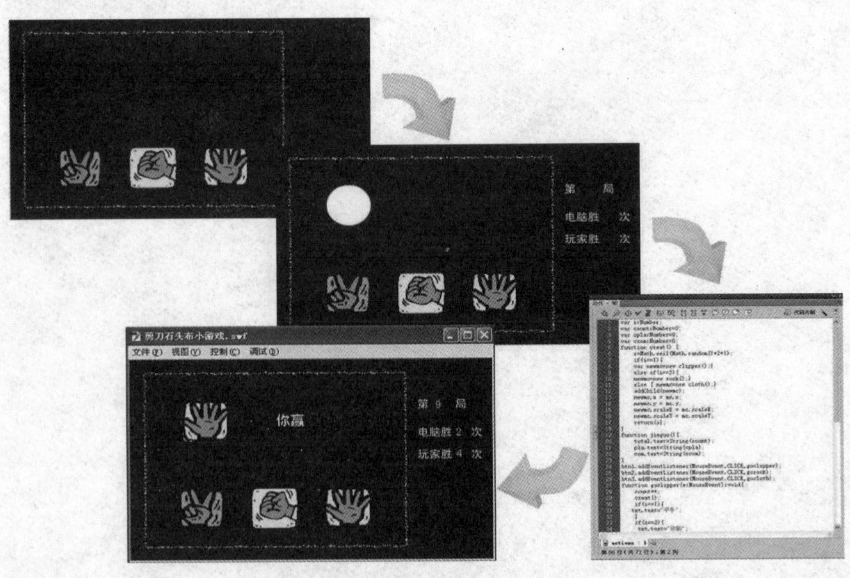

图　7-1-1

7.1.2　技能应用分析

（1）设置舞台属性，布局游戏界面。

（2）在元件属性窗口中新建类。

（3）添加代码，在场景中随机显示图形。

（4）添加代码，在动态文本框中显示游戏结果。

7.1.3　制作步骤解析

（1）新建一个 Animate 文件，在“属性”面板上设置舞台尺寸为 500 像素×300 像素，舞台颜色为蓝色（##000099），帧频为“FPS：12”。

（2）将“图层_1”命名为“边框”。选择“矩形”工具，在“属性”面板上设置“笔触”为“白色”，填充颜色为无填充，“笔触大小”为 3，“样式”为“点刻线”，然后在舞台上绘制一个矩形，并调整矩形的“宽”为 330，“高”为 260，坐标位置为“X：20，Y：20”，如图 7-1-2 所示。

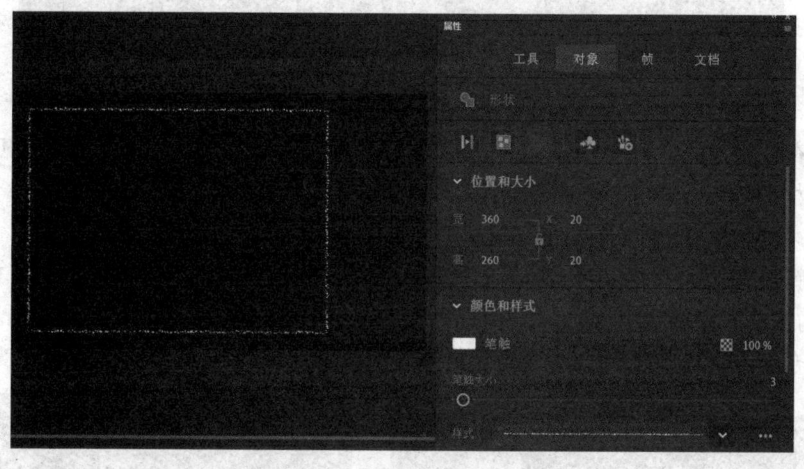

图　7-1-2

（3）新建图层，命名为“按钮”。选择“文件”→“导入”→“导入到舞台”命令，将素材文件夹“剪刀石头布”里面的所有图片都导入到舞台，然后将这 3 张图片等比例缩小到原来的 30%，按照剪刀、石头、布的顺序从左向右排列，并依次设置它们的坐标位置为“X：65，Y：190”“X：165，Y：190”和“X：265，Y：190”，如图 7-1-3 所示。

（4）选中第一张图片，按 F8 键打开如图 7-1-4 所示的“元件属性”对话框。设置元件名称为 clipper，“类型”为“按钮”，并展开“高级”选项，选中“为 ActionScript 导出”复选框，此时下面的“在第 1 帧中导出”复选框也会被自动选中，保持“类”和其他设置不变，单击“确定”按钮。这时可能会出现一个对话框，单击“确定”按钮，使 Animate 为 MovieClip 新建一个 clipper 类。

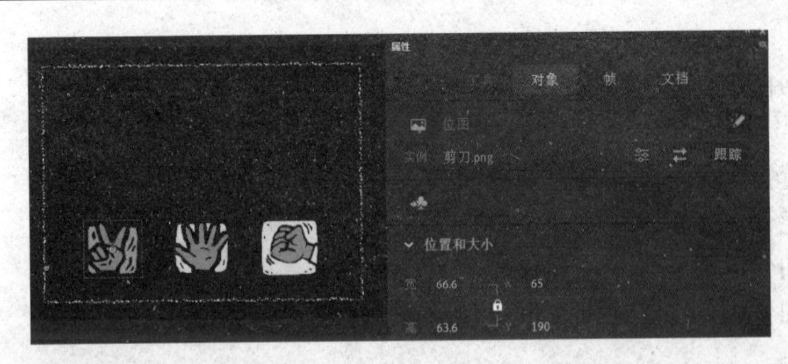

图　7-1-3

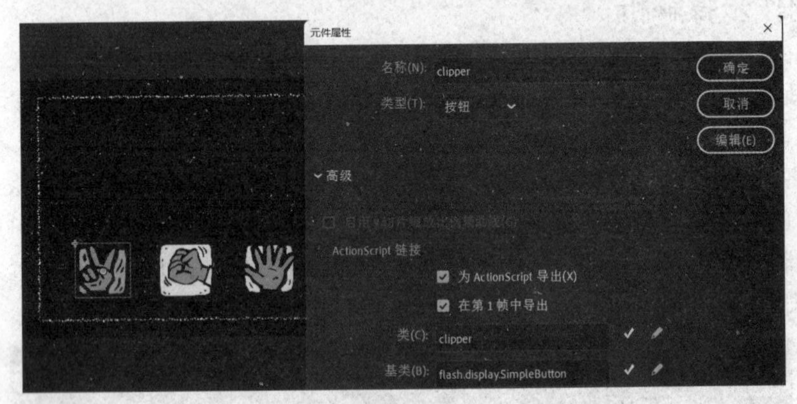

图　7-1-4

（5）依照此方法，将另两张图片也转换为按钮元件 rock 和 cloth，并新建相应的 rock、cloth 类。然后依次选中这 3 个按钮元件，在“属性”面板上将它们的实例名称依次定义为 btn1、btn2 和 btn3，如图 7-1-5 所示。

（6）新建图层，命名为“圆形”。使用“椭圆”工具在舞台上绘制一个白色正圆形，设置圆形的宽度和高度都为 60，坐标位置为“X：70，Y：60”，如图 7-1-6 所示。接着按 F8 键将其转换为影片剪辑元件 mymc，如图 7-1-7 所示，并将其实例名称命名为 mc。

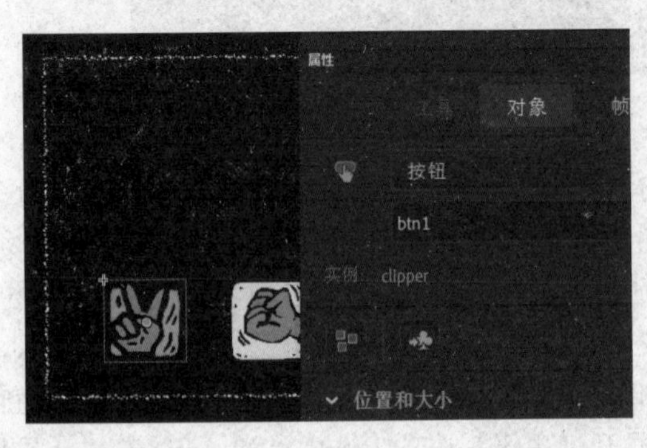

图　7-1-5

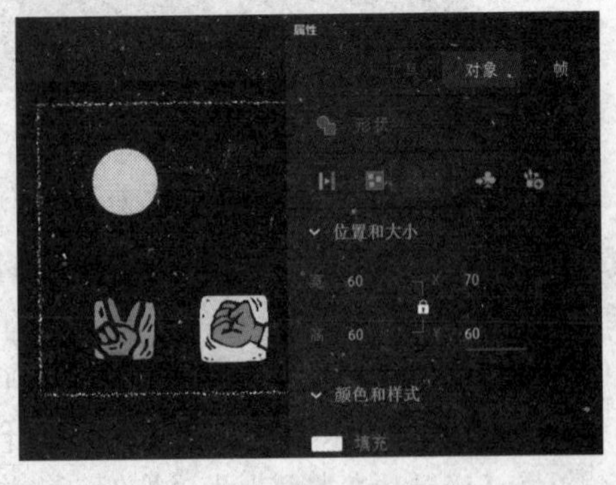

图　7-1-6

（7）新建图层，命名为“文本框”。使用“文本”工具在圆形的右侧绘制一个文本框，在“属性”面板上设置文本类型为“动态文本”，实例名称为 txt，宽度为 100，高度为 30，坐标位置为“X：155，Y：80”，字体为“黑体”，文字大小为 20 点，文字颜色为白色，如图 7-1-8 所示。

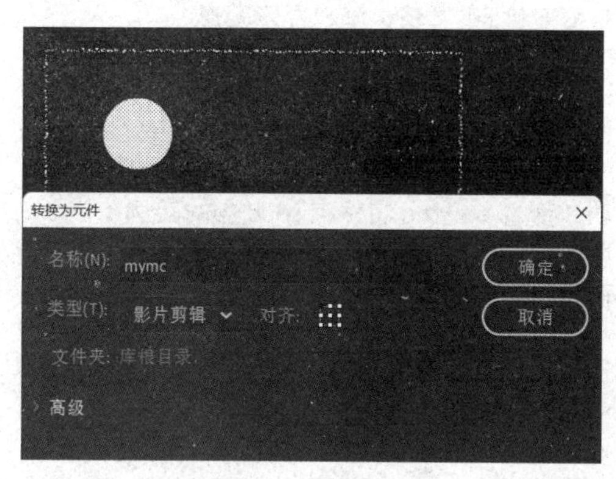

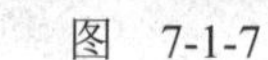
图　7-1-7

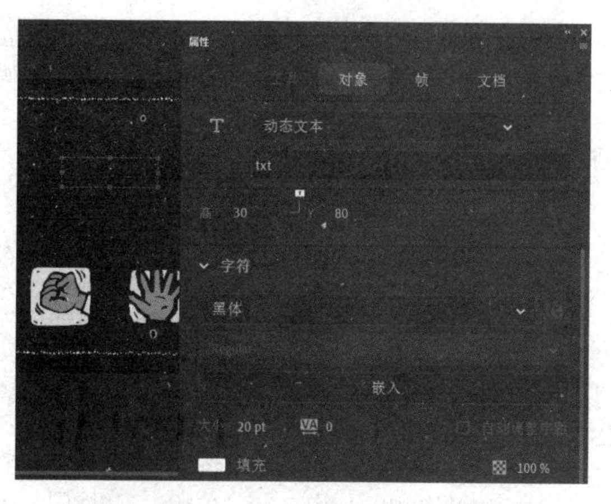

图　7-1-8

（8）新建图层，命名为“统计”。使用“文本”工具在舞台右侧输入如图 7-1-9 所示的文字，设置字体类型为“静态文本”，字体为“黑体”，字体大小为 16 点，颜色为白色，并调整位置使其对齐。

（9）在文字“第”和“局”之间绘制一个文本框，设置其实例名称为 total，字体类型为“动态文本”，如图 7-1-10 所示；接着在文字“电脑胜”和“次”之间、“玩家胜”和“次”之间也分别绘制一个动态文本框，将实例名称分别设置为 com 和 pla。

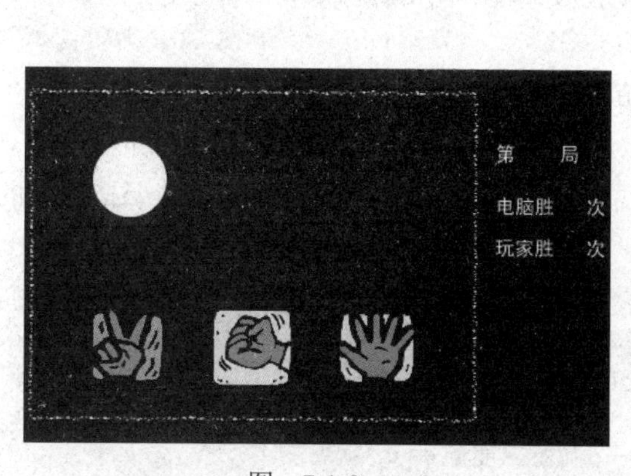

图　7-1-9

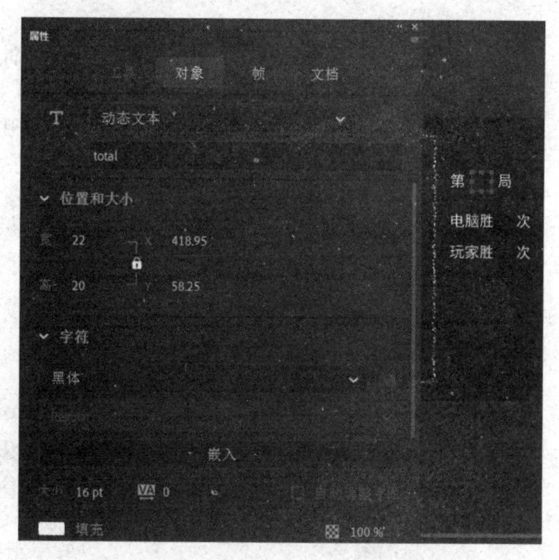

图　7-1-10

（10）新建图层，命名为 actions。下面要为这个小游戏添加动作脚本，实现当用鼠标单击下面的按钮时，计算机可以在白色圆形的位置随机显示剪刀、石头、布中的一个，并在动态文本框 txt 中显示输赢结果，同时还要在舞台的右侧显示所玩游戏的局数及计算机和玩家各自胜出的次数。

（11）首先定义一个函数，在指定位置上随机显示一个图形，即在第 1 帧的“动作”

面板中输入如下代码。

```
var i:Number;                              //定义数值变量 i
function creat() {                         //定义函数，根据变量 i 的数值，随机显示图形
    i=Math. round (Math.random()*2+1); //使用随机函数和取整函数随机产生一个数值
    if(i= =1){
    var newmc=new clipper();}          //变量值为 1 时，定义变量 newmc，保存 clipper 类的实例
    else if(i= =2){
    newmc=new rock();}                 //变量值为 2 时，变量 newmc 将保存 rock 类的实例
    else { newmc=new cloth();}         //变量值为 3 时，变量 newmc 将保存 cloth 类的实例
    addChild(newmc);                   //将变量 newmc 中的实例添加到场景
    newmc.x = mc.x;
    newmc.y = mc.y;                    //使添加的实例坐标位置与白色圆形一致
    newmc.scaleX = mc.scaleX;
    newmc.scaleY = mc.scaleY;          //使添加的实例大小与白色圆形一致
    return(i);                         //返回变量 i 的值
}
```

（12）接下来，为了统计游戏的总局数以及用户和计算机各自胜出的次数，需要再定义一个 jieguo()函数，使相应的动态文本框中显示统计出的数值，即在已有代码的基础上添加如下代码。

```
var count:Number=0;                   //定义变量 count，用于统计游戏的局数
var cpla:Number=0;                    //定义变量 cplat，用于统计玩家胜出的次数
var ccom:Number=0;                    //定义变量 ccom，用于统计计算机胜出的次数
function jieguo(){
    total.text=String(count);         //在 total 动态文本框中显示所统计的游戏局数
    pla.text=String(cpla);            //在 pla 动态文本框中显示所统计的玩家胜出次数
    com.text=String(ccom);            //在 com 动态文本框中显示所统计的计算机胜出次数
}
```

（13）下面要将用户的选择（用户通过单击“剪刀”“石头”“布”3 个按钮中的一个进行选择）与计算机随机显示的图形进行对比，按照游戏规则判断出输赢，并将结果显示在动态文本框 txt 中；同时，用于统计游戏总局数及胜出者胜出次数的变量也要在原来的基础上增加 1 次，相应的代码如下。

```
btn1.addEventListener(MouseEvent.CLICK,goclipper);    //单击“剪刀”按钮，调用函数 goclipper
btn2.addEventListener(MouseEvent.CLICK,gorock);       //单击“石头”按钮，调用函数 gorock
btn3.addEventListener(MouseEvent.CLICK,gocloth);      //单击“布”按钮，调用函数 gocloth
function goclipper(e:MouseEvent):void{                //定义函数 goclipper
    count++;                          //每单击一次鼠标，变量 count 就增加 1
    creat();                          //调用函数 creat()，在舞台上随机显示一个图形
    if(i= =1){                        //判断随机显示的图形是否为“剪刀”
     txt.text="平手";                 //条件成立，在动态文本框 txt 中显示“平手”
    }
    if(i= =2){                        //判断随机显示的图形是否为“石头”
      txt.text="你输";                //条件成立，在动态文本框 txt 中显示“你输”
      ccom++;                         //计算机胜出，次数增加 1
    }
```

```
    if(i= =3){                          //判断随机显示的图形是否为“布”
     txt.text="你赢";                   //条件成立，在动态文本框 txt 中显示“你赢”
     cpla++;                            //玩家胜出，次数增加 1
    }
    jieguo();}                          //调用函数 jieguo()，在舞台右侧显示统计结果
function gorock(e:MouseEvent):void{
    count++;
    creat();
    if(i= =1){
     txt.text="你赢";
     cpla++;
    }
    if(i= =2){
     txt.text="平手";
    }
    if(i= =3){
     txt.text="你输";
     ccom++;
    }
    jieguo();}
function gocloth(e:MouseEvent):void{
    count++;
    creat();
    if(i= =1){
          txt.text="你输";
              ccom++;}
    if(i= =2){
          txt.text="你赢";
          cpla++;
    }
    if(i= =3){
          txt.text="平手";
    }
    jieguo();}
```

（14）至此，“剪刀石头布”小游戏制作完成。测试完毕后将源文件保存。

7.1.4　知识点总结

本节实例制作的关键在于当用户单击鼠标时，计算机可随机显示一个图形，并与用户的选择进行对比，同时还要将结果显示在动态文本框中。

（1）要在 ActionScript 3.0 中产生一个随机数字，可以使用 Math 类的 random()方法，语法如下。

```
Math.random() ;
```

该代码将返回 0～1 之间的随机数字，通常是多个小数。要控制 Math.random()产生的范围，可以在最终的随机数字上执行相同的算法。例如，如果要产生 0～50 之间的随机数

字，可以用 Math.random()乘以 50，代码如下。

```
Math.random() * 50;
```

（2）ActionScript 3.0 中有 3 个取整函数，即 Math.ceil()、Math.floor()和 Math.round()。

- Math.ceil()：取得的整数值是比得到的数字大的那个整数值，即向上取整。
- Math.floor()：取得的整数值是比得到的数字小的那一个整数，即向下取整。
- Math.round()：四舍五入取整。

在本节实例的制作中，代码“Math.random()*2+1”产生 1～3 之间的随机数字，然后通过函数 Math. round()取整后就会产生 1、2、3 共 3 个整数数字。

（3）ActionScript 可以控制动态文本字段的多个属性，如本例中的“total.text= String(count);”代码，名称为 total 的文本字段，其 text 属性被设置成了等于变量 count 的当前值。ActionScript 中的文字属于字符类型 String，因为 count 变量被设置为数据类型 Number，所以需要通过 String()函数将其转换为文本字符串，才能在文本字段中显示。

7.2　任务 2——制作乡村旅游 VR 虚拟展示动画

虚拟现实（virtual reality，VR）是利用计算机技术来模拟 360°或全景环绕的环境，通过这样的环境用户可以从各个方向来观察虚拟世界。其中，Animate 可以创建 VR 360 和 VR Panorama 文档模拟沉浸式虚拟现实（VR）体验的环绕环境，用户可以在其中向任何方向拖动视图，还可以添加图形、动画和交互性，从而获得丰富有趣的体验。

7.2.1　实例效果预览

本节实例效果如图 7-2-1 所示。

图　7-2-1

7.2.2　技能应用分析

（1）创建 VR 360 和 VR Panorama 文档。

（2）在项目图像中添加图层纹理模拟环绕的虚拟现实环境。

（3）将图形和动画添加到 VR 环境中。

（4）通过代码实现 VR 环境的交互性，并控制 VR 摄像机。

7.2.3　制作步骤解析

子任务 1　建立虚拟现实场景

（1）选择“文件”→“新建”命令，在打开的“新建文档”面板上选择“高级”选项卡，在“BETA 版平台”选项组选择 VR 360（Beta）。设置文档“宽”为 2048，“高”为 1024，“帧速率”为 12，如图 7-2-2 所示。单击“创建”按钮，选择“文件”→“保存”命令，将该文件保存为 travel.fla。

图　7-2-2

（2）选择“文件”→“导入”→“导入到库”命令，将素材文件夹里的所有图片全部导入，然后从库中将图片 image1.jpg 拖入舞台，在“属性”面板上设置“宽”为 2048、“高”为 1024，坐标位置为“X：0，Y：0”，如图 7-2-3 所示。

（3）在“时间轴”面板上，将第一个图层重命名为 image。然后在该图层上“为所有图层创建纹理变形”按钮所对应的位置单击鼠标，此时的时间轴状态如图 7-2-4 所示。

（4）选择“窗口”→“VR 视图”命令，在打开的如图 7-2-5 所示的“VR 视图”面板中单击“启动 VR 视图”按钮，此时，图像的交互预览显示在该视图中，整幅图像被环绕在一个球体上，形成一个 720° VR 虚拟现实环境。使用鼠标拖动图像可以查看每个方向的视图，如图 7-2-6 所示。如果在 VR 视图预览过程中，编辑了舞台中的内容，则必须单击“刷新”按钮才能显示新的预览图像。

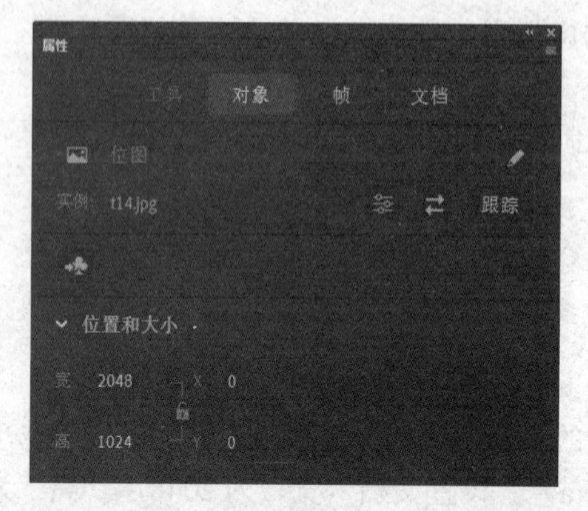

图　7-2-3

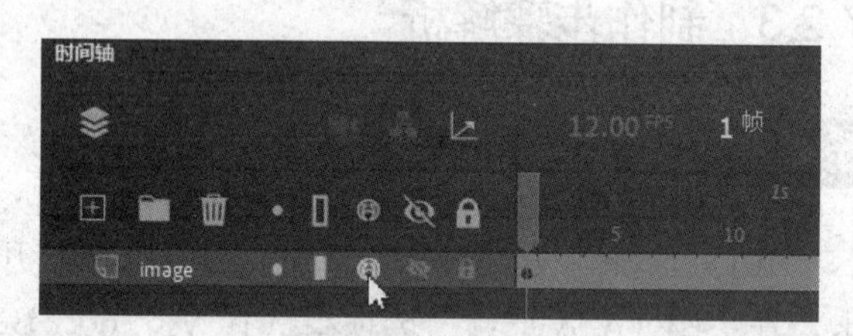

图　7-2-4

图　7-2-5

图　7-2-6

（5）按 Ctrl+Enter 组合键测试影片，将 VR 视图预览图像在 Web 浏览器中打开。此时，拖动鼠标可以在 Web 浏览器中查看每个方向的图像，如图 7-2-7 和图 7-2-8 所示。

图　7-2-7

图　7-2-8

（6）按 Ctrl+F8 组合键新建影片剪辑元件 bird，展开“高级”选项卡，单击“源文件”

按钮，打开“查找 FLA 文件”对话框，选择素材文件夹中的“小鸟飞翔.fla”文件，如图 7-2-9 所示。单击“打开”按钮后，在打开的“选择元件”对话框中选择“小鸟”元件，如图 7-2-10 所示，单击“确定”按钮完成新元件的创建。

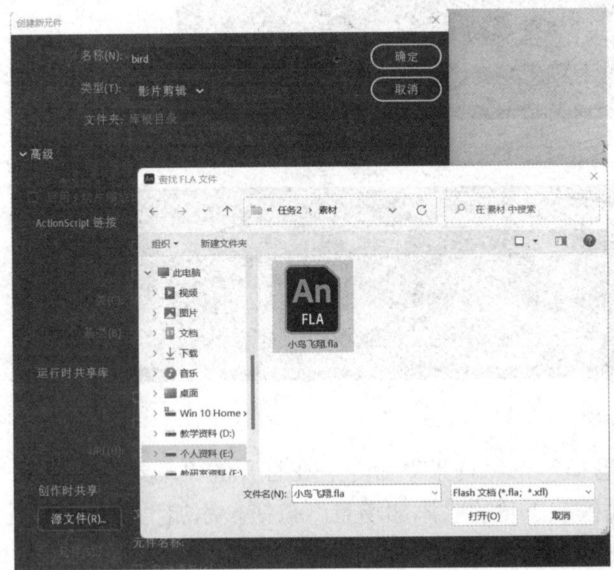

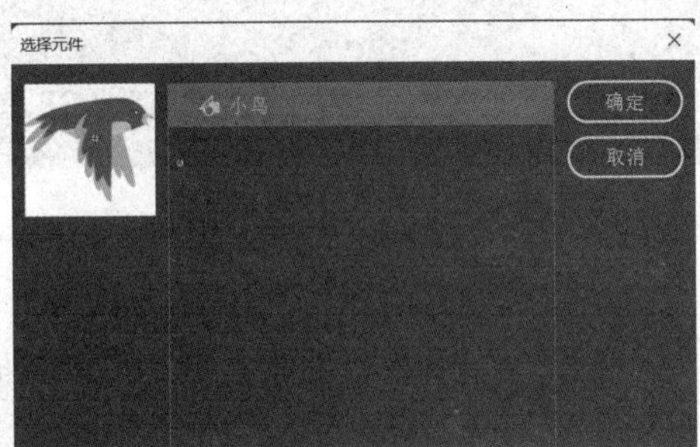

图　7-2-9　　　　图　7-2-10

（7）将视图显示比例调整为 50%，使整幅图像完整显示在视图窗口中。新建图层并命名为 bird，从库中将元件 bird 拖入舞台，放置在画面右侧的外面，如图 7-2-11 所示。

（8）分别在 image、bird 图层的第 40 帧处按 F5 键延长帧，然后新建图层命名为 guide，使用“铅笔”工具绘制一条如图 7-2-12 所示的路径，在该图层的第 40 帧处按 F5 键延长帧。

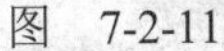

图　7-2-11　　　　图　7-2-12

（9）在 bird 图层的第 40 帧处按 F6 键插入关键帧，分别调整第 1 帧和第 40 帧处小鸟的位置，使其吸附于路径的起始点和结束点，并在第 1 帧和第 40 帧之间创建传统补间动画。然后在 guide 图层上右击，在弹出的快捷菜单中选择“引导层”命令，将 bird 图层作为 guide 图层的被引导图层，使小鸟沿着绘制的路径飞行，如图 7-2-13 所示。

（10）按 Ctrl+Enter 组合键测试影片，在 Web 浏览器中拖动鼠标预览小鸟在 VR 视图中飞行的轨迹，如果发现小鸟没有在预期的视图范围内飞行，可以调整 guide 图层中的路径，也可以将小鸟的飞行路径根据需要划分为两段，时间轴状态如图 7-2-14 所示。

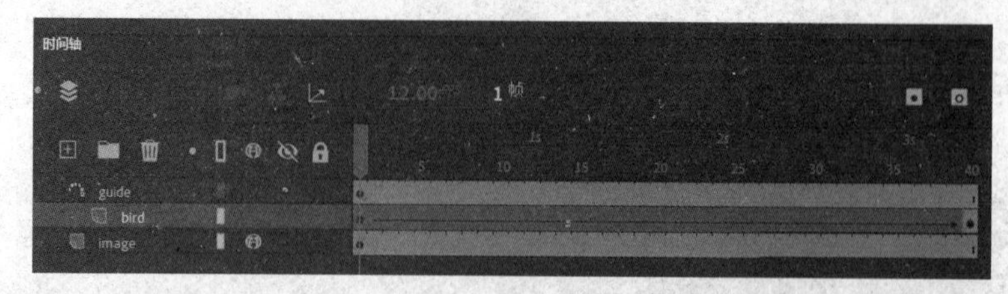

图　7-2-13

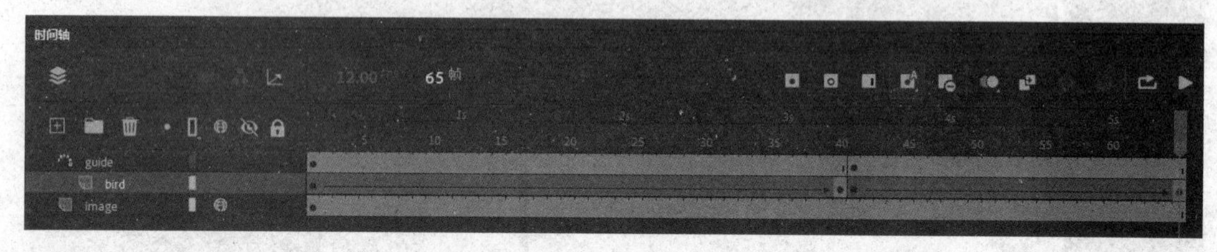

图　7-2-14

（11）接着创建新的场景。选择“窗口”→“场景”命令，在打开的“场景”面板上将“场景一”重命名为 sc1，然后单击面板左下角的“添加场景”按钮，添加“场景二”，并重命名为 sc2，如图 7-2-15 所示。

（12）单击舞台左上方的编辑场景图标切换到场景 sc1，选择时间轴上的所有图层并右击，在弹出的快捷菜单中选择“拷贝图层”命令，如图 7-2-16 所示。然后将场景切换为 sc2，在时间轴“图层_1”上右击，在弹出的快捷菜单中选择“粘贴图层”命令，如图 7-2-17 所示。将场景 sc1 中的图像以及引导动画全部复制到场景 sc2 中，然后删除“图层_1”。

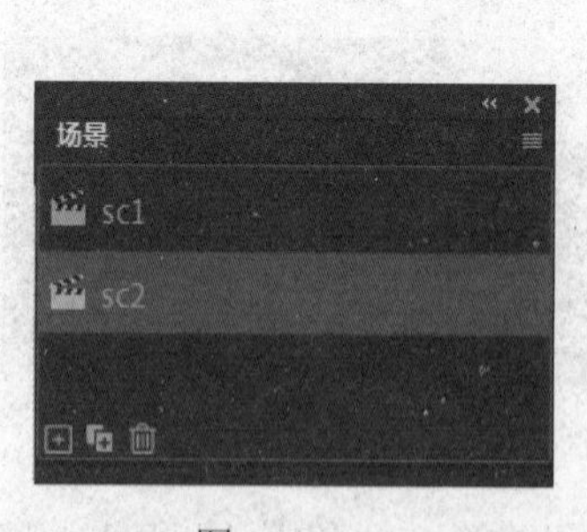

图　7-2-15

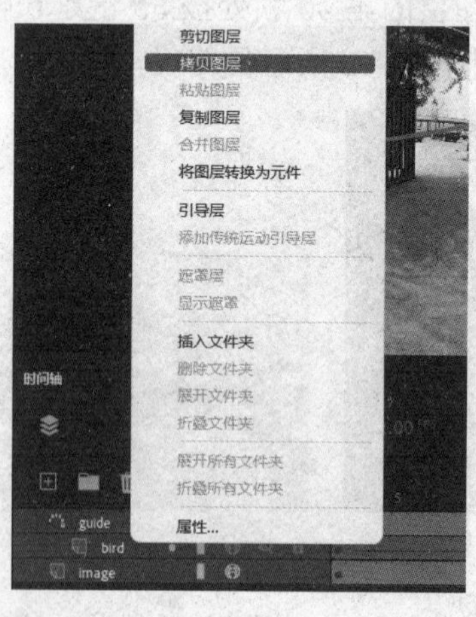

图　7-2-16

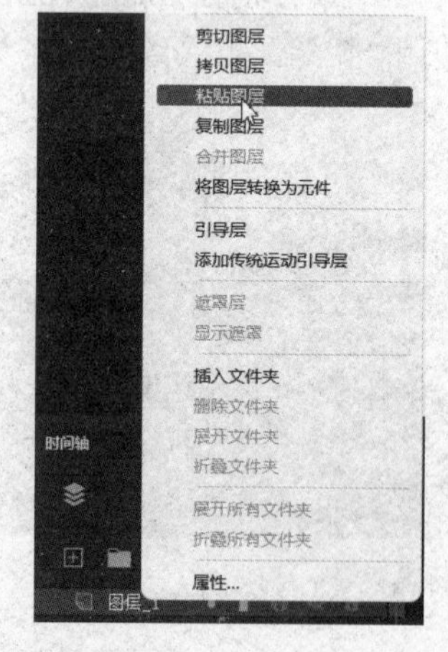

图　7-2-17

（13）将光标放在舞台中的图像上右击，在弹出的快捷菜单中选择“交换位图”命令，如图 7-2-18 所示。在打开的对话框中选择 image2.jpg，如图 7-2-19 所示。单击“确定”按钮，此时，舞台中的图像将被替换。在“VR 视图”面板中单击“刷新”按钮，即可显示出当前图像的虚拟现实呈现情况，拖动鼠标可以 720° 全方位查看图像效果，如图 7-2-20 所示。

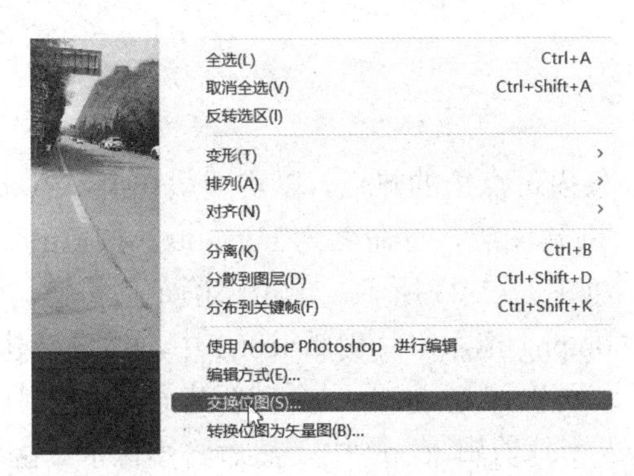

图　7-2-18

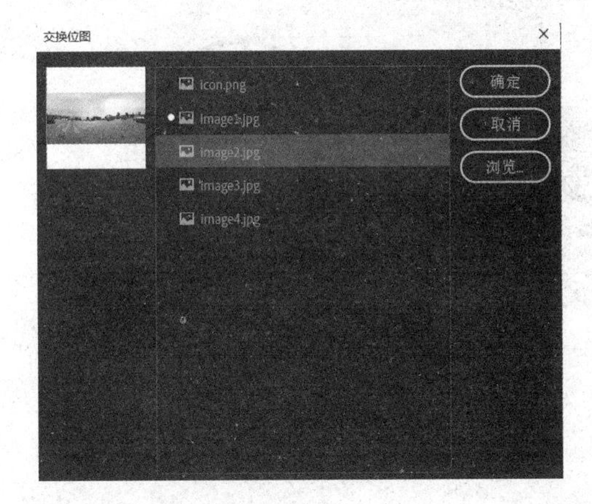

图　7-2-19

图　7-2-20

（14）依照步骤（11）～步骤（13）的操作方法，新建两个场景，并分别重命名为 sc3、sc4，复制场景 sc1 中的图层粘贴到场景 sc3、sc4 中，并分别将图层 image 中的图像通过“交换位图”命令替换为 image3.jpg 和 image4.jpg。然后在“VR 视图”面板中单击“刷新”按钮，分别查看图像呈现效果，如图 7-2-21 和图 7-2-22 所示。

图　7-2-21

图　7-2-22

（15）至此，所有的虚拟现实场景已准备完毕。要实现其交互功能，还需要继续添加相应的动作脚本。

子任务 2　添加交互

（1）现在开始添加场景内可点击的热点，以实现从一个 VR 场景环境切换到另一个场景的效果。返回场景 sc1，新建图层，重命名为 hotspots。按 Ctrl+F8 组合键新建一个名称为 icon1 的影片剪辑元件，如图 7-2-23 所示，单击“确定”按钮。

（2）将库中的图像 icon.png 拖入影片剪辑 icon1 中，然后新建图层，输入文字“返回上一站”，如图 7-2-24 所示。再次按 Ctrl+F8 组合键新建一个名称为 icon2 的影片剪辑元件，将库中的图像 icon.png 拖入影片剪辑 icon2 中，然后将图像水平翻转，如图 7-2-25 所示。新建图层，输入文字“前往下一站”，如图 7-2-26 所示。

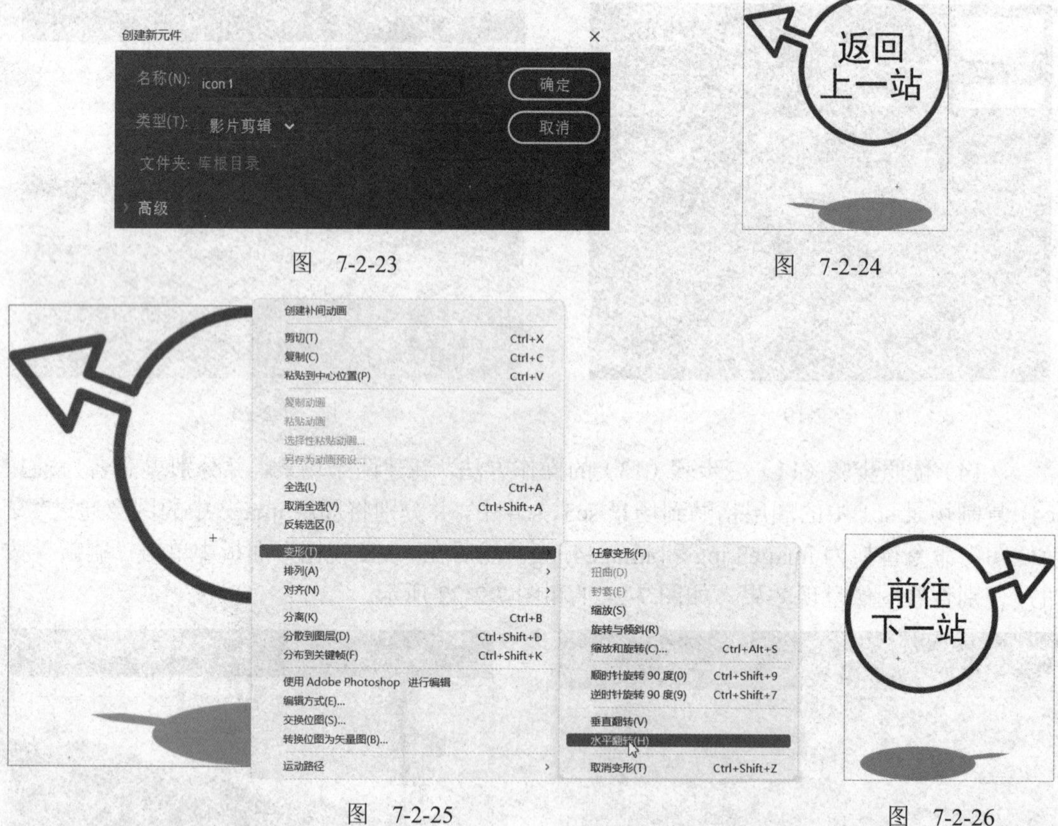

图　7-2-23　　图　7-2-24

图　7-2-25　　图　7-2-26

（3）返回场景 sc1，选择 hotspots 图层，从库中将影片剪辑元件 icon1 和 icon2 拖入舞台，分别进行等比调整，“高”为 226.5、“宽”为 200，并将其放置到合适的位置，如图 7-2-27 所示。

图　7-2-27

（4）选择元件 icon1，在“属性”面板上将其实例名称命名为 prev；选择元件 icon2，在“属性”面板上将其实例名称命名为 next，如图 7-2-28 和图 7-2-29 所示。

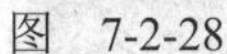
图　7-2-28

图　7-2-29

（5）新建图层，命名为 actions，然后按 F9 键打开“动作”面板。在如图 7-2-30 所示的“动作”面板上单击“使用向导添加”按钮，即可弹出添加动作脚本的向导，可以从一系列菜单中选择代码并添加，如图 7-2-31 所示。在“向导”页面的第 1 步中选择 Go to Scene，如图 7-2-32 所示。

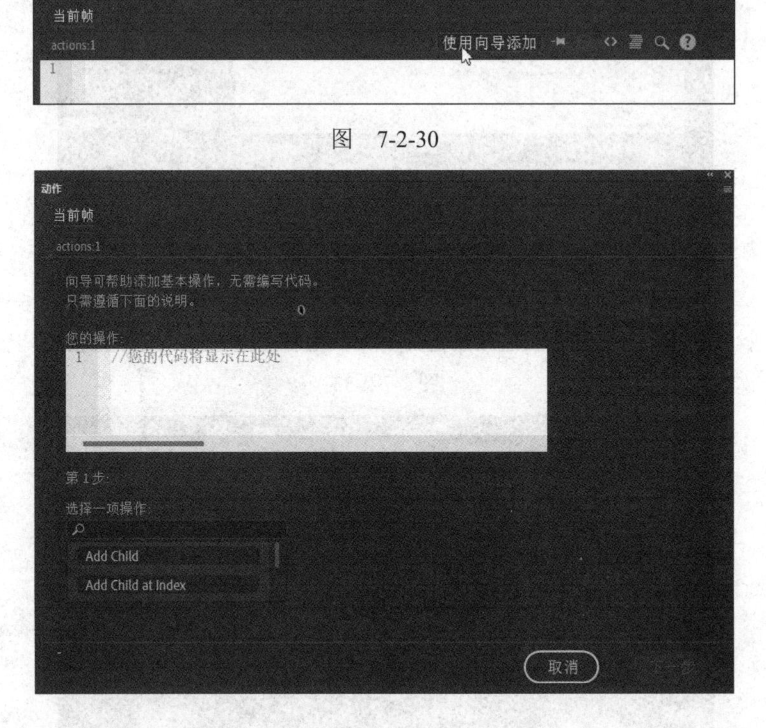

图　7-2-30

图　7-2-31

（6）松开鼠标后，所选择的动作代码自动生成，并显示在“动作”面板中，如图 7-2-33 所示。将绿色高亮显示的文字“请输入场景名称”更改为 sc2，如图 7-2-34 所示。注意，引号中只能是场景的名称 sc2，不能包含其他字符，空格也不能有，否则代码将不起作用。

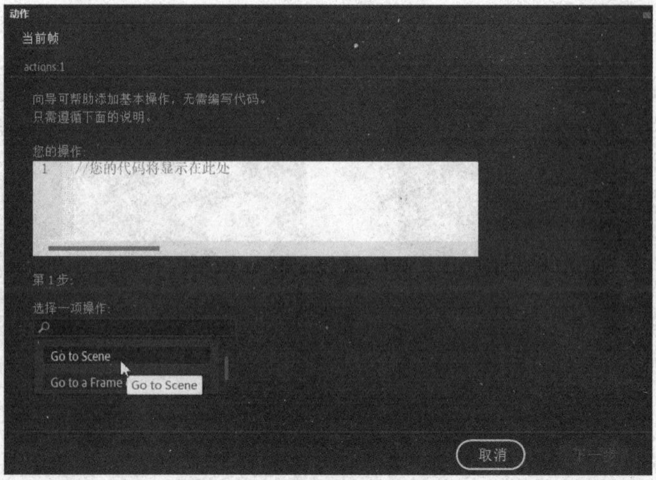

图　7-2-32

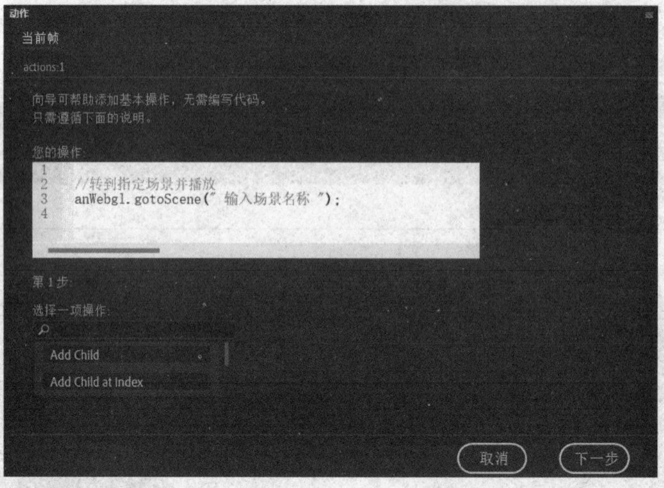

图　7-2-33

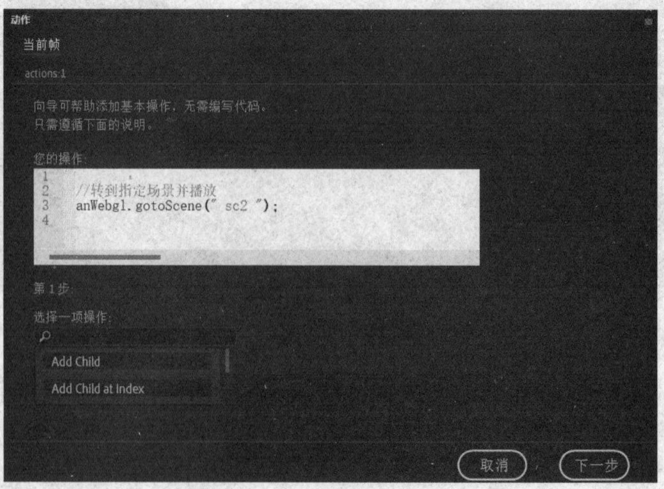

图　7-2-34

（7）单击“下一步”按钮，进入添加脚本动作的第 2 步操作，提示选择一个触发事件，选择 On Click 命令并单击，如图 7-2-35 所示。然后在右侧出现的“选择一个要触发事件的对象”选项中选择 next，如图 7-2-36 所示。

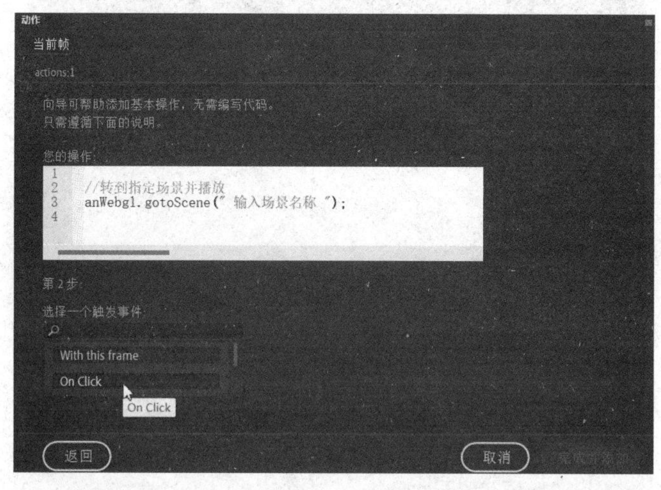

图　7-2-35

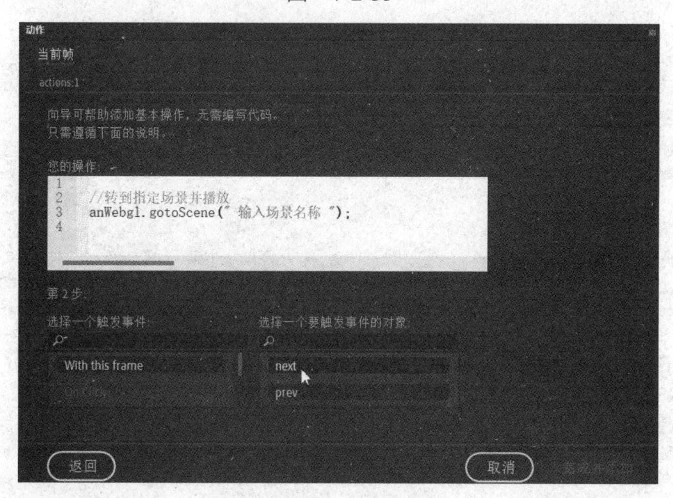

图　7-2-36

（8）单击“完成并添加”按钮，向导将把所选的动作脚本代码添加到“动作”面板中，如图 7-2-37 所示。

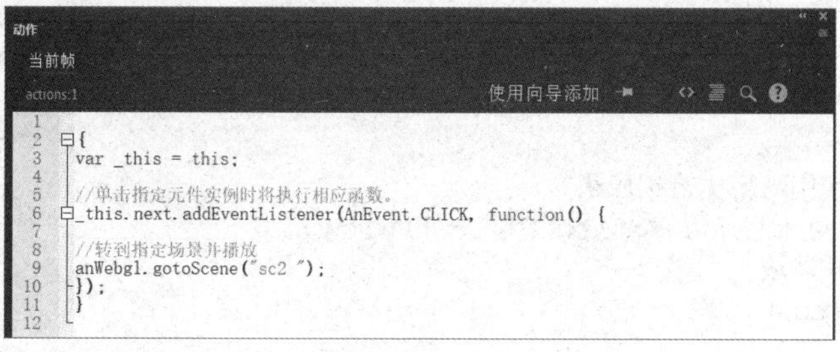

```
动作
当前帧
actions:1                                   使用向导添加
1
2  {
3  var _this = this;
4
5  //单击指定元件实例时将执行相应函数。
6  _this.next.addEventListener(AnEvent.CLICK, function() {
7
8  //转到指定场景并播放
9  anWebgl.gotoScene("sc2 ");
10 });
11 }
12
```

图　7-2-37

（9）在“动作”面板上选择所有的代码并复制，然后粘贴到原有代码段的下方，将第2行代码中的next更改为prev，将第3行代码中的sc2更改为sc4，如图7-2-38所示。

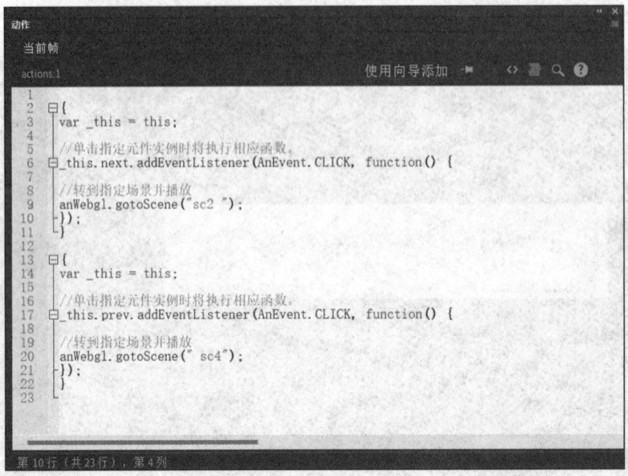

图　7-2-38

此时，全部代码如下。

```
{var _this = this;
//单击指定元件实例时将执行相应函数
_this.next.addEventListener(AnEvent.CLICK, function() {
//转到指定场景并播放
anWebgl.gotoScene("sc2");
});
}
{
var _this = this;
//单击指定元件实例时将执行相应函数
_this.prev.addEventListener(AnEvent.CLICK, function() {
//转到指定场景并播放
anWebgl.gotoScene("sc4");
});
}
```

（10）在场景sc1的时间轴上选择hotspots和actions图层并右击，在弹出的快捷菜单中选择“拷贝图层”命令；然后切换到场景sc2中，在时间轴上右击，在弹出的快捷菜单中选择“粘贴图层”命令，将热点图标及代码全部粘贴到场景sc2中。

（11）根据场景sc2的画面情况调整两个热点图标的位置，并按F9键，在打开的“动作”面板中更改代码如下。

```
{var _this = this;
//单击指定元件实例时将执行相应函数
_this.next.addEventListener(AnEvent.CLICK, function() {
//转到指定场景并播放
anWebgl.gotoScene("sc3");
});
}
```

```
{
var _this = this;
//单击指定元件实例时将执行相应函数
_this.prev.addEventListener(AnEvent.CLICK, function() {
//转到指定场景并播放
anWebgl.gotoScene("sc1");
});
}
```

（12）依照步骤（10）和步骤（11）的操作方法，依次在场景 sc3、sc4 中添加热点图标，并修改相应代码。场景 sc3 对应的代码如下。

```
{var _this = this;
//单击指定元件实例时将执行相应函数
_this.next.addEventListener(AnEvent.CLICK, function() {
//转到指定场景并播放
anWebgl.gotoScene("sc4");
});
}
{
var _this = this;
//单击指定元件实例时将执行相应函数
_this.prev.addEventListener(AnEvent.CLICK, function() {
//转到指定场景并播放
anWebgl.gotoScene("sc2");
});
}
```

场景 sc4 对应的代码如下。

```
{var _this = this;
//单击指定元件实例时将执行相应函数
_this.next.addEventListener(AnEvent.CLICK, function() {
//转到指定场景并播放
anWebgl.gotoScene("sc1");
});
}
{
var _this = this;
//单击指定元件实例时将执行相应函数
_this.prev.addEventListener(AnEvent.CLICK, function() {
//转到指定场景并播放
anWebgl.gotoScene("sc3");
});
}
```

（13）按 Ctrl+Enter 组合键测试影片。可以通过点击热点图标在 4 个场景间根据浏览需要进行切换。

子任务 3　设置虚拟摄像机

（1）目前，在 Web 浏览器中呈现的 VR 虚拟现实图像是以默认的摄像机视角显示的，倘若需要从另一个角度开始浏览图像，可以通过添加虚拟摄像机来控制 Web 浏览器中呈现的 VR 虚拟现实图像视角。按 Ctrl+Enter 组合键进行测试，当切换到场景 sc4 时，效果如图 7-2-39 所示。

图　7-2-39

（2）选择 actions 图层的第 1 帧并按 F9 键打开“动作”面板，将光标放在代码末尾的新行上单击，然后单击“使用向导添加”按钮，在打开的向导窗口“第 1 步”中选择 Set Camera Position 命令，如图 7-2-40 所示。

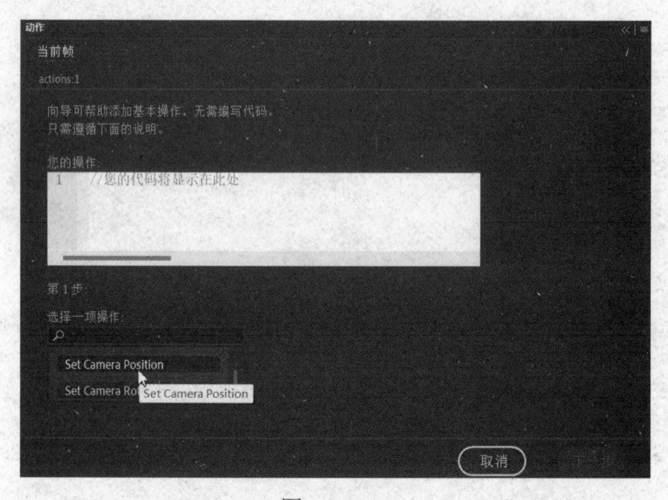

图　7-2-40

（3）松开鼠标后，相应代码将显示在“第 1 步”上面的代码窗口中，其第 1 行代码如下。

```
var __cameraPos__ = {x:10, y:10, z:10};
```

将其中的摄像机位置的值（x、y、z）更改为“−50，−10，30”，代码变更如下。

```
var __cameraPos__ = {x:-50, y:-10, z:30};
```

如图 7-2-41 所示。其中，x 值表示从左向右的摄像机视图，y 值表示向上或向下的摄像机视图，z 值表示摄像机的视角；更改后的 3 个数值可以使摄像机在水平方向顺时针向右旋转、在垂直方向向上旋转、在纵深方向视角更宽。

（4）单击“下一步”按钮，在“第 2 步”中选择 With this frame 作为触发的操作，如图 7-2-42 所示，使动画播放到该帧时执行设置虚拟摄像机位置的相应操作。松开鼠标后，相应代码被添加到“第 2 步”上面的代码窗口，如图 7-2-43 所示。

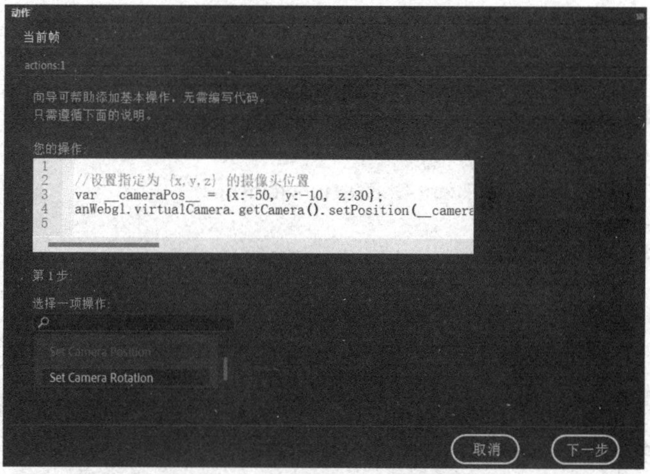

图　7-2-41

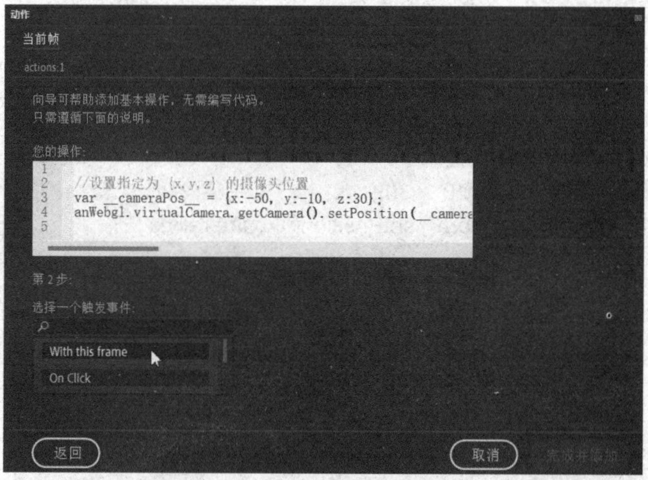

图　7-2-42

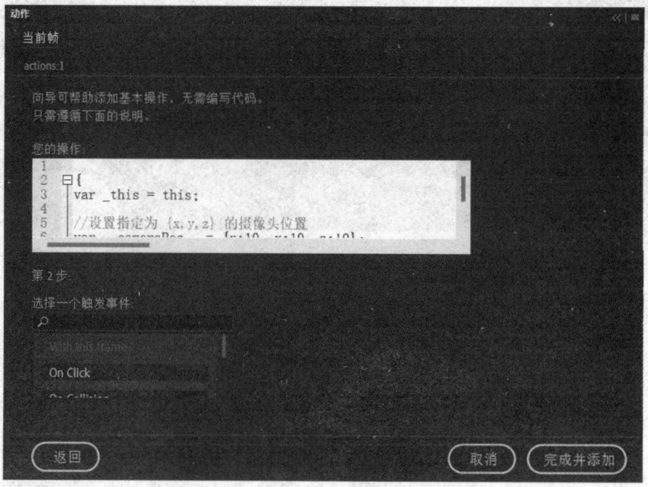

图　7-2-43

（5）单击“完成并添加”按钮，完成设置虚拟摄像机的代码添加。此时，场景sc4的代码如下。

```
{var _this = this;
//单击指定元件实例时将执行相应函数
_this.next.addEventListener(AnEvent.CLICK, function() {
//转到指定场景并播放
anWebgl.gotoScene("sc1");
});
}
{
var _this = this;
//单击指定元件实例时将执行相应函数
_this.prev.addEventListener(AnEvent.CLICK, function() {
//转到指定场景并播放
anWebgl.gotoScene("sc3");
});
}
{
var _this = this;
//设置指定为 {x,y,z} 的摄像头位置
var __cameraPos__ = {x:-50, y:-10, z:30};
anWebgl.virtualCamera.getCamera().setPosition(__cameraPos__);
}
```

（6）在“VR视图”面板上单击“刷新”按钮，预览场景sc4当前的图像呈现效果，如图7-2-44所示。与图7-2-39对比，可以发现摄像机位置调整后进入场景的第一视角发生了变化。

图　7-2-44

子任务4　发布VR项目

（1）至此，该VR项目已制作完成，可以检查发布设置并导出HTML和JavaScript代码。选择“文件”→“发布设置”命令，设置输出名称为travel.html，如图7-2-45所示。

（2）单击“确定”按钮完成发布设置，然后选择“文件”→“发布”命令，即可在设

置的发布目录中得到Animate在文件夹中组织的代码和素材，以及以travel.html命名的Web文档。将这些文档上传到服务器中即可在网络上分享完成的动画效果。

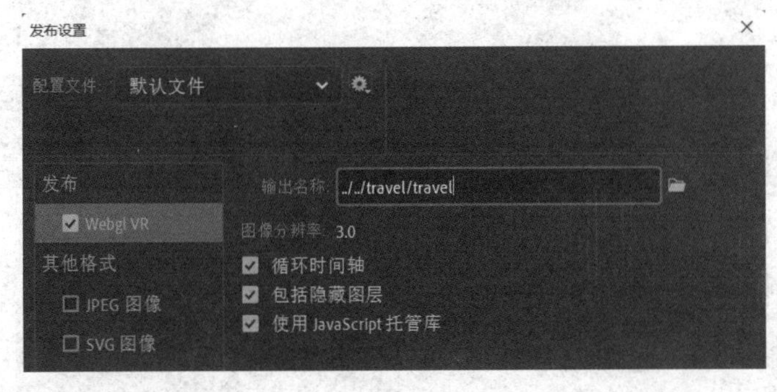

图　7-2-45

7.2.4　知识点总结

（1）VR 360 文档应始终保持 2∶1 的宽高比，以适应等距形图像。

（2）由于 VR 360 文档预览要在浏览器中进行，因此在保存文档时，要确保文档路径和文档名不能包含中文字符。

（3）在制作可单击热点实现交互效果时，必须使用影片剪辑元件实例作为可单击的图形，VR 360 和 VR Panorama 文档是不支持按钮元件的。

（4）添加交互效果后，只能在 Web 浏览器中预览 JavaScript 代码的交互性，而不能在“VR 视图”面板中预览。

（5）使用 VR 360 和 VR Panorama 平台制作 VR 虚拟现实效果所需的图片可以使用全景摄像机拍摄，也可以通过单反相机从不同的视角分别拍摄多幅图像，然后进行合成，形成 720° 全景图像。

7.3　任务 3——制作大美中华摄影网站

摄影网站首页的形象要鲜明，要符合用户的喜好和摄影的特点，要尽量营造一种亲切、甜蜜、浪漫的氛围。网站的介绍要尽量浅显、生动，所以在设计摄影类网站的动画效果时，可以对展示的图片和文字做一些简单的动画效果，以避免常规网站的枯燥、呆板之感，增加用户的阅读兴趣。

7.3.1　实例效果预览

本节实例效果如图 7-3-1 所示。

图　7-3-1

7.3.2　技能应用分析

（1）应用逐帧动画和遮罩动画制作出动画序列飞入舞台并悬挂在钉子上的动画效果。

（2）添加动作脚本，使用 Tween 类制作出小图标随鼠标移动的动画效果。

（3）逐一制作出每个页面的动画效果，包括页面内部图片的明暗变化、缩放等动画效果。

（4）将 4 个页面组合在一个影片剪辑内，通过添加动作脚本对其进行控制。

（5）添加背景音乐，并进行编辑，制作出淡入淡出的效果。

7.3.3　制作步骤解析

子任务 1　制作网站导航动画

（1）新建一个文档，设置舞台尺寸为 218 像素×548 像素，动画帧频为 30 fps；然后打开“属性”面板，设置舞台颜色为红褐色（#CC6633）。

（2）按 Ctrl+F8 组合键创建一个新的影片剪辑元件“导航动画”，在时间轴上将“图层_1”命名为“导航背景”，选择“文件”→“导入”→“导入到舞台”命令将素材文件“导航背景.png”导入到舞台，设置其坐标位置为“X：0，Y：0”，如图 7-3-2 所示。然后按 F5 键将“导航背景”图层延长到第 50 帧。

（3）新建图层，命名为 photo，使用“文本”工具输入文字“PHOTO”，设置字体为 Arial，字体大小为 40 点，颜色为任意色。然后选中文本框按 F8 键将其转换为图形元件 photo，双击该元件进入编辑窗口，在“图层_1”的下面新建图层，绘制一个略大于文本框的矩形，填充颜色由上向下为“浅灰色（#98A8C2）→灰色（#69627E）”的线性渐变，如图 7-3-3

所示。

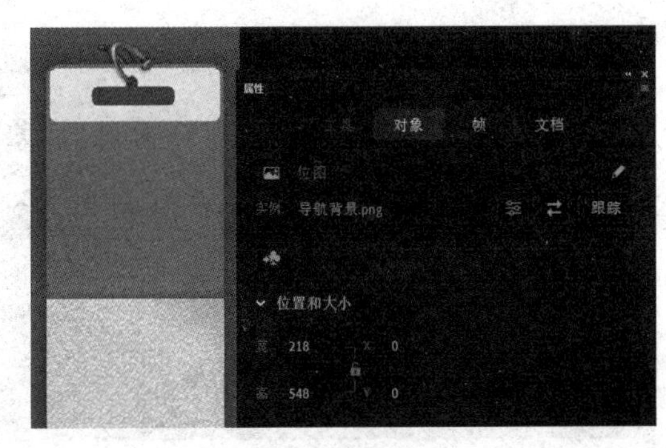

图　7-3-2

图　7-3-3

（4）在时间轴上右击“图层_1”，在弹出的快捷菜单中选择“遮罩层”命令，使文字对渐变填充的矩形起遮罩作用，得到渐变文字效果，如图 7-3-4 所示。

（5）返回到“导航动画”编辑窗口，调整 photo 元件的坐标位置为“X：29，Y：44”，然后在第 11 帧处插入关键帧，调整纵坐标位置为“Y：124”，并在第 1～第 11 帧之间创建传统补间动画。

（6）新建图层，命名为“遮罩”，使用“矩形”工具绘制一个任意颜色的矩形，如图 7-3-5 所示。然后右击“遮罩”图层，在弹出的快捷菜单中选择“遮罩层”命令，使其对下面的 photo 元件起作用，制作出文字运动效果。

图　7-3-4

图　7-3-5

（7）新建图层，命名为“大美中华”，在第 17 帧处插入空白关键帧，输入文字“大美中华”，设置字体为“微软雅黑”，大小为 40 点，颜色为青灰色（#374459）。然后选中文本框，按 F8 键将其转换为图形元件“大美中华”，并双击该元件进入编辑窗口。在第 30 帧处按 F5 键延长帧，新建图层，使用“传统画笔”工具沿着文字“大”的第一个笔画进行描绘，如图 7-3-6 所示。接着在第 2 帧处插入关键帧，继续描绘出第二个笔画，如图 7-3-7 所示。依照此方法，依次插入关键帧并描绘出字体的部分笔画，最后描绘出的效果如图 7-3-8 所示。

大美中华

图　7-3-6

大美中华

图　7-3-7

大美中华

图　7-3-8

（8）右击“图层_2”，在弹出的快捷菜单中选择“遮罩层”命令，制作出文字书写动画效果，并在最后一个关键帧上添加动作代码“stop();”，避免文字动画重复播放。

（9）按 Ctrl+F8 组合键创建一个新的影片剪辑元件“郁金香”，选择“文件”→“导入”→“导入到舞台”命令，将素材文件“郁金香.png”导入到舞台，设置其坐标位置为“X：0，Y：0”，如图 7-3-9 所示。

图　7-3-9

（10）按 F8 键将郁金香图片转换为图片元件“花朵”，然后在第 10 帧、第 25 帧处分别插入关键帧，调整第 1 帧元件的大小为原来的 40%，Alpha 值为 0%，第 10 帧元件的亮度值为 85%，接着在第 1～第 10 帧和第 10～第 25 帧之间创建传统补间动画，制作出花朵逐渐放大并显现的动画效果，并在最后一个关键帧上添加动作代码“stop();”。

（11）进入“导航动画”编辑窗口，新建图层，命名为“郁金香”，在第 25 帧处插入空白关键帧，从库中将刚才制作好的“郁金香”元件拖入舞台，设置坐标位置为“X：−80，Y：160”。

（12）新建图层，命名为“关于我们”，在第 21 帧处插入空白关键帧，使用文本工具输入文字“关于我们”，设置字体为“黑体”，字体颜色为黑色，字体大小为 24 点，坐标位置为“X：80，Y：310”，如图 7-3-10 所示。

（13）选中文字，转换为影片剪辑元件“关于我们”，并在“属性”面板上将该元件的实例名称命名为 btn1。然后在第 31 帧处插入关键帧，调整第 21 帧中元件的纵坐标位置为“Y：280”，Alpha 值为 0%，在第 21～第 31 帧之间创建传统补间动画。

（14）新建图层，命名为“壮丽河山”，在第 23 帧处插入空白关键帧，输入文字“壮丽河山”，设置坐标位置为“X：80，Y：350”，如图 7-3-11 所示。

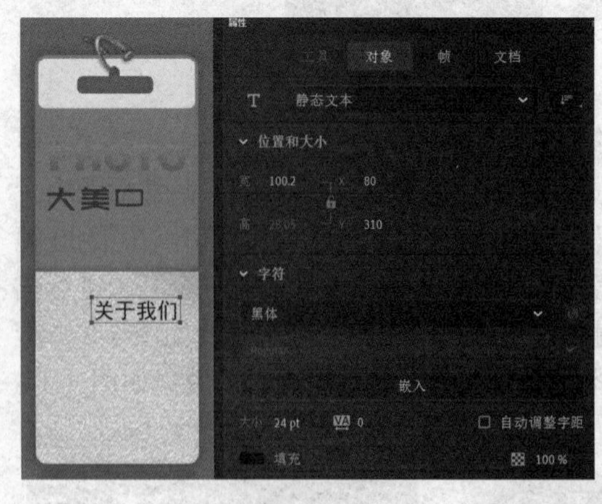

图　7-3-10

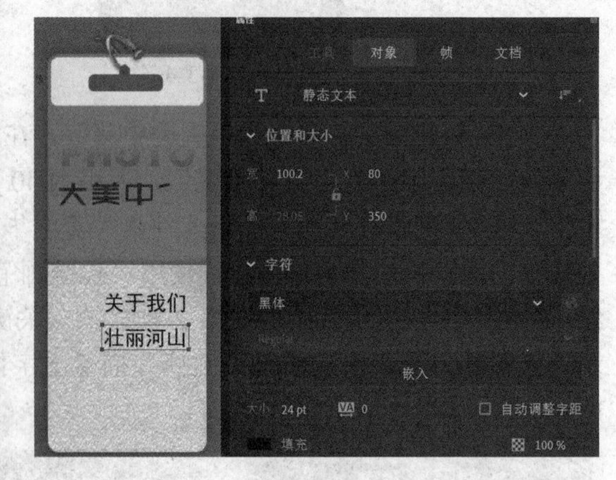

图　7-3-11

（15）选中文字，转换为影片剪辑元件“壮丽河山”，并在“属性”面板上将该元件的实例名称命名为 btn2。然后在第 33 帧处插入关键帧，调整第 23 帧中元件的纵坐标位置为“Y：320”，Alpha 值为 0%，在第 23～第 33 帧之间创建传统补间动画。

（16）新建图层，命名为“城市风光”，在第 25 帧处插入空白关键帧，输入文字“城市风光”，设置坐标位置为“X：80，Y：390”，如图 7-3-12 所示。

（17）选中文字，转换为影片剪辑元件“城市风光”，并在“属性”面板上将该元件的实例名称命名为 btn3。然后在第 35 帧处插入关键帧，调整第 25 帧中元件的纵坐标位置为“Y：360”，Alpha 值为 0%，在第 25～第 35 帧之间创建传统补间动画。

（18）新建图层，命名为“乡村印象”，在第 27 帧处插入空白关键帧，输入文字“乡村印象”，设置坐标位置为“X：80，Y：430”，如图 7-3-13 所示。

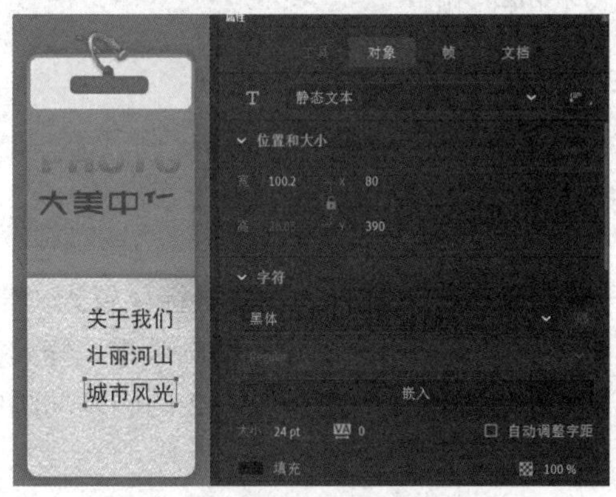

图　7-3-12

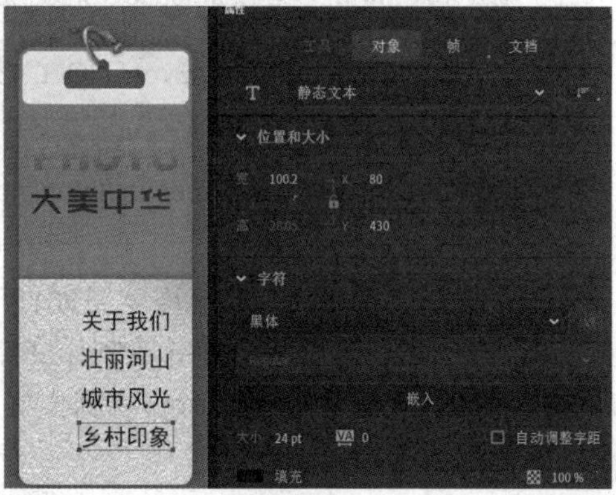

图　7-3-13

（19）选中文字，转换为影片剪辑元件“乡村印象”，并在“属性”面板上将该元件的实例名称命名为 btn4。然后在第 37 帧处插入关键帧，调整第 27 帧中元件的纵坐标位置为“Y：400”，Alpha 值为 0%，在第 27～第 37 帧之间创建传统补间动画。

（20）新建图层，命名为“图标”，在第 38 帧处插入空白关键帧，选择“文件”→“导入”→“导入到舞台”命令将素材文件“图标.png”导入到舞台，设置其坐标位置为“X：50，Y：180”，如图 7-3-14 所示。按 F8 键将其转换为影片剪辑元件 tb，并在“属性”面板上将元件的实例名称命名为 tb，以备后用。

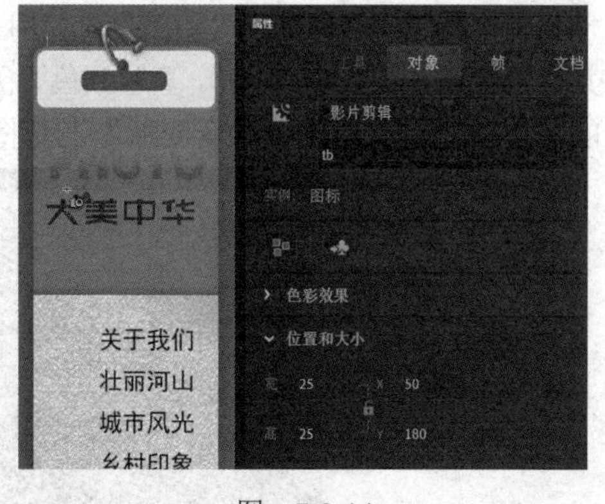

图　7-3-14

（21）新建图层，在第 38 帧处插入空白关键帧，然后打开“动作”面板，输入如下代码。

```
import flash.events.MouseEvent;
import fl.transitions.Tween;
import fl.transitions.easing.*;
stop();
tb.visible=false;
btn1.addEventListener(MouseEvent.ROLL_OVER,gywm);
```

```
function gywm(e:MouseEvent):void{
    tb.visible=true;
    new Tween(tb,"y",Elastic.easeOut,tb.y,btn1.y,1,true);
}
btn2.addEventListener(MouseEvent.ROLL_OVER,sjkj);
function sjkj(e:MouseEvent):void{
    tb.visible=true;
    new Tween(tb,"y",Elastic.easeOut,tb.y,btn2.y,1,true);
}
btn3.addEventListener(MouseEvent.ROLL_OVER,yxgs);
function yxgs(e:MouseEvent):void{
    tb.visible=true;
    new Tween(tb,"y",Elastic.easeOut,tb.y,btn3.y,1,true);
}
btn4.addEventListener(MouseEvent.ROLL_OVER,hyfw);
function hyfw(e:MouseEvent):void{
    tb.visible=true;
    new Tween(tb,"y",Elastic.easeOut,tb.y,btn4.y,1,true);
}
```

（22）返回“场景 1”，从库中将元件“导航动画”拖入舞台，设置坐标位置为“X：0，Y：0”。至此，摄影网站的导航制作完毕，按 Ctrl+Enter 组合键预览动画效果，修改完毕后选择“文件”→“保存”命令将制作好的源文件进行保存，在子任务 2 的网站动画中要用到该导航效果。

子任务 2　制作摄影网站动画

（1）新建一个文档，设置动画帧频为 30 fps，舞台尺寸为 766 像素×750 像素。在时间轴上将“图层_1”命名为“背景”，使用“矩形”工具绘制一个与舞台尺寸相同的矩形，设置其坐标位置为“X: 0，Y: 0”，笔触颜色为无，填充颜色为浅褐色（#B8722E）到白色（#FFFFFF）的线性渐变，并使用“渐变变形”工具将渐变色调整为如图 7-3-15 所示的效果。

图　7-3-15

（2）将“背景”图层延长到第 145 帧，按 Ctrl+F8 组合键创建新的图形元件“动画序列”，选择“文件”→“导入”→“导入到库”命令，将素材文件“图片序列”文件夹中的所有图片全部导入，然后从库中将图片 image1.png 拖入舞台，设置坐标位置为“X：0，Y：0”，在第 2 帧处插入空白关键帧，拖入图片 image2.png，同样放在“X：0，Y：0”的位置，依次在第 3～第 31 帧之间逐一放入“库”面板中的 image3.png～image31.png 图片，并将帧延长到第 42 帧。此时的效果及时间轴状态如图 7-3-16 所示。

（3）返回“场景 1”，新建图层，命名为“动画序列”，在第 2 帧处插入空白关键帧，从库中将制作好的元件“动画序列”拖入舞台，设置坐标位置为“X：0，Y：0”，并在第 37 帧处插入空白关键帧。

（4）新建图层，在第 7 帧处插入空白关键帧，选择“文件”→“导入”→“导入到库”命令，将素材文件“钉子.png”导入到库中，并将其拖入舞台，设置坐标位置为“X：340，Y：92”，在第 37 帧处插入空白关键帧，此时第 36 帧的效果如图 7-3-17 所示。

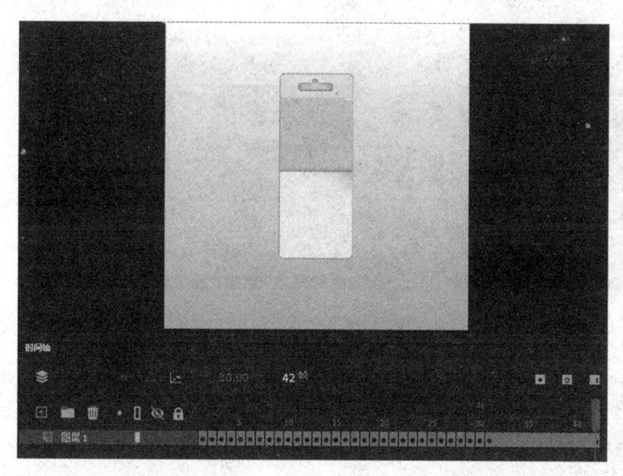

图　7-3-16

图　7-3-17

（5）新建图层，命名为“遮罩”，在第 7 帧处插入空白关键帧，使用“矩形”工具在钉子的位置绘制一个颜色较深的矩形，使其暂时将钉子遮挡起来，如图 7-3-18 所示。

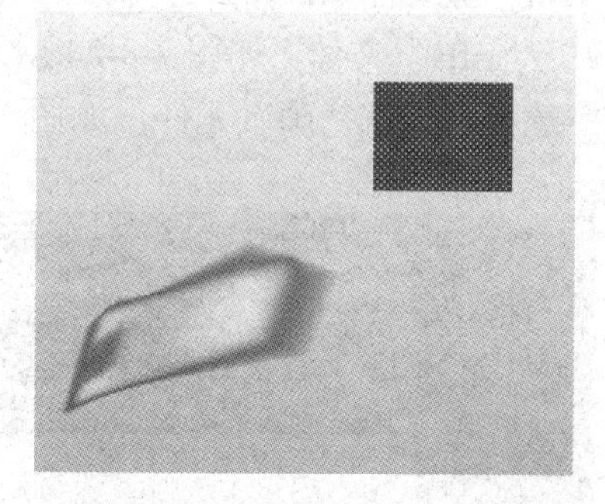

图 7-3-18

（6）为第 13～第 32 帧逐一插入关键帧，在时间轴上单击“遮罩”图层的“显示轮廓”按钮，使矩形以轮廓状态显示，如图 7-3-19 所示。

（7）选择第 13 帧，使用“橡皮擦”工具在钉子与白色图片相交的位置进行涂抹，在应该被遮挡住的钉子部位将矩形擦除一部分，如图 7-3-20 所示。

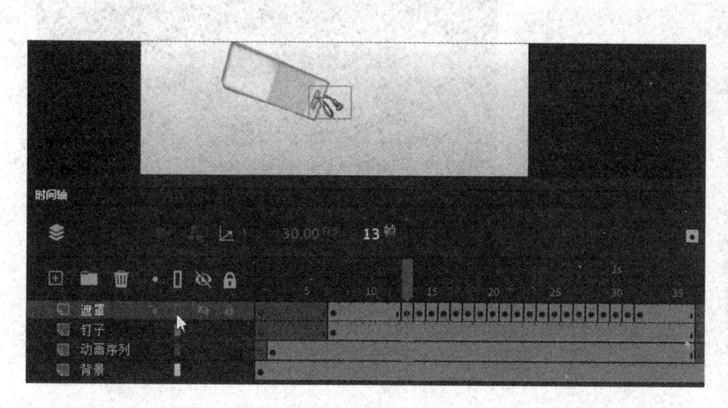

图 7-3-19

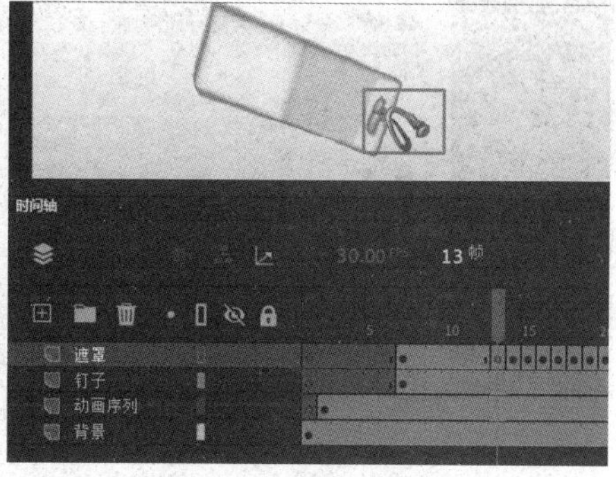

图　7-3-20

（8）选择第 14 帧，同样使用“橡皮擦”工具在应该被遮挡住的钉子部位将矩形擦除一部分，如图 7-3-21 所示。

（9）按照这种方法，依次在其他各个关键帧的矩形中将应该遮挡住钉子的部位擦除，并在第 37 帧处插入空白关键帧，此时第 32 帧的效果及时间轴状态如图 7-3-22 所示。

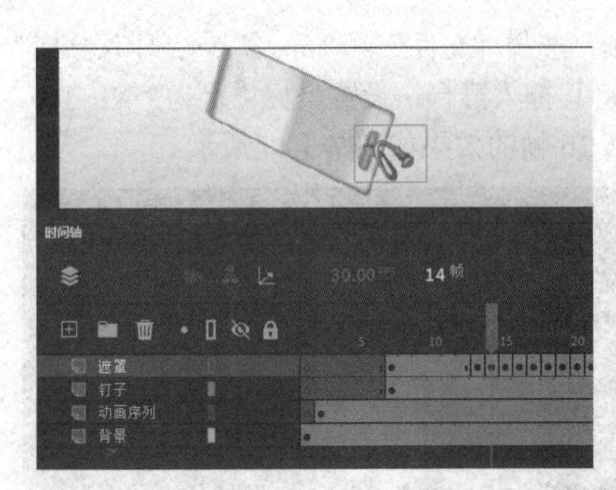

图　7-3-21

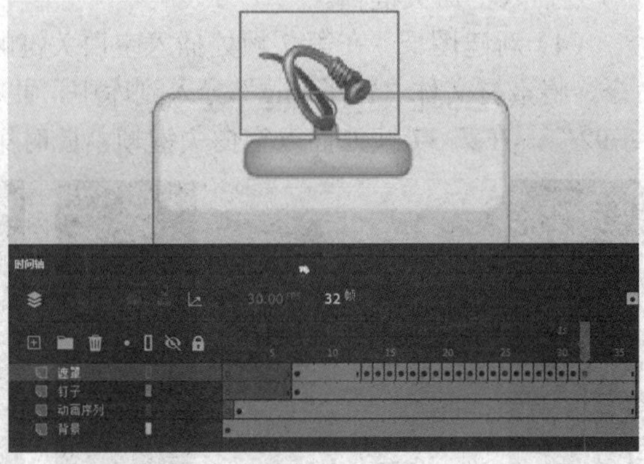

图　7-3-22

（10）右击“遮罩”图层，在弹出的快捷菜单中选择“遮罩层”命令，使其对下面的钉子起遮罩作用，制作出“动画序列”元件从外部飞入并悬挂在钉子上的动画效果。

（11）按 Ctrl+F8 组合键创建新的影片剪辑元件“导航动画”，展开“高级”选项卡，单击“源文件”按钮，打开“查找 FLA 文件”对话框，选择子任务 1 中制作好的“摄影网站导航.fla”文件，如图 7-3-23 所示；单击“打开”按钮后，在打开的“选择元件”对话框中选择“导航动画”元件，如图 7-3-24 所示，单击“确定”按钮完成新元件的创建。

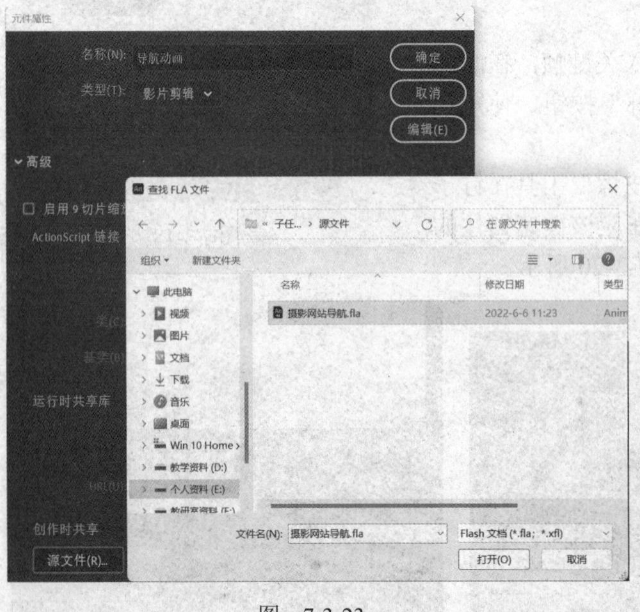

图　7-3-23

图　7-3-24

（12）新建图层，命名为“导航动画”，在第 32 帧处插入空白关键帧，从库中将“导航动画”元件拖入舞台，设置坐标位置为“X：275，Y：82”，使其与“动画序列”图层中的元件完全重合，如图 7-3-25 所示。

（13）在第 37 帧、第 55 帧和第 60 帧处分别插入关键帧，调整第 37 帧处元件的 Alpha 值为 0%、第 55 帧元件的横坐标位置为“X：100”、第 60 帧元件的横坐标位置为“X：90”，在第 32～第 37 帧、第 37～第 55 帧、第 55～第 60 帧之间创建传统补间动画。

（14）下面开始制作“关于我们”页面动画。按 Ctrl+F8 组合键创建新的影片剪辑元件 about，选择“文件”→“导入”→“导入到库”命令，将素材文件“页面背景.png”导入到库中，并将其拖入舞台，设置坐标位置为“X：0，Y：0”，如图 7-3-26 所示。

图 7-3-25　　　　图　7-3-26

（15）选择“文件”→“导入”→“导入到库”命令，将“关于我们”素材文件夹中的所有图片导入到库中，并将 photo01.jpg 拖入舞台，设置坐标位置为“X：23，Y：25”，如图 7-3-27 所示。

（16）新建图层，使用“文本”工具输入如图 7-3-28 所示的文字，设置字体为“宋体”，字号为 16 点，颜色为黑色，文字坐标位置为“X：86，Y：170”。

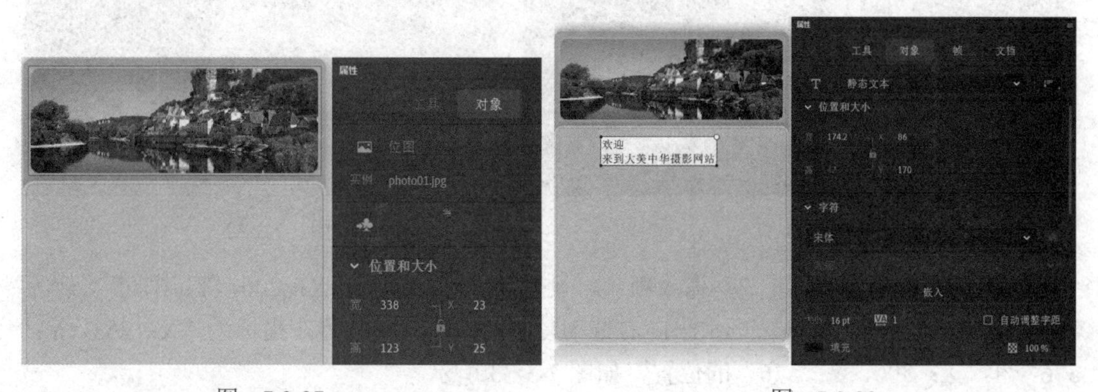

图　7-3-27　　　　图　7-3-28

（17）继续输入如图 7-3-29 所示的文字，设置字体为“宋体”，字号为 12 点，颜色为黑色，文字坐标位置为“X：86，Y：220”。

（18）新建图层，使用线条工具在水平方向绘制一条直线，并在“属性”面板上设置笔触颜色为蓝灰色（#6A80A5），线条样式为“点状线”，线条宽度为 305，坐标位置为“X：38，Y：265”；然后在垂直方向也绘制一条同样的直线，高度为 183，坐标位置为“X：192，Y：275”，效果如图 7-3-30 所示。

图　7-3-29　　　　图　7-3-30

（19）新建图层，使用“文本”工具分别输入文字“关于我们”和“新作欣赏”，设置字体为“宋体”，字号为 14 点，颜色为黑色，文字坐标位置分别为“X：43，Y：285”和“X：212，Y：283”，效果如图 7-3-31 所示。

（20）新建图层，从库中将“边框 1”拖入舞台，设置其坐标位置为“X：36，Y：306”，然后在按住 Ctrl 键的同时将该边框水平向右拖动进行复制，放置在坐标为“X：207，Y：306”的位置，如图 7-3-32 所示。

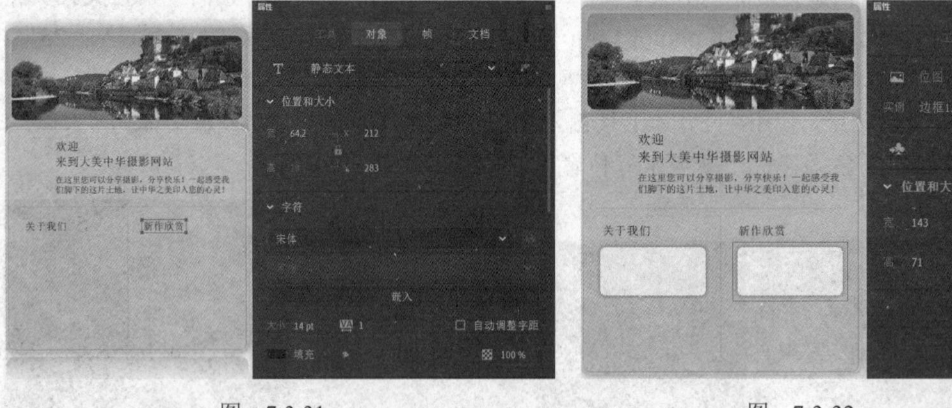

图　7-3-31　　　　图　7-3-32

（21）从库中将“边框 2”拖入舞台，设置其坐标位置为“X：206，Y：376”，然后在按住 Ctrl 键的同时将该边框水平向右拖动复制两次，分别放置在坐标为“X：253，Y：376”和“X：300，Y：376”的位置，如图 7-3-33 所示。

（22）新建图层，从库中将 photo02.jpg～photo09.jpg 拖入舞台，调整位置使其分别与白色边框居中对齐，效果如图 7-3-34 所示。

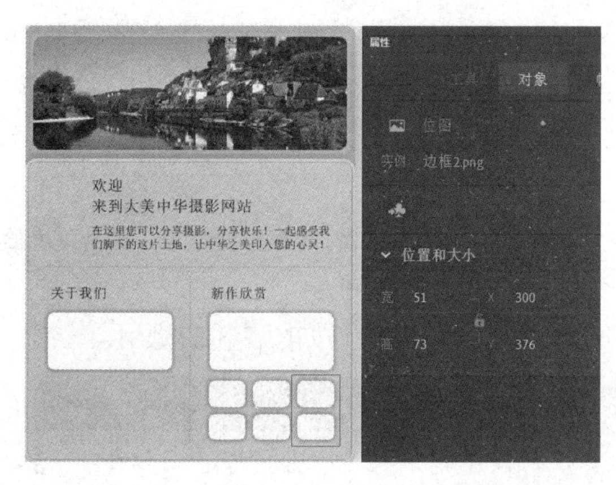

图　7-3-33

图　7-3-34

（23）新建图层，使用“文本”工具输入如图7-3-35所示的文字，设置字体为“宋体”，字号为12点，颜色为黑色，文字坐标位置为“X：46，Y：377”。

（24）现在为图片添加动作代码，使鼠标指针经过该图片时，图片的亮度有所变化。首先选中图片photo02.jpg，按F8键将其转换为影片剪辑元件photo2，并在“属性”面板上设置其实例名称也为photo2，然后依照这种方法依次将图片photo03.jpg～photo09.jpg转换为影片剪辑元件photo3～photo9，并设置其实例名称为photo3～photo9。

（25）双击元件photo2进入其编辑窗口，分别在第10帧和第20帧处插入关键帧，并在第1～第10帧之间和第10～第20帧之间创建传统补间动画，接着选中第10帧，在“属性”面板的“色彩效果”选项中选择“样式”为“高级”，调整图片的红、绿、蓝偏移量都为40，以此增加图片的亮度。新建图层，分别在第1帧和第10帧处打开“动作”面板，并输入代码“stop();”。此时的效果及时间轴状态如图7-3-36所示。

图　7-3-35

图　7-3-36

（26）依照上面的制作方法，依次为元件photo3～photo9制作亮度变化动画效果。接着返回到元件about编辑窗口，新建图层，打开“动作”面板，为元件photo2添加如下动作脚本。

```
photo2.addEventListener(MouseEvent.ROLL_OVER,liang2);    //光标滑过，调用函数 liang2
photo2.addEventListener(MouseEvent.ROLL_OUT,an2);        //光标滑出，调用函数 an2
function liang2(e:MouseEvent):void{
    photo2.gotoAndPlay(2);                 //从元件 photo2 的第 2 帧开始播放，图片变亮
}
function an2(e:MouseEvent):void{
    photo2.gotoAndPlay(11);                //从元件 photo2 的第 11 帧开始播放，图片恢复原样
}
```

（27）为其他几个元件添加相应的动作脚本，具体代码如图 7-3-37 所示。

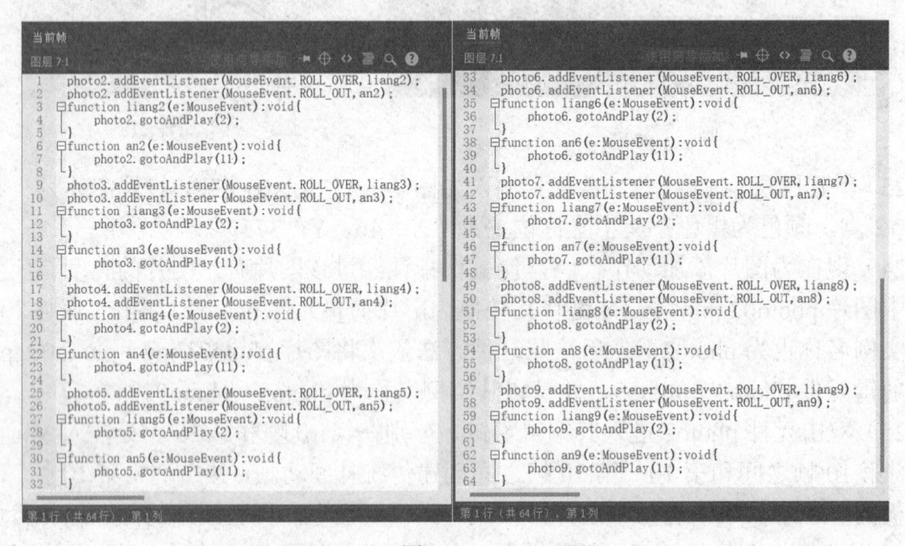

图 7-3-37

（28）下面开始制作“壮丽河山”页面动画。按 Ctrl+F8 组合键创建新的影片剪辑元件 heshan，从库中将“页面背景.png”拖入舞台，设置坐标位置为“X：0，Y：0”。然后选择“文件”→“导入”→“导入到库”命令，将素材文件夹“壮丽河山”中的所有图片导入到库中，并将 photo10.jpg 拖入舞台，设置坐标位置为“X：23，Y：25”，如图 7-3-38 所示。

（29）新建图层，使用“文本”工具输入文字“壮丽河山”，设置字体为“宋体”，字号为 16 点，颜色为黑色，文字坐标位置为“X：49，Y：180”，如图 7-3-39 所示。

图 7-3-38

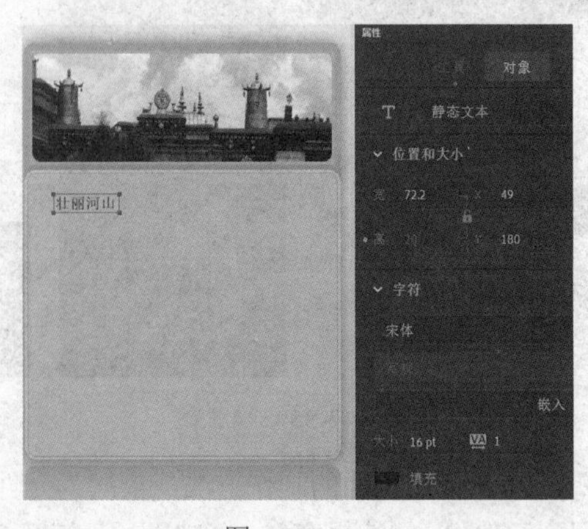

图 7-3-39

（30）继续使用“文本”工具输入如图 7-3-40 所示的文字，设置字体为“宋体”，字号为 12 点，颜色为黑色，文字坐标位置为“X：49，Y：207”；然后使用线条工具在水平方向绘制一条直线，设置“笔触”为蓝灰色（#6A80A5），线条样式为“点状线”，线条宽度为 305，坐标位置为“X：38，Y：265”。

（31）新建图层，使用“文本”工具输入文字“行摄天下”，设置字体为“宋体”，字号为 14 点，颜色为黑色，文字坐标位置为“X：42，Y：280”，如图 7-3-41 所示。

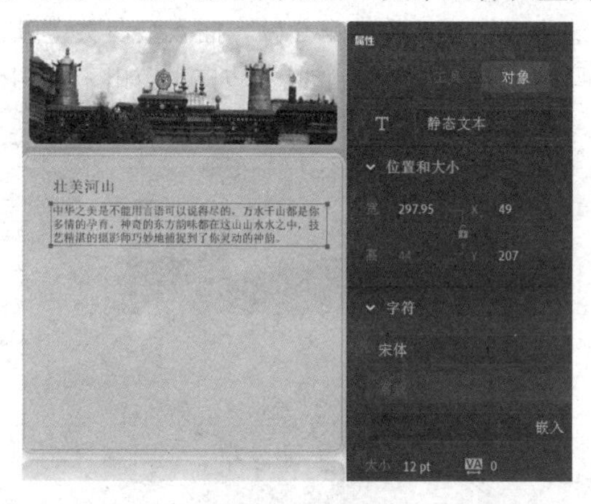

图　7-3-40

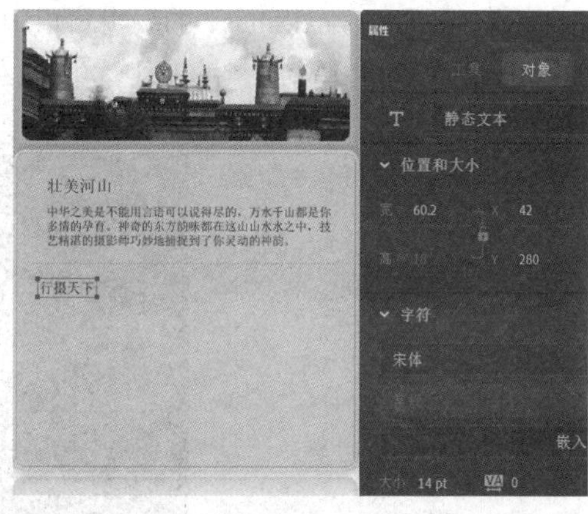

图　7-3-41

（32）新建图层，从库中将“边框 3”拖入舞台，设置坐标位置为“X：36，Y：302”，然后在按住 Ctrl 键的同时拖动白色边框，将其复制 3 次并调整位置，效果如图 7-3-42 所示。

（33）按住 Shift 键将 4 个边框同时选中，按 F8 键将其转换为影片剪辑元件 smallimage，并将其实例名称命名为 smallimage；然后双击该元件进入编辑窗口，在第 4 帧处按 F5 键插入普通帧。接着新建图层，从库中将图片 photo11.png～photo14.png 依次拖入舞台，分别放置在 4 个白色边框上，调整位置使它们居中对齐，效果如图 7-3-43 所示。

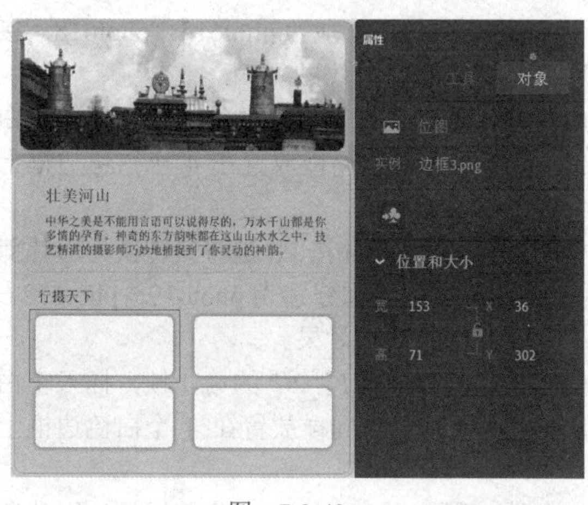

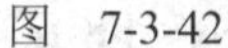

图　7-3-42

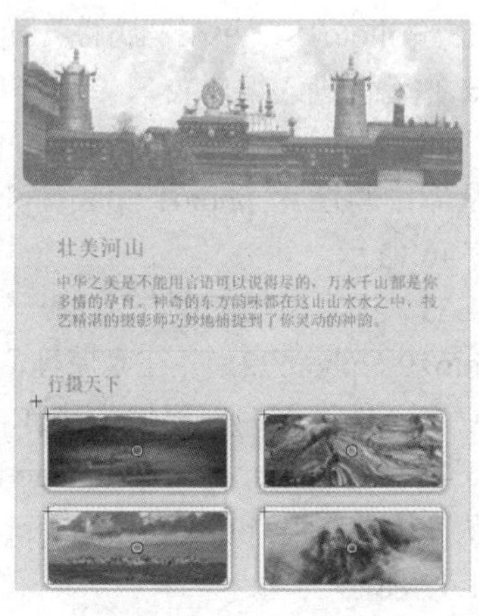

图　7-3-43

（34）分别选中这 4 张图片，并按 F8 键将其转换为影片剪辑元件 photo11～photo14，并在“属性”面板上设置其实例名称分别为 photo11～photo14。然后双击元件 photo11 进入其编辑窗口，分别在第 10 帧和第 20 帧处插入关键帧，并在第 1～第 10 帧之间和第 10～第

20 帧之间创建传统补间动画，接着选中第 10 帧，在“属性”面板的“色彩效果”选项中选择“样式”为“高级”，调整图片的红、绿、蓝偏移量都为 40，以此增加图片的亮度。新建图层，分别在第 1 帧和第 10 帧处打开“动作”面板，并输入代码“stop();”。此时的效果及时间轴状态如图 7-3-44 所示。

（35）返回到元件 smallimage 的编辑窗口，依照上面的制作方法，依次为其他 3 个图片制作亮度变化动画效果。

（36）在元件 smallimage 的编辑窗口中，选中“图层_2”的第 2 帧，插入空白关键帧，从库中将图片 photo15.png～photo18.png 拖入舞台，同样放置在 4 个白色边框上，如图 7-3-45 所示。

图 7-3-44

图 7-3-45

（37）依照前面的制作方法，分别选中这 4 张图片，按 F8 键将其转换为影片剪辑元件 photo15～photo18，并在“属性”面板上设置其实例名称分别为 photo15～photo18。接着依次双击各元件进入编辑窗口，制作出图片亮度变化的动画效果。

（38）返回到元件 smallimage 的编辑窗口，选中“图层_2”的第 3 帧，插入空白关键帧，从库中将图片 photo19.png～photo22.png 拖入舞台，同样放置在 4 个白色边框上，如图 7-3-46 所示。

（39）依照前面的制作方法，分别选中这 4 张图片，并按 F8 键将其转换为影片剪辑元件 photo19～photo22，并在“属性”面板上设置其实例名称分别为 photo19～photo22。接着依次双击元件进入编辑窗口，制作出图片亮度变化的动画效果。

（40）返回到元件 smallimage 的编辑窗口，选中“图层_2”的第 4 帧，插入空白关键帧，从库中将图片 photo23.png～photo26.png 拖入舞台，同样放置在 4 个白色边框上，如图 7-3-47 所示。

（41）依照前面的制作方法，分别选中这 4 张图片，并按 F8 键将其转换为影片剪辑元件 photo23～photo26，并在“属性”面板上设置其实例名称分别为 photo23～photo26。接着依次双击元件进入编辑窗口，制作出图片亮度变化的动画效果。

（42）新建图层，依次输入文字 Prev、1、2、3、4 和 Next，并使用“线条”工具在每个字的下面绘制一条横线，调整位置后，逐一选中各文字及其下面的横线，将其转换为影片剪辑元件 prev、1、2、3、4 和 next，然后在“属性”面板上将其属性名称分别命名为 prev、b1、b2、b3、b4 和 next。此时的效果如图 7-3-48 所示。

图　7-3-46

图　7-3-47

图　7-3-48

（43）下面来为每个图片元件添加动作代码，当鼠标指针移动到图片上时，图片变亮；当鼠标指针移出图片时，图片恢复原样；还要为下面的 prev 等元件添加动作代码，使鼠标单击页面数字时可以跳转到相应的页面。

（44）首先新建图层，在第 1 帧处按 F9 键打开“动作”面板，先为元件 photo11 输入如下代码。

```
photo11.addEventListener(MouseEvent.ROLL_OVER,liang1);
photo11.addEventListener(MouseEvent.ROLL_OUT,an1);
function liang1(e:MouseEvent):void{
    photo11.gotoAndPlay(2);
    }
function an1(e:MouseEvent):void{
    photo11.gotoAndPlay(11);
    }
```

接着依次为其他 3 个影片剪辑元件输入相应代码，为了防止自动播放影片剪辑，还要添加 stop 代码，此时该帧上的所有代码如图 7-3-49 所示。

（45）在第 2 帧处插入空白关键帧，然后在“动作”面板上为当前的 4 个图片元件添加如图 7-3-50 所示的动作脚本。

（46）分别在第 3 帧、第 4 帧处插入空白关键帧，并在“动作”面板上为当前的 4 个图片元件添加如图 7-3-51、图 7-3-52 所示的动作脚本。

（47）新建图层，选中第 1 帧，在“动作”面板上为元件 prev 等添加相应的动作脚本，具体代码及当前的时间轴状态如图 7-3-53 所示。

（48）返回到 heshan 的编辑窗口，在“图层_1”的第 2 帧处按 F5 键插入普通帧，在“图层_2”的第 2 帧处插入空白关键帧，使用“文本”工具输入如图 7-3-54 所示的文字，字体设置及坐标位置与第 1 帧中的文字相同。

```
import flash.events.MouseEvent;
import flash.display.MovieClip;
import fl.transitions.Photo;

stop();
photo11.addEventListener(MouseEvent.ROLL_OVER, liang1);
photo11.addEventListener(MouseEvent.ROLL_OUT, an1);
function liang1(e: MouseEvent): void {
    photo11.gotoAndPlay(2);
}
function an1(e: MouseEvent): void {
    photo11.gotoAndPlay(11);
}
photo12.addEventListener(MouseEvent.ROLL_OVER, liang2);
photo12.addEventListener(MouseEvent.ROLL_OUT, an2);
function liang2(e: MouseEvent): void {
    photo12.gotoAndPlay(2);
}
function an2(e: MouseEvent): void {
    photo12.gotoAndPlay(11);
}
photo13.addEventListener(MouseEvent.ROLL_OVER, liang3);
photo13.addEventListener(MouseEvent.ROLL_OUT, an3);
function liang3(e: MouseEvent): void {
    photo13.gotoAndPlay(2);
}
function an3(e: MouseEvent): void {
    photo13.gotoAndPlay(11);
}
photo14.addEventListener(MouseEvent.ROLL_OVER, liang4);
photo14.addEventListener(MouseEvent.ROLL_OUT, an4);

function liang4(e: MouseEvent): void {
    photo14.gotoAndPlay(2);
}
function an4(e: MouseEvent): void {
    photo14.gotoAndPlay(11);
}
```

图　7-3-49

```
import flash.events.MouseEvent;
stop();
photo15.addEventListener(MouseEvent.ROLL_OVER,liang5);
photo15.addEventListener(MouseEvent.ROLL_OUT,an5);
function liang5(e:MouseEvent):void{
    photo15.gotoAndPlay(2);
    }
function an5(e:MouseEvent):void{
    photo15.gotoAndPlay(11);
    }
photo16.addEventListener(MouseEvent.ROLL_OVER,liang6);
photo16.addEventListener(MouseEvent.ROLL_OUT,an6);
function liang6(e:MouseEvent):void{
    photo16.gotoAndPlay(2);
    }
function an6(e:MouseEvent):void{
    photo16.gotoAndPlay(11);
    }
photo17.addEventListener(MouseEvent.ROLL_OVER,liang7);
photo17.addEventListener(MouseEvent.ROLL_OUT,an7);
function liang7(e:MouseEvent):void{
    photo17.gotoAndPlay(2);
    }
function an7(e:MouseEvent):void{
    photo17.gotoAndPlay(11);
    }
photo18.addEventListener(MouseEvent.ROLL_OVER,liang8);
photo18.addEventListener(MouseEvent.ROLL_OUT,an8);
function liang8(e:MouseEvent):void{
    photo18.gotoAndPlay(2);
    }
function an8(e:MouseEvent):void{
    photo18.gotoAndPlay(11);
    }
```

图　7-3-50

```
import flash.events.MouseEvent;
stop();
photo19.addEventListener(MouseEvent.ROLL_OVER,liang9);
photo19.addEventListener(MouseEvent.ROLL_OUT,an9);
function liang9(e:MouseEvent):void{
    photo19.gotoAndPlay(2);
    }
function an9(e:MouseEvent):void{
    photo19.gotoAndPlay(11);
    }
photo20.addEventListener(MouseEvent.ROLL_OVER,liang10);
photo20.addEventListener(MouseEvent.ROLL_OUT,an10);
function liang10(e:MouseEvent):void{
    photo20.gotoAndPlay(2);
    }
function an10(e:MouseEvent):void{
    photo20.gotoAndPlay(11);
    }
photo21.addEventListener(MouseEvent.ROLL_OVER,liang11);
photo21.addEventListener(MouseEvent.ROLL_OUT,an11);
function liang11(e:MouseEvent):void{
    photo21.gotoAndPlay(2);
    }
function an11(e:MouseEvent):void{
    photo21.gotoAndPlay(11);
    }
photo22.addEventListener(MouseEvent.ROLL_OVER,liang12);
photo22.addEventListener(MouseEvent.ROLL_OUT,an12);
function liang12(e:MouseEvent):void{
    photo22.gotoAndPlay(2);
    }
function an12(e:MouseEvent):void{
    photo22.gotoAndPlay(11);
    }
```

图　7-3-51

```
import flash.events.MouseEvent;
stop();
photo23.addEventListener(MouseEvent.ROLL_OVER,liang13);
photo23.addEventListener(MouseEvent.ROLL_OUT,an13);
function liang13(e:MouseEvent):void{
    photo23.gotoAndPlay(2);
    }
function an13(e:MouseEvent):void{
    photo23.gotoAndPlay(11);
    }
photo24.addEventListener(MouseEvent.ROLL_OVER,liang14);
photo24.addEventListener(MouseEvent.ROLL_OUT,an14);
function liang14(e:MouseEvent):void{
    photo24.gotoAndPlay(2);
    }
function an14(e:MouseEvent):void{
    photo24.gotoAndPlay(11);
    }
photo25.addEventListener(MouseEvent.ROLL_OVER,liang15);
photo25.addEventListener(MouseEvent.ROLL_OUT,an15);
function liang15(e:MouseEvent):void{
    photo25.gotoAndPlay(2);
    }
function an15(e:MouseEvent):void{
    photo25.gotoAndPlay(11);
    }
photo26.addEventListener(MouseEvent.ROLL_OVER,liang16);
photo26.addEventListener(MouseEvent.ROLL_OUT,an16);
function liang16(e:MouseEvent):void{
    photo26.gotoAndPlay(2);
    }
function an16(e:MouseEvent):void{
    photo26.gotoAndPlay(11);
    }
```

图　7-3-52

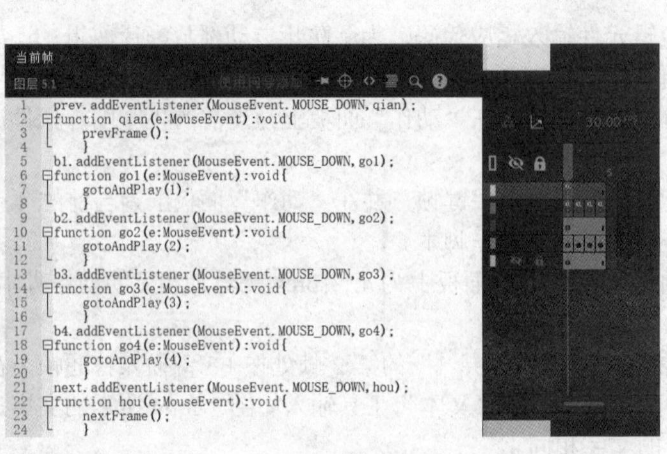

图　7-3-53

图　7-3-54

（49）在“图层_3”的第 2 帧处插入空白关键帧，从库中将“关闭.png”拖入舞台，并等比缩小到原来的 20%，设置坐标位置为“X：330，Y：240”，按 F8 键将其转换为影片剪辑元件 close，将其实例名称命名为 close；接着在“图层_4”的第 2 帧处插入空白关键帧，从库中将“边框 4.png”拖入舞台，设置坐标位置为“X：37，Y：258”，如图 7-3-55 所示，将其转换为影片剪辑元件 bigimage，将其实例名称命名为 bigimage。

（50）双击元件 bigimage 进入编辑窗口，在第 16 帧处按 F5 键插入普通帧。接着新建图层，从库中将 photo11b.png 拖入舞台，调整位置使其与白色边框居中对齐，然后将其转换为影片剪辑元件 photo11b，并在“属性”面板上将其实例名称命名为 photo11b，接着双击该元件进入其编辑窗口，在第 15 帧处插入关键帧，在第 1～第 15 帧之间创建传统补间动画，调整第 1 帧中元件的亮度为 100%。为了防止元件的重复播放，新建图层，并在第 15 帧处插入空白关键帧，打开“动作”面板，输入代码“stop();”，如图 7-3-56 所示。

图　7-3-55

图　7-3-56

（51）返回元件 bigimage 编辑窗口，在“图层_2”的第 2 帧处插入空白关键帧，从库中将 photo12b.png 拖入舞台，调整位置后将其转换为影片剪辑元件 photo12b，并在“属性”面板上将其实例名称命名为 photo12b。双击该元件进入其编辑窗口后依照前面的制作方法制作出元件的亮度变化动画效果，如图 7-3-57 所示。

（52）按照此方法，在元件 bigimage 中“图层_2”的第 3～第 16 帧处依次插入空白关键帧，并从库中将 photo13b.png～photo26b.png 逐一拖入舞台，与白色边框居中对齐后转换为影片剪辑元件，并命名实例名称为 photo13b～photo26b，接着制作出各自的亮度变化动画效果。

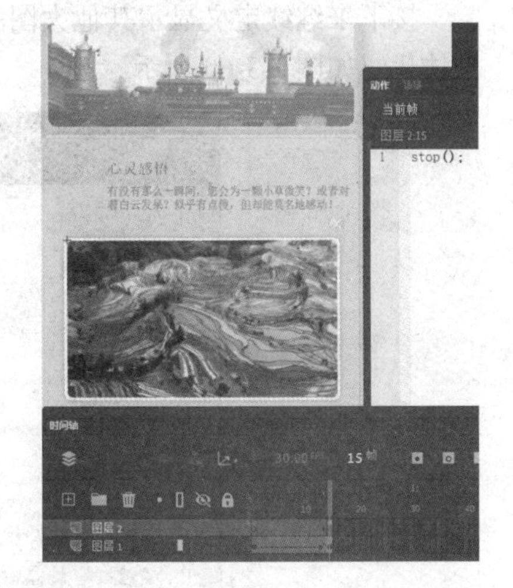

图　7-3-57

（53）新建图层，从库中将元件 prev 和 next 拖入舞台，放在图片的下面，效果及当前的时间轴状态如图 7-3-58 所示。接着在“属性”面板上将这两个元件的实例名称分别命名为 prev2 和 next2。

（54）新建图层，在第 1 帧处打开“动作”面板为这两个元件添加动作脚本，具体代码及此时的时间轴状态如图 7-3-59 所示。

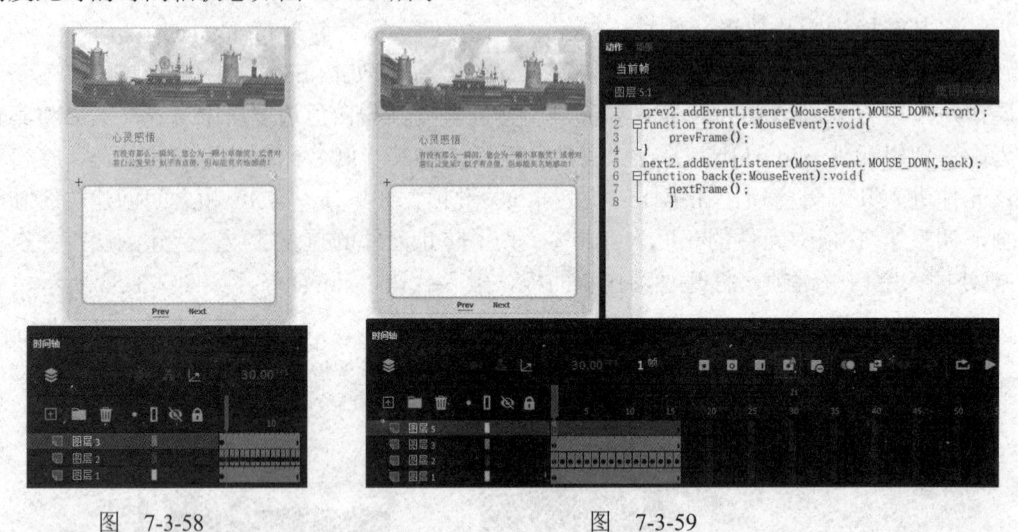

图　7-3-58　　　　　　　　　　　　图　7-3-59

（55）返回到元件 heshan 的编辑窗口，新建图层，在第 1 帧处打开“动作”面板，输入如下代码。

```
stop();                              //防止动画自动播放
function big1(){                     //定义一个函数，用于实现显示大图片的效果
    gotoAndStop(2);                  //跳转到第 2 帧，显示大图片
    bigimage.gotoAndStop(1);         //显示第 1 张大图
}
```

接下来继续定义显示其他大图的函数。因为共有 16 张图片，所以需定义 16 个函数，具体代码如图 7-3-60 所示。

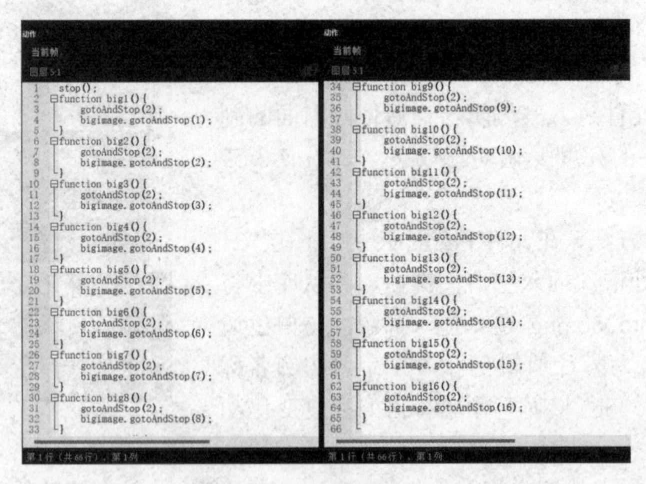

图　7-3-60

（56）双击元件 smallimage 进入其编辑窗口，打开“图层_4”中第 1 帧的“动作”面板，在已有代码的基础上添加如下代码。

```
photo11.addEventListener(MouseEvent.MOUSE_DOWN,big1); //当鼠标单击第 1 张图时，调用函数 big1
function big1(e:MouseEvent):void{
	this.parent["big1"]();  //调用父级函数 big1，实现显示大图片效果
}
```

继续为 photo12 等添加相应代码，如图 7-3-61 所示。接着在第 2 帧、第 3 帧和第 4 帧已有代码的基础上也添加相应的代码，如图 7-3-62～图 7-3-64 所示。

```
30  photo14.addEventListener(MouseEvent.ROLL_OVER, liang4);
31  photo14.addEventListener(MouseEvent.ROLL_OUT, an4);
32
33  function liang4(e: MouseEvent): void {
34      photo14.gotoAndPlay(2);
35  }
36  function an4(e: MouseEvent): void {
37      photo14.gotoAndPlay(11);
38  }
39  photo11.addEventListener(MouseEvent.MOUSE_DOWN, big1);
40  function big1(e: MouseEvent): void {
41      this.parent["big1"]();
42  }
43  photo12.addEventListener(MouseEvent.MOUSE_DOWN, big2);
44  function big2(e: MouseEvent): void {
45      this.parent["big2"]();
46  }
47  photo13.addEventListener(MouseEvent.MOUSE_DOWN, big3);
48  function big3(e: MouseEvent): void {
49      this.parent["big3"]();
50  }
51  photo14.addEventListener(MouseEvent.MOUSE_DOWN, big4);
52  function big4(e: MouseEvent): void {
53      this.parent["big4"]();
54  }
```

图　7-3-61

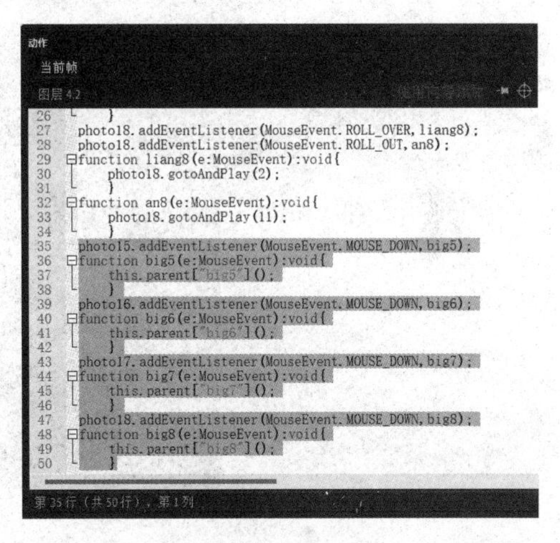

```
26  }
27  photo18.addEventListener(MouseEvent.ROLL_OVER,liang8);
28  photo18.addEventListener(MouseEvent.ROLL_OUT,an8);
29  function liang8(e:MouseEvent):void{
30      photo18.gotoAndPlay(2);
31  }
32  function an8(e:MouseEvent):void{
33      photo18.gotoAndPlay(11);
34  }
35  photo15.addEventListener(MouseEvent.MOUSE_DOWN,big5);
36  function big5(e:MouseEvent):void{
37      this.parent["big5"]();
38  }
39  photo16.addEventListener(MouseEvent.MOUSE_DOWN,big6);
40  function big6(e:MouseEvent):void{
41      this.parent["big6"]();
42  }
43  photo17.addEventListener(MouseEvent.MOUSE_DOWN,big7);
44  function big7(e:MouseEvent):void{
45      this.parent["big7"]();
46  }
47  photo18.addEventListener(MouseEvent.MOUSE_DOWN,big8);
48  function big8(e:MouseEvent):void{
49      this.parent["big8"]();
50  }
```

图　7-3-62

```
26  }
27  photo22.addEventListener(MouseEvent.ROLL_OVER,liang12);
28  photo22.addEventListener(MouseEvent.ROLL_OUT,an12);
29  function liang12(e:MouseEvent):void{
30      photo22.gotoAndPlay(2);
31  }
32  function an12(e:MouseEvent):void{
33      photo22.gotoAndPlay(11);
34  }
35  photo19.addEventListener(MouseEvent.MOUSE_DOWN,big9);
36  function big9(e:MouseEvent):void{
37      this.parent["big9"]();
38  }
39  photo20.addEventListener(MouseEvent.MOUSE_DOWN,big10);
40  function big10(e:MouseEvent):void{
41      this.parent["big10"]();
42  }
43  photo21.addEventListener(MouseEvent.MOUSE_DOWN,big11);
44  function big11(e:MouseEvent):void{
45      this.parent["big11"]();
46  }
47  photo22.addEventListener(MouseEvent.MOUSE_DOWN,big12);
48  function big12(e:MouseEvent):void{
49      this.parent["big12"]();
50  }
```

图　7-3-63

```
26  }
27  photo26.addEventListener(MouseEvent.ROLL_OVER,liang16);
28  photo26.addEventListener(MouseEvent.ROLL_OUT,an16);
29  function liang16(e:MouseEvent):void{
30      photo26.gotoAndPlay(2);
31  }
32  function an16(e:MouseEvent):void{
33      photo26.gotoAndPlay(11);
34  }
35  photo23.addEventListener(MouseEvent.MOUSE_DOWN,big13);
36  function big13(e:MouseEvent):void{
37      this.parent["big13"]();
38  }
39  photo24.addEventListener(MouseEvent.MOUSE_DOWN,big14);
40  function big14(e:MouseEvent):void{
41      this.parent["big14"]();
42  }
43  photo25.addEventListener(MouseEvent.MOUSE_DOWN,big15);
44  function big15(e:MouseEvent):void{
45      this.parent["big15"]();
46  }
47  photo26.addEventListener(MouseEvent.MOUSE_DOWN,big16);
48  function big16(e:MouseEvent):void{
49      this.parent["big16"]();
50  }
```

图　7-3-64

（57）返回元件 heshan 编辑窗口，在第 2 帧处插入空白关键帧，输入如下代码，实现单击 close 元件返回小图片窗口的动画效果。

```
import flash.events.MouseEvent;
stop();
close.addEventListener(MouseEvent.MOUSE_DOWN,small);
```

```
function small(e:MouseEvent):void{
    gotoAndStop(1);
}
```

（58）下面开始制作“城市风光”页面动画。按 Ctrl+F8 组合键创建新的影片剪辑元件 city，从库中将“页面背景.png”拖入舞台，设置坐标位置为“X：0，Y：0”。然后选择“文件”→“导入”→“导入到库”命令，将素材文件夹“城市风光”中的所有图片导入库中，并将 photo27.jpg 拖入舞台，设置坐标位置为“X：23，Y：25”，如图 7-3-65 所示。

（59）新建图层，使用“文本”工具输入文字“城市风光”，设置字体为“宋体”，字号为 16 点，颜色为黑色，文字坐标位置为“X：57，Y：180”，如图 7-3-66 所示。

图　7-3-65

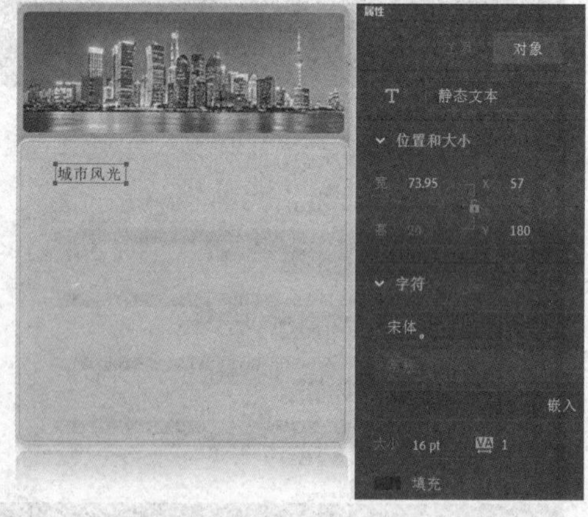

图　7-3-66

（60）继续使用“文本”工具输入如图 7-3-67 所示的文字，设置字体为“宋体”，字号为 12 点，颜色为黑色，文字坐标位置为“X：57，Y：207”；然后使用“线条”工具在水平方向绘制一条直线，设置“笔触”为蓝灰色（#6A80A5），线条样式为“点状线”，线条宽度为 305，坐标位置为“X：38，Y：255”。

（61）新建图层，从库中将“边框 5.png”拖入舞台，设置坐标位置为“X：32，Y：258”；接着将 photo28.png 拖入舞台，调整位置与白色边框居中对齐，如图 7-3-68 所示。

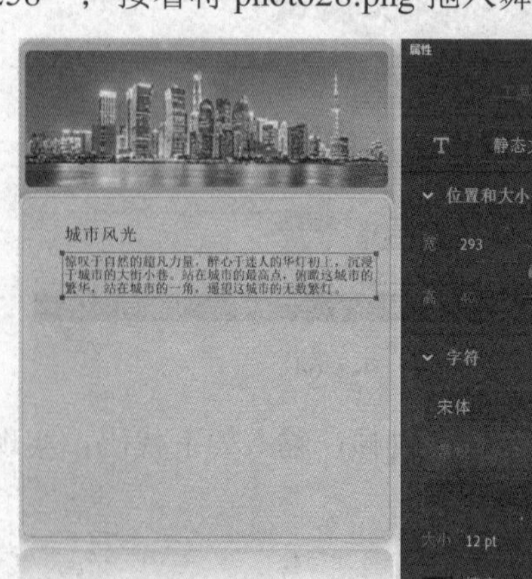

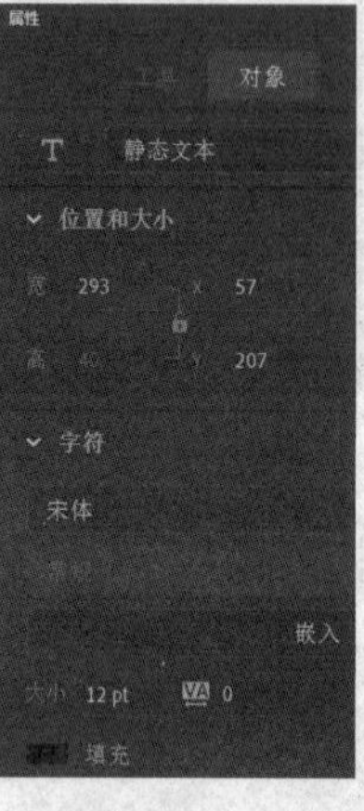

图　7-3-67

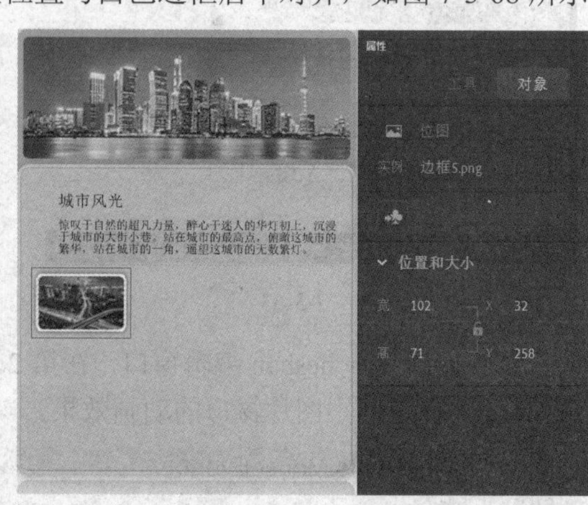

图　7-3-68

（62）使用“文本”工具输入如图 7-3-69 所示的文字，设置字体为“宋体”、黑色、12 点。

（63）新建图层，再次拖入“边框 5.png”，设置坐标位置为“X：247，Y：326”；接着将 photo29.png 拖入舞台，调整位置与白色边框居中对齐，如图 7-3-70 所示。最后，使用“文本”工具输入如图 7-3-71 所示的文字。

图　7-3-69

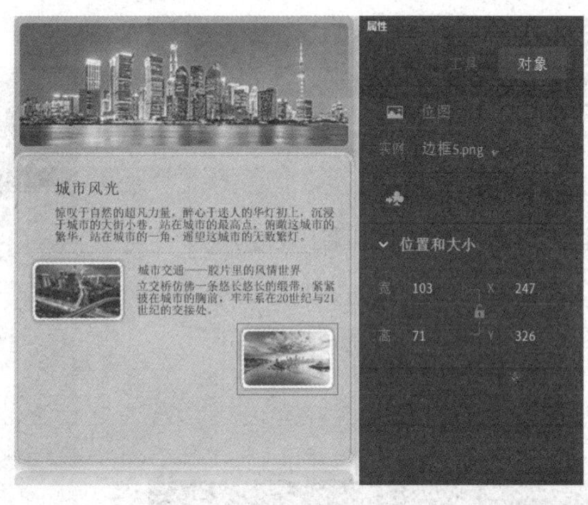

图　7-3-70

（64）新建图层，拖入“边框 6.png”，设置坐标位置为“X：30，Y：393”；接着将 photo30.png 拖入舞台，调整位置与白色边框居中对齐，如图 7-3-72 所示。将“小图标.png”拖入舞台 3 次，调整位置后，使用“文本”工具在其右侧输入如图 7-3-73 所示的文字。

图　7-3-71

图　7-3-72

图　7-3-73

（65）依次选中图片 photo28.png、photo29.png、photo30.png，按 F8 键分别将其转换为影片剪辑元件 photo28、photo29、photo30，然后依次双击各元件进入其编辑窗口，依照前面的制作方法在第 1 帧和第 20 帧之间制作出图片亮度变化的动画效果。

（66）新建图层，打开“动作”面板，为这 3 个元件添加动作脚本，用于控制图片的亮度变化，具体代码如图 7-3-74 所示。

（67）制作“乡村印象”页面动画。按 Ctrl+F8 组合键创建新的影片剪辑元件 village，从库中将“页面背景.png”拖入舞台，设置坐标位置为“X：0，Y：0”。然后选择“文件”→“导入”→“导入到库”命令，将素材文件夹“乡村印象”中的所有图片导入库中，并将 photo31.jpg 拖入舞台，设置坐标位置为“X：23，Y：25”，如图 7-3-75 所示。

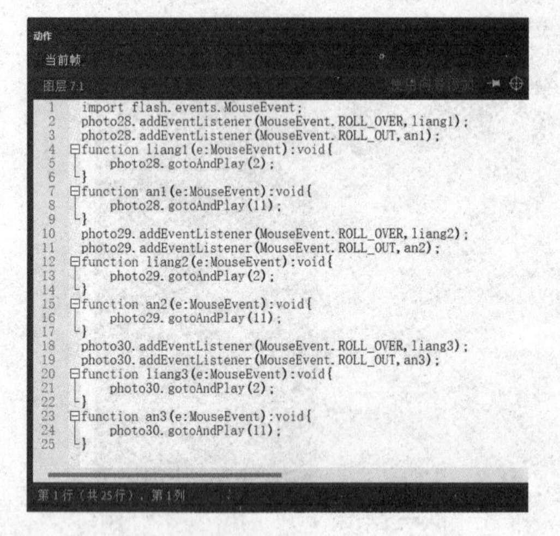

图　7-3-74

图　7-3-75

（68）新建图层，使用“文本”工具输入文字“乡村印象”，设置字体为“宋体”，字号为 16 点，颜色为黑色，文字坐标位置为“X：42，Y：180”。新建图层，从库中将“边框 6.png”拖入舞台，设置坐标位置为“X：35，Y：202”。接着将图片 photo32.jpg 拖入舞台，调整其位置与白色边框居中对齐，如图 7-3-76 所示。

（69）继续使用“文本”工具输入如图 7-3-77 所示的文字，设置字体为“宋体”，字号为 12 点，颜色为黑色；然后使用“线条”工具在水平方向绘制一条直线，设置“笔触”为蓝灰色（#6A80A5），线条样式为“点状线”，线条宽度为 305，坐标位置为“X：40，Y：293”。

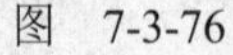
图　7-3-76　　　　图　7-3-77

（70）新建图层，从库中将“边框 7.png”拖入舞台，设置坐标位置为“X：32，Y：

296”；将“边框 7.png”连续复制两次，水平依次排开，再分别将图片 photo33.png、photo34.png、photo35.png 拖入舞台，调整其位置与白色边框居中对齐。使用“文本”工具依次在图片的下方输入文字“儿时记忆”“幽深小巷”“乡村振兴”，设置字体为“宋体”，字号为 14 点，颜色为黑色，如图 7-3-78 所示。

（71）新建图层，将 photo36.png 拖入舞台，放置在如图 7-3-79 所示的位置。

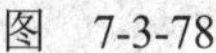

图　7-3-78

图　7-3-79

（72）接着依次选中 photo32.jpg、photo33.png、photo34.png、photo35.png、photo36.png，按 F8 键分别将其转换为影片剪辑元件 photo32～photo36，分别双击这几个元件，进入其编辑窗口，依照前面的制作方法在第 1～第 20 帧之间制作出图片亮度变化的动画效果。

（73）新建图层，打开“动作”面板，为这两个元件添加动作脚本，用于控制图片的亮度变化，具体代码如图 7-3-80 所示。

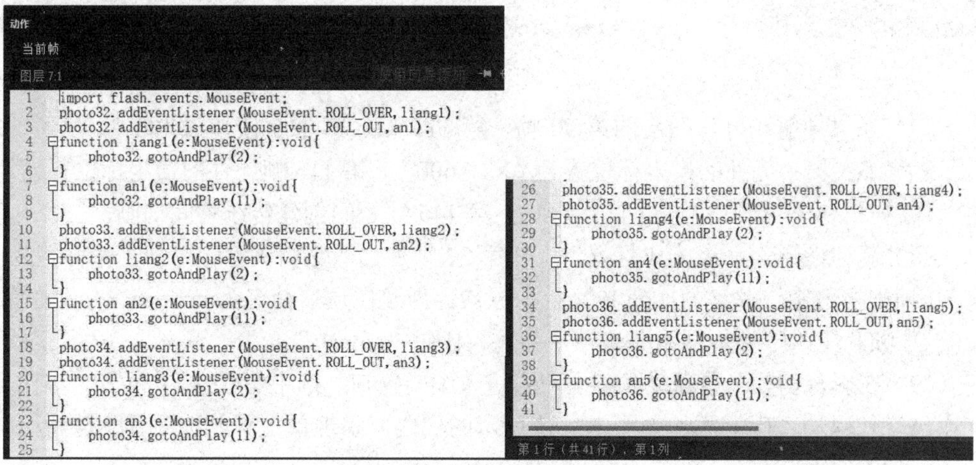

动作
当前帧
图层 7:1

```
1  import flash.events.MouseEvent;
2  photo32.addEventListener(MouseEvent.ROLL_OVER, liang1);
3  photo32.addEventListener(MouseEvent.ROLL_OUT, an1);
4  function liang1(e:MouseEvent):void{
5      photo32.gotoAndPlay(2);
6  }
7  function an1(e:MouseEvent):void{
8      photo32.gotoAndPlay(11);
9  }
10 photo33.addEventListener(MouseEvent.ROLL_OVER, liang2);
11 photo33.addEventListener(MouseEvent.ROLL_OUT, an2);
12 function liang2(e:MouseEvent):void{
13     photo33.gotoAndPlay(2);
14 }
15 function an2(e:MouseEvent):void{
16     photo33.gotoAndPlay(11);
17 }
18 photo34.addEventListener(MouseEvent.ROLL_OVER, liang3);
19 photo34.addEventListener(MouseEvent.ROLL_OUT, an3);
20 function liang3(e:MouseEvent):void{
21     photo34.gotoAndPlay(2);
22 }
23 function an3(e:MouseEvent):void{
24     photo34.gotoAndPlay(11);
25 }
26 photo35.addEventListener(MouseEvent.ROLL_OVER, liang4);
27 photo35.addEventListener(MouseEvent.ROLL_OUT, an4);
28 function liang4(e:MouseEvent):void{
29     photo35.gotoAndPlay(2);
30 }
31 function an4(e:MouseEvent):void{
32     photo35.gotoAndPlay(11);
33 }
34 photo36.addEventListener(MouseEvent.ROLL_OVER, liang5);
35 photo36.addEventListener(MouseEvent.ROLL_OUT, an5);
36 function liang5(e:MouseEvent):void{
37     photo36.gotoAndPlay(2);
38 }
39 function an5(e:MouseEvent):void{
40     photo36.gotoAndPlay(11);
41 }
```

第 1 行（共 41 行），第 1 列

图　7-3-80

（74）至此，第 4 个页面也已制作完毕，下面要把这 4 个页面组合到一个影片剪辑中。按 Ctrl+F8 组合键新建影片剪辑 page，在第 1 帧处拖入元件 about；在第 2 帧处插入空白关键帧，拖入元件 heshan；在第 3 帧处插入空白关键帧，拖入元件 city；在第 4 帧处插入空白关键帧，拖入元件 village；将这 4 个元件的坐标位置都设置为“X：0；Y：0”。

（75）新建图层，将第 1 帧的帧标签命名为 p1，第 2 帧的帧标签命名为 p2，第 3 帧的帧标签命名为 p3，第 4 帧的帧标签命名为 p4。新建图层，分别在第 1～第 4 帧处插入关键帧，输入代码“stop();”。此时的时间轴状态如图 7-3-81 所示。

（76）返回到“场景 1”编辑窗口，在“导航动画”图层的下面新建图层，命名为“导航页面”，在第 55 帧处插入空白关键帧，从库中将元件 page 拖入舞台，设置坐标位置为“X：300，Y：110”，并将元件的实例名称命名为 page，如图 7-3-82 所示。接着分别在第 85、90、95、115、116 和 145 帧处插入关键帧，调整第 55 帧中元件的横坐标位置为“X：800”，第 95 帧中元件的横坐标位置为“X：350”，第 115 帧中元件的横坐标位置为“X：-400”，第 116 帧中元件的横坐标位置为“X：1000”，第 145 帧中元件的横坐标位置为“X：300”，并在第 55～第 85 帧之间、第 90～第 95 帧之间、第 95～第 115 帧之间和第 116～第 145 帧之间创建传统补间动画。

图　7-3-81

图　7-3-82

（77）在“导航动画”图层的第 90 帧、第 115 帧、第 116 帧和第 145 帧处插入关键帧，调整第 115 帧中元件的横坐标位置为“X：-600”，第 116 帧元件的横坐标位置为“X：800”，并在第 90～第 115 帧之间和第 116～第 145 帧之间创建传统补间动画。

（78）新建图层，命名为“标签”，在第 37 帧处插入空白关键帧，命名帧标签为 s1，在第 90 帧处插入空白关键帧，命名帧标签为 s2。新建图层，命名为 actions，分别在第 37 帧、第 85 帧和第 145 帧处插入关键帧，并输入代码“stop();”。

（79）在影片剪辑“导航动画”上双击进入编辑窗口，选中第 38 帧并展开“动作”面板，在已有代码的基础上添加如图 7-3-83 所示的代码，实现单击导航选项就跳转到相应页面的动画效果。

（80）返回“场景 1”，将素材文件 sound.mp3 导入到库中，然后新建图层，在第 31 帧处插入关键帧，在“属性”面板上展开“声音”选项卡，设置声音名称为 sound.mp3。至此，整个网站动画制作完毕。可以对动画进行测试，测试完毕后保存源文件。

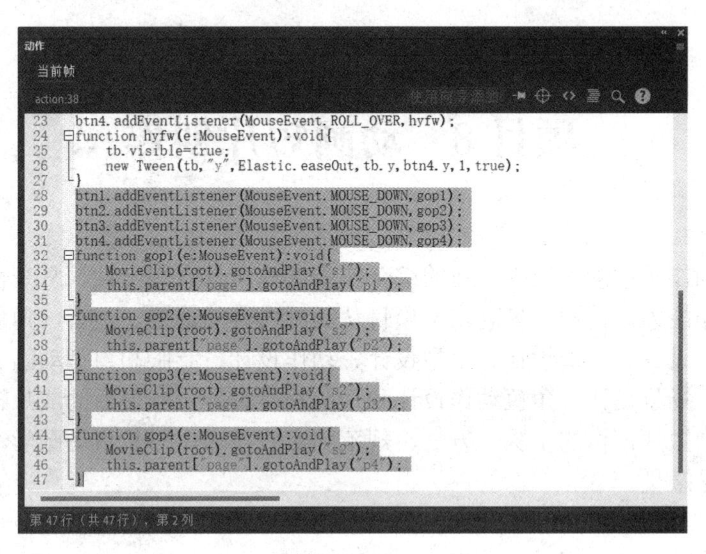

图　7-3-83

7.3.4　知识点总结

本节实例制作的难点在于影片剪辑之间的相互访问，以及从影片剪辑内部访问主时间轴。在 Animate 文档中创建一个影片剪辑或者将一个影片剪辑放在其他影片剪辑中，这个影片剪辑便会成为该文档或其他影片剪辑的子级，而该文档或其他影片剪辑则成为父级。嵌套影片剪辑之间的关系是层次结构关系，即对父级所做的更改会影响到子级。每层的根时间轴是该层上所有影片剪辑的父级，并且因为根时间轴是最顶层的时间轴，所以它没有父级。在“影片浏览器”面板中，可以选择“显示元件定义”命令查看文档中嵌套影片剪辑的层次结构。

如果要在父级影片剪辑（如实例 pic1）的时间轴上添加代码，使子级影片剪辑（如实例 pic2）跳转到第 2 帧开始播放，需要使用点语法实现，即 pic1.pic2.gotoAndPlay(2)。

如果要在子级影片剪辑的时间轴上添加代码，使父级影片剪辑的时间轴跳转到第 2 帧开始播放，则需要使用 this.parent 进行访问，即 this.parent.gotoAndPlay(2)；如果要使父级影片剪辑内嵌套的另一个影片剪辑（如实例 pic3）的时间轴跳转到第 2 帧开始播放，则需要使用 this.parent.["实例名称"]进行访问，即 this.parent.["pic3"].gotoAndPlay(2)。

与此类似，如果要从子级影片剪辑调用父级影片剪辑时间轴上定义的函数（如函数 count），同样要使用 this.parent.["函数名"]进行访问，即 this.parent. ["count"] ()。

如果要从影片剪辑内部访问主时间轴，则要使用 MovieClip(root)进行访问，例如要在影片剪辑（如实例 pic1）的时间轴上添加代码，使主时间轴跳转到第 2 帧进行播放，所用代码应为 MovieClip(root).gotoAndPlay(2)。

项目 8　动画短片创作

动画短片创作是动漫和数媒专业的综合实践课程，具有综合性、复杂性的特点，考察学生整体的制作能力，技术含量高。本项目从动画内容的选定、配音、角色的绘制、父子关系连接、转体设计、表情设计、手型设计、动作设计、眨眼和口型动画、侧面循环走，以及文字分镜、场景设计、角色动作设计和片头片尾设计，到最后的成片输出，完整、详细地介绍了动画短片创作的步骤、方法、规范和实践技巧，对从事动画学习和工作的读者具有一定的指导意义。

8.1　任务 1——动画短片内容的确定

本任务要明确动画选题的内容，这是一个从无到有的过程，也是创作的第一步。也就是说，只有知道了我们要做什么动画、哪种类型的动画，才能更好地开展后续的动画制作。

8.1.1　动画短片的创意与策划

创作的灵感不是说来就来，当我们看到一幅画、一个场景或者听别人说了一个生活中的小故事时，就会从中有所感悟，进而产生好的创意。因此我们平时需要多听、多看、多留心，还需要养成善于思考的好习惯。

本片的灵感来自于习主席在工作、会议、视察中的讲话。这些讲话带给人一种正能量，让我们在生活、工作或者学习中遇到问题的时候，能以一个积极乐观的心态来面对。由此产生了一个想法，如果把这些话以微动画系列的形式呈现出来，可以达到更好的宣传效果。

8.1.2　短片内容

确定好了短片的主题思想，接下来我们就从中选择一句话，作为短片的表现内容，下面以“山再高，往上攀，总能登顶；路再长，走下去，定能到达。”这句话为例，进行细化片子的文案设计。因短片的类型属于宣讲类，不同于常规性的剧情类动画，所以这里的文案设计相当于剧本，同时也是短片的配音词。本动画短片的题目为《习语金句》微动画系列，文案设计如下。

大家好！我叫济小愚，来自济水之源，愚公故里的河南济源，是一名勤奋学习、勇于创新、努力奋斗的大学生。今天和大家分享的习语金句是：“山再高，往上攀，总能登顶；路再长，走下去，定能到达。”习主席说的这句话旨在启发我们青年人无论做什么事情，都需要有持之以恒的精神。

文案的设计可以从实际出发，因为是第一次出场，所以需要为动画中的角色设计一个自我介绍。全片时间不易过长，最好控制在 30 秒至 1 分钟，字数为 120～200，这样更便于在网络上观看与转发，同时考虑到现在人们以使用手机为主，故设置画面尺寸为 16∶9，画面的分辨率为 1080×1920，以保证动画短片的清晰度。

8.1.3　配音制作

动画短片的文案配音有多种方法，如果有经费支持，我们可以找专业的配音人员来完成；如果没有经费支持，我们可以自己配音或者使用计算机合成配音，当然效果肯定不如专业的配音人员。相比之下，无论是自己配音还是计算机合成配音，听起来总是有点不自然，没有情感，因此在有条件的情况下最好还是找专业的配音人员，这里主要介绍计算机合成配音的方法，具体如下。

1．微软的文本转语音功能

打开网址 https://azure.microsoft.com/zh-cn/products/cognitive-services/text-to-speech/#features，把需要转换成语音的文本复制到文本框内，在界面右侧我们可以选择语言，这里选择中文普通话，即 Chinese(Mandarin,Simplified)；在第二项语音中可以选择不同男生和女生的声音；在第三项说话风格中，可以选择不同情感下的语音，如高兴、害怕、恐惧，或者专业的、新闻播报类的等；另外还可以调整语速和音调，设置好之后单击“播放”按钮进行试听，如图 8-1-1 所示。

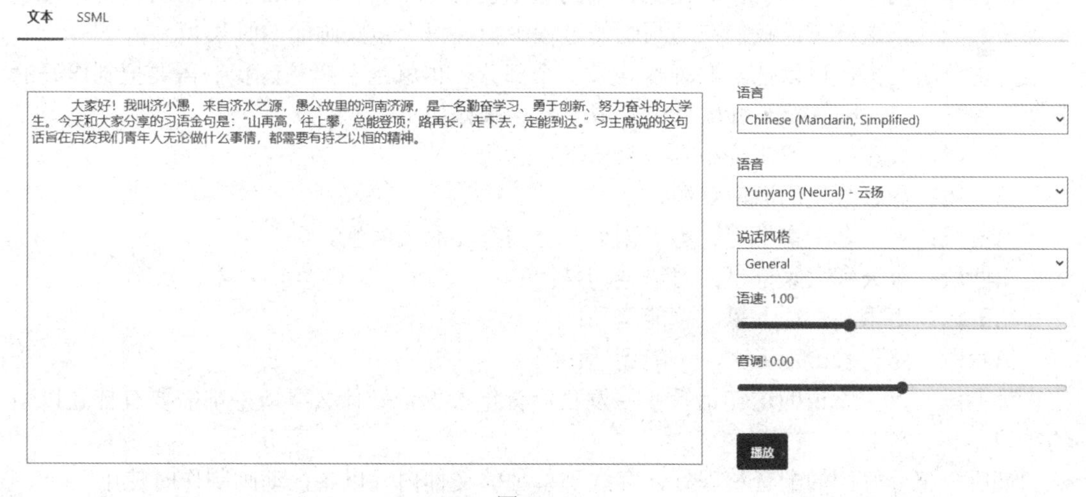

图　8-1-1

该功能目前还不支持下载，可以使用计算机内录的方式，把我们想要使用的声音录下来就可以了。

2．使用剪映专业版（3.4 版本）的文本转语音功能

打开软件，单击文本，新建默认文本，把文案复制到文本框内，再单击右上角的“朗读”按钮，单击选择合适的类型（阳光男孩），开始朗读，这样声音的文件就生成了。由于剪映只能导出视频文件，所以还需要在 Adobe Media Encoder 中导出 MP3 格式，这样才能在 Animate 中使用，如图 8-1-2 所示。

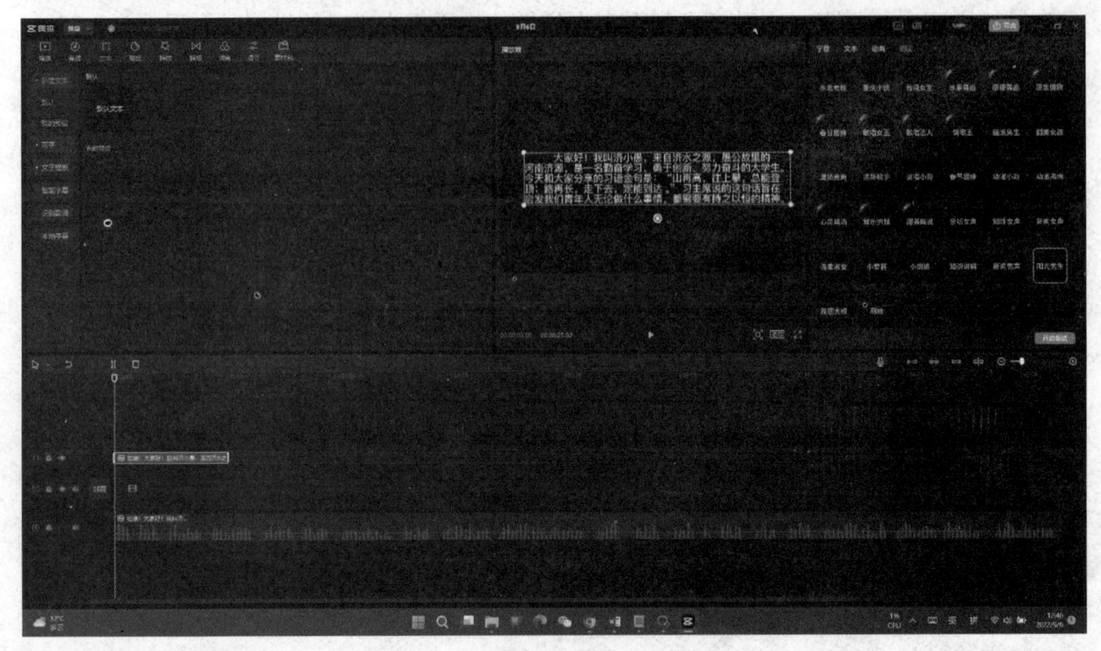

图　8-1-2

根据项目的不同，配音在制作流程中的顺序也有所不同。对于目前的动画项目，需要提前做好配音，这样方便我们在动画制作过程中把握每个镜头画面的时长。

通过分析文案，可以把文案脚本分成 7 个部分，也就是 7 镜头，我们需要把制作好的音频文件导入 Adobe Audition 软件中分成 7 段，具体如下。

第一段：大家好！我叫济小愚，来自济水之源，

第二段：愚公故里的河南济源，

第三段：是一名勤奋学习、勇于创新、努力奋斗的大学生。

第四段：今天和大家分享的习语金句是：

第五段：山再高，往上攀，总能登顶；

第六段：路再长，走下去，定能到达。"

第七段：习主席说的这句话旨在启发我们青年人无论做什么事情，都需要有持之以恒的精神。

最后，把分好段的配音整理好，存放到单独的文件内，以备在动画制作时使用。

8.2　任务 2——角色的设计与制作

本任务主要学习角色的设定、绘制、父子关系连接、转体设计、面部表情设计、手型设计、动作设计、眨眼、口型动画和循环走动画。角色的设计与制作是动画制作流程中尤为重要的一环，在学习的过程中一定要有耐心，认认真真地、一步一步地完成。

8.2.1　角色设定

根据文案，我们需要对短片中角色的形象进行设计，包括姓名、性别、性格、爱好等等，尽可能地个性化，这样我们在设计角色表情和动作时更能贴切地表现。

除了角色的性格和行为设定，还需要对角色的服装颜色进行设定，以方便在绘制过程中统一角色的外观形象。

济小愚，来自济水之源、愚公故里的河南济源，平时喜欢看书、跑步和摄影，经常在自媒体上发表正能量的视频。作为一名新时代的大学生，他活泼开朗、勇敢自信，并时常帮助身边有困难的同学和朋友，如图 8-2-1 所示。

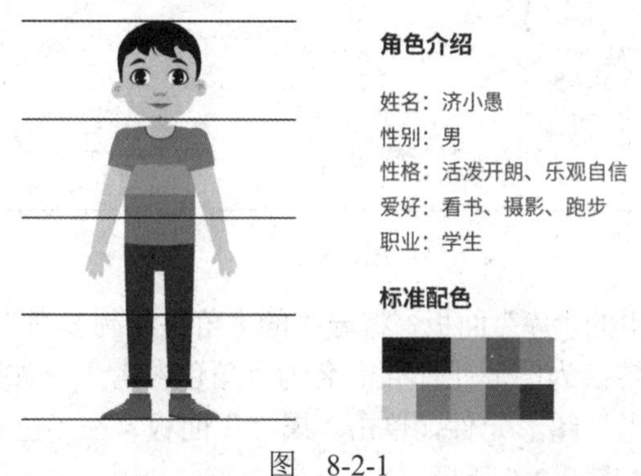

图　8-2-1

8.2.2　角色绘制与元件命名

（1）首先导入参考图。打开 Animate 软件，选择“文件”→“新建”命令，在打开的“新建文档”面板中选择“角色动画”选项卡，在“预设”选项组中选择“全高清”选项，“宽”设为 1920，“高”设为 1080，“帧速率”设为 25，如图 8-2-2 所示。

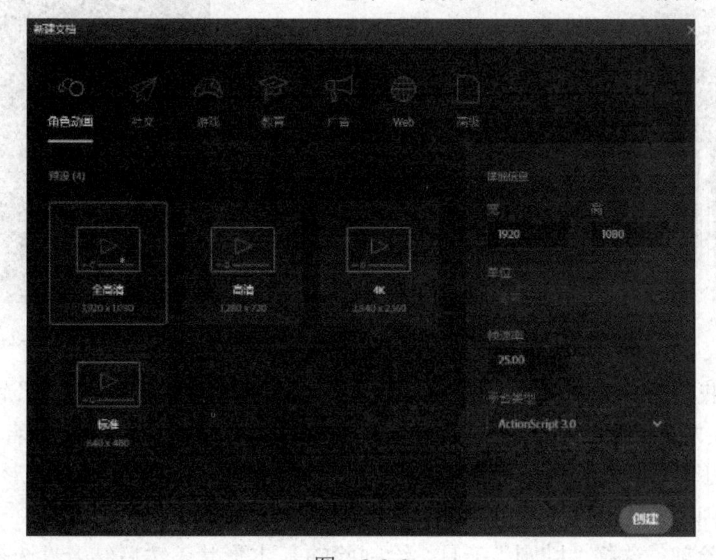

图　8-2-2

（2）选择“文件”→“导入”→”导入到库”命令，在打开的对话框中找到角色参考图，单击“打开”按钮，如图 8-2-3 所示。

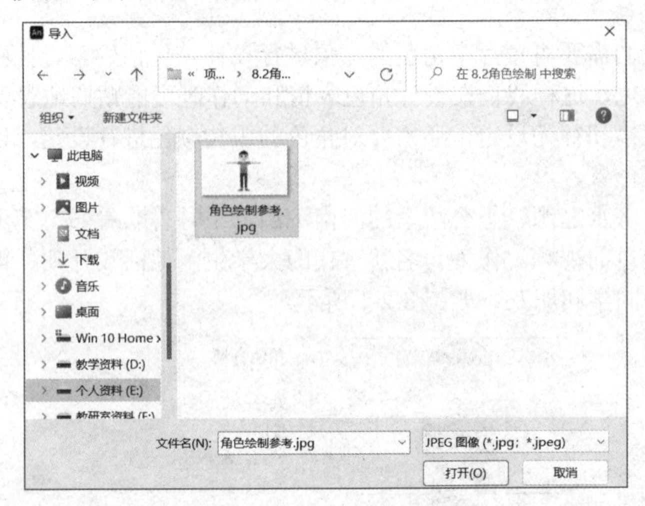

图　8-2-3

（3）单击软件视图中的“库”面板，将导入的“角色绘制参考”图拖放到“场景 1”中，居中对齐，按 F8 键将其转换为图形元件并命名为“角色参考”，如图 8-2-4 所示。

（4）选择“角色参考”图形元件，单击“属性”面板，在“色彩效果”下选择“亮度”选项，值设置为 60%，如图 8-2-5 所示。

图　8-2-4

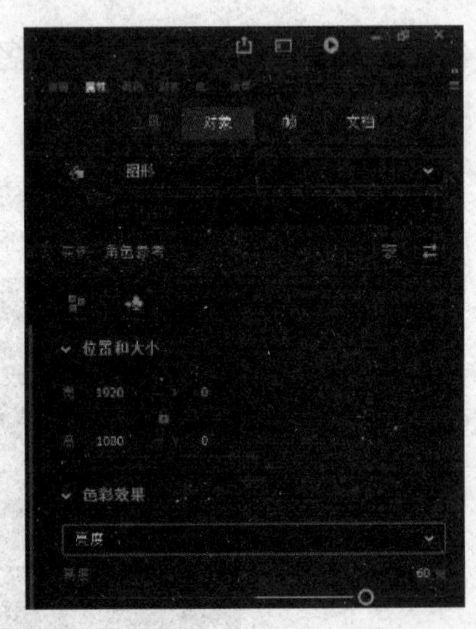

图　8-2-5

（5）接着我们开始绘制角色，先来绘制头发。新建图层，将“图层_1”锁定，选择“钢笔”工具进行头发的绘制。在绘制过程中，使用“钢笔”工具时一定要配合 Alt 键的使用，可以快速调整钢笔手柄的长短，提高绘制效率。绘制完成后双击绘制的图形，按 Ctrl+G 组合键进行打组，以防止干扰后续的绘制，如图 8-2-6 所示。

（6）绘制脸部。选择“椭圆”工具，绘制脸的基本形状，然后结合“选择”工具和“任意变形”工具进行细调，如图 8-2-7 所示。

图　8-2-6

图　8-2-7

（7）绘制眼睛和眉毛，选择“线条”工具，绘制眼睛的外轮廓，然后对其进行复制并调整到相应的位置。眼球的绘制主要使用“椭圆”工具，眉毛的绘制使用“线条”工具，在绘制过程中配合 Ctrl 键调整线的弯曲程度，如图 8-2-8 所示。

（8）绘制耳朵和鼻子。选择“线条”工具绘制耳朵，选择“钢笔”工具绘制鼻子，绘制完每个部件后一定要进行打组，如图 8-2-9 所示。

图　8-2-8

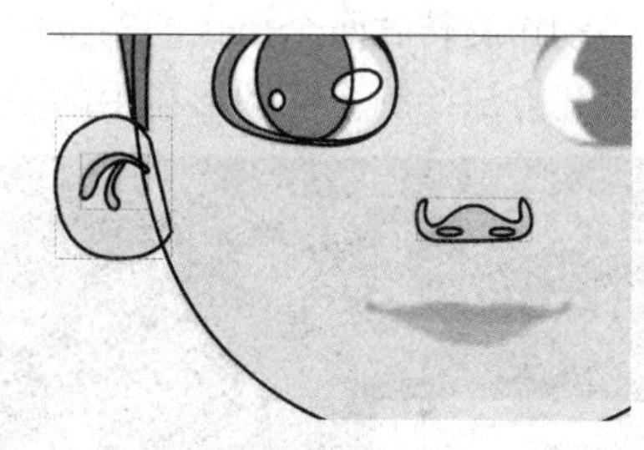

图　8-2-9

（9）绘制嘴巴和脖子。选择“钢笔”工具绘制上嘴唇，选择“线条”工具绘制下嘴唇，使用“矩形”工具绘制脖子，将“矩形”工具“属性”面板中的边角半径设为 80，如图 8-2-10 所示。

（10）填充头部颜色。首先从参考图中提取头部和服装的配色，然后依次填充头发、脸部、眼睛、眉毛、耳朵、鼻子、嘴巴和脖子的颜色，并删除线稿。填充好之后复制眉毛、眼睛和耳朵，并进行水平翻转，完成头部的绘制。最终填充后的头部效果如图 8-2-11 所示。

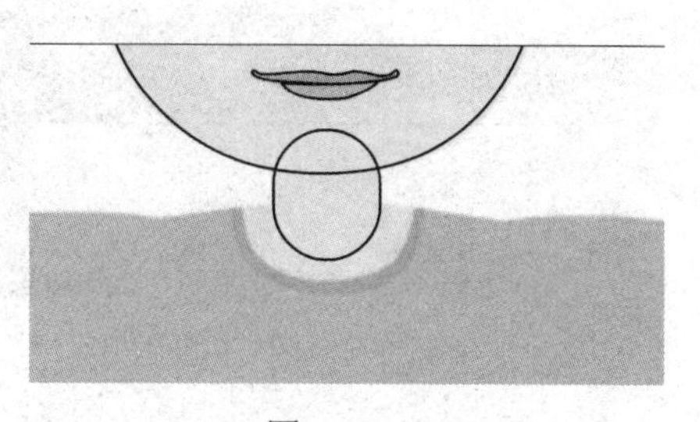

图　8-2-10

图　8-2-11

（11）绘制身体。选择“矩形”工具，画出身体的大体形状，用“选择”工具调整上下边缘，然后选择“线条”工具，调整线条的粗细，画出上衣的深色领口，最后使用“多边形”工具选出脖子周围的区域并填充颜色，如图 8-2-12 所示。

（12）绘制手臂。设置关节参考点，并转换为图形元件，命名为“关节参考”，复制元件，分别放置在肩部、肘部和腕部的位置，如图 8-2-13 所示。

图　8-2-12　　　　图　8-2-13

注意，我们在绘制手臂和腿部时一定要在水平或者垂直的情况下绘制。

绘制上臂图形，选择“线条”工具，连接肩部和肘部的关节，选择肩部、肘部关节和刚刚绘制的连接线，转换成图形元件，命名为“上臂”。进入元件并填充颜色，新建一层，将参考线剪切复制到“图层_2”，将其设置为引导层，如图 8-2-14 所示。设置引导层是为了在做肢体动作旋转时两个衔接的部位比较自然，不会出现脱节的情况。

按照上述方法绘制下臂图形和手部图形，并绘制上臂的衣袖效果，如图 8-2-15 所示。

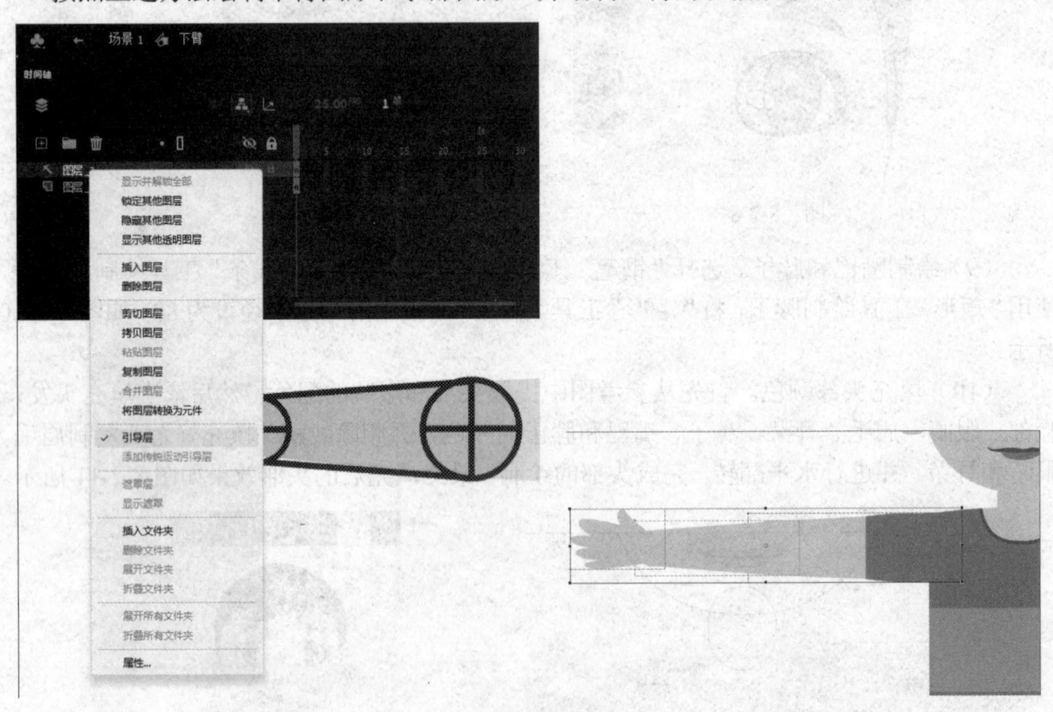

图　8-2-14　　　　图　8-2-15

复制绘制好的手臂，水平翻转，移动到另外一边，并依次在图像上右击，在弹出的快捷菜单中选择“直接复制元件”命令，这样角色的手臂就绘制完成了。

（13）绘制臀部和腿脚。选择“矩形”工具，将边角半径设置为 30，在腰部绘制臀部形状，并调整到身体的下层，如图 8-2-16 所示。

按照创建手臂的方法绘制大腿、小腿和脚，如图 8-2-17～图 8-2-20 所示。

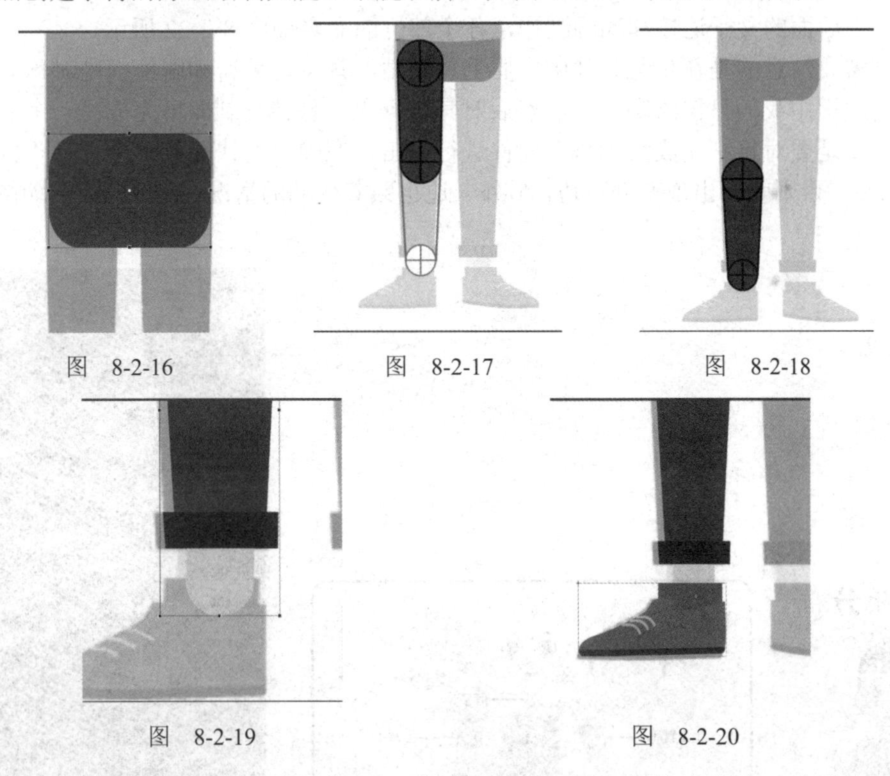

图　8-2-16　　　　图　8-2-17　　　　图　8-2-18

图　8-2-19　　　　图　8-2-20

复制绘制好的腿部和脚，水平翻转，移动到另外一侧，并依次右击，在弹出的快捷菜单中选择“直接复制元件”命令，这样角色的腿部和脚就绘制完成了。绘制完成的角色如图 8-2-21 所示。

图　8-2-21

（14）角色拆分与元件的命名。角色绘制完成后，需要将角色的各个部件转换成图形元件，用于后面的父子连接和动画制作，各个部位的命名如图 8-2-22 所示。

这里需要注意的是在角色元件中，眉毛、眼睛、耳朵、手臂和腿部都是对称关系，所以在绘制过程中我们只需绘制一个，然后对其进行水平翻转复制即可完成另一个的制作，最关键一点是要对复制完成后的每个元件进行右击，在弹出的快捷菜单中选择“直接复制元件”命令，否则就会出现变动一边，另外一边也跟着变动的情况。元件的命名如图 8-2-23 所示。

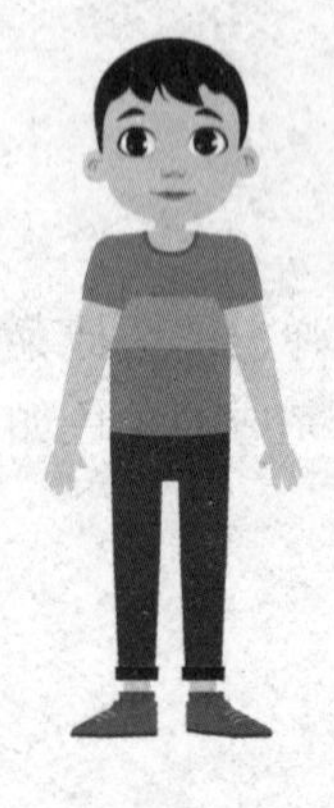
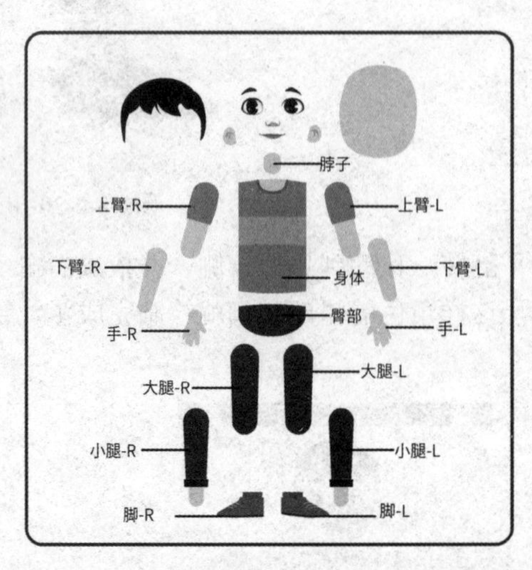

图　8-2-22

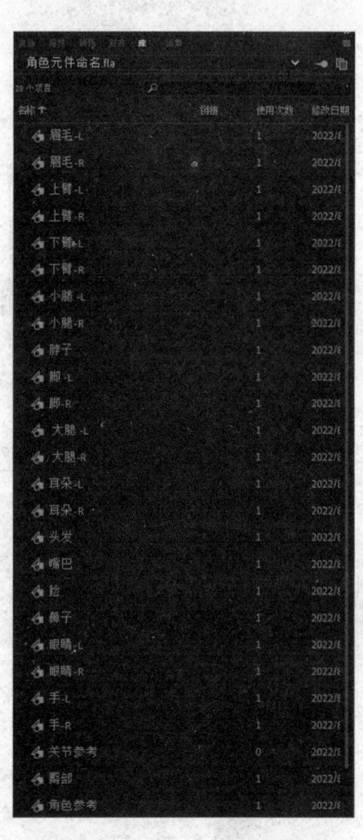

图　8-2-23

注意，如果复制后忘记执行“直接复制元件”命令，那么在做完父子连接后再次打开文件会出现元件错位的情况。

8.2.3　角色父子关系连接

为了更高效、快捷地制作动画，我们需要将绘制好的角色进行父子连接，如图 8-2-24 所示。

1．将元件分散到图层

选中场景中绘制好的所有元件，按 F8 键，转换为一个名称为“济小愚正面”的图形元件，双击进入该元件，然后右击，在弹出的快捷菜单中选择“分散到图层”命令，如图 8-2-25 所示。

图　8-2-24　　　　图　8-2-25

2．调整图层位置

元件分散到图层之后，需再次检查是否存在有问题的图层和没有元件的图层，把多余的图层删除，调整好图层位置之后，就可以进行元件的父子关系连接了，调整前后的图层对比如图 8-2-26 和图 8-2-27 所示。

通过对比，我们发现整理后少了很多图层，这是因为我们为头部的所有元件新创建了一个图形元件，并命名为“头部”。这样在后续的父子连接和动画制作中将显示得更为直观。另外重要的一点就是我们在调整图层时一定不要忘记检查元件中心点，将有问题的地方及时调整正确。

3．父子关系连接

调整好图层之后，我们就可以进行父子连接了。单击时间轴上的“显示父级视图”按钮，选择子级图层的色块，按住鼠标左键拖曳到父级图层上，这样就完成了父子级的连接，完成后必须进行测试，有问题及时调整，如图 8-2-28 所示。

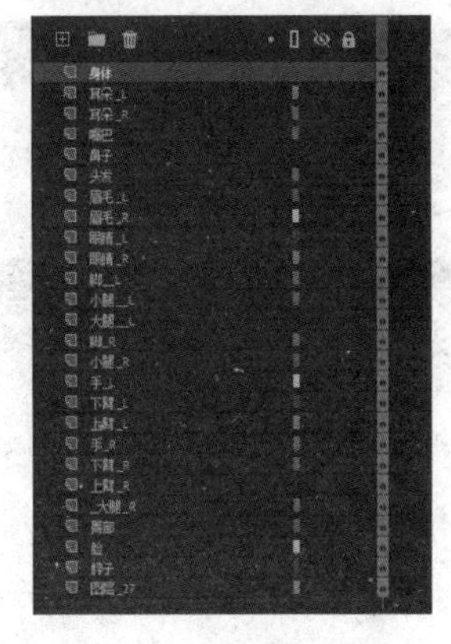

图　8-2-26（整理前）

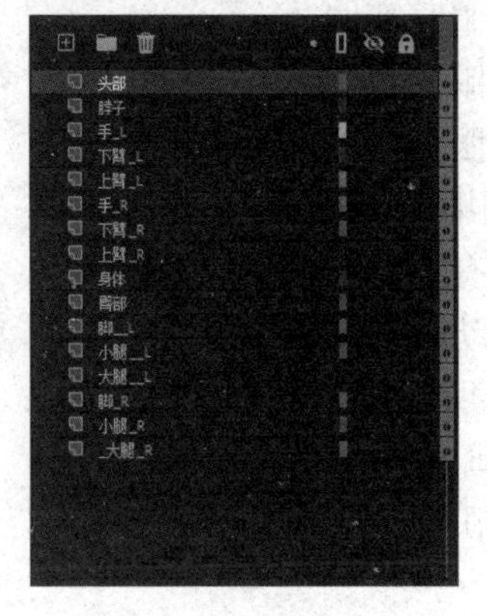

图　8-2-27（整理后）

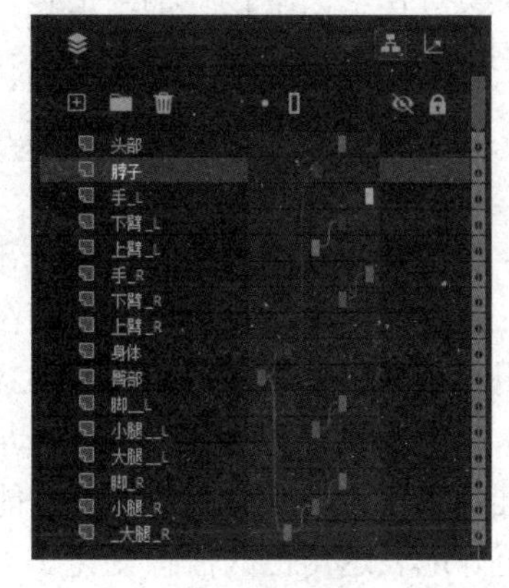

图　8-2-28

8.2.4　角色转体设计

在动画制作中，角色除了正面还需要使用其他几个角度来表现角色的动作，这时就需要设计角色的转面图，这也是动画制作中的一个标准的参考依据。转体设计图一般分为 5 个角度，按正面、前侧面、全侧、后侧面、背面的顺序展开，为动画制作提供一个全身的造型标准，如图 8-2-29 所示。

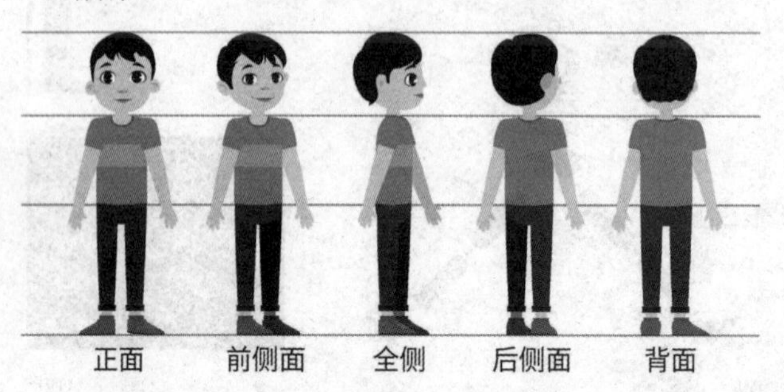

图　8-2-29

用角色正面的绘制方法完成其余 4 个角度的绘制和父子连接。

8.2.5　角色表情设计

角色的面部表情主要由眉毛、眼睛和嘴巴来表现。一般除了正常的表情，最常用的就是喜、怒、哀、乐 4 种，如图 8-2-30 所示。

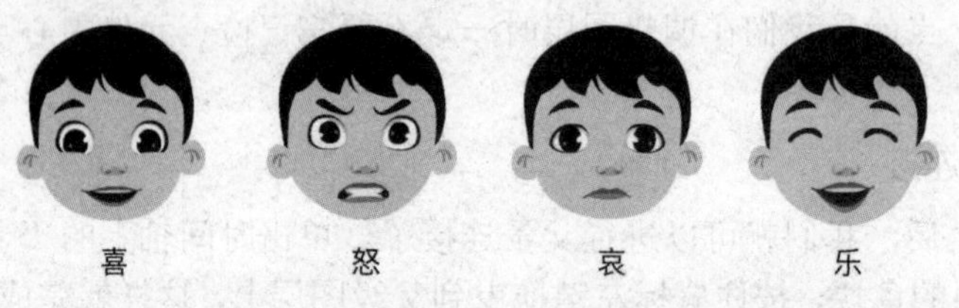

图　8-2-30

喜：眉毛向上扬，嘴角上扬，眼睛变圆。

怒：眉毛倒八字，嘴角下撇，眼睛更大。

哀：眉毛向上扬，嘴巴下撇，眼角向下。

乐：眉毛向上扬，嘴巴张大，眼睛一条线。

除了 4 种常用的面部表情，还有惊讶、害怕、调皮、大哭、安静等，这些在动画制作中使用的频率也非常高，如图 8-2-31 所示。

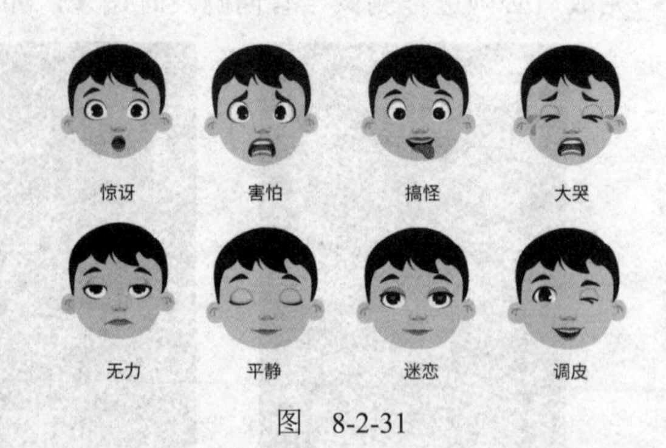

图　8-2-31

以上面部表情的设计属于动画制作的前期准备工作，只有前期准备好才能在制作动画时更好地表达角色的情感变化。

通过观察不同的表情可总结出，不同的眉毛形状有 3 个，不同的眼睛形状有 9 个，不同的嘴型有 8 个，如图 8-2-32 所示。

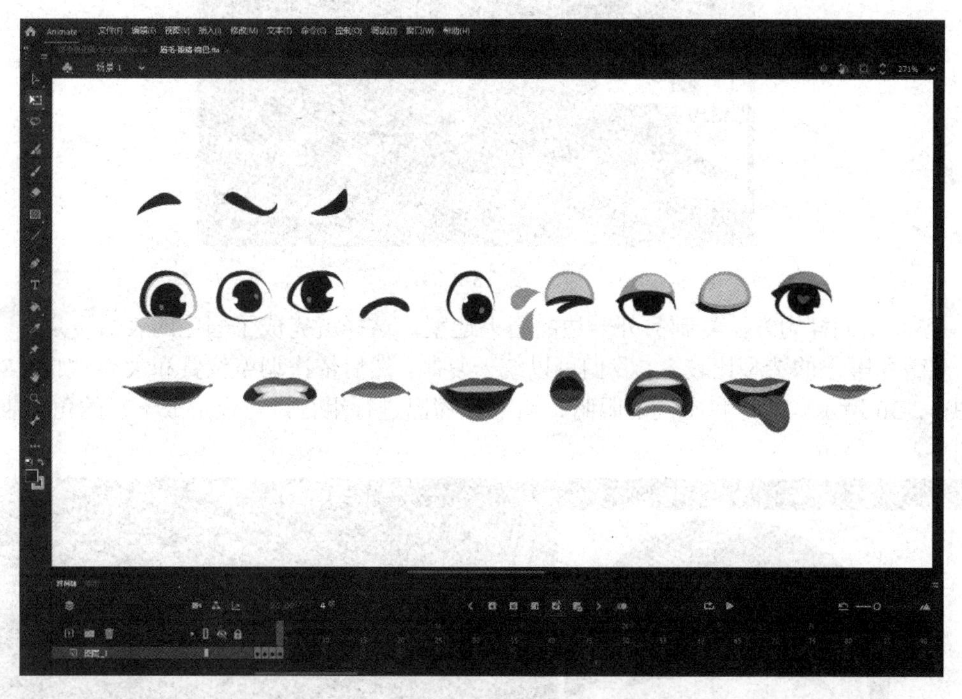

图　8-2-32

接下来我们需要把整理的不同形状的眉毛、眼睛和嘴型复制到各个元件的内部，以方便制作面部表情动画时调用。

以眉毛为例，操作方法如下。

（1）选择场景中的角色，双击进入角色元件，找到“头部”图层并双击，进入头部元件，然后选择”眉毛_R“图层，再次双击进入元件，把不同形状的眉毛粘贴到每个关键帧上，可以打开时间轴上的“洋葱皮”按钮，以方便观察、对齐它们的位置，如图 8-2-33 所示。

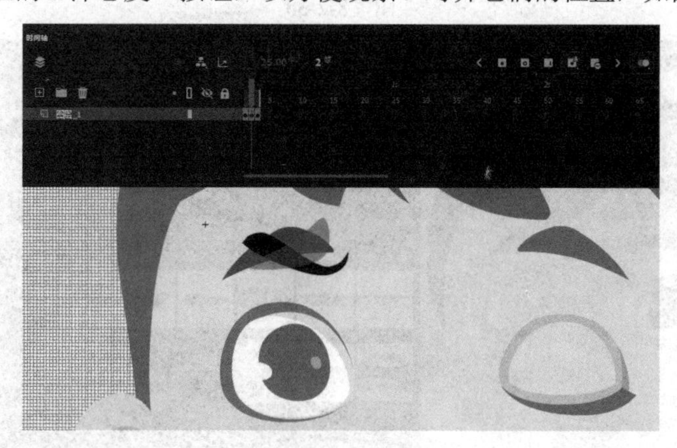

图　8-2-33

（2）在舞台空白处双击，退回到头部元件，在“属性”面板的“循环”选项中单击“图形播放单个帧”按钮，这样我们就可以选择不同帧对应不同眉毛的造型，如图 8-2-34 所示。

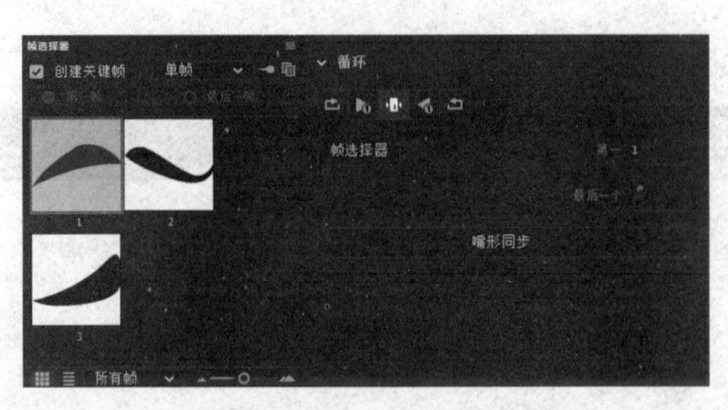

图　8-2-34

（3）用同样的方法复制另外一边的眉毛造型，这样就完成了眉毛的表情设定。

眼睛和嘴巴的造型比较多，我们可以统一复制，然后依次调整位置和大小，如图 8-2-35 和图 8-2-36 所示。通过将不同的眼睛、眉毛和嘴巴进行组合，可以形成丰富的角色表情，如图 8-2-37 所示。

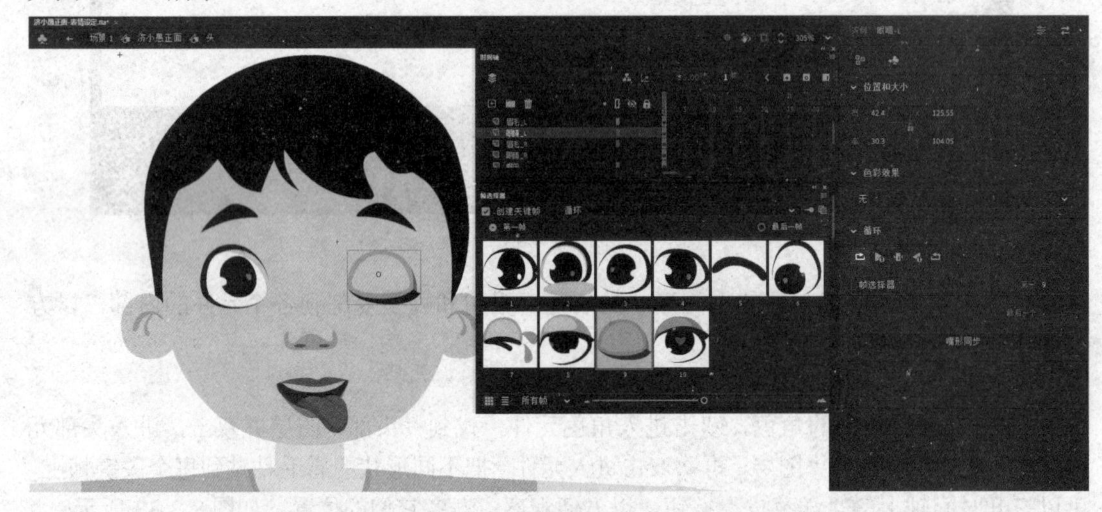

图　8-2-35

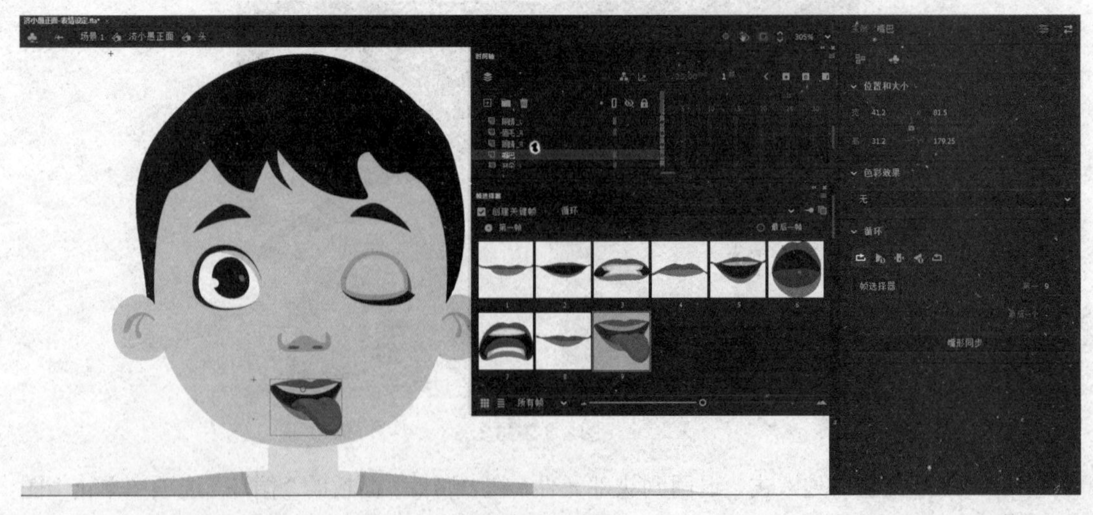

图　8-2-36

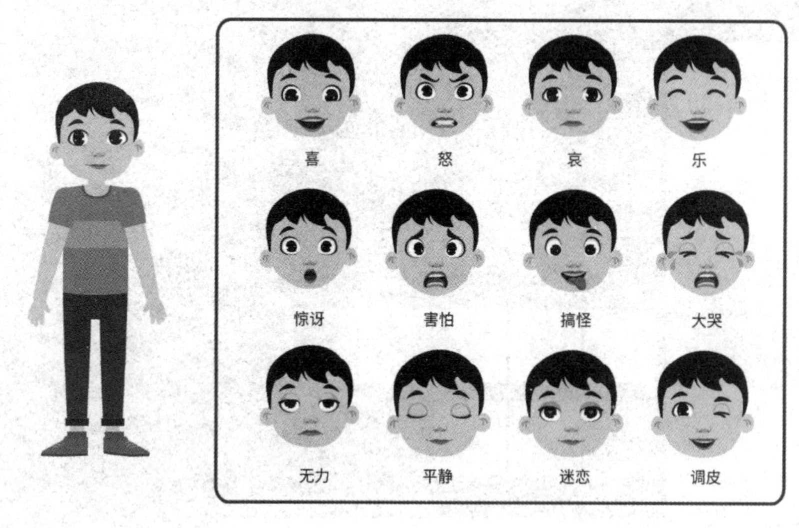

图　8-2-37

8.2.6　角色手势设计

在制作动画时，需要用到很多不同的手型，因此在开始制作动画之前，我们需要把常用的手型提前绘制好，以提高动画的制作效率。在绘制手型时，可以在网上找些和自己动画风格相似的手型作为参考。绘制手型主要使用“钢笔”工具和“线条”工具，如图 8-2-38 所示。

手型绘制好之后，我们需要把手型分别放置在左手和右手的元件中，调整好位置和中心旋转点，如图 8-2-39 所示。

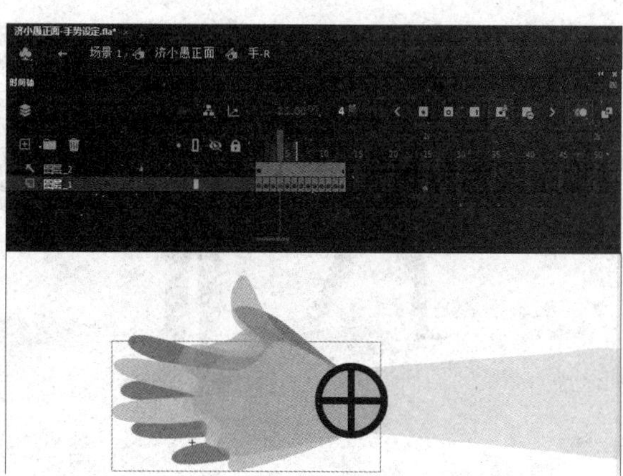

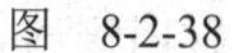

图　8-2-38　　　　图　8-2-39

选中手的元件，在“属性”面板中打开“帧选择器”，这样就可以在制作动画时更为直观地选择需要的手型，如图 8-2-40 所示。

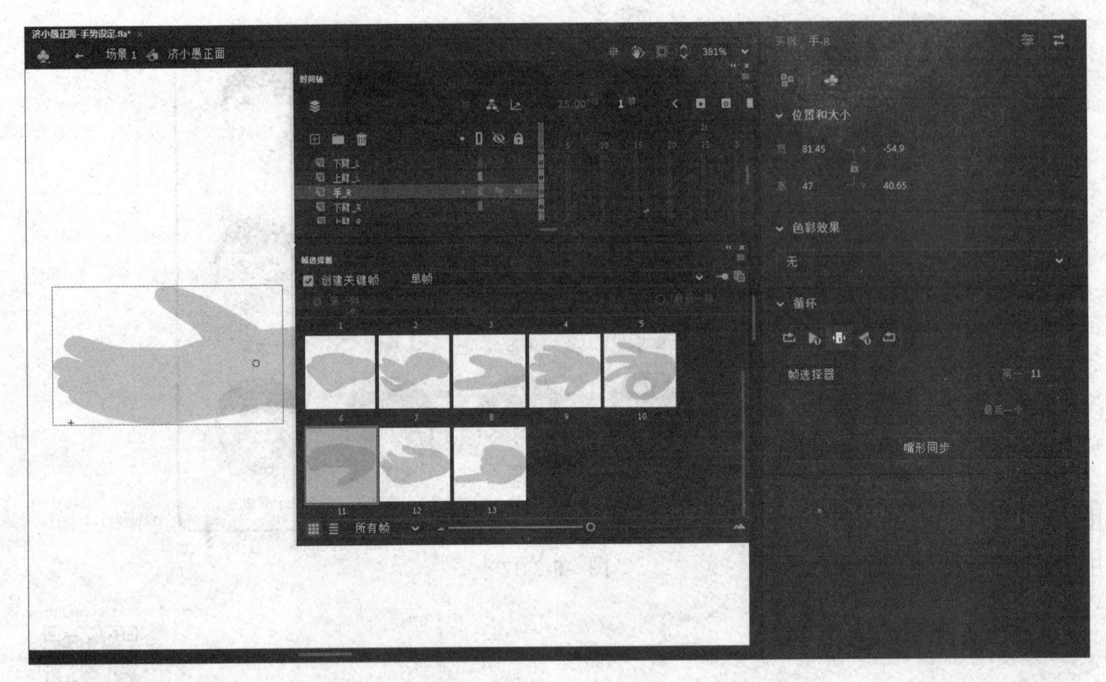

图　8-2-40

8.2.7　角色动作设计

角色的动作设计一般包含面部表情、手势和肢体动作，在制作动画之前我们可以设定一些常规的动作设计，如高兴、生气、惊讶等，结合短片脚本，制作出体现角色情感的肢体语言，如图 8-2-41 所示。

图　8-2-41

在制作角色的动作时，我们需要复制多个角色，因为如果不做出修改，就会出现调整好一个动作之后，原来的也会跟着变化。如何让每个角色互相不影响呢？接下来我们就以第一个姿势为例讲解制作方法。

（1）新建一个文件，把之前设定好的角色复制到新建的场景中。

（2）在角色对象上双击，进入元件，再次双击进入头部元件，把头部的所有图层选中并右击，在弹出的快捷菜单中选择“剪切图层”命令，如图 8-2-42 所示。

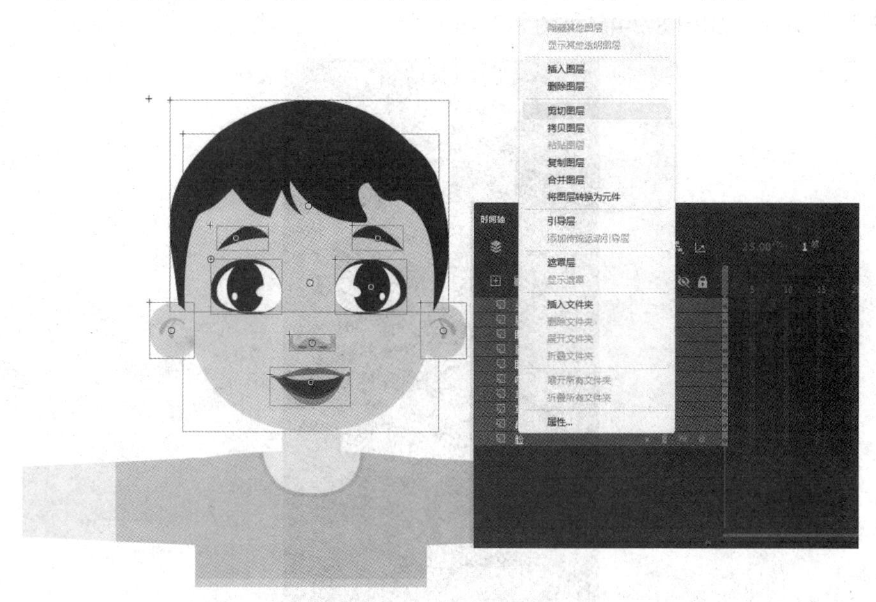

图　8-2-42

（3）在舞台空白处双击，回到角色元件中，把刚才剪切的元件粘贴到角色元件中，然后删除“头部”的图层，如图 8-2-43 所示。

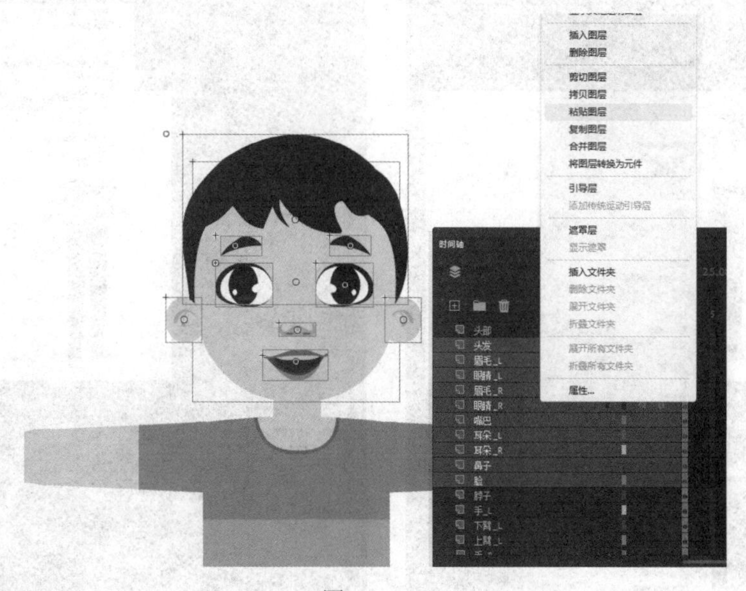

图　8-2-43

（4）为了方便制作头部动画，需要把头部的各个元件进行父子连接，首先将眉毛作为眼睛的子级，然后将头发、眼睛、耳朵、鼻子、嘴巴作为脸部的子级，调整好脸部的旋转点，最后将脸部作为脖子的子级，如图 8-2-44 所示。

（5）在舞台空白处双击，回到场景中，复制角色，在复制出来的角色中右击，在弹出的快捷菜单中选择“直接复制元件”命令，然后在软件的菜单栏中找到“命令”→“元件批量重命名”命令，如图 8-2-45 和图 8-2-46 所示。

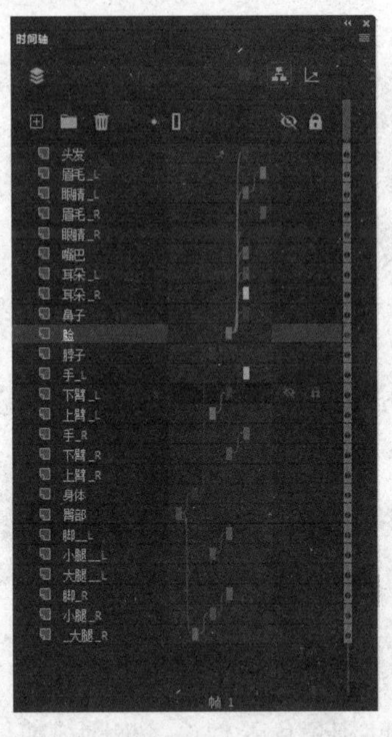

图　8-2-44

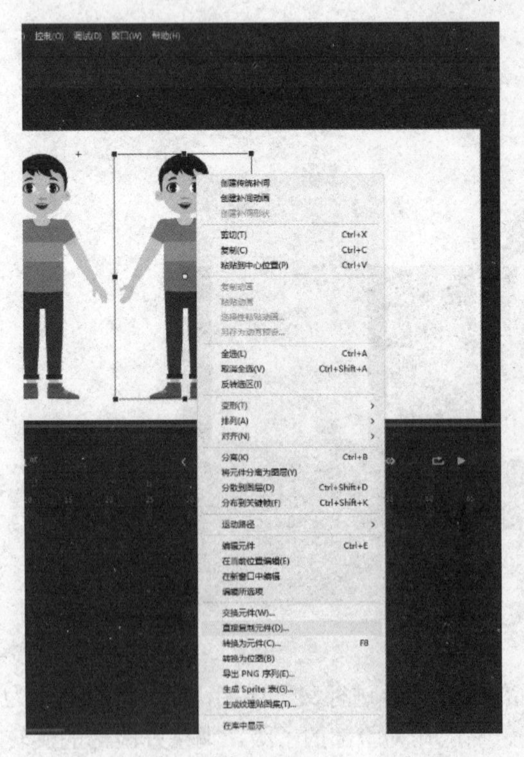

图　8-2-45

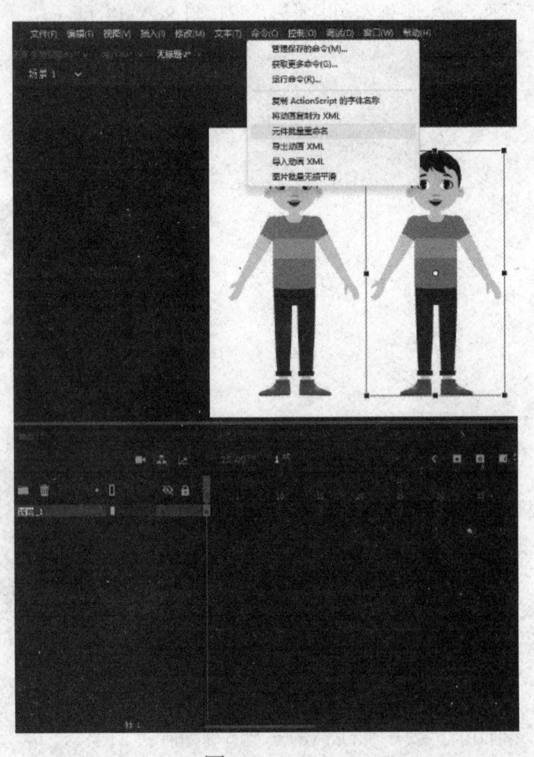

图　8-2-46

注意，“元件批量重命名”是一个脚本，需要单独安装才能使用。

（6）设置完成后，就可以单独调整每个角色的动作了，如图 8-2-47 所示。

图　8-2-47

8.2.8　角色眨眼动画

在动画中，角色的眨眼动作可以让角色看起来更生动，即便是在镜头没有任何变化的情况下适当地让角色眨几下眼睛，也可以显得不那么僵硬。

一般来说，眨眼的过程大约为 0.2～0.4 s，两次眨眼的间隔时长大约在 3 s 左右。眨眼分 3 个动作完成：正常、半闭眼、闭眼。在做眨眼动作时，要同步眉毛的位置。

眨眼动画制作过程如下。

（1）首先打开制作好的角色，双击角色进入元件，选取眼睛的元件，新建图形元件，命名为“眨眼动作”。再次双击角色进入元件，分别在第 4 帧、第 5 帧、第 9 帧处按 F6 键插入关键帧，然后在第 4 帧处打开“属性”面板，找到帧选择器，调用相应的图形元件，将眼睛设置为半闭眼的图形元件；接着在第 5 帧处将眼睛设置为全闭眼的图形元件，如图 8-2-48 所示。

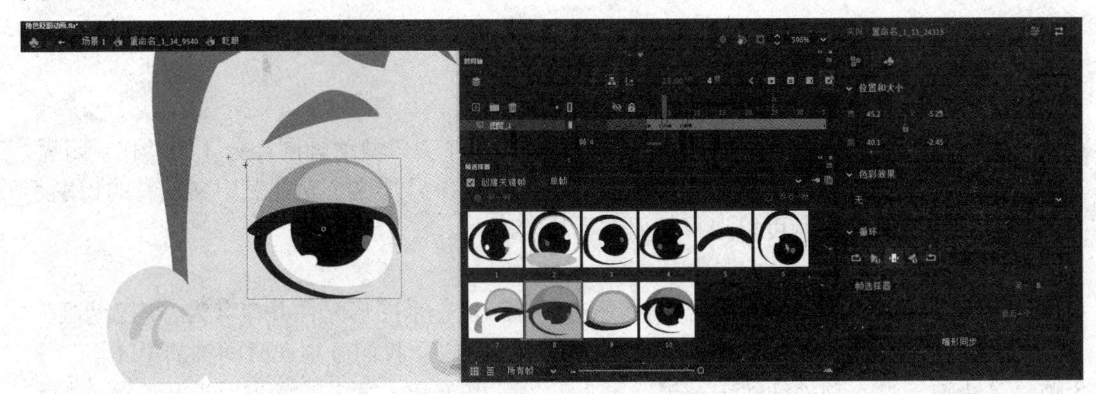

图　8-2-48

（2）选择眉毛元件，同样新建一个图形元件，命名为“眉毛动画”，双击进入元件，分别在第 4 帧、第 5 帧、第 9 帧处按 F6 键转为关键帧，在第 4 帧处把眉毛微微地向下移动，在第 5 帧处继续把眉毛往下移动到闭眼的上方，如图 8-2-49 所示。

图　8-2-49

（3）用同样的方法制作另外一边的眼睛和眉毛动画，双击角色回到元件中，在时间轴上第 60 帧处按 F6 键，单击“播放”键，观察眨眼动画，对有问题的地方及时调整。通过观察可发现，睁眼的速度有点快，这时可以在睁开眼的前一帧加入一个半睁眼的状态，这样过渡就会自然一些，如果眼睛眨得快，可以把原来的 35 帧延长至 55 帧或者更长，同时眉毛的变化要和眼睛相同步。眼睛和眉毛的设置分别如图 8-2-50 和图 8-2-51 所示。

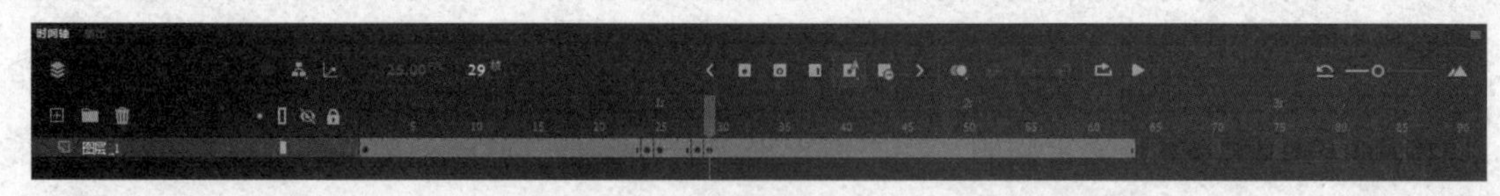

图　8-2-50

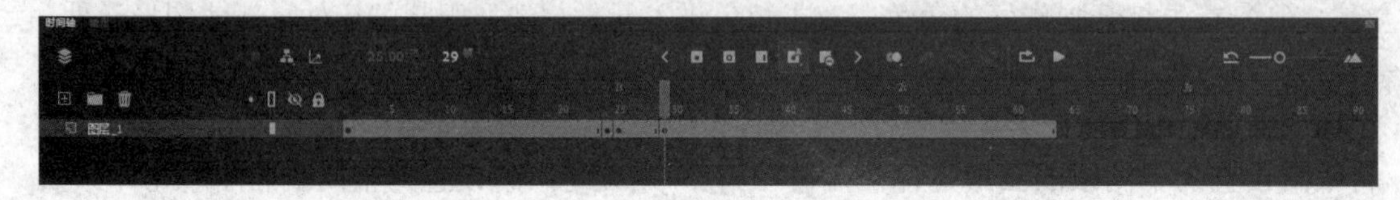

图　8-2-51

8.2.9　角色口型动画

了解了眨眼动画之后，我们再做口型动画就简单了。口型动画同样分 3 个动作：闭嘴、半开、全开。另外，软件中有一个“嘴型同步”功能，只是这个功能对中文发音的识别不够准确，如果是英文发音可以选择使用这个功能。

口型动画制作如下。

（1）进入角色元件，选择嘴巴元件，按 F8 键新建一个图形元件并命名为“嘴巴动画”，双击进入“嘴巴动画”元件。制作嘴巴动画有一个公式，我们分别在时间轴的第 1 帧、第 3 帧、第 4 帧、第 6 帧处创建关键帧，第 1 帧为嘴巴全开，第 3 帧为嘴巴半开，第 4 帧为嘴巴闭上，第 6 帧为嘴巴半开，这样就可以形成一个口型动画的循环，如图 8-2-52 所示。

（2）回到角色元件中，播放并观察嘴巴动画的效果。此时我们需要根据音频，在说话停顿的地方让嘴巴闭上，在停顿的地方按 F6 键设置关键帧，选择嘴巴元件，在“属性”面板中选择“图形播放单个帧”即可让嘴巴闭上。在需要张嘴的地方可以复制第 1 帧，重复这样的操作，就可以完成口型动画了，如图 8-2-53 所示。

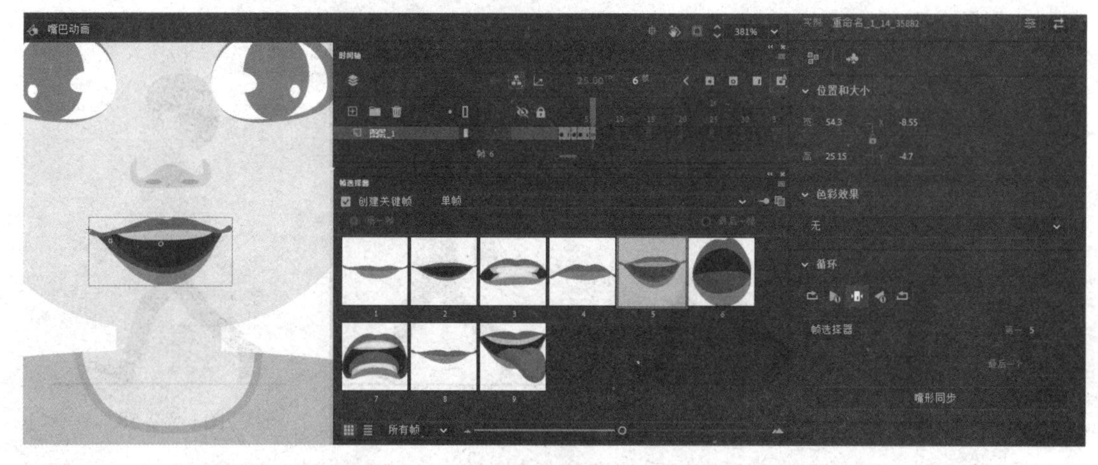

图　8-2-52

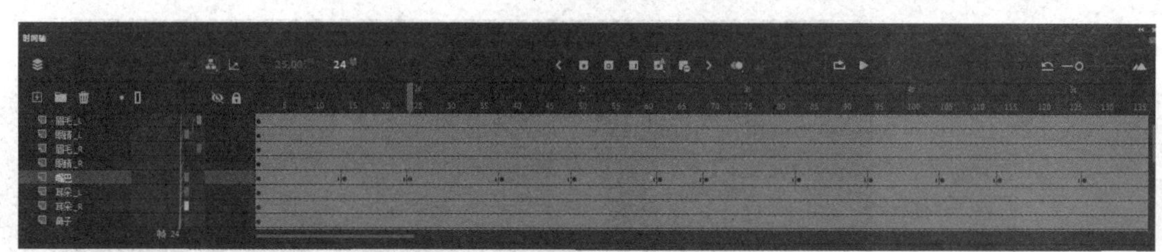

图　8-2-53

8.2.10　角色循环走动画

角色走路在动画制作中是最常见也是最重要的内容，因为走路不但能体现角色的高矮胖瘦，还能个性化地呈现角色的不同心情状态。可以毫不夸张地说，学会制作角色走路，能让自己的动画水平上升一个台阶。这里我们首先要学习的就是角色的常规走路动画，在这个基础上我们可以加快或放慢走路的时间，或者调整其中的某个姿势，以达到我们想要的个性化走路的效果。

接下来我们以角色的侧面循环走路为例进行详细介绍。

（1）常规的循环走路需要 1 秒 25 帧，5 个关键姿势，第 1 帧和最后一帧的姿势相同，这样播放的时候就可以形成一个循环动画。首先设置第 1 帧的角色姿势，摆出两只脚都着地的姿势，右腿在前，左腿在后，手臂向相反的方向摆动，具体设定如下。

① 使用“任意变形”工具选取“大腿_R”，向前旋转，然后再选取“小腿_R”向后旋转，如图 8-2-54 所示。

图　8-2-54

② 选取“大腿_L”向后旋转，再选取“小腿_L”向后旋转，如图 8-2-55 所示。

③ 选中“臀部”向下移动至画面底部边缘的位置，如图 8-2-56 所示。

④ 选中“大臂_R”向后旋转，再选中“小臂_R”后前旋转，最后选择“手_R”向前旋转，如图 8-2-57 所示。

⑤ 选中“大臂_L”向前旋转，再选中“小臂_L”后前旋转，最后选择“手_L”向后旋转，如图 8-2-58 所示。

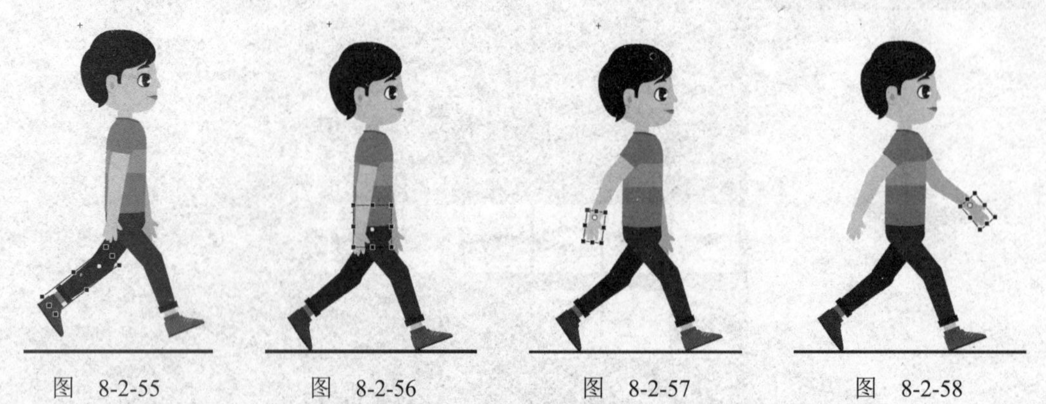

图　8-2-55　　图　8-2-56　　图　8-2-57　　图　8-2-58

⑥ 摆出第 1 帧的姿势后，将相同的姿势复制到第 25 帧，如图 8-2-59 所示。

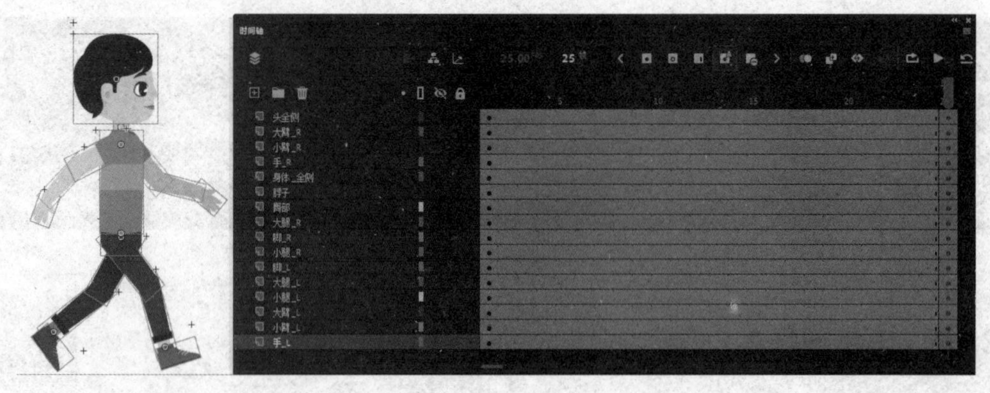

图　8-2-59

（2）使用相同的方法，在第 13 帧处添加关键帧，这个姿势是和第 1 帧相反的，左腿在前，右腿在后，手臂呈相反方向，这时可以打开时间轴上的洋葱皮功能，以方便与上一个姿势进行对比，提高工作效率，如图 8-2-60 所示。

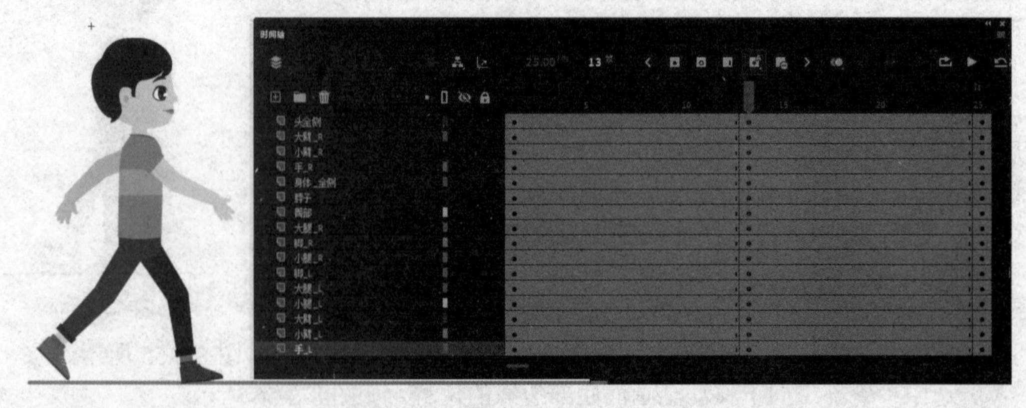

图　8-2-60

（3）在第 7 帧和第 19 帧处按 F6 键添加关键帧，这次做的是过渡姿势。在第 7 帧设置右腿着地，左腿离开地面，双臂自然下垂，第 19 帧的姿势和第 7 帧相反，如图 8-2-61 所示。

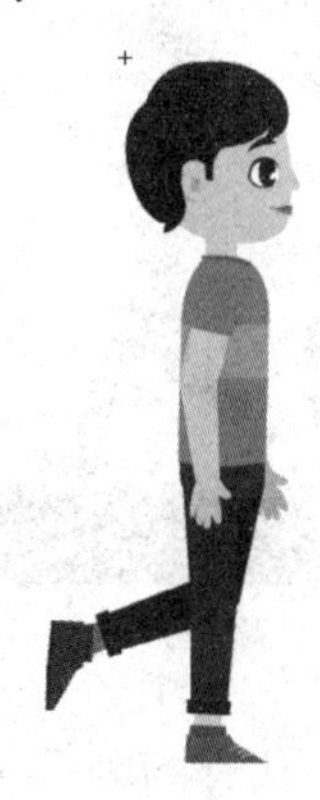
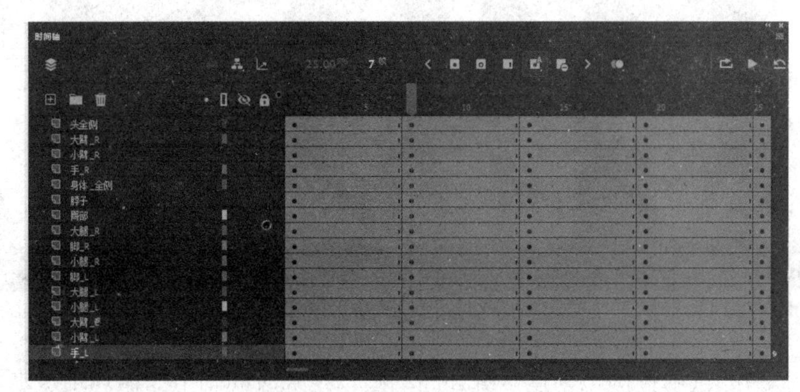

图　8-2-61

（4）在第 4 帧和第 16 帧处添加关键帧，设置重心向下的姿势，在设置姿势时一定要打开时间轴上的洋葱皮功能，这样才能更好地观察正在调整的姿势和之前姿势的区别，如图 8-2-62 所示。

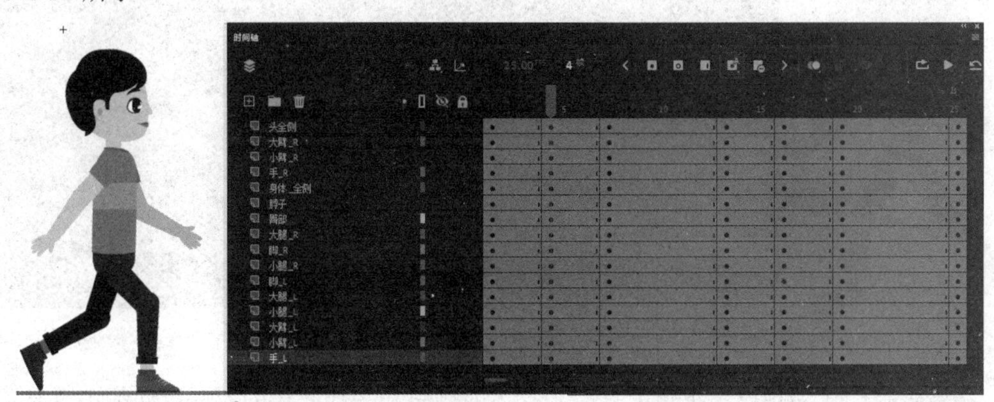

图　8-2-62

（5）在第 10 帧和第 22 帧处添加关键帧，设置重心向上的姿势，右腿倾斜向前，左腿向前迈，如图 8-2-63 所示。

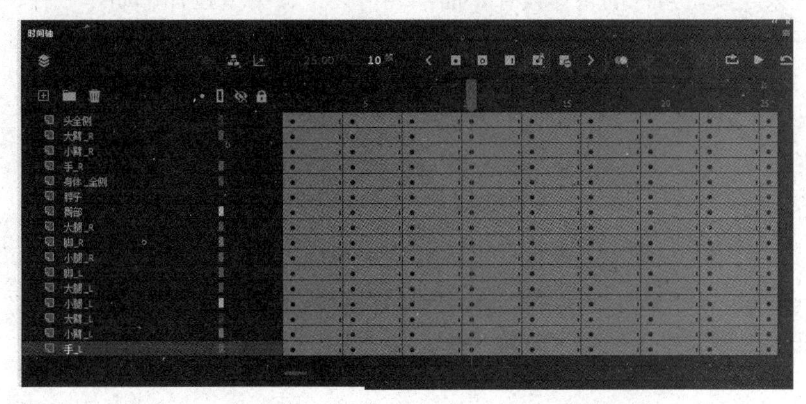

图　8-2-63

（6）至此，我们就把走路的姿势全部设置好了。所有姿势如图 8-2-64 所示。

图　8-2-64

（7）选中关键帧创建传统补间动画，打开时间轴上的循环播放功能，观看动画效果，重点观察是否有跳帧现象，如图 8-2-65 所示。

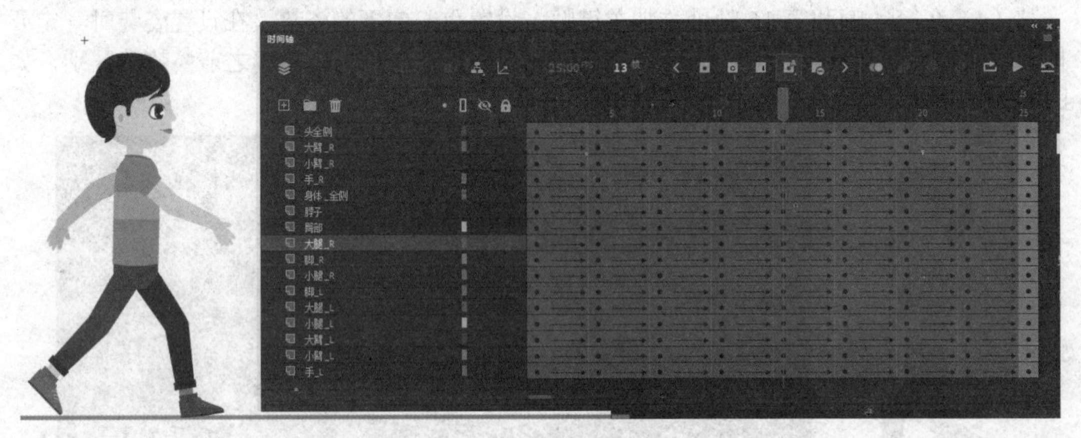

图　8-2-65

结合走路的运动规律，手臂的摆动、身体的倾斜和头部脖子的前后运动都还需要更为细致的调节，好的角色动画不但具备动作的流程性，更要符合角色的外貌特征和性格。

至此，关于角色动画的前期制作就完成了，这一节主要介绍了角色的绘制、角色的父子关系连接、角色的转体设计、面部表情设计、手型设计、动作设计、眨眼和口型动画，以及最常见的角色循环走路动画，为中期的动画制作奠定了坚实的基础。

8.3　任务 3——文字分镜头脚本设计

文字分镜头脚本就是把文案或者剧本分成一个一个的镜头，并把每个镜头的景别、运动和时长标注清楚，通过文字描述画面内容，表达每个画面角色说什么话、用哪种音乐来烘托氛围等。常用的文字分镜头脚本如表 8-1 所示。

表　8-1

《习语金句》微动画系列文字分镜

镜号	景别	运镜	时间	画面内容描述	配音解说	音乐	备注
1	近景	固	125 帧	角色站在画面右边，旁边是济水之源的石碑，后面是济渎庙	大家好！我叫济小愚，来自济水之源		
2	近景	固	70 帧	角色站在画面左边，后面是牌坊和王屋山总仙宫	愚公故里的河南济源		
3	全景	固	135 帧	角色站在学校图书馆楼前	是一名勤奋学习、勇于创新、努力奋斗的大学生		
4	近景	固	80 帧	红色背景，画面中出现《习语金句》的标题	今天和大家分享的习语金句是		
5	全景	推	80 帧	角色爬山的动作	山再高，往上攀，总能登顶		
6	全景	拉	83 帧	角色背着背包，在山路上慢慢地前行	路再长，走下去，定能到达		
7	全景	固	190 帧	角色站在山顶，画面上方出现习主席说的话	习主席说的这句话旨在启发我们青年人无论做什么事情，都需要有持之以恒的精神		

8.4　任务 4——场景设计与制作

场景设计能够表现角色所处的社会环境、历史环境和自然环境。根据分镜头脚本，整个动画共需要 7 个场景。在设计场景时，我们需要把握动画影片的整体造型形式，画面风格需与角色相统一，遵循视觉艺术审美要求。以下是各场景设计的详细流程。

8.4.1　场景一的设计

场景一对应的配音为“大家好！我叫济小愚，来自济水之源，”。通过分析我们可以想象画面场景需要的元素，前景是花草和“济水之源”的石碑，中景是河流和济渎庙，远景是山川，背景是蓝天白云。本场景绘制的难点是石碑和济渎庙，可以将收集到的照片作为参考，进行归纳和提炼，如图 8-4-1 所示。

图　8-4-1

元素绘制完成后，即可搭建场景。此时需要注意的是画面的层次感，人物位置的不同也会影响场景元素摆放的位置，最终效果如图 8-4-2 和图 8-4-3 所示。

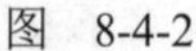
图　8-4-2

图　8-4-3

8.4.2　场景二的设计

场景二对应的配音为“愚公故里的河南济源”。画面的元素和场景一有些是一样的，可以重复利用。画面的主体物是王屋山第一洞天的牌坊和天坛顶的总仙宫建筑，最能代表地方特色，在绘制的时候建议用 Adobe Illustrator 软件，绘制好之后直接复制到 Animate 软件中就可以使用了。建筑的主体物、线稿图和最终效果如图 8-4-4～图 8-4-6 所示。

图　8-4-4

图　8-4-5

图　8-4-6

8.4.3　场景三的设计

场景三对应的配音为“是一名勤奋学习、勇于创新、努力奋斗的大学生”。画面元素中前景物和场景一、场景二是一样的，主体物是学院的图书馆，因此我们在绘制场景的时候为了提高制作效率，缩短制作周期，制作的小元素可以重复利用，但是主体物的细节一定要绘制到位。背景是一群高楼，可以绘制一个，其他高楼按不同的比例进行放大或缩小，排列得错落有致即可。建筑的主体物、线稿图和最终效果如图 8-4-7～图 8-4-9 所示。

图　8-4-7

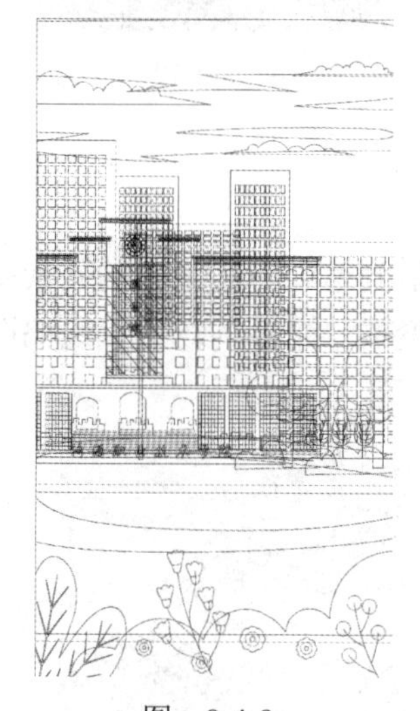

图　8-4-8

图　8-4-9

8.4.4　场景四的设计

场景四对应的配音为“今天和大家分享的习语金句是”。画面相对来说较为简单——红色背景加习主席说的一句话“山再高，往上攀，总能登顶”，把字打散后，按构成的方式排列，对标题进行设计，让 4 个字错落开，最终效果如图 8-4-10 所示。

图　8-4-10

8.4.5　场景五的设计

场景五对应的配音为“山再高，往上攀，总能登顶”。这个场景的主体物是前景的山壁，在设计的时候一定要考虑到角色攀爬的姿势，在攀爬的时候可以绘制几个大大小小的石块往下掉落的动画，线稿图和最终效果如图 8-4-11 和图 8-4-12 所示。

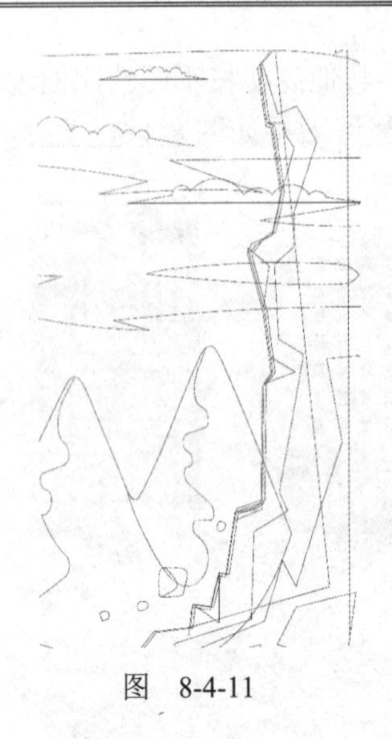

图　8-4-11

图　8-4-12

8.4.6　场景六的设计

场景六对应的配音为“路再长，走下去，定能到达”。画面中的元素基本上都在之前的场景中使用过，在这里我们可以重新组合让它变成一个新的场景。线稿图和最终效果如图 8-4-13 和图 8-4-14 所示。

图　8-4-13

图　8-4-14

8.4.7　场景七的设计

场景七对应的配音为“习主席说的这句话旨在启发我们青年人无论做什么事情，都需要有持之以恒的精神”。画面中需要重新绘制一个山，让角色可以站上去，远处的山上可以放置愚公移山雕像的剪影，另外需要为习主席说的话设计一个文本框，不要直接输入文字，这样会影响整体的画面效果。线稿图和最终效果如图 8-4-15 和图 8-4-16 所示。

图　8-4-15

图　8-4-16

8.5　任务 5——角色动画设计与制作

角色的动画设计在动画制作中是很重要的一个环节，前期需要我们掌握动画的运动规律，才能更好地把角色的肢体语言表现得活灵活现。角色的动画设计有两种方法。一种是关键姿势到关键姿势（pose to pose），这种方法比较适合制作角色动画，就是先把角色运动过程中的每个关键姿势调整好，然后再加入一些动画的运动规律。比如角色挥手的动作，角色的手臂从自然下垂到抬起来可分为两个关键姿势，调整好之后，还需要调整身体和头部倾斜的角度，然后再调整手臂的缓冲和跟随动作。另外一种方法就是从前到后逐一设置关键姿势（straight ahead），这种方法适合制作一些自然现象的动画，如风、雨、烟雾、火等。

8.5.1　镜头一的动画设计

（1）导入配音。在场景中双击角色进入角色元件，新建一个图层，命名为“配音”，把第一段音频导入新创建的“配音”图层中，打开“属性”面板，在“声音”选项组的“同步”下拉列表框中选择“数据流”选项，这样可以保证我们在听音频时能够随时暂停，如图 8-5-1 所示。

（2）制作口型动画。根据导入的音频波形，我们需要确定角色的张嘴口型和闭嘴口型，张嘴时选择嘴部元件的循环播放模式，闭嘴时选择单帧播放模式，如图 8-5-2 所示。

（3）调整眼睛的状态。前期我们把眼睛设置为常规状态，现在我们需要把眼睛调整到一个高兴的状态，将时间轴上所有关于睁开眼的关键帧都进行替换，如图 8-5-3 所示。

图　8-5-1

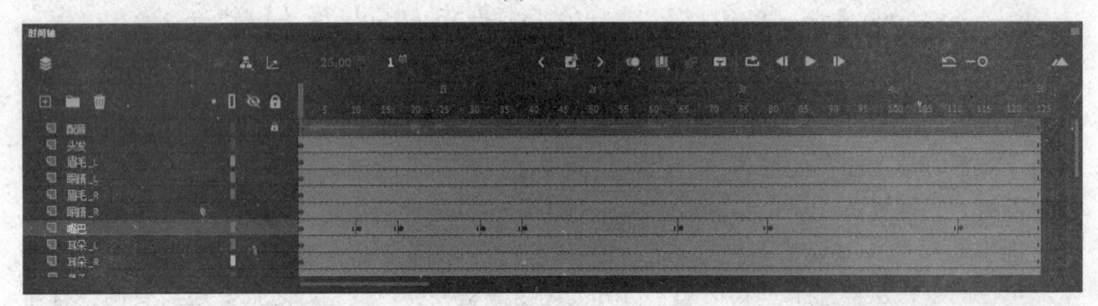

图　8-5-2

图　8-5-3

（4）关键姿势的设定。关于角色关键姿势的设定，有点类似表演，我们可以根据配音，先按着解说词演一遍，提炼出动作转折的关键姿势，画出动作草图，然后在软件里调整角色的动作，这样可以对角色动作有一个更为深刻的理解。切记不可在自己不知道、没想法的情况下调整角色的动作，这样既浪费时间又达不到满意的效果。在这个场景中分别在第 1 帧、第 33 帧、第 43 帧和第 84 帧设置 4 个关键姿势，如图 8-5-4 所示。

图　8-5-4

（5）手臂的缓冲动画。关键姿势设定好之后，即可制作手臂的动画，手臂的动画主要包括缓冲和手的跟随动作，如图 8-5-5 所示。

图　8-5-5

（6）创建传统补间动画。当完成所有的关键姿势后，需要在关键姿势之间创建传统补间动画，注意观察手势的转换，有些地方是不需要补间动画的，另外一条手臂也可以做简单的摆动的动作，最终的时间轴关键帧如图 8-5-6 所示。

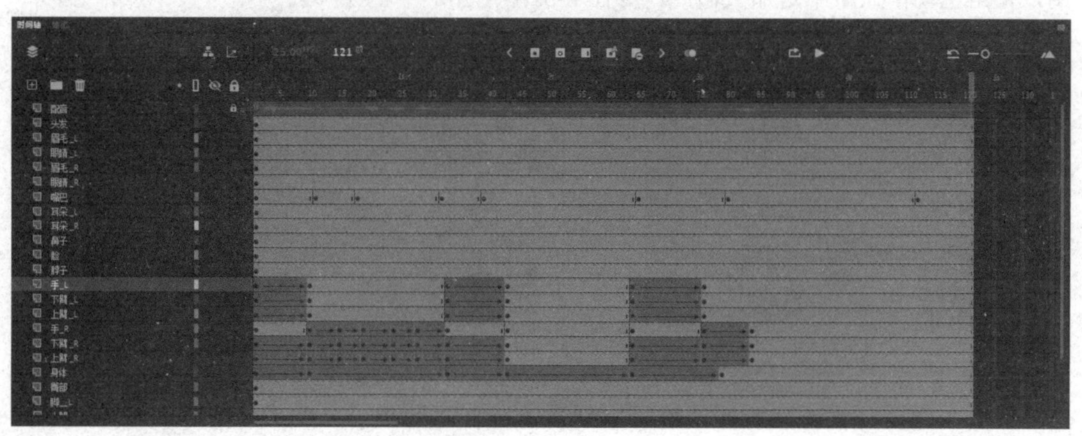

图　8-5-6

（7）场景中的其他元素动画。双击画面回到场景中，同样需要把时间轴的长度延长至 121 帧，然后把原来角色元件中的“配音”图层复制到场景中，单击“播放”按钮，预览制作的动画效果，如图 8-5-7 所示。

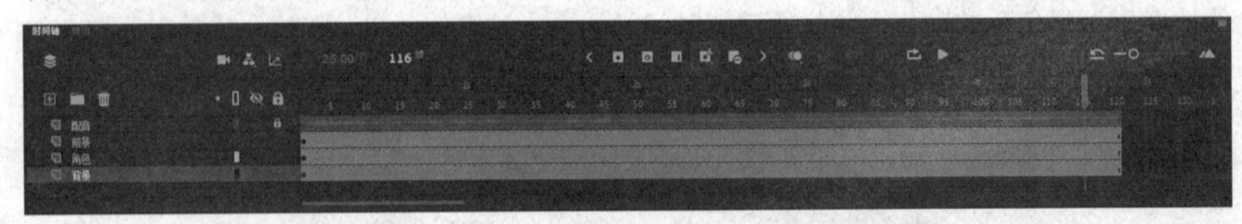

图　8-5-7

现在画面中只有角色是有动画的，背景元素是静止的，影响了画面的整体效果，我们可以在背景中添加一些能动的元素，如前景的花朵、远处的云雾和背景的云等。

（8）导出镜头一视频。当所有动画都完成之后，即可导出视频文件，选择“文件”→“导出”→“导出视频/媒体”命令，在打开的对话框中进行设置，如图 8-5-8 所示。

单击“导出”按钮，会自动打开 Adobe Media Encoder 软件，最终导出为 MP4 格式的视频文件。

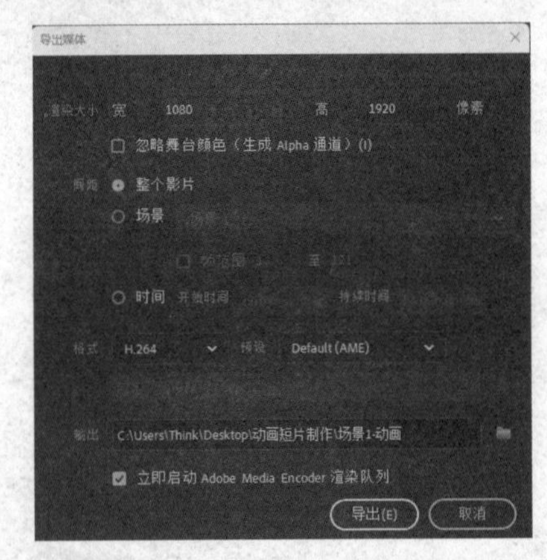

图　8-5-8

8.5.2　镜头二的动画设计

镜头二的动画制作流程和镜头一相同，重复部分这里不再赘述，下面重点介绍角色的关键动作设计。

镜头二中角色的关键姿势有两个，分别在第 1 帧和第 25 帧的位置，如图 8-5-9 所示。

两个关键姿势中间有两个过渡姿势，分别在第 8 帧和第 15 帧的位置，主要起缓冲的作用，让角色动作显得不是那么僵硬，如图 8-5-10 所示。

图　8-5-9

图　8-5-10

所有关键姿势设置完成后，就可以创建传统补间动画了，镜头二的时间轴关键帧如图 8-5-11 所示。

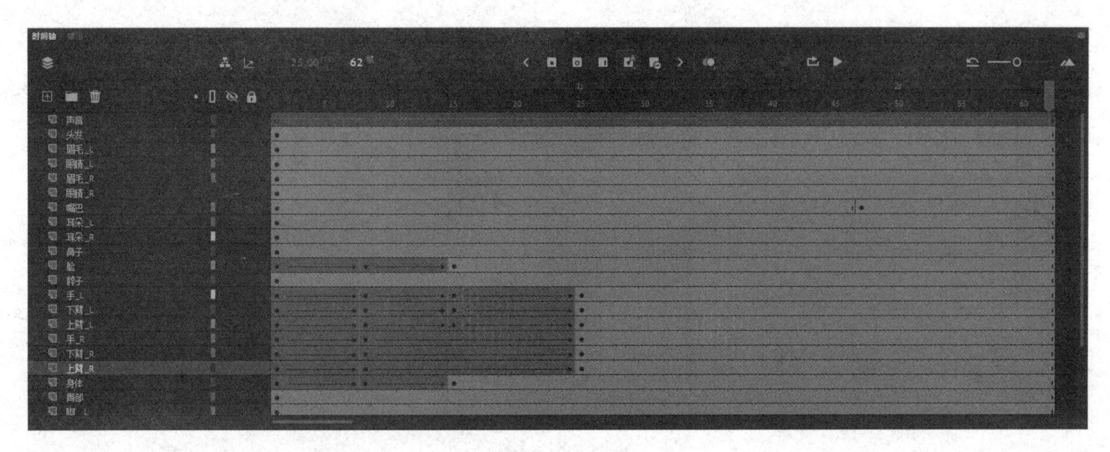

图　8-5-11

8.5.3　镜头三的动画设计

在镜头三中，角色有4个关键姿势，分别在第1帧、第26帧，第60帧和第94帧，如图8-5-12所示。

图　8-5-12

过渡姿势也有4个，分别在第10帧、第17帧、第52帧和第83帧，如图8-5-13所示。

图　8-5-13

镜头三的时间轴关键帧如图8-5-14所示。

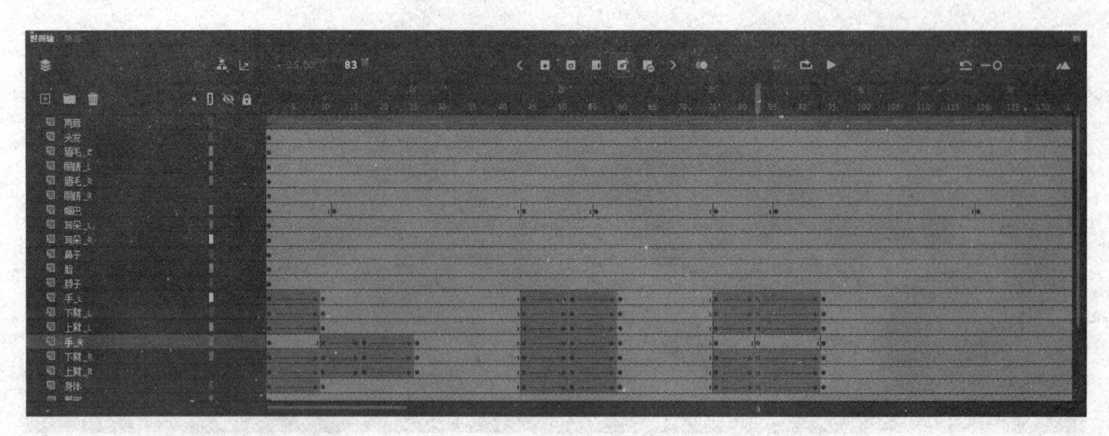

图　8-5-14

8.5.4　镜头四的动画设计

镜头四的角色设计相对简单，有一个抬手的动作，初始位置保持在第 25 帧，在第 41 帧处手臂抬起来，然后有一个缓冲的动画，关键姿势如图 8-5-15 所示。

图　8-5-15

镜头四的时间轴关键帧如图 8-5-16 所示。

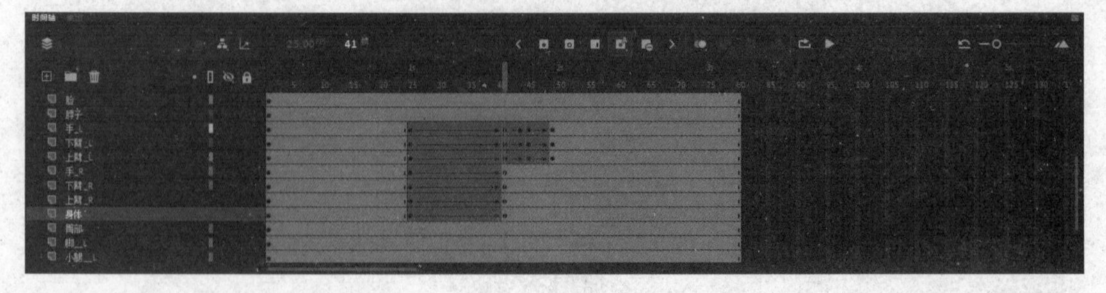

图　8-5-16

回到场景，进入标题元件，制作标题从右到左的入场动画，时间轴关键帧如图 8-5-17

所示。

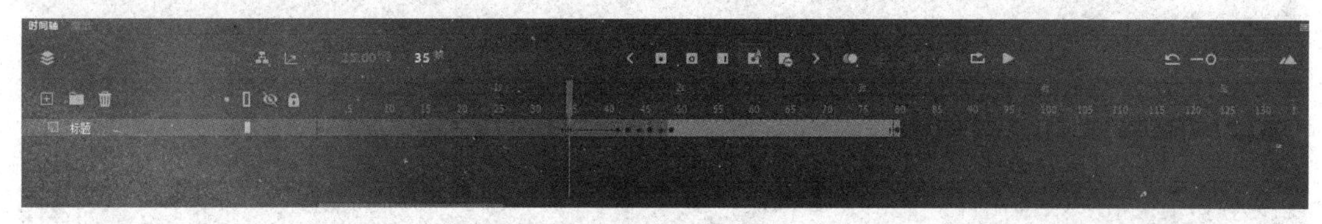

图　8-5-17

再次回到场景，制作角色从中间移到左边的动画，时间轴关键帧如图 8-5-18 所示。

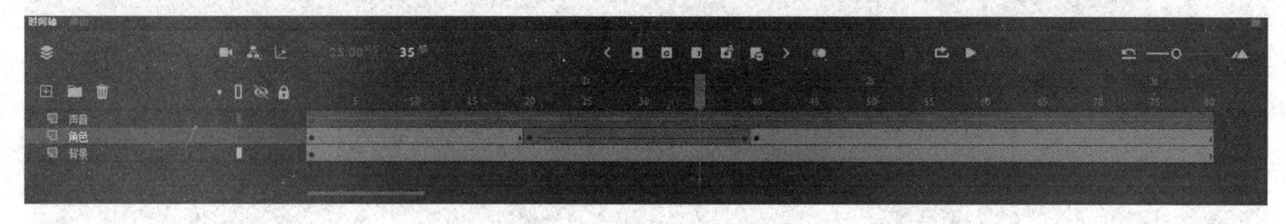

图　8-5-18

8.5.5　镜头五的动画设计

镜头五显示的是角色的侧面，需要调整全身元件才能设置出角色的关键姿势，与前面只调整了上半身姿势的几个镜头相比，稍微有些复杂。我们在调整时最好打开时间轴上的洋葱皮功能，这样能更好地对比前一帧角色的关键姿势。在这个镜头中共有 5 个关键姿势，分别在第 1 帧、第 15 帧、第 30 帧、第 53 帧和第 68 帧处创建关键帧，关键姿势如图 8-5-19 所示。

图　8-5-19

注意，“山”图层本来位于背景层中，由于动画中角色的另外一只脚需要放在“山”图层的下面，所以需要把“山”图层剪切复制到角色元件中，并调整图层的位置，才能达到我们想要的效果。

镜头五中角色元件的时间轴关键帧如图 8-5-20 所示。

回到场景中，我们添加一个摄像机图层，为镜头做一个往前推的运镜，时间轴关键帧如图 8-5-21 所示。

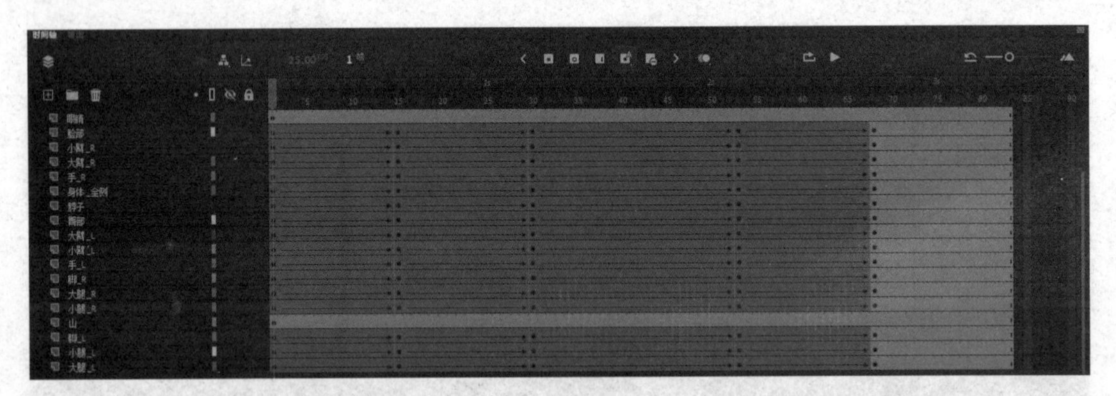

图　8-5-20

图　8-5-21

8.5.6　镜头六的动画设计

镜头六主要展示角色侧面走路的动作。前面已经介绍过角色侧面循环走路的动画，这里不同的是角色要从 A 点走到 B 点，需要对脚部的位置进行调整，同样也需要打开洋葱皮功能。关于走路、跑步和跳跃的动画，建议读者参考动画运动规律的相关资料，多做多练才能熟练掌握。关键姿势如图 8-5-22 所示。

图　8-5-22

镜头六中角色元件的时间轴关键帧如图 8-5-23 所示。

回到场景中，添加一个摄像机图层，为镜头做一个往后拉的运镜，如图 8-5-24 所示。

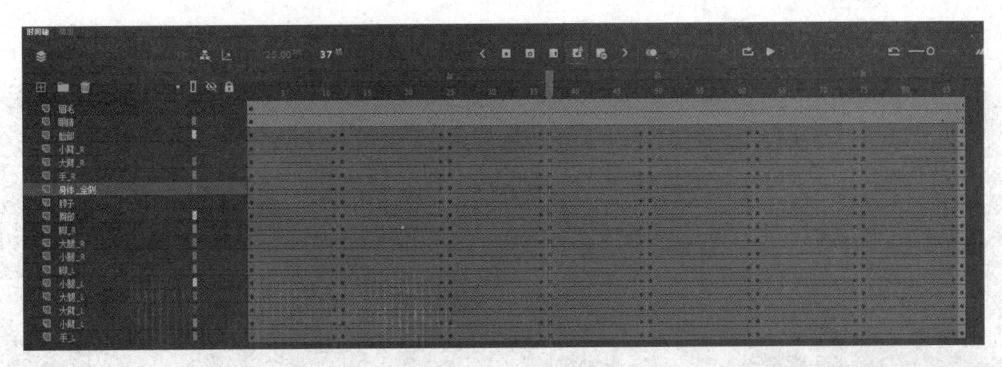

图　8-5-23

图　8-5-24

8.5.7　镜头七的动画设计

镜头七主要展示角色上半身的肢体动作，共有 6 个关键姿势，分别是第 1 帧、第 25 帧、第 74 帧、第 107 帧、第 143 帧和第 168 帧。关键姿势如图 8-5-25 所示。

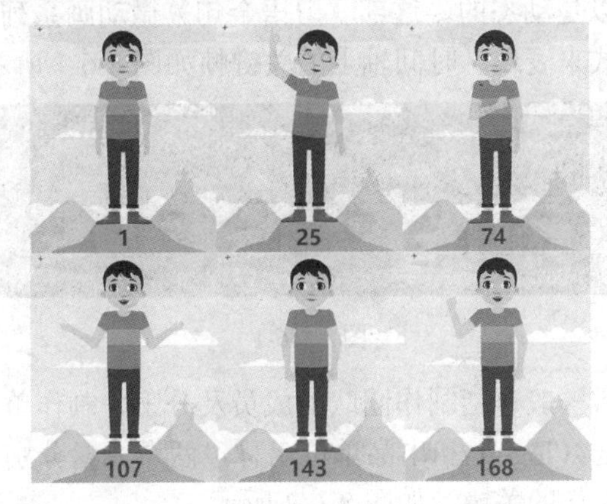

图　8-5-25

镜头七中角色元件的时间轴关键帧如图 8-5-26 所示。

图　8-5-26

回到场景，还需要设置一个文本框的动作，从上往下进行滑动，如图 8-5-27 所示。

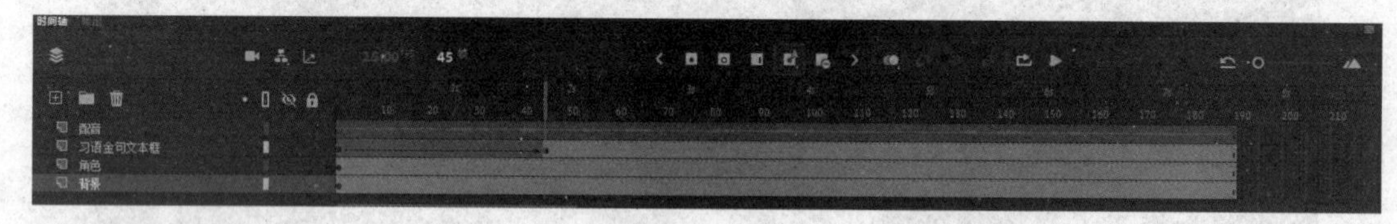

图　8-5-27

在制作角色动画时，建议先自己表演体会一下，从中找到关键姿势，画出草图，然后才能在软件中制作。要想把动画做好，一定要熟练掌握动画运动规律，这样制作出的动画看起来才能符合人们的心理预期，平时可以多看一些好的动画作品，从中获取制作角色动画的方法和技巧。

8.6　任务 6——片头片尾设计

动画短片的片头内容一般包括短片的名称、制作团队、短片中的场景、角色等，片头内容可以是静态的也可以是动态的。这部《习语金句》微动画系列的片头包括了片名和角色，采用依次出场的方式来表现，时间轴上的关键帧如图 8-6-1 所示。

图　8-6-1

动画短片的片尾内容一般包括制作团队的成员及分工、制作单位以及感谢的字幕等。本片主要使用了学院标志（logo）和出品单位名称，两个元素分别从画面的左右进入，背景是移动的大楼剪影，制作的关键帧如图 8-6-2 所示。

图　8-6-2

这里需要注意的是，片头的名称一定要经过排版设计，不能简单地输入几个字，影响画面的整体效果；背景是一个动态的放射性线条，最终的定版效果如图 8-6-3 所示。片尾的设计可以有很多种，但应和动画的整体风格相一致。最终的片尾定版效果如图 8-6-4 所示。

图　8-6-3

图　8-6-4

8.7　任务 7——后期合成输出

后期合成就是将输出的片头片尾和各镜头的视频连在一起，加上字幕和背景音乐。导出成片后，可以与身边的同学和朋友一起欣赏，有需要改进的地方及时修改，确定没有问题后再通过网络在手机和视频网站上发布。制作后期合成的软件有很多，如 Adobe Premiere Pro 2020、EDIUS、剪映等，具体使用哪个，可以根据我们的需求进行选择。在能满足效果的前提下，尽量使用简单的软件。这里我们使用的是剪映，里面内置了很多好用的功能，下面就以剪映为例来介绍后期合成输出。

将之前输出的视频和背景音乐导入剪映，如图 8-7-1 所示。

将导入的视频按顺序拖放到时间轴上，如图 8-7-2 所示。

选中视频并右击，在弹出的快捷菜单中选择“识别字幕/歌词”命令，生成字幕，检查是否有错别字和同音字并进行更正，如图 8-7-3 所示。

添加背景音乐，设置背景音乐的淡入淡出效果，并且将音量适当调低，如图 8-7-4 所示。

图　8-7-1

图　8-7-2

图　8-7-3

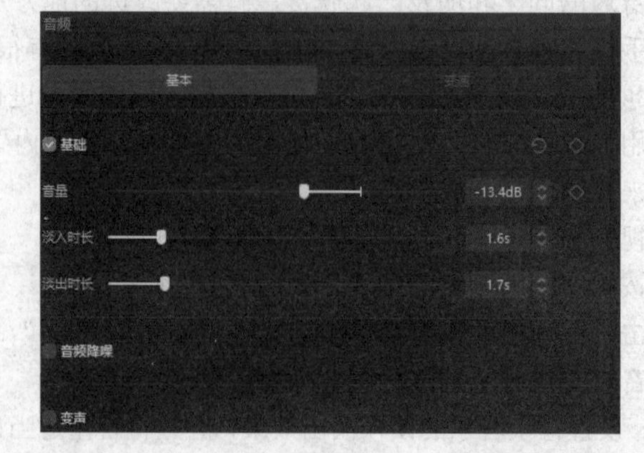

图　8-7-4

在镜头转换的地方加入合适的转场效果，切记转场效果不能乱用，使用不当会影响整个动画片的效果，这里使用的是“MG 动画”转场，如图 8-7-5 所示。

图　8-7-5

最后导出视频，输出成片，选择 H.264 编码的 MP4 格式。

参 考 文 献

[1] 苏晓光，闫文刚．Adobe Animate CC（Flash）动画设计与制作案例实战[M]．北京：清华大学出版社，2022．

[2] 姜巧玲，张帆．Animate CC 二维动画设计与实战[M]．北京：人民邮电出版社，2022．

[3] 丁鸣，沈正中．网络动画 Animate 制作与表现[M]．重庆：西南师范大学出版社，2021．

[4] 袁晓华，曾曼蕊，徐颖．Animate 动画设计与制作项目教程[M]．北京：中国人民大学出版社，2020．

[5] 杜淑颖．Adobe Animate CC 课堂实录[M]．北京：清华大学出版社，2021．